普通高等院校化学应用类规划教材

化学分析与检验职业技能综合实训教程

彭富昌 主 编

北京理工大学出版社
BEIJING INSTITUTE OF TECHNOLOGY PRESS

内 容 简 介

本书从化学分析与检验职业岗位需掌握的实用知识和操作技术的角度出发，突出理论和实践结合，以培养实践动手能力为重点，采用模块化的编写方式。全书内容分为3个部分，第Ⅰ部分为化学分析与检验基础知识，内容包括化学分析法，仪器分析法，物理常数的测定，检验与测定，数据处理及测后工作，职业道德、化验室管理及安全生产等；第Ⅱ部分为化学分析与检验技能实训，编入基础实训、物理性能检测技能实训和综合实训共40个项目；第Ⅲ部分为化学分析与检验常用数据资料附表，主要提供了相关物理和化学常数。

本书可作为高等院校材料、化工、环境、冶金、地质、矿产、石油、轻工、医药、建材、能源等专业师生的相关课程教材或教学参考书，也可供企业培训部门、中高等职业院校相关专业师生及相关专业人员参加职业培训、岗位培训和就业培训使用。

图书在版编目（CIP）数据

化学分析与检验职业技能综合实训教程/彭富昌主编. —北京：北京理工大学出版社，2019.7（2019.8重印）

ISBN 978-7-5682-7333-6

Ⅰ. ①化…　Ⅱ. ①彭…　Ⅲ. ①化学分析-高等学校-教材　Ⅳ. ①O65

中国版本图书馆CIP数据核字（2019）第165634号

出版发行／北京理工大学出版社有限责任公司
社　　址／北京市海淀区中关村南大街5号
邮　　编／100081
电　　话／（010）68914775（总编室）
　　　　　（010）82562903（教材售后服务热线）
　　　　　（010）68948351（其他图书服务热线）
网　　址／http://www.bitpress.com.cn
经　　销／全国各地新华书店
印　　刷／涿州市新华印刷有限公司
开　　本／787毫米×1092毫米　1/16
印　　张／18.25
字　　数／430千字
版　　次／2019年7月第1版　2019年8月第2次印刷
定　　价／50.00元

责任编辑／王玲玲
文案编辑／王玲玲
责任校对／周瑞红
责任印制／李志强

前　　言

化学分析与检验技术在国民经济建设中具有特殊的地位和作用，有工农业生产的“眼睛”和科学研究的“参谋”之称。作为一种检测工作，其行业覆盖面宽，应用领域十分广泛，是化学学习、研究、工作的基础技能。化学分析与检验职业是以抽样检查的方式，使用化学分析仪器和理化仪器等设备，对试剂溶剂、日用化学品、化学肥料、农药、涂料、染料、颜料、煤炭焦化、金属、矿产、水泥和气体等化工产品的成品、半成品、原材料及中间过程进行检验、检测、化验、监测和分析的技能岗位。其重要意义在于对生产原料质量把关、对添加剂质量控制、对生产过程质量控制和对产品质量控制等。

职业技能即指学生将来就业所需的技术和能力，学生是否具备良好的职业技能是能否顺利就业的前提。拓宽毕业生就业渠道，调动学生学习职业技能的积极性，帮助学生提高职业技能显得尤为重要。掌握一门专业技能是就业的根本，也是顺利就业的途径之一。

近年来，大学生普遍存在就业能力不足的问题，工作能力离准员工相差甚远，普遍认为有很大一部分原因是目前的学历教育着重于培养学生的理论基础，在提高学生的专业技能、专业实践方面存在很大缺陷。并且大学生对专业技能与动手能力的重要性认识不够，尚处于一种无意识状态，缺乏主动性。一方面，高校不能提供足够的实践机会；另一方面，大学生缺乏主动实践的热情，双重影响下的大学毕业生如何能受企业青睐？

技能型人才供不应求的现象，令人深思。有关人士分析，高学历并不等于高级人才，以学历和技能比，有时技能对企业的作用更重要、更现实。高学历者一般对工资待遇、工作环境都要求比较高，他们中的不少人往往缺少实际操作技能，而技能型人才一般比较实用，他们对高质量的产品生产起着重要的作用。

近年来，随着我国产业结构调整和新型产业的发展，更需要工业分析与检验人员为其提供殷实可靠的分析资料。可以预计，随着新时代技术创新和科技产业化的加快、环境保护的加强，必然会带来对化学分析与检验专业人才需求的上升，且无论在数量和质量上，都提出了新的要求。

本书结合化学分析与检验岗位职业需要有一定的观察、判断、计算和动手操作能力的特征，通过讲解化学分析与检验基础理论知识，融合从基本操作到综合型技能实训项目的实践，内容编写力求做到理论联系实际、深入浅出、通俗易懂，强化技能实训操作，突出实用性原则，同时结合一些新技术和新知识。

全书从化学分析与检验职业岗位需掌握的实用知识和操作技术的角度出发，突出理论和实践结合，以实践动手能力培养为重点，采用模块化的编写方式。全书内容分为三个部分，第Ⅰ部分为化学分析与检验基础知识，基本内容包括化学分析法，仪器分析法，物理常数的测定，检验与测定，数据处理及测后工作，职业道德、化验室管理及安全生产等；第Ⅱ部分为化学分析与检验技能实训，编入基础实训、物理性能检测技能实训和综合型实训共 40 个实验项目；第Ⅲ部分为化学分析与检验常用数据附表，主要提供了相关物理和化学常数等资料。另外，在基础知识部分编入了相应的复习思考题，供巩固和检验学习效果时参考使用；在实验部分则针对攀西地区的钢铁钒钛资源特色，适当地融入了一部分具有钒钛特色的化学分析实验项目。

本书第 5 章、第 6 章由崔晏编写，第 7 章由刘景景编写，第 9 章由马兰编写，其余章节由彭富昌编写。全书由彭富昌担任主编，并负责统稿和审校。成都工业学院材料工程学院邹建新教授对本书进行了审阅，并提出了意见和建议。

本书的出版得到了材料科学与工程国家级特色专业建设项目、四川省普通高校应用型本科示范专业建设项目和攀枝花学院特色教材建设项目的资助，在此表示衷心感谢！

本书编写过程中，参阅了国内外公开出版的大量文献资料，借此向各位作者表示衷心的谢意！由于编者水平有限，经验不足，加之时间仓促，书中难免存在不足之处，恳请广大读者就使用过程中遇到的问题提出宝贵意见。

编　者

2019 年 5 月　攀枝花

目　　录

第Ⅰ部分　化学分析与检验基础知识

第Ⅱ部分 化学分析与检验技能实训

第Ⅲ部分　附录

第Ⅰ部分

化学分析与检验基础知识

第1章　化学分析法基础知识

1.1　酸碱滴定法

一、酸度和酸的浓度

在酸碱滴定中，最重要的是要了解滴定过程中溶液pH的变化规律，并据此选择合适的指示剂来确定滴定终点。为此，需要掌握酸碱平衡中有关H^+浓度的计算方法。酸度和酸的浓度是两个不同的概念。酸度指溶液中H^+的浓度，常用pH表示。酸的浓度又叫酸的分析浓度，它是指1 L溶液中所含某种酸的物质的量，即总浓度，它包括未离解和已离解酸的浓度。

二、酸碱溶液的pH计算

1. 强酸或强碱溶液

强酸或强碱在水溶液中完全解离，一元强酸（碱）溶液中H^+（OH^-）浓度等于酸（碱）的浓度。

2. 一元弱酸（碱）溶液

弱酸或弱碱在水溶液中部分解离，设一元弱酸HA溶液的浓度为c mol·L^{-1}，解离平衡常数为K_a，则

$$c_{H^+} = \sqrt{cK_a} \tag{1-1}$$

同理，一元弱碱溶液中OH^-浓度的计算最简式为

$$c_{OH^-} = \sqrt{cK_b} \tag{1-2}$$

3. 多元弱酸（碱）溶液

多元弱酸（碱）在水溶液中逐级解离，以第一级为主，其相对强弱通常用它的第一级解离常数来衡量。以多元弱酸为例，当$c/K_{a1} \geqslant 500$时，有

$$c_{H^+} = \sqrt{cK_{a1}} \tag{1-3}$$

三、缓冲溶液

1. 缓冲溶液

缓冲溶液是一种能对溶液的酸度起稳定作用的溶液，也就是使溶液的pH不因外加少量酸、碱或被稀释而发生显著变化。

2. 缓冲容量和缓冲范围

缓冲溶液的缓冲作用有一定限度，每一种缓冲溶液只是具有一定的缓冲能力，以缓冲容

量来衡量。缓冲容量大小与溶液总浓度及其组成比有关，浓度越大，缓冲容量也越大；总浓度一定，缓冲组分比为1时，缓冲容量最大。缓冲溶液所能控制的 pH 范围称为缓冲范围，缓冲范围为 pK_a（pK_b）两侧各一个 pH（pOH）单位，即：

酸式缓冲溶液：$pH = pK_a \pm 1$，例如 HAc－NaAc 缓冲体系，$pK_a = 4.74$，缓冲范围为 3.74～5.74；

碱式缓冲溶液：$pOH = pK_b \pm 1$，$pH = 14 - pOH = (14 - pK_b) \pm 1$。

常用缓冲溶液的配制方法见表1－1。

表1－1　常用缓冲溶液配制方法

pH	配制方法
0	1 mol·L^{-1}盐酸①
1	0.1 mol·L^{-1}盐酸
2	0.01 mol·L^{-1}盐酸
3.6	乙酸钠·$3H_2O$ 8 g，溶于适量水中，加6 mol·L^{-1}乙酸134 mL，稀释至500 mL
4.0	乙酸钠·$3H_2O$ 20 g，溶于适量水中，加6 mol·L^{-1}乙酸134 mL，稀释至500 mL
4.5	乙酸钠·$3H_2O$ 32 g，溶于适量水中，加6 mol·L^{-1}乙酸68 mL，稀释至500 mL
5.0	乙酸钠·$3H_2O$ 50 g，溶于适量水中，加6 mol·L^{-1}L乙酸34 mL，稀释至500 mL
5.7	乙酸钠·$3H_2O$ 100 g，溶于适量水中，加6 mol·L^{-1}乙酸13 mL，稀释至500 mL
7	乙酸铵77 g，用水溶解后，稀释至500 mL
7.5	氯化铵60 g，溶于适量水中，加15 mol·L^{-1}氨水1.4 mL，稀释至500 mL
8.0	氯化铵50 g，溶于适量水中，加15 mol·L^{-1}氨水3.5 mL，稀释至500 mL
8.5	氯化铵40 g，溶于适量水中，加15 mol·L^{-1}氨水8.8 mL，稀释至500 mL
9.0	氯化铵35 g，溶于适量水中，加15 mol·L^{-1}L氨水24 mL，稀释至500 mL
9.5	氯化铵30 g，溶于适量水中，加15 mol·L^{-1}氨水65 mL，稀释至500 mL
10.0	氯化铵27 g，溶于适量水中，加15 mol·L^{-1}氨水197 mL，稀释至500 mL
10.5	氯化铵19 g，溶于适量水中，加15 mol·L^{-1}氨水175 mL，稀释至500 mL
11	氯化铵3 g，溶于适量水中，加15 mol·L^{-1}氨水207 mL，稀释至500 mL
12	0.01 mol·L^{-1}氢氧化钠②
13	0.1 mol·L^{-1}氢氧化钠

①Cl^-对测定有妨碍时，可用硝酸溶液。

②Na^+对测定有妨碍时，可用氢氧化钾溶液。

四、酸碱指示剂

用酸碱滴定法测定物质含量时，滴定过程中发生的化学反应外观上一般是没有变化的，通常需要利用酸碱指示剂颜色的改变来指示滴定终点的到达。

1. 指示剂的变色原理及变色范围

酸碱指示剂是一种有机弱酸或弱碱，溶液中 pH 的改变会引起指示剂分子结构的改变，从而发生颜色的变化。例如酚酞指示剂的变色原理，其是一种有机弱酸，在溶液中存在如下平衡：

$$\underset{\text{(无色分子)}}{\mathrm{HIn}} \rightleftharpoons \mathrm{H^+} + \underset{\text{(红色离子)}}{\mathrm{In^-}}$$

随着溶液中 H^+ 浓度的不断变化，上述解离平衡发生移动，从而呈现不同颜色。

每一种指示剂都有一定的变色范围，因此，可以根据指示剂颜色的变化来确定溶液的 pH。为了说明指示剂颜色的变化与酸度的关系，现以 HIn 代表指示剂的酸式色型，In^- 代表指示剂的碱式色型，在溶液中存在如下平衡：

$$\underset{\text{(酸式色型)}}{\mathrm{HIn}} \rightleftharpoons \mathrm{H^+} + \underset{\text{(碱式色型)}}{\mathrm{In^-}}$$

平衡常数为

$$K_{\mathrm{HIn}} = \frac{c_{\mathrm{H^+}} c_{\mathrm{In^-}}}{c_{\mathrm{HIn}}} \tag{1-4}$$

则

$$\mathrm{pH} = \mathrm{p}K_{\mathrm{a}} - \lg \frac{c_{\mathrm{HIn}}}{c_{\mathrm{In^-}}} \tag{1-5}$$

只有当溶液的 pH 由 $\mathrm{pH_{HIn}} - 1$ 变化到 $\mathrm{pH_{HIn}} + 1$ 时，溶液的颜色才由酸式色变为碱式色，这时人的眼睛才能明显看出指示剂颜色的变化，此 pH 范围称为指示剂的变色范围。

2. 常用酸碱指示剂

常用酸碱指示剂的变色范围及其配制方法见表 1－2。

表 1－2　常用酸碱指示剂的变色范围及配制方法

溶液的组成	变色 pH 范围	颜色变化		溶液配制方法
		酸色	碱色	
甲基紫（第一变色范围）	0.13～0.5	黄	绿	1 g·L⁻¹或 0.5 g·L⁻¹水溶液
苦味酸	0.0～1.3	无色	黄色	1 g·L⁻¹水溶液
甲基绿	0.1～2.0	黄	浅蓝	0.5 g·L⁻¹水溶液
孔雀绿（第一变色范围）	0.13～2.0	黄	绿	1 g·L⁻¹水溶液
甲酚红（第一变色范围）	0.2～1.8	红	黄	0.04 g 指示剂溶于 100 mL 50% 乙醇中
甲基紫（第二变色范围）	1.0～1.5	绿	蓝	1 g·L⁻¹水溶液
百里酚蓝（麝香草酚蓝）（第一变色范围）	1.2～2.8	红	黄	0.1 g 指示剂溶于 100 mL 20% 乙醇中
甲基紫（第三变色范围）	2.0～3.0	蓝	紫	1 g·L⁻¹水溶液
茜素黄 R（第一变色范围）	1.9～3.3	红	黄	1 g·L⁻¹水溶液
二甲基黄	2.9～4.0	红	黄	0.1 g 或 0.01 g 指示剂溶于 100 mL 90% 乙醇中
甲基橙	3.1～4.4	红	橙黄	1 g·L⁻¹水溶液
溴酚蓝	3.0～4.6	黄	蓝	0.1 g 指示剂溶于 100 mL 20% 乙醇中
刚果红	3.0～5.2	蓝紫	红	1 g·L⁻¹水溶液
茜素红 S（第一变色范围）	3.7～5.2	黄	紫	1 g·L⁻¹水溶液
溴甲酚绿	3.8～5.4	黄	蓝	0.1 g 指示剂溶于 100 mL 20% 乙醇中
甲基红	4.4～6.2	红	黄	0.1 g 或 0.2 g 指示剂溶于 100 mL 60% 乙醇中

续表

溶液的组成	变色 pH 范围	颜色变化		溶液配制方法
		酸色	碱色	
溴酚红	5.0～6.8	黄	红	0.1 g 或 0.04 g 指示剂溶于 100 mL 20% 乙醇中
溴甲酚紫	5.2～6.8	黄	紫红	0.1 g 指示剂溶于 100 mL 20% 乙醇中
溴百里酚蓝	6.0～7.6	黄	蓝	0.05 g 指示剂溶于 100 mL 20% 乙醇中
中性红	6.8～8.0	红	亮黄	0.1 g 指示剂溶于 100 mL 60% 乙醇中
酚红	6.8～8.0	黄	红	0.1 g 指示剂溶于 100 mL 20% 乙醇中
甲酚红	7.2～8.8	亮黄	紫红	0.1 g 指示剂溶于 100 mL 50% 乙醇中
百里酚蓝（麝香草酚蓝）（第二变色范围）	8.0～9.0	黄	蓝	参看第一变色范围
酚酞	8.2～10.0	无色	紫红	（1）0.1 g 指示剂溶于 100 mL 60% 乙醇中 （2）1 g 酚酞溶于 100 mL 90% 乙醇中
百里酚酞	9.4～10.6	无色	蓝	0.1 g 指示剂溶于 100 mL 90% 乙醇中
茜素红 S（第二变色范围）	10.0～12.0	紫	淡黄	参看第一变色范围
茜素黄 R（第二变色范围）	10.1～12.1	黄	淡紫	1 $g \cdot L^{-1}$ 水溶液
孔雀绿（第二变色范围）	11.5～13.2	黄绿	无色	参看第一变色范围
达旦黄	12.0～13.0	黄	红	1 $g \cdot L^{-1}$ 水溶液

3. 混合指示剂

单一指示剂的变色范围宽，有些指示剂存在过渡色，不易辨别，而混合指示剂具有变色范围窄、变色明显易识别等优点。常用混合指示剂及其配制方法见表 1－3。

表 1－3 常用混合指示剂及其配制方法

指示剂组成	配制比例	变色点 pH	颜色		备注
			酸色	碱色	
1 $g \cdot L^{-1}$ 甲基黄酒精溶液 1 $g \cdot L^{-1}$ 次甲基蓝酒精溶液	1∶1	3.25	蓝紫	绿	pH＝3.4 绿色，pH＝3.2 蓝紫色
1 $g \cdot L^{-1}$ 甲基橙水溶液 2.5 $g \cdot L^{-1}$ 靛蓝二磺酸水溶液	1∶1	4.1	紫	黄绿	
1 $g \cdot L^{-1}$ 溴甲酚绿酒精溶液 2 $g \cdot L^{-1}$ 甲基红酒精溶液	3∶1	5.1	酒红	绿	
1 $g \cdot L^{-1}$ 甲基红酒精溶液 1 $g \cdot L^{-1}$ 次甲基蓝酒精溶液	2∶1	5.4	红紫	绿	pH＝5.2 红紫色，pH＝5.4 暗紫色，pH＝5.6 绿色
1 $g \cdot L^{-1}$ 溴甲酚绿钠盐水溶液 1 $g \cdot L^{-1}$ 氯酚红钠盐水溶液	1∶1	6.1	黄绿	蓝紫	pH＝5.4 蓝绿色，pH＝5.8 蓝色 pH＝6.0 蓝带紫色，pH＝6.2 蓝紫色
1 $g \cdot L^{-1}$ 中性红酒精溶液 1 $g \cdot L^{-1}$ 次甲基蓝酒精溶液	1∶1	7.0	蓝紫	绿	pH＝7.0 蓝紫色
1 $g \cdot L^{-1}$ 百里酚蓝 50% 酒精溶液 1 $g \cdot L^{-1}$ 酚酞 50% 酒精溶液	1∶3	9.0	黄	紫	由黄到绿再到紫色

五、酸碱滴定法的基本原理及其在分析中的应用

1. 滴定曲线

滴定过程中溶液的 pH 随标准滴定液用量变化而改变的曲线称为滴定曲线。

2. 强碱（酸）滴定强酸（碱）溶液

强酸强碱在溶液中完全解离，酸以 H^+ 形式存在，碱以 OH^- 形式存在，滴定基本反应为

$$H^+ + OH^- = H_2O$$

以 0.1 mol·L^{-1} NaOH 标准溶液滴定 20 mL 0.1 mol·L^{-1} HCl 溶液为例，研究滴定过程中溶液 pH 变化情况。以 NaOH 溶液加入量为横坐标，溶液 pH 为纵坐标绘制曲线，得到如图 1－1 所示的酸碱滴定曲线。

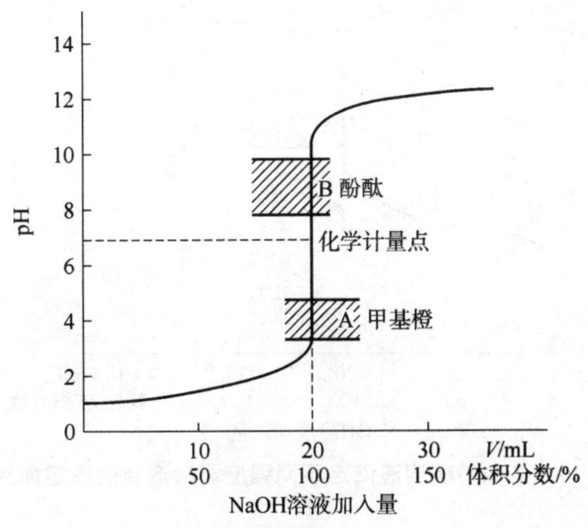

图 1－1 0.1 mol·L^{-1} NaOH 溶液滴定 20.00 mL 0.1 mol·L^{-1} HCl 溶液的滴定曲线

可以看出，在化学计量点附近形成滴定曲线的突跃部分，指示剂的选择主要以此为依据。pH 突跃范围大小与滴定剂及待测组分浓度有关。图 1－2 是不同浓度 NaOH 与 HCl 溶液的滴定曲线，显然，溶液浓度越大，突跃范围越大，可供选择的指示剂就越多。同样，强酸滴定强碱也可以得到类似的滴定曲线。

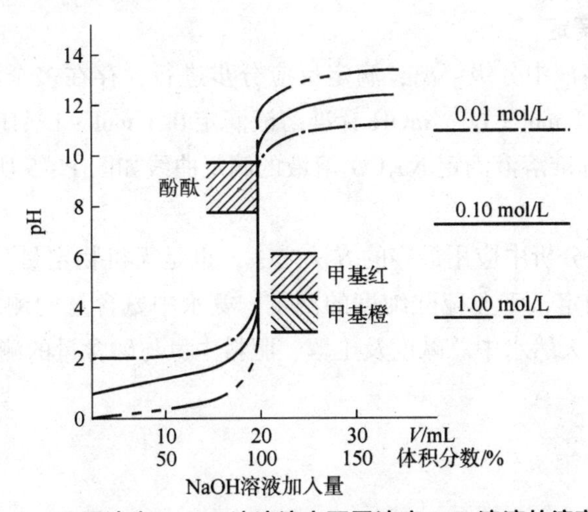

图 1－2 不同浓度 NaOH 溶液滴定不同浓度 HCl 溶液的滴定曲线

3. 强碱（酸）滴定一元弱酸（碱）溶液

以0.1 mol·L^{-1}NaOH标准溶液滴定20 mL 0.1 mol·L^{-1}HAc溶液为例，研究滴定过程中溶液pH变化情况。以NaOH溶液加入量为横坐标，溶液pH为纵坐标绘制碱滴定曲线，如图1－3所示。图中虚线为用0.1 mol·L^{-1}NaOH标准溶液滴定0.1 mol·L^{-1}HCl溶液的前半部分。可以看出，弱酸滴定过程的pH突跃比滴定强酸时小得多，且落在碱性范围。如果用强碱溶液滴定浓度相同但强度不同的一元弱酸，则得到如图1－3所示的Ⅰ、Ⅱ、Ⅲ三条滴定曲线。

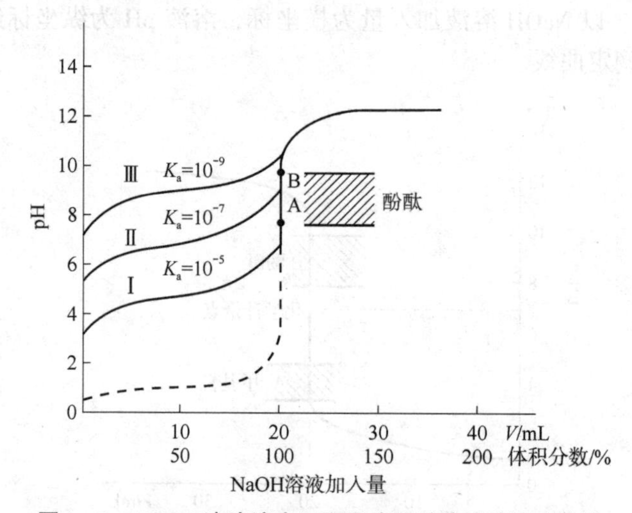

图1－3　NaOH溶液滴定不同强度弱酸溶液的滴定曲线

结论就是，K_a越大，即酸越强，滴定时pH突跃越大；K_a越小，即酸越弱，滴定曲线pH突跃越小；$K_a<10^{-9}$时，已无明显突跃，用一般指示剂无法指示滴定终点。当酸的强度一定时，酸溶液的浓度越大，突跃范围也越大，综合考虑酸的浓度和酸的强度两个因素对滴定突跃大小的影响，可得到强碱（酸）滴定弱酸（碱）的条件分别是

$$cK_a \geqslant 10^{-8} \text{和} cK_b \geqslant 10^{-8}$$

4. 多元酸（碱）滴定

多元酸（碱）在溶液中分级解离，滴定反应分步进行，存在多个滴定终点，但未必都能准确滴定。例如，0.1 mol·L^{-1} NaOH标准溶液滴定0.1 mol·$L^{-1}$$H_3PO_4$溶液的滴定曲线如图1－4所示。HCl标准溶液滴定$Na_2CO_3$溶液的滴定曲线如图1－5所示。

5. 应用实例

酸碱滴定法是滴定分析中应用最广的方法之一，也是无机物定量分析中最基本的方法。例如食醋中总酸量的测定、工业硫酸纯度的测定、氨水中氨含量的测定、纯碱总碱度的测定、混合碱组成分析、天然水中总碱度及土壤、肥料中氮与磷含量的测定等，都可用酸碱滴定法来测定。

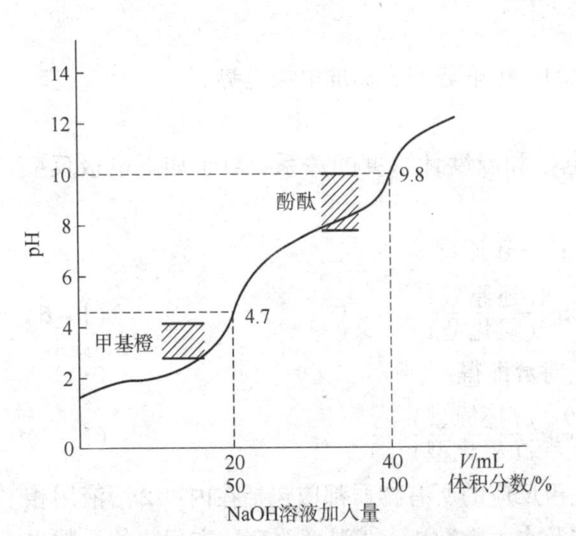

图1-4　NaOH溶液滴定H_3PO_4溶液的滴定曲线

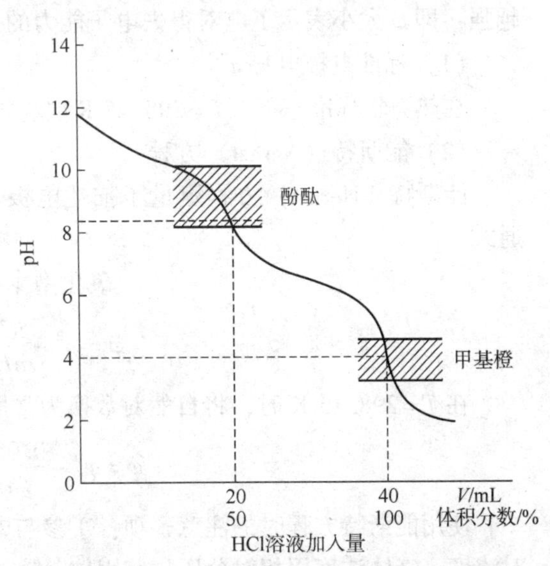

图1-5　HCl溶液滴定Na_2CO_3溶液的滴定曲线

1.2　氧化还原滴定法

一、概述

1. 氧化还原反应

氧化还原反应是在反应前后元素的化合价具有相应的升降变化的化学反应，此类反应可以理解成由两个半反应构成，即氧化反应和还原反应，都遵守电荷守恒。在氧化还原反应中，氧化与还原必然同时进行。实质是发生了电子的转移，即在离子化合物中是电子的得失，在共价化合物里是电子的偏移。

2. 氧化还原滴定法

氧化还原滴定法是以氧化还原反应为基础的滴定分析方法。它是以氧化剂为标准溶液来测定还原性物质或者以还原剂为标准溶液测定氧化性物质。通常根据所用氧化剂或还原剂的不同，可将氧化还原滴定法分为高锰酸钾法、重铬酸钾法、碘量法、溴酸钾法和铈量法等。

3. 电对

物质的氧化型（高价态）和还原型（低价态）所组成的一对物质称为氧化还原电对，简称电对，常用氧化型/还原型来表示。例如：

$2I - 2e^- = I_2$　　电对 I_2/I^-

$Fe^{2+} - e^- = Fe^{3+}$　　电对 Fe^{3+}/Fe^{2+}

$MnO_4^- + 8H^+ + 5e^- = Mn^{2+} + 4H_2O$　　电对 MnO_4^-/Mn^{2+}

4. 电极电势

电极与溶液接触的界面存在双电层而产生的电势差，用φ表示。电对的φ代数值越大，则此电对的氧化型的氧化能力越强；电对的φ代数值越小，则此电对的还原型的还原能力越强，即 φ 大小表示了电对得失电子能力的强弱。

(1) 标准电极电势 φ^{θ}

在热力学标准态下，$T=298.15$ K 时电极的电极电势即为标准电极电势。

(2) 能斯特（Nernst）方程

能斯特（Nernst）方程定量了描述电极电位和温度计浓度的关系。对于如下电极反应通式

$$\text{氧化型} + ne^- = \text{还原型}$$

$$\varphi = \varphi^{\theta} - \frac{RT}{nF}\ln\frac{c(\text{还原型})}{c(\text{氧化型})} \tag{1-6}$$

在 $T=298.15$ K 时，将自然对数换为常用对数即得

$$\varphi = \varphi^{\theta} - \frac{0.059}{n}\lg\frac{c(\text{还原型})}{c(\text{氧化型})} \tag{1-7}$$

使用能斯特方程时的注意事项：①参与电极反应的所有物质都应包括在内；②溶液用相对浓度，气体浓度用相对分压，纯固体、液体及水为常数 1；③温度改变，方程式的系数也随之改变。

5. 条件电极电势 φ'

为了考虑真实溶液中离子的实际存在形式，避免计算电极电势与实际情况相差较大，通过实验测定了特定条件下，校正了各种外界因素的影响后的实际电极电势，即条件电极电势 φ'。此时能斯特方程为

$$\varphi = \varphi' - \frac{RT}{nF}\ln\frac{c(\text{还原型})}{c(\text{氧化型})} \tag{1-8}$$

条件电极电位校正了各种外界因素的影响，处理问题就比较简单，也比较符合实际情况。对没有条件电极电位数据的电对，只能用标准电极电位做近似计算。

二、氧化还原滴定基本原理

1. 滴定曲线

在氧化还原滴定过程中，随着滴定剂的加入，溶液中各点的电极电势不断发生变化。以 0.1 $mol \cdot L^{-1}$ $Ce(SO_4)_2$ 标准滴定溶液滴定 1 $mol \cdot L^{-1}$ H_2SO_4 溶液中 0.1 $mol \cdot L^{-1}$ $FeSO_4$ 溶液为例，研究滴定过程中电极电势的变化情况。

滴定反应为

$$Ce^{4+} + Fe^{2+} = Ce^{3+} + Fe^{3+}$$

$$\varphi_{Fe^{3+}/Fe^{2+}} = \varphi'_{Fe^{3+}/Fe^{2+}} - 0.059\lg\frac{c_{Fe^{2+}}}{c_{Fe^{3+}}},\ \varphi'_{Fe^{3+}/Fe^{2+}} = 0.68\ \text{V}$$

$$\varphi_{Ce^{4+}/Ce^{3+}} = \varphi'_{Ce^{4+}/Ce^{3+}} - 0.059\lg\frac{c_{Ce^{3+}}}{c_{Ce^{4+}}},\ \varphi'_{Ce^{4+}/Ce^{3+}} = 1.44\ \text{V}$$

滴定剂加入后，在每一点每一瞬间都能建立一个快速平衡，溶液的电位计算值与实际值吻合得很好。以滴定剂不同加入量时溶液各平衡点的电位和滴定剂体积分数绘制成曲线，即氧化还原滴定曲线，如图 1－6 所示。计算时哪个电极方便用哪个计算电位，也可以实际测定。

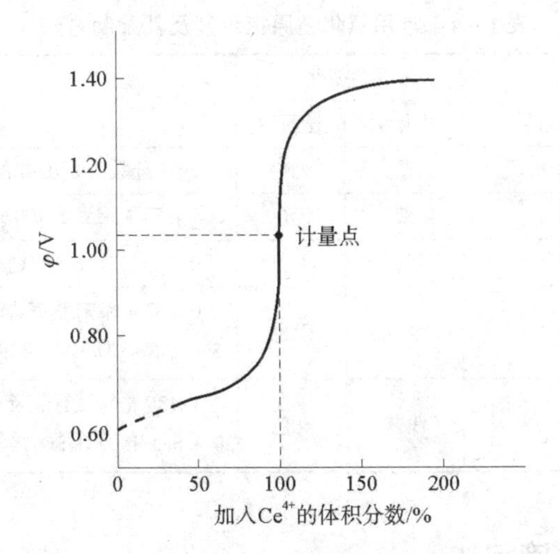

图1-6　0.1 mol·L⁻¹Ce(SO₄)₂标准滴定溶液滴定0.1 mol·L⁻¹FeSO₄溶液的滴定曲线

计量点前

$$(-0.1\%)\varphi_{Fe^{3+}/Fe^{2+}}=\varphi'_{Fe^{3+}/Fe^{2+}}-0.059\lg 10^{-3}=0.86\ V$$

计量点后

$$(+0.1\%)\varphi_{Ce^{4+}/Ce^{3+}}=\varphi'_{Ce^{4+}/Ce^{3+}}-0.059\lg 10^{3}=1.26\ V$$

计量点时

$$\varphi=\frac{\varphi'_{Ce^{4+}/Ce^{3+}}+\varphi'_{Fe^{3+}/Fe^{2+}}}{2}=\frac{1.44\ V+0.68\ V}{2}=1.06\ V$$

可以看出，从计量点前的0.1%到计量点后的0.1%，溶液的电极电位发生的突跃为1.26-0.86=0.4（V）。两个电对的φ'相差越大，电位突跃也越大。了解氧化还原电位突跃范围的目的是选择合适的指示剂。

2. 滴定终点的确定

氧化还原滴定法中，选择氧化还原指示剂时，以指示剂的变色φ值越接近计量点电位越好，一般近似以电位突跃范围的中点为计量点电位作参考。氧化还原滴定法中常用的指示剂有以下三种类型。

①自身指示剂。在氧化还原滴定过程中，有些标准溶液或被滴定的物质本身有颜色，反应的生成物为无色或颜色很浅，反应物颜色的变化可用指示滴定终点的到达，此即为自身指示剂，如$KMnO_4$法中$KMnO_4$标准滴定溶液。

②专属指示剂。有些物质本身不具有氧化还原性，但能与滴定剂或被测组分结合产生特殊的颜色，从而达到指示终点的目的，此即专属指示剂。例如，碘量法中常用可溶性淀粉作指示剂。

③氧化还原指示剂。有些指示剂本身是氧化剂或还原剂，其氧化型和还原型具有不同的颜色，在滴定中随溶液电极电位的变化而发生颜色变化，从而指示滴定终点的到达。常用氧化还原指示剂及其配制方法见表1-4。

表 1－4 常用氧化还原指示剂及其配制方法

指示剂	φ_{In}^{θ}/V $c(H^+)=1\ mol\cdot L^{-1}$	颜色变化		配制方法
		氧化型	还原型	
次甲基蓝	0.52	蓝	无色	质量分数为 0.05% 的水溶液
二苯胺	0.76	紫	无色	1 g 二苯胺溶于 100 mL 质量分数为 2% 的 H_2SO_4 中
二苯胺磺酸钠	0.85	紫红	无色	0.8 g 二苯胺磺酸钠溶于 100 mL
邻苯胺基苯甲酸	1.08	紫红	无色	0.107 g 邻苯胺基苯甲酸溶于 20 mL 质量分数为 5% 的 Na_2CO_3 中，再用水稀释至 100 mL
邻二氮菲亚铁	1.06	浅蓝	红色	1.485 g 邻二氮菲及 0.965 g 硫酸亚铁溶于 100 mL 0.1 mol/L 的 H_2SO_4 溶液中

三、常用氧化还原滴定法

1. $KMnO_4$ 法

（1）方法与特点

$KMnO_4$ 是一种强氧化剂，其氧化作用和溶液的酸度有关。在强酸性溶液中，$KMnO_4$ 与还原剂作用，MnO_4^- 被还原为 Mn^{2+}：

$$MnO_4^- + 8H^+ + 5e^- = Mn^{2+} + 4H_2O, \quad \varphi^{\theta} = 1.51\ V$$

$KMnO_4$ 法具有下列特点：

①氧化能力强，应用广泛，可直接或间接地用于测定多种无机物和有机物。

②MnO_4^- 本身有颜色，滴定无色或浅色溶液时，不需要另加指示剂。

③标准溶液不够稳定，不能久置。

④反应历程比较复杂，易发生副反应。

⑤$KMnO_4$ 标准溶液不能直接配制。

（2）标准溶液的配制与标定

市售存放的 $KMnO_4$ 中必含有少量 MnO_2 杂质，蒸馏水中也常含有尘埃、有机物等还原性物质，因此，$KMnO_4$ 标准滴定溶液不能直接配制，必须先配制成近似浓度的溶液，再用基准物质标定。

溶液配制步骤：称取稍高于计算用量的 $KMnO_4$ 溶于一定量的蒸馏水中，加热煮沸 15 min，放置 2～3 天，使可还原性物质完全氧化。用微孔玻璃漏斗过滤除去 MnO_2 沉淀，滤液转移至棕色瓶中保存。

标定 $KMnO_4$ 的基准物有草酸钠、草酸、硫酸亚铁铵和纯铁丝等。其中常用的是草酸钠。标定反应为

$$2MnO_4^- + 5C_2O_4^{2-} + 16H^+ = 2Mn^{2+} + 10CO_2\uparrow + 8H_2O$$

标定时需注意的滴定条件为：

①温度。加热能加快反应速度，但不能太高，否则 $Na_2C_2O_4$ 在酸性条件下发生歧化反应，$Na_2C_2O_4$ 溶液加热至 70～85 ℃再进行滴定，但不能超过 90 ℃。

②酸度。过高酸度会使 $H_2C_2O_4$ 分解；过低则生成 MnO_2，影响终点判断。为充分发挥氧化性，酸度要适宜，一般控制酸度为 0.5～1 $mol\cdot L^{-1}$。

③滴定速度。滴定开始时，反应速度较慢，随着 Mn^{2+} 的生成，因具有催化作用而使反应逐渐加快，所以后面快速滴定。

④终点。用 $KMnO_4$ 溶液滴定至溶液呈淡粉红色 30 s 不褪色为终点，放置时间过长，空气中的还原性物质使 $KMnO_4$ 还原而褪色。

（3）应用领域

主要用于滴定分析绿矾、过氧化氢、草酸盐、VO^{2+}、UO^{2+} 及亚铁盐，以及用于有机定量分析（食品中的还原糖的测定、药品）。

2. $K_2Cr_2O_7$ 法

（1）方法与特点

$K_2Cr_2O_7$ 是一种较强的氧化剂，氧化能力较 $KMnO_4$ 的弱，在酸性介质中被还原为 Cr^{3+}。

$$Cr_2O_7^{2-} + 14H^+ + 6e^- = 2Cr^{3+} + 7H_2O, \quad \varphi^\theta = 1.33\ V$$

$K_2Cr_2O_7$ 法具有下列特点：

①易提纯，经 140 ~ 150 ℃干燥后，可直接配制标准滴定溶液，不必标定。

②$K_2Cr_2O_7$ 标准溶液浓度相当稳定，密闭保存，浓度可长期保持不变。

③室温下，当 HCl 浓度低于 3 mol · L^{-1} 时，$Cr_2O_7^{2-}$ 不氧化 Cl^-，故可在盐酸介质中滴定。

$K_2Cr_2O_7$ 法滴定中，因终点颜色不好分辨，故需要氧化还原指示剂指示终点。常用指示剂是二苯胺磺酸钠，溶液由紫色变为红色。

若用 $K_2Cr_2O_7$ 滴定，则当重 $K_2Cr_2O_7$ 标准溶液滴定至化学计量点后，指示剂被稍过量的 $K_2Cr_2O_7$ 氧化，溶液显紫红色，指示终点到达。

（2）标准溶液的配制与标定

①直接配制法。将 $K_2Cr_2O_7$ 基准物在 105 ~ 110 ℃烘至恒重，直接配制标准溶液。

②间接配制法。执行 GB/T 601—2002 标准，若使用一般 $K_2Cr_2O_7$ 试剂配制，需进行标定。

标定原理：取一定体积的 $K_2Cr_2O_7$ 溶液，加入过量的 KI 和 H_2SO_4，用已知浓度的 $Na_2S_2O_3$ 标准滴定溶液进行滴定，以淀粉指示滴定终点，标定反应为

$$Cr_2O_7^{2-} + 6I^- + 14H^+ = 2Cr^{3+} + 3I_2 + 7H_2O$$

$$I_2 + 2S_2O_3^{2-} = S_4O_6^{2-} + 2I^-$$

（3）应用实例

用于土壤有机质、化学需氧量（COD）、铁矿石中全铁含量等领域的测定。

3. 碘量法

（1）方法简介

碘量法是利用 I_2 的氧化性和 I^- 的还原性进行滴定的方法，包括直接法和间接法。其基本反应是

$$I_2 + 2e^- = 2I^-$$

因固体 I_2 在水中溶解度很小且易挥发，通常将其溶解于 KI 溶液中，此时它以 I_3^- 配离子形式存在，其反应式为

$$I_3^- + 2e^- = 3I^-, \varphi(I_3^-/I^-) = 0.545\ V$$

（2）滴定条件

①直接法（碘滴定法）。将 I_2 配成标准溶液，可以直接测定电极电位比 $\varphi(I_3^-/I^-)$ 小的

还原物质，如 S^{2-}、SO_3^{2-}、Sn^{2+}、$S_2O_3^{2-}$、As（Ⅲ）等。滴定条件为中性或弱酸性，而不能在碱性溶液中进行滴定，因碘与碱发生歧化反应。

②间接法（滴定碘法）。将含氧化性物质（电位比 $\varphi(I_3^-/I^-)$ 的大）的试样与过量 KI 反应，析出的 I_2 用 $Na_2S_2O_3$ 滴定。利用此法可测定很多氧化性物质。滴定条件为中性或弱酸性溶液，碱性条件下副反应影响较多。例如，碱性溶液中 I_2 易发生歧化反应；强酸性时，$Na_2S_2O_3$ 会发生分解，并且 I^- 容易被空气中的 O_2 氧化。

（3）提高准确度的措施

碘量法的误差来源主要有以下两个方面，应采取适当措施，以保证准确度。

①碘易挥发。防止措施是加入过量 KI（一般比理论值大 2～3 倍），因生成了 I_3^-，可减少 I_2 的损失；滴定时，温度不能太高，一般在室温下进行；滴定时不要剧烈摇动，尽量轻摇、慢摇，但必须均匀，否则局部过量的 $Na_2S_2O_3$ 会自行分解。间接碘量法滴定要在碘量瓶中进行，为使反应完全，加入 KI 后要放置一会儿，放置时用水封住瓶口。

②在酸性溶液中，I^- 易被空气中的 O_2 氧化为 I_2。因此应避免阳光照射，可用棕色试剂瓶储存 I^- 标准溶液；Cu^{2+}、NO_2^- 容易催化氧化，应设法消除。析出的 I_2 应立即用 $Na_2S_2O_3$ 标准溶液滴定，滴定速度要适当快。

（4）标准溶液的配制与标定（执行 GB/T 601—2002 标准）

碘量法中用到 I_2 和 $Na_2S_2O_3$ 两种标准滴定液。市售 $Na_2S_2O_3$ 一般含有少量杂质，且在空气中不稳定，因此不能直接配制 $Na_2S_2O_3$ 标准滴定液。需要间接配制后用 $K_2Cr_2O_7$、KIO_3、$KBrO_3$ 及升华 I_2 等基准物质进行标定。

用升华法制备的纯碘可直接配制 I_2 标准滴定液。但通常是用市售碘先配近似浓度的碘溶液，然后用基准试剂或已知准确浓度的 $Na_2S_2O_3$ 标准溶液来标定碘溶液。

（5）应用实例

$Na_2S_2O_3$ 含量的测定用直接碘量法；铜合金中 Cu 含量的测定用间接碘量法。

1.3 配位滴定法

一、概述

配位化合物简称配合物，也叫络合物，包含由中心原子或离子与几个配体分子或离子以配位键相结合而形成的复杂分子或离子。

配位反应是由一个中心元素（离子或原子）和几个配体（阴离子或分子）以配位键相结合形成复杂离子（或分子）的反应。

$$\underset{(金属离子)}{M} + \underset{(配位剂)}{L} = \underset{(配合物)}{ML}$$

配位滴定法是以形成配合物的反应为基础的滴定分析方法。大多数金属离子都能与多种配位剂形成稳定性不同的配合物，但不是所有的配位反应都能用于配位滴定。

能用于滴定分析的配位反应满足的条件：①滴定分析的基本条件，如有明确的化学反应方程式、有可以指示终点的指示剂、滴定反应的速率远大于滴定速率等；②配合物要稳定；

③配位数恒定；④配合物能溶于水。配位滴定中应用最广的配位剂是乙二胺四乙酸（简称EDTA），整个配位滴定基本只用这种滴定剂，其他只是作为掩蔽剂或保护剂。

二、EDTA 及其与 M 形成的配合物

1. EDTA 简介

乙二胺四乙酸简称EDTA，常用 H_4Y 表示其化学式，其结构式为：

$$\begin{matrix} HOOCCH_2 & & CH_2COOH \\ & \diagdown \quad \diagup & \\ & NCH_2CH_2N & \\ & \diagup \quad \diagdown & \\ HOOCCH_2 & & CH_2COOH \end{matrix}$$

两个羧酸上的 H 转移至 N 原子上，形成双极离子。如果溶液的酸度较高，它的两个羧基可以再接受 H^+ 而形成 H_6Y^{2+}，如此 EDTA 就相当于六元酸。

2. EDTA 性质

①酸性。在溶液中时，可解离出 6 个质子，相当于六元弱酸，存在六级解离，其各级解离常数为 $K_{a1}=10^{-0.9}$、$K_{a2}=10^{-1.6}$、$K_{a3}=10^{-2.0}$、$K_{a4}=10^{-2.67}$、$K_{a5}=10^{-6.46}$、$K_{a6}=10^{-10.26}$。在水溶液中，EDTA 以 7 种型体存在，具体见表 1－5。

表 1－5　不同 pH 时 EDTA 的主要存在型体

pH	<0.9	0.9～1.6	1.6～2.0	2.0～2.67	2.67～6.16	6.16～10.26	>10.26
主要存在型体	H_6Y^{2+}	H_5^{2+}	H_4Y	H_3Y^-	H_2Y^{2-}	HY^{3-}	Y^{4-}

正是由于 EDTA 的这种性质，在 EDTA 滴定中需要严格控制滴定溶液的酸度。

②配位性质。EDTA 6 个配位原子，分别是 2 个氨 N 和 4 个羧酸 O。EDTA 结合能力强，能和大多数 M 形成配合比为 1∶1 的稳定配合物。配合物为五元环螯合物（稳定性很高）、EDTA 配位反应快、配合物易溶于水且有色或无色。

③溶解度。通常室温下 H_4Y 的溶解度为 0.2 g · L^{-1}，而其二钠盐 Na_2H_4Y 的溶解度为 111 g · L^{-1}。所以，配位滴定中通常用的是乙二胺四乙酸的二钠盐 $Na_2H_4Y \cdot 2H_2O$，也称为 EDTA。

三、配合物在水中的解离平衡

1. 配合物的稳定平衡常数（K_f）

配位反应中，配合物的形成和解离同处于相对的平衡状态中，衡量化学平衡的程度用平衡常数来表示。平衡常数分为稳定（形成）常数 K_f 和不稳定常数（解离常数）K_i。

$$M + Y = MY,\ K_f$$

K_f（或 $\lg K_f$）值越大，配合物越稳定；反之，则不稳定。

$$MY = M + Y,\ K_i$$

显然，对 1∶1 型配合物，同一配合物的 $K_f = 1/K_i$，即互为倒数。一些常见金属离子与 EDTA 形成的配合物 MY 的稳定常数见表 1－6。可以看出，绝大多数金属离子与 EDTA 形成的配合物都相当稳定。

表 1-6 部分金属离子与 EDTA 配合物的 $\lg K_{MY}$（293～298.15 K）

离子	$\lg K_{MY}$	离子	$\lg K_{MY}$	离子	$\lg K_{MY}$
Ag^{+}	7.32	Cu^{2+}	18.80	Ni^{2+}	18.62
Al^{3+}	16.3	Fe^{2+}	14.32	Pb^{2+}	18.04
Ba^{2+}	7.86	Fe^{3+}	25.1	Sn^{2+}	22.11
Be^{2+}	9.3	Hg^{2+}	21.7	Sr^{2+}	8.73
Bi^{3+}	27.94	In^{3+}	25.0	Th^{4+}	23.2
Ca^{2+}	10.69	Mg^{2+}	8.7	Ti^{3+}	21.3
Cd^{2+}	16.46	Mn^{2+}	13.87	Tl^{3+}	37.8
Co^{2+}	16.31	Mo^{2+}	28	Zn^{2+}	16.50
Cr^{3+}	23.4	Na^{+}	1.66	ZrO^{2+}	29.5

2. 酸效应及酸效应曲线

酸效应是指因 H^{+}存在，H^{+}与 EDTA 之间发生反应，使参与主反应的 EDTA 浓度减小，主反应平衡向左移动，主配位反应程度降低的现象。酸效应系数用于衡量酸效应大小，定义酸效应系数为 EDTA 各种存在型体的总浓度 $c(Y')$ 与能直接参与主反应的物质的平衡浓度 $c(Y)$ 的比值，即

$$\alpha_{Y(H)} = \frac{c_{Y'}}{c_{Y}} \tag{1-9}$$

表 1-7 列出了不同 pH 下的 $\lg\alpha$ 值。由表中数据可知，随着溶液的酸度增大，$\lg\alpha$ 值增大，即酸效应显著。显然，$c(Y')$ 值一定时，如果没有 H^{+}存在而引起副反应，即 EDTA 全部以 Y 形式存在，则 $\alpha=1$；如果溶液酸度增大，即 α 值增大，则 $c(Y)$ 值减小，也就是 EDTA 参与配位主反应的能力降低。只有 pH 大于 12 时，才可以忽略酸效应的影响。

表 1-7 EDTA 的酸效应系数

pH	$\lg\alpha$	pH	$\lg\alpha$	pH	$\lg\alpha$
0.0	21.38	3.4	9.71	6.8	3.55
0.4	19.59	3.8	8.86	7.0	3.32
0.8	18.01	4.0	8.44	7.5	2.78
1.0	17.20	4.4	7.64	8.0	2.26
1.4	15.68	4.8	6.84	8.5	1.77
1.8	14.21	5.0	6.45	9.0	1.29
2.0	13.51	5.4	5.69	9.5	0.83
2.4	12.24	5.8	4.98	10.0	0.45
2.8	11.13	6.0	4.65	11.0	0.07
3.0	10.63	6.4	4.06	12.0	0.00

以 pH 对 lgα 作图即得到 EDTA 的酸效应曲线，如图 1－7 所示。从酸效应曲线上可以查得不同 pH 下的 lgα，同时标注了各种金属离子滴定时的最低允许 pH，此曲线通常又称 Ringbom（林邦）曲线。

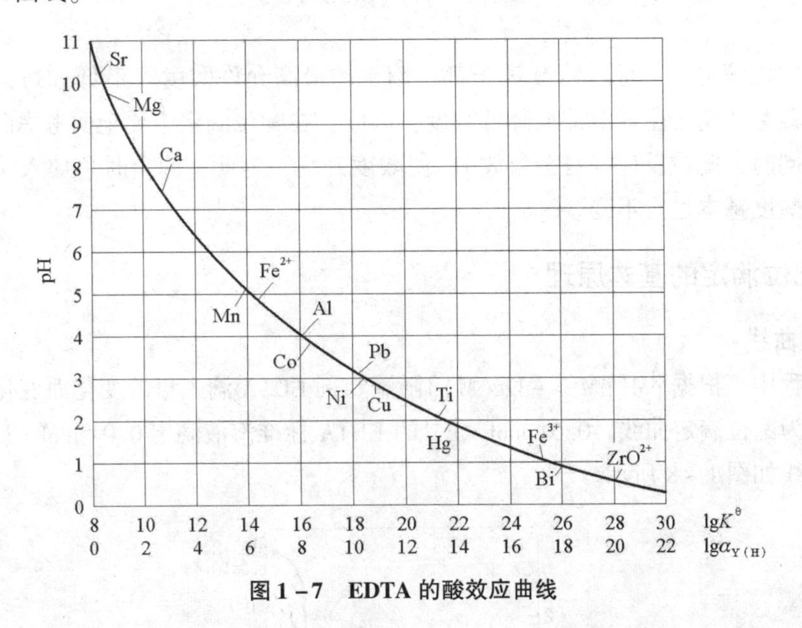

图 1－7　EDTA 的酸效应曲线

林邦曲线用途：①可知不同 pH 下的酸效应系数大小；②可查各种 M 的最高允许酸度（最低 pH）；③可以知道哪些共存离子的干扰。

例如，为了用 EDTA 将 99.99% 的 Ca^{2+} 配位除掉，最低要将 pH 控制在 7.5，所以用 EDTA 滴定 Ca^{2+}，常用 NH_3/NH_4^+ 缓冲溶液（pH = 8.4）来控制 pH。再如，Pb^{2+} 和 Bi^{3+} 均能与 EDTA 作用，其 lg$K$ 分别为 18.04 和 27.94，可借助控制酸度达到分别测定的目的，当 pH = 1 时，EDTA 的 lgα 等于 18.01，使 $\lg K'_{Pb} \approx 0$，即此条件下 Pb^{2+} 与EDTA 没有反应。

3. EDTA 的条件稳定常数

前面已知，K_f越大，标示配位反应进行趋势越大，生成的配合物 MY 越稳定。有副反应时，主反应平衡左移动，MY 稳定性降低，这时 K_f就不能很好地衡量配合物的实际稳定性，而改用条件稳定常数 K'_f，它表示一定条件下 MY 的实际稳定程度。因为

$$K_f = \frac{c_{MY}}{c_M c_Y} \tag{1-10}$$

由于 $\alpha_{Y(H)} = \frac{c_{Y'}}{c_Y}$，则得 $c_Y = \frac{c_{Y'}}{\alpha_{Y(H)}}$，代入式（1－10）得

$$K_f = \frac{c_{MY}\alpha_{Y(H)}}{c_M c_{Y'}}$$

条件稳定常数：

$$K'_f = \frac{c_{MY}}{c_M c_{Y'}} = \frac{K_f}{\alpha_{Y(H)}} \tag{1-11}$$

等式两边取对数得

$$\lg K_f' = \lg K_f - \lg \alpha_{Y(H)} \tag{1-12}$$

由此可见，溶液的 pH 越大，$\lg\alpha_{Y(H)}$ 值越小，$\lg K_f'$值越大，配位反应越完全，对配位滴定越有利。

在实际配位滴定中，每一种 M 离子都有滴定的最高允许酸度（最低 pH），同时，过高的 pH 会使某些 M 离子生成沉淀而降低浓度，因此，在配位滴定中要全面考虑酸度对配位滴定的影响。同时，配位反应本身会释放 H^+ 使酸度升高，为此，滴定时总加入缓冲溶液，以保持溶液的酸度基本稳定不变。

四、配位滴定的基本原理

1. 滴定曲线

滴定过程中，根据 pM[pM = $-\lg c$(M)]随滴定剂 EDTA 滴入量的变化而变化的关系所绘制的曲线称为配位滴定曲线。0.01 mol · L^{-1}的 EDTA 标准溶液滴定 0.01 mol · L^{-1}的 Ca^{2+} 溶液的滴定曲线如图 1－8 所示。

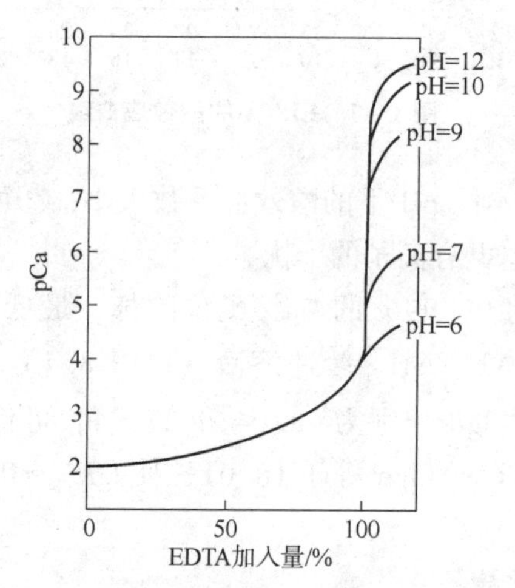

图 1－8　0.01 mol · L^{-1}EDTA 滴定 0.01 mol · L^{-1}的 Ca^{2+} 的滴定曲线

配位滴定曲线与酸碱滴定曲线相似，滴定过程中随着滴定剂 EDTA 加入量的增大，溶液中金属离子 M 的浓度不断减小。滴定达到化学计量点时，pM 将发生突变，可利用适当指示剂指示滴定终点。影响 pM 突跃大小的因素包括配合物条件稳定常数和金属离子 M 浓度。配合物的条件 $\lg K_{MY}'$越大，滴定突跃也越大，如图 1－9 所示。金属离子浓度越小，滴定曲线的起点就越高，滴定突跃就越小，如图 1－10 所示。

2. 单一金属离子滴定可行性的判断和酸度选择

配位滴定一般要求滴定的相对误差不超过 ±0.1%，根据配位滴定误差理论，此时要求

$$\lg c_M K_{MY}' \geqslant 6 \tag{1-13}$$

因此，通常情况下用式（1－13）作为配位滴定中判断能否准确滴定单一金属离子的依据。当金属离子 M 浓度为 0.01 mol · L^{-1}时，则要求

$$\lg K_{MY}' \geqslant 8$$

在不考虑其他副反应的影响时，则有

$$\lg K'_{MY} = \lg K_{MY} - \lg\alpha_{Y(H)} \geqslant 8$$

$$\lg\alpha_{Y(H)} \leqslant \lg K_{MY} - \lg K'_{MY} = \lg K_{MY} - 8 \tag{1-14}$$

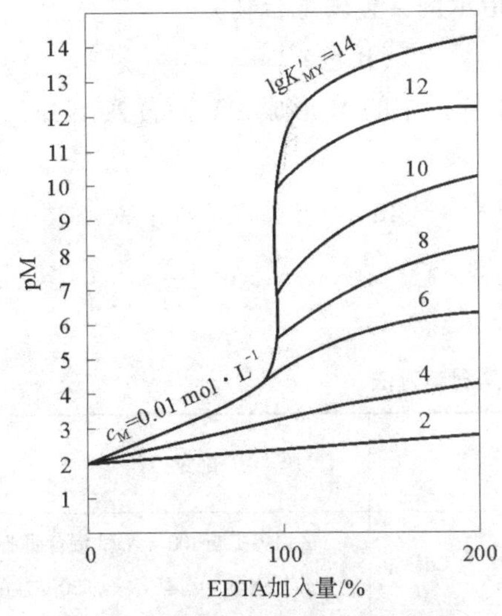

图1-9　不同 $\lg K'_{MY}$ 时的滴定曲线

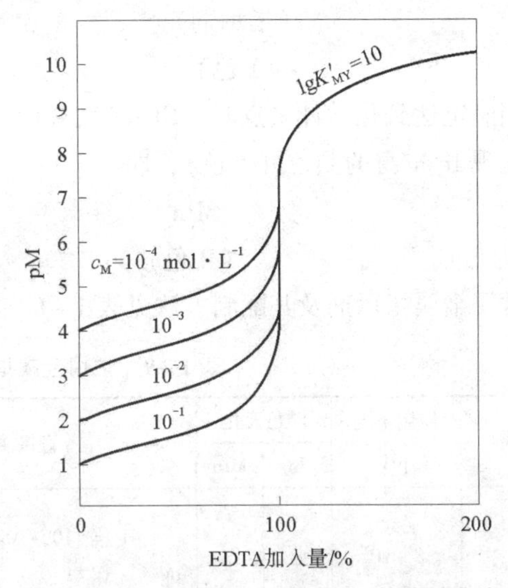

图1-10　不同浓度 EDTA 与 M 的滴定曲线

当金属离子确定后，按式（1-14）可计算出它所对应的酸度，即得滴定该金属离子的最高允许酸度，然后由表1-7或酸效应曲线便可求得相应的 pH，即最低 pH。

3. 酸度的选择

在滴定金属离子时，溶液的酸度有一个上限，不同金属离子有不同的最高允许酸度，即最低允许 pH，超过此值就会引起较大滴定误差（>0.1%）。部分金属离子被 EDTA 溶液滴定的最低 pH 见表1-8。

表1-8　部分金属离子被 EDTA 滴定的最低 pH

金属离子	$\lg K_{MY}$	最低 pH	金属离子	$\lg K_{MY}$	最低 pH
Mg^{2+}	8.7	≈9.7	Pb^{2+}	18.04	≈3.2
Ca^{2+}	10.9	≈7.5	Ni^{2+}	18.62	≈3.0
Mn^{2+}	13.87	≈5.2	Cu^{2+}	18.80	≈2.9
Fe^{2+}	14.32	≈5.0	Hg^{2+}	21.80	≈1.9
Al^{3+}	16.30	≈4.2	Sn^{3+}	22.12	≈1.7
Co^{3+}	16.31	≈4.0	Cr^{3+}	23.40	≈1.4
Cd^{2+}	16.46	≈3.9	Fe^{3+}	25.10	≈1.0

五、金属指示剂

金属离子指示剂是一种能与金属离子生成有色配合物的显色剂，以此来指示配位滴定终点，简称金属指示剂。金属指示剂本身常常是一种配位剂，能和金属离子 M 生成与其本身颜色（A 色）不同的有色（B 色）的配位化合物，即

In	+ M =	MIn
（指示剂）		（指示剂－金属配合物）
（A 色）		（B 色）

当滴定达到化学计量点时，EDAT 就夺取 MIn（B 色）中的 M 形成 MY 而置换出 In，使溶液呈现 In 本身的颜色（A 色），即

MIn	+ Y = MY +	In
（B 色）		（A 色）

常用金属指示剂及其配制方法见表 1－9。

表 1－9　常用金属指示剂及其配制方法

指示剂	使用范围 pH	颜色变化		直接滴定离子	配置方法
		In	MIn		
铬黑 T（EBT）	8～10	蓝	红	pH ＝ 10，Mg^{2+}、Zn^{2+}、Cd^{2+}、Pb^{2+}、Mn^{2+}	1 g 铬黑 T 与 100 g NaCl 混合研细；5 g/L 铬黑 T 乙醇溶液加 20 g 盐酸羟胺
二甲酚橙（XO）	<6	黄	红紫	pH＝1～3，Bi^{3+} pH＝5～6，Zn^{2+}、Cd^{2+}、Pb^{2+}	2 g/L 水溶液
钙指示剂（NN）	12～13	蓝	红	pH＝12～13，Ca^{2+}	1 g 钙指示剂与 100 g NaCl 混合研细
磺基水杨酸钠	1.5～2.5	淡黄	紫红	pH＝1.5～3，Fe^{3+}	100 g/L 水溶液
K－B 指示剂	8～13	蓝	红	pH＝10，Mg^{2+}、Zn^{2+} pH＝13，Ca^{2+}	100 g 酸性铬蓝 K、2.5 g 萘酚绿 B 和 50 g KNO_3 混合研细
PAN	2～12	黄	红	pH＝2～3，Bi^{3+} pH＝4～5，Cu^{2+}、Ni^{2+} pH ＝ 5 ～ 6，Cu^{2+}、Cd^{2+}、Pb^{2+}、Zn^{2+}、Sn^{2+} pH＝10，Cu^{2+}、Zn^{2+}	1 g/L 或 2 g/L 乙醇溶液

六、提高配位滴定选择性的方法

EDTA 的配位具有广泛性，几乎和所有的金属离子都能发生配位反应，这对提高配位的选择性是个挑战。那么如何提高配位滴定的选择性呢？一是降低干扰离子浓度，二是降低干扰离子与 EDTA 配合物的稳定性。常用方法包括控制溶液的酸度、掩蔽和解蔽。

1. 控制溶液的酸度

前面已经讨论过不同金属离子的 EDTA 配位化合的稳定性常数是不同的，因而在滴定时允许的最低 pH 也不相同。若溶液中同时存在两种或两种以上金属离子，则通过控制溶液的

酸度，使其只能满足一种离子的最低 pH，能使这种离子形成稳定的配合物，而其他离子不容易被配合，就可以避免干扰。例如，含有 Fe^{3+}、Al^{3+}、Ca^{2+} 和 Mg^{2+} 的溶液，如果控制溶液的 pH = 1，此时只能满足滴定 Fe^{3+} 的最低允许 pH，而这个 pH 远低于离子的最低允许 pH。因此，用 EDTA 溶液滴定 Fe^{3+} 时，其他三种离子就不会产生干扰。当几种离子共存时，能否用控制溶液酸度的方法分别滴定呢？一般来说，若溶液中两种金属离子 M 和 N 均可与 EDTA 形成配合物，并且 $\lg K'_{MY} > \lg K'_{NY}$，则当用 EDTA 滴定时，若 M、N 的浓度相等，M 首先被滴定；若 $\lg K'_{MY}$ 与 $\lg K'_{NY}$ 相差不够大，则 M 被定量滴定后，EDTA 才与 N 作用，这样，N 的存在不干扰 M 的准确滴定。显然，两种金属离子的 EDTA 配合物的条件稳定常数相差越大，被测金属离子的浓度越大，共存离子浓度越小，则在 N 离子存在下，准确滴定 M 离子的可能性就越大。根据理论推导，要想 M、N 两种离子共存，通过控制溶液的酸度来准确滴定 M 离子，则必须满足式（1-15）和式（1-16）两个条件：

$$\frac{c_M \cdot K'_{MY}}{c_N \cdot K'_{NY}} \geqslant 10^5 \tag{1-15}$$

$$\lg K'_{MY} - \lg K'_{NY} \geqslant 5 \tag{1-16}$$

这样就可以从酸效应曲线上很方便地查知能否在 N 离子存在时准确滴定 M 离子。

2. 掩蔽和解蔽

当被测金属离子和干扰离子配合物的稳定常数相差不大，即不满足式（1-16）时，就不能用控制溶液酸度的方法进行选择性滴定。此时，加入某种试剂使之与干扰离子 N 反应，使溶液中 N 离子浓度大大降低，这样 N 离子对 M 离子的干扰就会减弱甚至消除。这种方法称为掩蔽。

（1）常用的掩蔽法

①配位掩蔽法。利用配位反应降低干扰离子浓度的方法称为配位掩蔽法。例如，溶液中有 Al^{3+} 和 Zn^{2+} 时，在 pH = 5.5 的酸性溶液中，可用 NH_4F 掩蔽 Al^{3+} 后滴定 Zn^{2+}。

②氧化还原掩蔽法。利用氧化还原反应改变干扰离子的价态以消除干扰的方法称为氧化还原掩蔽法。例如，在滴定 Bi^{3+} 时，为防止 Fe^{3+} 的干扰，可加入抗坏血酸或盐酸羟胺等，将 Fe^{3+} 还原为 Fe^{2+}。由于 Fe^{2+} 的 EDTA 配合物稳定常数（$10^{14.33}$）比 Fe^{3+} 的 EDTA 配合物稳定常数（$10^{25.1}$）小得多，完全可以避免 Fe^{3+} 的干扰。

③沉淀掩蔽法。利用沉淀反应降低干扰离子的浓度，以消除干扰的方法称为沉淀掩蔽法。例如，在 pH = 12 的溶液中，用 EDTA 滴定 Ca^{2+} 时，Mg^{2+} 生成了 $Mg(OH)_2$ 沉淀，此时可用 EDTA 滴定 Ca^{2+}。

（2）解蔽

将干扰离子掩蔽起来，在滴定完被测离子后，再加入一种试剂，使已经被掩蔽剂结合的干扰离子重新释放出来，然后再进行滴定的方法称为解蔽。例如，在用配位滴定法测定 Zn^{2+} 和 Pb^{2+} 时，可在氨性溶液中加入 KCN 来掩蔽 Zn^{2+}，以铬黑 T 为指示剂，用 EDTA 溶液滴定 Pb^{2+}（pH = 10），然后加入甲醛或三氯乙醛破坏 $[Zn(CN)_4]^{2-}$，再用 EDTA 溶液滴定 Zn^{2+}。

$$4HCHO + [Zn(CN)_4]^{2-} + 4H_2O = Zn^{2+} + 4H_2C(OH)CN + 4OH^-$$

七、EDTA 标准溶液的制备

1. EDTA 标准溶液的配制

因乙二胺四乙酸二钠盐的溶解性比单纯的乙二胺四乙酸的溶解性要好得多，因此通常使用 EDTA 标准溶液的二钠盐（$Na_2H_2Y \cdot 2H_2O$，$M = 372.2\ g \cdot mol^{-1}$）。

称取一定量的 EDTA 二钠盐，用蒸馏水溶解（必要时可加热），因 EDTA 易溶解 Ca^{2+}、Mg^{+}，形成配位离子而使其浓度变稀，所有配制好的 EDTA 溶液应用聚乙烯塑料瓶或硬质玻璃瓶保存。

2. EDTA 标准溶液的标定

标定 EDTA 标准溶液常用金属 Zn、ZnO、$CaCO_3$ 和 MgO 等基准物。以 ZnO 标准物质为例进行介绍。

准确称取一定量的基准 ZnO，溶解后配制成 250 mL 溶液，取出 25 mL，用 EDTA 溶液在 pH = 10 的 $NH_3 - NH_4Cl$ 缓冲溶液中以铬黑 T 为指示剂直接滴定。在 pH = 10 时，铬黑 T 指示剂自身为蓝色，滴入锌溶液后，与 Zn^{2+} 生成红色配合物：

$$Zn^{2+} + HIn^{2-}(蓝色) = ZnIn^{-}(红色) + H^{+}$$

滴入 EDTA 时，游离的 Zn^{2+} 先与 EDTA 生成配合物 ZnY^{2-}：

$$Zn^{2+} + H_2Y^{2-} = ZnY^{2-} + 2H^{+}$$

达到化学计量点时，因为 $K_f(ZnY^{2-}) > K_f(ZnIn^{-})$，EDTA 夺取配合物 $ZnIn^{-}$ 中的 Zn^{2+}，释放出指示剂 HIn^{2-}，使溶液由红色变蓝色即为终点：

$$ZnIn^{-}(红色) + H_2Y^{2-} = ZnY^{2-} + HIn^{2-}(蓝色) + H^{+}$$

八、配位滴定的应用

1. 水硬度的测定

水的硬度是指水中含有可溶性钙盐和镁盐的多少。天然水属于软水，普通地表水硬度不高，但地下水的硬度较高，水硬度是水质控制的重要指标之一。工业和生活用水的硬度不能过大，因为高硬度的水会使锅炉及换热器结垢而影响热效率，存在安全隐患，生活中影响胃肠的消化功能，影响肥皂、洗涤剂的去污效果。因此，水硬度的测定具有实际意义。

水中总硬度测定原理是在 pH = 10 的 $NH_3 - NH_4Cl$ 缓冲溶液中，以铬黑 T 为指示剂，用 EDTA 滴定钙镁含量。滴入 EDTA 时，EDTA 先与 Ca^{2+} 配合，而后与 Mg^{2+} 配合，即

$$Ca^{2+} + H_2Y^{2-} = CaY^{2-} + 2H^{+} \quad (pK = 10.59)$$

$$Mg^{2+} + H_2Y^{2-} = MgY^{2-} + 2H^{+} \quad (pK = 8.69)$$

滴定终点时

$$MgIn^{-} + H_2Y^{2-}(红色) = MgY^{2-} + HIn^{2-}(蓝色) + H^{+}$$

2. 铝盐中铝含量的测定

Al^{3+} 与 EDTA 的配位反应很缓慢，需要加过量的 EDTA 并加热煮沸才能使配位反应完全。为避免指示剂封闭作用和水解，通常采用返滴定法。指示剂与 M 离子生成极稳定的配合物，其稳定性超过了 MY 的稳定性，用 EDTA 滴定这些离子时，即使过量较多的 EDTA 也

不能把指示剂从M与指示剂的络合物中置换出来，在化学计量点时也不能变色，或终点变色不敏锐，有拖长等现象，称为封闭现象。酸度较低即pH增大时，Al^{3+}容易沉淀。

返滴定法：先加入一定量且过量的EDTA标准溶液，在pH＝3.5时煮沸溶液，使配位反应完全，冷却后调节溶液的pH＝5～6，然后加入二甲酚橙指示剂，用Zn^{2+}标准溶液滴定剩余的EDTA，根据两种标准滴定溶液的用量计算Al的含量。主要反应为：

$$Al^{3+} + H_2Y^{2-} = AlY^{-} + 2H^{+}$$

$$Zn^{2+} + H_2Y^{2-} = ZnY^{2-} + 2H^{+}$$

另外，钒铁中铝含量的测定可参照《钒铁中铝含量的测定——铬天青S分光光度法和EDTA滴定法》（GB/T 8704.8—2009）中有关钒铁中铝含量的EDTA滴定法的原理、试剂、分析步骤及结果计算。

3. 铜合金中锌含量的测定

铜合金是以纯铜为基体，加入一种或几种其他元素所构成的合金，常用的铜合金分为黄铜、青铜、白铜三大类。青铜（锡青铜）即Cu－Sn合金，白铜即Cu－Ni合金，黄铜即Cu－Zn合金。

铜合金中锌含量测定原理：铜合金溶解后，在氨性试液中加入KCN掩蔽Cu^{2+}、Zn^{2+}。在pH＝10时，以铬黑T为指示剂，用EDTA标准溶液滴定未被掩蔽的Pb^{2+}、Mg^{2+}，然后加入甲醛解蔽出Zn^{2+}后继续滴定。

解蔽反应：

$$4HCHO + [Zn(CN)_4]^{2-} + 4H_2O = Zn^{2+} + 4H_2C(OH)CN + 4OH^{-}$$

滴定反应：

$$Zn^{2+} + H_2Y^{2-} = ZnY^{2-} + 2H^{+}$$

尽管$[Cu(CN)_4]^{2-}$比较稳定，不易解蔽，但在实际工作中仍要注意甲醛的用量、加入速度和温度等因素影响，否则影响Zn^{2+}的测定结果。

4. Pb、Bi含量的连续测定

Pb^{2+}、Bi^{2+}均能与EDTA形成稳定的配合物，且K_{MY}相差较大，故可以用控制溶液不同的酸度分别进行滴定。由酸效应曲线可知，控制pH＝1时滴定Bi^{2+}，然后调节酸度至pH＝5～6时滴定Pb^{2+}。滴定反应为：

$$Bi^{3+} + H_2Y^{2-} = BiY^{-} + 2H^{+}$$

$$Pb^{2+} + H_2Y^{2-} = PbY^{2-} + 2H^{+}$$

1.4 沉淀滴定法

一、概述

1. 沉淀反应

根据多相离子平衡的溶度积规则，在一定条件下（当给定离子的$Q_p > K_{sp}$时）由离子生成难溶盐的反应即为沉淀反应。

2. 沉淀滴定法

沉淀滴定法是以沉淀反应为基础的滴定分析方法。用作沉淀滴定的沉淀反应必须满足以下条件：①反应速度快，生成沉淀的溶解度小；②反应按一定的化学式定量进行；③有准确确定理论终点的方法。

沉淀反应很多，但能用于沉淀滴定的沉淀反应并不多，因为很多沉淀的组成不恒定，或溶解度较大，或容易形成过饱和溶液，或达到平衡的速度慢，或共沉淀现象严重等。目前，比较有实际意义的是生成难溶性银盐的沉淀反应，如：

$$Ag^+ + Cl^- = AgCl\downarrow \text{（白色）}$$

$$Ag^+ + SCN^- = AgSCN\downarrow \text{（白色）}$$

3. 银量法

以生成难溶银盐反应为基础进行沉淀滴定分析的方法称为银量法。银量法主要用于测定 Cl^-、Br^-、I^-、Ag^+及 SCN^-等离子及含卤素离子的有机化合物。某些汞盐（如 HgS）、铅盐（如 $PbSO_4$）、钡盐（如 $BaSO_4$）、锌盐（如 $K_2Zn_3[Fe(CN)_6]_2$）、钍盐（ThF_4）和某些有机沉淀剂参加的反应，虽然也可以应用于沉淀滴定法，但是重要性不及银量法。

二、几种重要的银量法

依据测定时溶液介质和条件不同，按照确定理论终点的方法分类，银量法包括莫尔法、佛尔哈德法和法扬司法三种。

1. 莫尔（Mohr）法

以 K_2CrO_4作指示剂的银量法称为“莫尔法”。其是以 K_2CrO_4为指示剂，在中性或弱碱性介质中，用 $AgNO_3$标准溶液测定卤素（Cl、Br）化合物含量的方法。

（1）指示剂作用原理

$$Ag^+ + Cl^- = AgCl(\text{白})\downarrow \qquad K_{sp}(AgCl) = 1.8\times10^{-10}$$

$$Ag^+ + CrO_4^{2-} = Ag_2CrO_4(\text{橙色})\downarrow \qquad K_{sp}(Ag_2CrO_4) = 2\times10^{-12}$$

因为 AgCl 和 Ag_2CrO_4的溶度积不同，因而发生分级沉淀，当 AgCl 沉淀完全后，稍过量的 $AgNO_3$标准溶液与 K_2CrO_4指示剂反应生成 $Ag_2CrO_4\downarrow$(砖红色,量少时为橙色)。

设溶液中$[Cl^-] = [CrO_4^{2-}] = 0.1$ mol/L，根据溶度积规则，AgCl 沉淀所需满足的 Ag^+浓度条件为

$$[Ag^+]_{AgCl} \geqslant \frac{K_{sp}(AgCl)}{[Cl^-]} = \frac{1.8\times10^{-10}}{0.1} = 1.8\times10^{-9}(\text{mol/L})$$

而 Ag_2CrO_4沉淀所需满足的 Ag^+浓度条件为

$$[Ag^+]_{Ag_2CrO_4} \geqslant \frac{K_{sp}(Ag_2CrO_4)}{[CrO_4^{2-}]} = \sqrt{\frac{2\times10^{-12}}{0.1}} = 4.5\times10^{-6}(\text{mol/L})$$

由此可见，$[Ag^+][Cl^-]$大于 $K_{sp}(AgCl)$，则 AgCl 开始沉淀。$[Cl^-]$ 消耗完之后，$AgNO_3$和 CrO_4^{2-}进一步生成 Ag_2CrO_4沉淀。

（2）K_2CrO_4指示剂用量

指示剂用量过多或过少对滴定测定结果有没有影响？有什么样的影响？指示剂应加多少量合适呢？

根据溶度积规则，沉淀溶解平衡时

$$Ag^+ + Cl^- = AgCl$$

$$[Ag^+][Cl^-] = K_{sp}(AgCl) = 1.8 \times 10^{-10}$$

$$[Ag^+] = [Cl^-] = 1.34 \times 10^{-5} mol/L$$

到达理论终点时

$$2Ag^+ + CrO_4^- = Ag_2CrO_4(砖红色)\downarrow \qquad K_{sp} = 2 \times 10^{-12}$$

$$[Ag^+]^2[CrO_4^-] \geq K_{sp}(Ag_2CrO_4) \qquad 开始沉淀 Ag_2CrO_4$$

$$[CrO_4^{2-}] \geq \frac{K_{sp}(Ag_2CrO_4)}{[Ag^+]^2} = \frac{2 \times 10^{-12}}{1.8 \times 10^{-10}} = 1.2 \times 10^{-2}(mol \cdot L^{-1})$$

实际工作中，最适宜的用量是5% K_2CrO_4溶液，每次加1~2 mL。浓度过高或过低，Ag_2CrO_4沉淀的析出就会提前或推迟，从而引起误差。如果加入K_2CrO_4浓度过高，会妨碍Ag_2CrO_4沉淀的观察，影响终点的判断；反之，则终点变化不明显。

（3）测定条件

①溶液的酸度。莫尔法应在中性或弱碱性介质中进行滴定。因为Ag_2CrO_4易溶于酸：

$$Ag_2CrO_4 + H^+ = 2Ag^+ + HCrO_4^-$$

所以滴定不能在酸性条件下进行。碱性太强时，又将出现Ag_2O沉淀：

$$2Ag^+ + 2OH^- = 2AgOH\downarrow \rightarrow Ag_2O + H_2O$$

通常莫尔法测Cl^-的最适宜pH = 6.5 ~ 10.5，当有NH_4^+时，Cl^-的最适宜pH = 6.5 ~ 7.2，此时酸度过低，NH_4^+分解成NH_3，NH_3与Ag^+生成配合物而消耗Ag^+。pH调节方式：碱性强时，用HNO_3调节；酸性强时，用$NaHCO_3$或NaB_4O_7调节。

②避免Ag^+配位反应。不能在有氨或其他能与Ag^+生成配合物的物质存在下滴定，因为这样会增大AgX或Ag_2CrO_4的溶解度。

③不能测定I^-和SCN^-。莫尔法可直接测定Cl^-和Br^-，当两者共存时，测定的是Cl^-和Br^-的总量。莫尔法不能用于测定I^-和SCN^-，因为AgI和AgSCN沉淀时强烈地吸附I^-和SCN^-，使终点提前出现，且终点变化不明显。

④莫尔法不宜以NaCl为标准溶液滴定Ag^+，因为此时溶液中Ag^+过量，AgCl吸附Ag^+，使终点提前。如果要用摩尔法测定试样中的Ag^+，可先加入一定过量的NaCl标准滴定液，然后用$AgNO_3$标准滴定液返滴定过量的Cl^-。

⑤选择性较差。凡是能与CrO_4^{2-}生成沉淀的阳离子（如Ba^{2+}、Pb^{2+}、Hg^{2+}等），以及能与Ag^+生成沉淀的阴离子（如PO_4^{3-}、AsO_4^{3-}、S^{2-}、$C_2O_4^{2-}$等），均干扰测定。

2. 佛尔哈德（Volhard）法

用铁铵矾作指示剂的银量法称为“佛尔哈德法”。铁铵矾指示剂组成为$NH_4Fe(SO_4)_2$。以NH_4SCN（或KSCN、NaSCN）为标准滴定溶液，以硫酸铁铵为指示剂，在硝酸酸性溶液中测定Ag^+，溶液中首先析出AgSCN白色沉淀，Ag^+定量沉淀后，稍过量的SCN^-和Fe^{3+}形成红色配离子$(FeSCN)^{2+}$，指示终点到达。包括直接滴定法和返滴定法两种方法。

（1）直接滴定法测定Ag^+

在含有Ag^+的酸性溶液中，以铁铵矾作指示剂，用NH_4SCN（或KSCN、NaSCN）标准溶液直接滴定。

$$Ag^+ + SCN^- = AgSCN(白色)\downarrow \qquad K_{sp} = 1.2\times10^{-12}$$

$$Fe^{3+} + SCN^- = (FeSCN)^{2+}(红色) \qquad K_{sp} = 138$$

其中过量（终点）的1滴NH_4SCN溶液与Fe^{3+}生成红色络合物，即为终点。滴定时必须充分摇动溶液，因滴定过程中不断生成的AgSCN沉淀的强烈吸附作用，使部分Ag^+吸附于其表面，会造成终点提前出现而导致测定结果偏低，为此，要充分摇动，可使被吸附的Ag^+及时释放出来。

（2）返滴定法测定卤素X^-

测定卤素X^-时，首先向试液中加入过量的$AgNO_3$标准溶液，然后以铁铵矾作指示剂，用NH_4SCN标准溶液滴定过量的Ag^+：

$$Ag^+ + Cl^- = AgCl(白)\downarrow$$

$$Ag^+(过) + SCN^- = AgSCN(白)\downarrow$$

终点时

$$Fe^{3+} + SCN^- = (FeSCN)^{2+}(红色)$$

量少时为橙色。特别注意的是，到达理论变色点时，溶液呈橙色，如用力摇动沉淀，则橙色又消失，再加入NH_4SCN标准溶液时，橙色又出现。如此反复进行，会给测定结果造成极大误差。出现这种现象的原因可解释为沉淀转化作用：

$$Ag^+ + Cl^- = AgCl\downarrow \qquad K_{sp} = 1.8\times10^{-10}$$

$$Ag^+ + SCN^- = AgSCN\downarrow \qquad K_{sp} = 1.2\times10^{-12}$$

$$K_{sp}(AgSCN) \ll K_{sp}(AgCl)$$

说明AgCl的溶解度比AgSCN的大，因此过量的SCN^-将与AgCl发生反应，使AgCl沉淀转化为溶解度更小的AgSCN沉淀：

$$AgCl\downarrow + SCN^- = AgSCN\downarrow + Cl^-$$

沉淀的转化作用是慢慢进行的，使$(FeSCN)^{2+}$的配位平衡被破坏：

$$AgCl = Cl^- + Ag^+$$

$$(FeSCN)^{2+}(橙色) = Fe^{3+} + SCN^-$$

$$Ag^+ + SCN^- = AgSCN(白色)\downarrow$$

直到被转化出来的$[Cl^-]$为$[SCN^-]$的180倍，转化作用才停止。为避免沉淀转化作用现象的发生，在AgCl沉淀完全后，加入NH_4SCN标准溶液之前，加入1～2 mL 1,2－二氯乙烷有机溶剂，使AgCl沉淀进入1,2－二氯乙烷液层中不与SCN^-接触。充分摇动AgCl沉淀，使AgCl沉淀的表面覆盖一层有机溶剂，避免和阻止NH_4SCN与AgCl发生转化反应。实际应用中测定Br^-、I^-时，因为

$$K_{sp}(AgI) = 8.3\times10^{-17} < K_{sp}(AgBr) = 5.2\times10^{-13} < K_{sp}(AgSCN) = 1.2\times10^{-12}$$

所以不会发生沉淀转化。该方法的优点是在酸性溶液中测定，可以避免一些离子干扰。

（3）测定条件

①介质条件。在强酸性溶液中进行，用0.1～1 $mol\cdot L^{-1}$稀硝酸控制酸度，如果酸度过低，Fe^{3+}将水解形成$Fe(OH)_2^+$、$Fe(OH)^+$等深色配合物而影响终点观察，碱度更大时，甚至还析出$Fe(OH)_3$沉淀。

②返滴定法测定Cl^-时，要注意沉淀转化。可采取过滤、加有机溶剂、利用高浓度Fe^{3+}

作指示剂等措施予以防止。

③除去干扰物质。例如强氧化剂、氮的氧化物、铜盐、汞盐都与 SCN^- 作用而干扰测定。

3. 法扬司（Fajans）法

用吸附指示剂（如荧光黄、曙红等）指示滴定终点的银量法称为“法扬司法”。吸附指示剂是一类有机染料，在溶液中能被胶体沉淀表面吸附，发生结构的改变，从而引起颜色的变化，指示滴定终点的到达。

（1）吸附指示剂的变色原理

以测定 Cl^- 含量为例，用 $AgNO_3$ 标准溶液测定 Cl^-，生成 AgCl 沉淀，以荧光黄指示剂为吸附指示剂。

反应开始时：

$$\underset{\text{荧光黄（无色）}}{HFI} = H^+ + \underset{\text{（黄绿色）}}{FI^-}$$

$$Ag^+ + Cl^- = \underset{\text{（白色胶状沉淀）}}{AgCl\downarrow}$$

荧光黄为有机酸，在溶液中可解离为黄绿色的 FI^-，但若溶液的酸度太大，将抑制其解离，使终点不敏锐。所以，滴定介质的酸度主要由吸附指示剂的解离常数决定。

到达理论终点前，由于样品中的 Cl^- 仍大量存在，AgCl 胶状沉淀的表面吸附未被滴定的 Cl^-，形成带有负电荷的胶粒（$\{(AgCl)_m\}\cdot Cl^-$），荧光黄的阴离子 FI^- 受排斥而不被吸附，溶液呈现荧光黄阴离子的黄绿色。

到达理论终点后，由于溶液中的 Ag^+ 过量，AgCl 胶状沉淀的表面吸附 Ag^+，形成带有负电荷胶粒（$\{(AgCl)_m\}\cdot Ag^+$），荧光黄的阴离子 FI^- 被带正电荷胶体吸引，此时滴定过程中溶液由黄绿色变为粉红色，指示滴定终点的到达。

$$\{(AgCl)_n\}\cdot Ag^+ + FI^- = \underset{\text{（粉红色）}}{\{(AgCl)_n\}Ag\cdot FI}$$

（2）测定条件

①吸附指示剂颜色的变化发生在胶体表面，因此应尽量使胶体沉淀的表面积大一些，防止沉淀凝聚。

②必须控制适当酸度，以使吸附指示剂解离出更多的阴离子。

③滴定过程中应尽量避免强光照射，否则 AgCl 分解出金属银黑色沉淀。

（3）常用吸附指示剂及其配制方法

以 $AgNO_3$ 标准溶液作为滴定剂时，常用吸附指示剂及其配制方法列于表 1－10。

表 1－10　常用吸附指示剂及其配制方法

名称	终点颜色变化	溶液 pH 范围	被测定离子	配制方法
荧光黄	黄绿→分红	7～10	Cl^-	0.2%乙醇溶液
溴酚蓝	黄绿→蓝色	5～6	Cl^-、I^-	0.1%水溶液
二氯荧光黄	黄绿→红色	4～10	Cl^-、Br^-、I^-、SCN^-	0.1%乙醇（70%）溶液
曙红	橙色→深红色	2～10	Br^-、I^-、SCN^-	0.1%乙醇（70%）溶液

三、沉淀滴定法标准溶液的制备

1. $AgNO_3$标准溶液的配制和标定

（1）配制

$AgNO_3$标准溶液可用符合要求的 $AgNO_3$ 基准试剂直接配制。但市售 $AgNO_3$ 常含有 Ag、Ag_2O、游离硝酸和亚硝酸等，一般都只能间接配制，然后用基准 NaCl 来标定。配制 $AgNO_3$ 的蒸馏水应不含 Cl^-，配好的溶液应存于棕色瓶，置于暗处，避免日光照射。

（2）标定

以 NaCl 作基准物，用摩尔法标定，以 K_2CrO_4为指示剂，溶液呈现砖红色即为终点，标定反应为

$$Cl^- + Ag^+ = AgCl\downarrow$$

$$CrO_4^{2-} + 2Ag^+ = Ag_2CrO_4\text{(砖红色)}\downarrow$$

2. NH_4SCN 标准溶液的配制和标定

（1）配制

市售 NH_4SCN 因常含有硫酸盐、硫化物等杂质，并且易潮解，因此只能用间接法配制，然后用基准试剂 $AgNO_3$标定其准确浓度，也可称取一定量已标定好的 $AgNO_3$标准滴定溶液，用 NH_4SCN 溶液直接滴定。

（2）标定

NH_4SCN 溶液用佛尔哈德法标定，以 $AgNO_3$基准试剂或取一定量标定好的 $AgNO_3$标准滴定液，用 NH_4SCN 溶液直接滴定。标定反应为

$$Ag^+ + SCN^- = AgSCN\text{(白色)}\downarrow$$

$$Fe^{3+} + SCN^- = (FeSCN)^{2+}\text{(红色)}$$

四、沉淀滴定法的应用实例

1. 生理盐水中氯化钠含量的测定——莫尔法

氯化钠的测定采用莫尔法，根据分步沉淀的原理，溶解度小的 AgCl 先沉淀，溶解度大的 Ag_2CrO_4后沉淀，适当控制 K_2CrO_4指示液的浓度，使 AgCl 恰好完全沉淀后立即出现砖红色 Ag_2CrO_4沉淀，指示滴定终点的到达。

化学计量点前：$Ag^+ + Cl^- = AgCl\downarrow$

化学计量点时：$2Ag^+ + CrO_4^{2-} = Ag_2CrO_4\text{(砖红色)}\downarrow$

其他如食品盐含量，以及土壤、化肥、农药、三废、化工（氯碱）、冶金工业（电镀电解液）、氯化物中 Cl^-含量测定等，也可使用此法。

2. 银精矿中银含量的测定——佛尔哈德法

将银精矿试样经灼烧，加酸溶解至透明为止，以铁铵矾为指示剂，用 NH_4SCN 标准溶液滴定至溶液呈浅红色为终点。

3. 溴化钾含量的测定——法扬司法

KBr 含量可用吸附指示剂法测定，在 HAc 酸化条件下，用曙红作指示剂，用 $AgNO_3$标准滴定溶液滴定至溶液由橙色变深红色为终点。

$(AgBr)\cdot Br^-$	+	EO^-	$\longrightarrow$	$(AgBr)\cdot AgEO$
计量点前胶粒（溶液橙色）		曙红离子		计量点后（深红色凝胶状沉淀）

1.5 重量分析法

一、概述

重量分析法一般是将被测组分与试样中的其他组分分离后，转化为一定的称量形式，然后通过称量操作，测定试样中待测组分的质量，以确定其含量的一种分析方法。重量分析操作包括分离和称重两步，分离即先用适当的方法使被测组分与其他组分分离；称重是由称得的质量计算该组分的含量。

1. 重量分析法的分类

根据分离方法的不同，重量分析法可分为挥发法（气化法）、沉淀重量分析法及其他方法。

（1）挥发法

该法是将一定量的样品采用加热或与某种试剂作用，使试样中待测组分生成挥发性的物质逸出，称量后根据样品所减少的质量计算试样中被测组分的含量；或者利用某种吸收剂将逸出的挥发性物质吸收，根据吸收剂增加的质量计算出被测组分的含量。例如样品中结晶水含量的测定。

$$试样中结晶水 \xrightarrow{\triangle} 水蒸气 \begin{cases} 试样减少质量\ \Delta m \\ 吸收剂增加质量\ \Delta m \end{cases}$$

（2）沉淀重量分析法

这种方法是利用沉淀反应使待测组分以难溶化合物的形式沉淀出来，经过滤、洗涤、干燥或灼烧，然后进行称量，计算待测组分的含量。例如，测定试样中的钡含量时，可以在制备好的溶液中加入过量稀硫酸，使生成 $BaSO_4$沉淀，根据所得沉淀的质量即可求出试样中钡的质量分数。测定 Mg 含量时，在氨性条件下加入磷酸钠，使生成磷酸铵镁沉淀，经过滤、洗涤和灼烧后，转化为焦磷酸镁进行称量，进而计算 Mg 含量。

$$Mg^{2+} \rightarrow \underset{沉淀形式}{MgNH_4PO_4} \xrightarrow[灼烧]{过滤洗涤} \underset{称重形式}{Mg_2P_2O_7}$$

$$Ba^{2+} \xrightarrow{H_2SO_4} BaSO_4 \xrightarrow[灼烧]{过滤洗涤} BaSO_4$$

（3）其他方法

除挥发、沉淀等方法外，根据具体情况也可利用电解、萃取等分离方法，将被测组分分离后称重，然后计算含量。例如，测定溶液中的 Cu^{2+} 含量时，可用电解方法，建立一个电解池，以 Pt 丝网作阴极，通过电解使 Cu 在阴极上析出，然后根据 Pt 丝网质量的增加计算铜含量。在水质分析中，用萃取重量法测定水中油含量的操作：

$$CCl_4\ 萃取水中的油 \longrightarrow 萃取液移到坩埚中 \xrightarrow{\triangle} 油$$

2. 重量分析法特点

重量分析法是经典的化学分析法，其优点在于可直接称量得到分析结果，而不需要从量具中取得大量数据，也不需要基准物做比较，仪器简单，准确度较高，可用于测定质量分数大于1%的常量组分，有时也用于仲裁分析。不足的是，重量分析法操作比较麻烦、费时长，不能满足实际生产上快速分析的要求，已逐渐被滴定分析法所取代。目前仅有硅、硫、磷、镍及几种稀有元素的精确测定采用重量分析法。在重要分析法中，以沉淀重量法最重要，并且应用也较多，本部分主要介绍沉淀重量法。

3. 重量分析法对沉淀的要求

试样经处理制成试液后，加入适当沉淀剂，使被测组分沉淀析出，得到的沉淀称为沉淀形式。沉淀形式应满足溶解度小、便于过滤和洗涤、纯度高和易于转化为称量形式等要求。沉淀经过滤、洗涤，在适当温度下烘干或灼烧，转化为称量形式。称量形式应满足有确定的化学组成、摩尔质量大、稳定等要求。经称量后，根据称量形式的化学式计算被测组分的质量分数。沉淀形式和称量形式可能相同，也可能不同。如用 $BaSO_4$ 重量法测定 SO_4^{2-} 时，沉淀形式和称量形式均为 $BaSO_4$；用 CaC_2O_4 重量法测定 $C_2O_4^{2-}$ 时，沉淀形式为 $CaC_2O_4 \cdot H_2O$，沉淀经灼烧后转化为 CaO，沉淀形式与称量形式不相同。沉淀形式和称量形式在重量分析中对分析结果的准确度有着十分重要的影响，因此对这两种形式都有具体的要求。

重量分析法对沉淀形式的要求：一是沉淀的溶解度要小，一般要求溶解损失小于等于0.02 mg；二是沉淀必须纯净，否则结果偏高；三是沉淀应易于过滤和洗涤。对称量形式的要求：一是称量形式必须组成一定；二是称量形式必须有足够的稳定性；三是称量形式应具有较大的相对分子质量。这就要求选择适宜的沉淀条件和沉淀剂。

例如，称取含铝试样0.500 0 g，溶解后用8－羟基喹啉沉淀，烘干后称得 $Al(C_9H_6NO)_3$ 质量为0.328 0 g，计算样品中铝的质量分数。若将所得沉淀灼烧成 Al_2O_3，其称重形式为多少克?

称量形式为 $Al(C_9H_6NO)_3$ 时，

$$w(Al)=\frac{m\times\dfrac{m(Al)}{m[Al(C_9H_6NO)_3]}}{G}\times100\%=\frac{0.328\ 0\ g\times0.058\ 73}{0.500\ 0\ g}\times100\%=3.85$$

同量的 Al，若以 Al_2O_3 形式称重时，

$$w(Al)=\frac{m\times\dfrac{2m(Al)}{m(Al_2O_3)}}{G}\times100\%=\frac{m\times0.529\ 3}{0.500\ 0\ g}\times100\%=3.85$$

则 $m=0.036\ 4$，由此可见，称量形式摩尔质量大的，所造成的称量误差较小，有利于少量组分的测定。

二、沉淀条件和沉淀剂的选择

沉淀按其物理性质不同，大致分为晶形沉淀和非晶形沉淀（又称无定形沉淀）两大类。晶形沉淀是指具有一定形状的晶体，它由较大的沉淀颗粒组成，内部排列规则有序，结构紧密，吸附杂质少，极易沉降，有明显的晶面。如 $BaSO_4$、CaC_2O_4 等是典型的晶形沉淀。非晶形沉淀是指无晶体结构特征的一类沉淀，它由许多聚集在一起的微小颗粒组成，内部排列杂乱无序、结构疏松，常常是体积庞大的絮状沉淀，不能很好地沉降，无明显的晶面。如 $Fe_2O_3 \cdot xH_2O$ 等是典型的无定形沉淀。

晶形沉淀：$d=0.1\sim1\ \mu m$，如 $MgNH_4PO_4$、$BaSO_4$。

絮凝状沉淀：$d = 0.02 \sim 0.1\ \mu m$，如 AgCl。

无定形沉淀：$d < 0.02\ \mu m$，如 $Fe_2O_3 \cdot nH_2O$。

沉淀形成的过程包括晶核形成和晶核长大两个过程。晶核的形成是指溶液呈过饱和态时，构晶离子在一定条件下可自发缔合成包含一定数目的构晶离子的晶核。晶核的长大是指晶核形成后，构晶离子向晶核扩散，晶核逐渐长大，最终成为沉淀微粒。这种沉淀微粒相互聚集在一起，便形成无定形沉淀；若构晶离子按一定规则在沉淀微粒表面沉积，便会形成晶形沉淀。在不同的沉淀条件下，同种物质可以形成无定形沉淀，也可以形成晶形沉淀。

1. 沉淀条件控制

适当的沉淀条件可使沉淀完全、纯净，易于过滤和洗涤。

（1）晶形沉淀的沉淀条件

为了获得易于过滤、洗涤的纯净的较大颗粒晶形沉淀，选择稀、热、搅、慢、陈化的沉淀条件，即应该控制适当的沉淀条件：

①较小的过饱和度；

②沉淀应在稀溶液中进行；

③在不断的搅拌下将沉淀剂缓慢地加入热溶液中；

④选择合适的沉淀剂；

⑤进行陈化。

（2）非晶形沉淀物的沉淀条件

非晶形沉淀物含水多，结构疏松，吸附和包藏的杂质较多。为此，应选择浓、快、搅、热、加电解质、不必陈化的沉淀条件，即选择沉淀方法：

①在较浓的溶液中进行沉淀，沉淀剂加入的速度要快些；

②在热溶液中及电解质存在下进行沉淀；

③趁热过滤、洗涤沉淀物，不必陈化；

④必要时应进行再沉淀。

2. 沉淀剂的选择

①沉淀剂应为易挥发或易分解的物质。

②沉淀剂应具有较高的选择性。这就是说，沉淀剂只能和被测组分生成沉淀，或在一定条件下（如控制溶液 pH 等）只和被测组分生成沉淀。这样可以直接进行测定，省掉了除去干扰离子的分离手续。

③沉淀剂的纯度要高，且易于保存。

目前有机沉淀剂的使用越来越广泛。因为它具有较大的相对分子质量和较高的选择性，形成的沉淀具有较小的溶解度，并具有鲜艳的颜色和便于洗涤的结构，也容易转化为称量形式。使用有机沉淀剂不仅能够降低沉淀的溶解度，还可以减少共沉淀现象及形成混晶的概率。

三、重量分析法的基本操作

重量分析法的主要操作过程如下：样品的溶解、沉淀、沉淀的过滤和洗涤、沉淀物的烘干和灼烧、称量及结果计算。

1. 沉淀物的生成

①试样溶解。将试样溶解制成溶液，根据不同性质的试样选择适当的溶剂。对于不溶于水的试样，一般采用酸溶法、碱溶法或熔融法。

②沉淀。在试样溶液中加入适当的沉淀剂，使其与待测组分迅速定量反应，生成难溶化

合物沉淀。

2. 沉淀物的过滤和洗涤

过滤是使沉淀从溶液中分离出来的一种方法。过滤常用的器皿有滤纸、微孔玻璃坩埚和古氏坩埚三种。用滤纸过滤采用的方法是常压过滤法，用后两种过滤器过滤，则采用减压过滤法。洗涤沉淀的目的是除去混杂在沉淀中的母液和吸附在沉淀表面的杂质。洗涤时，要选择适当的洗涤溶液，以防沉淀物溶解或形成胶体，洗涤沉淀要采用少量多次洗法。

3. 沉淀物的烘干和灼烧

沉淀的烘干和灼烧是获得沉淀称量形式的重要操作步骤。通常在250 ℃以下的热处理叫烘干。烘干可除去沉淀物的水分和挥发物质，同时使沉淀物组成达到恒定。250 ℃以上至1 200 ℃的热处理叫灼烧。灼烧的目的是烧去滤纸，除去沉淀物附着的洗涤剂，将沉淀烧成符合要求的称量形式。

四、重量分析法的应用

1. 食品中水分含量的测定

当食品中的水分受热以后，产生的蒸气压高于在电热干燥箱中的空气分压，从而使食品中的水分被蒸发出来。食品干燥的速度取决于这个压差的大小。同时，由于不断地供给热能及不断地排走水蒸气，从而达到完全干燥的目的。食品中的水分一般是指在（100 ± 5）℃直接干燥的情况下所失去物质的总量。此法适用于在95 ~ 105 ℃下不含或含其他挥发性物质甚微的食品。

2. $BaCl_2$的测定

测定样品中 $BaCl_2$ 的含量时，一般是在样品溶液中加入 SO_4^{2-}，使其生成 $BaSO_4$ 沉淀，即

$$Ba^{2+} + SO_4^{2-} = BaSO_4 \downarrow$$

根据硫酸钡（沉淀）的质量计算氯化钡的含量。

测定时注意，SO_4^{2-}沉淀 Ba^{2+}时，易使阴离子发生共沉淀，可在沉淀之前加入 HCl 蒸发除去 NO_3^-等阴离子，余下的 Cl^-可用稀硫酸溶液洗涤，直至无 Cl^-为止。为使滤纸在烘干时不致炭化，应在洗去 Cl^-后的滤纸上再用 NH_4NO_3稀溶液洗去滤纸上附着的酸。滤纸未灰化前，温度不要太高，以免沉淀颗粒随着火焰飞散而造成结果偏低。

3. 水不溶物的测定

水不溶物的测定在大多数化工产品质量检验中都要进行，它主要是测定试样中不溶于水的物质的含量。原理很简单，通常是这样测定的：

首先洗净一个 G_4玻璃砂芯坩埚，置于烘箱中于105 ~ 110 ℃烘至恒重。然后称取约50 g（称准至0.01 g）试样于400 mL烧杯中，加入约200 mL的沸水进行减压过滤，用热水进行洗涤（检查洗涤效果），再将玻璃砂芯坩埚置于烘箱中于105 ~ 110 ℃烘至恒重，然后按式（1 – 17）进行计算。

$$w(\text{水不溶物}) = \frac{m_1 - m_2}{m_s} \times 100\% \qquad (1-17)$$

式中，m_1——过滤后玻璃砂芯坩埚的质量，g；

m_2——过滤前玻璃砂芯坩埚的质量，g；

m_s——待测样品的质量，g。

复习思考题

1. 溶液的 pH 和 pOH 之间有什么关系？
2. 什么叫缓冲溶液？举例说明缓冲溶液的组成。
3. 缓冲溶液的 pH 取决于哪些因素？
4. 酸碱滴定法的实质是什么？酸碱滴定有哪些类型？
5. 酸碱指示剂为什么能变色？什么叫指示剂的变色范围？
6. 酸碱滴定曲线说明什么问题？什么叫 pH 突跃范围？在各种不同类型的滴定中，为什么突跃范围不同？
7. 什么叫混合指示剂？举例说明使用混合指示剂的优点。
8. 某溶液滴入酚酞为无色，滴入甲基橙为黄色，指出该溶液的 pH 范围。
9. 酸碱滴定法测定物质含量的计算依据是什么？
10. 氧化还原反应的实质是什么？
11. 什么叫氧化还原电对？举例说明如何表示。
12. 说明什么叫电极电位、标准电极电位、条件电极电位，它们之间有什么区别？
13. 氧化还原滴定曲线和酸碱滴定曲线有何异同点？
14. 选择氧化还原指示剂的依据是什么？
15. 氧化还原滴定法分哪几种方法？写出每种方法的基本反应式和滴定条件。
16. 如何制备 $KMnO_4$、K_2CrO_7、I_2、$Na_2S_2O_3$ 标准滴定溶液？其浓度如何计算？
17. 用 $Na_2C_2O_4$ 作为基准物质标定 $KMnO_4$ 溶液应控制什么条件？
18. EDTA 与金属离子的配合物有何特点？
19. 配合物的稳定常数 K_{MY} 与条件稳定常数 K'_{MY} 有何区别和联系？
20. 什么叫酸效应？什么叫酸效应系数？什么叫酸效应曲线？
21. EDTA 的酸效应曲线在配位滴定中有什么用途？
22. 为什么在配位滴定中必须控制好溶液的酸度？
23. 为什么叫金属指示剂？金属指示剂的变色原理是什么？金属指示剂必须具备哪些条件？
24. 用 EDTA 标准滴定溶液准确滴定单一金属离子的条件是什么？
25. 讨论配位滴定曲线有什么意义？影响滴定突跃范围大小的主要因素是什么？
26. 在测定 Bi^{3+}、Pb^{2+}、Al^{3+} 和 Mg^{2+} 混合溶液中的 Pb^{2+} 含量时，其他3种离子是否有干扰？为什么？
27. 什么叫分级沉淀？试用分级沉淀的现象说明莫尔法的依据。
28. 佛尔哈德法的反应条件有哪些？
29. 吸附指示剂的作用原理是什么？
30. 什么叫重量分析？如何分类？
31. 重量分析对沉淀形式和称量形式有什么要求？
32. 沉淀按其物理性质不同，大致分为哪些类型？各有什么特点？
33. 晶形沉淀的沉淀条件是什么？

34. 非晶形沉淀的沉淀条件是什么？

35. 在用 H_2SO_4 沉淀 Ba^{2+} 时，怎样使阴离子不发生共沉淀？

36. 计算下列溶液的 pH：

①0.1 mol·L^{-1}HAc 和 0.1 mol·L^{-1}NaOH 等体积混合溶液；

②$c(NH_3)$ = 0.01 mol·L^{-1}氨水和 0.01 mol·L^{-1}HCl 等体积混合溶液；

③0.1 mol·L^{-1}HAc 和 0.1 mol·L^{-1}NaAc 等体积混合溶液；

④50 mL 0.30 mol·L^{-1}HAc 与 25 mL 0.20 mol·L^{-1}NaOH 的混合溶液；

⑤0.1 mol/L $NaHCO_3$ 溶液（$K_{a1} = 4.2 \times 10^{-7}$、$K_{a2} = 5.6 \times 10^{-11}$）。

（参考答案：8.72；5.78；4.74；4.45；8.31）

37. 1.000 L 溶液中含纯 H_2SO_4 4.904 g，则此溶液的物质的量浓度 $c(1/2H_2SO_4)$ 为多少？（参考答案：0.1 mol·L^{-1}）

38. 欲配制 pH = 5.0 的 HAc – NaAc 缓冲溶液 1 000 mL，已称取 NaAc·$3H_2O$ 100 g，问需加浓度为 15 mol·L^{-1}的冰醋酸多少毫升？（参考答案：27.2 mL）

39. 应称取多少克邻苯二甲酸氢钾来配制 500 mL 0.100 0 mol·L^{-1}的溶液？准确移取上述溶液 25.00 mL 用于标定 NaOH 溶液，消耗 $V(NaOH)$ = 24.84 mL，问 $c(NaOH)$ 应为多少？（参考答案：10.21 g；0.100 6 mol·L^{-1}）

40. 将 25.00 mL 食醋样品（ρ = 1.06 g·mL^{-1}）准确稀释至 250.0 mL，每次取 25.00 mL，以酚酞为指示剂，用 0.090 00 mol·L^{-1}NaOH 溶液滴定，结果平均消耗 NaOH 溶液 21.25 mL，计算醋酸的质量分数。（参考答案：4.334%）

41. 称取混合碱样品 0.683 9 g，以酚酞为指示剂，用 0.200 0 mol·L^{-1}HCl 标准滴定溶液滴定至终点，用去 HCl 溶液 23.10 mL，再加甲基橙指示剂继续滴定至终点，又消耗 HCl 溶液 26.81 mL，求混合碱的组成及各组分的质量分数。（参考答案：$w(NaHCO_3)$ = 9.11%，$w(Na_2CO_3)$ = 71.60%）

42. 称取基准物 Na_2CO_3 0.158 0 g，标定 HCl 溶液的浓度，消耗 HCl 溶液 24.80 mL，此 HCl 溶液的浓度为多少？（参考答案：0.120 2 mol/L）

43. 称取 0.328 0 g $H_2C_2O_4 \cdot 2H_2O$ 标定 NaOH 溶液，消耗 NaOH 溶液 25.78 mL，求 $c(NaOH)$ 为多少？（参考答案：0.201 8 mol/L）

44. 用硼砂（$Na_2B_4O_7 \cdot 10H_2O$）0.470 9 g 标定 HCl 溶液，滴定至化学计量点时，消耗 25.20 mL，求 $c(HCl)$ 为多少？（提示：$Na_2B_4O_7 + 2HCl + 5H_2O = 4H_3BO_3 + 2NaCl$）（参考答案：0.097 99 mol·$L^{-1}$）

45. 称取 $CaCO_3$ 试样 0.250 0 g，溶解于 25.00 mL 0.200 6 mol·L^{-1}的 HCl 溶液中，过量 HCl 用 15.50 mL 0.205 0 mol·L^{-1}的 NaOH 溶液进行返滴定，求此试样中 $CaCO_3$ 的质量分数。（参考答案：73.57%）

46. 用基准物 Na_2CO_3 标定 0.1 mol·L^{-1}HCl 溶液，若消耗 HCl 溶液 30 mL，则应称取 Na_2CO_3 多少克？（参考答案：0.318 g）

47. 称取草酸（$H_2C_2O_4 \cdot 2H_2O$）0.380 8 g，溶于水后用 NaOH 标准滴定溶液滴定，终点时消耗 NaOH 溶液 24.56 mL，则 NaOH 溶液的物质的量浓度为多少？（参考答案：0.460 mol·L^{-1}）

48. 将1.000 g钢样中的S转化成SO_3，然后用50.00 mL 0.010 00 mol·L^{-1}NaOH溶液吸收，过量的NaOH再用0.014 00 mol·L^{-1}HCl溶液滴定，用去22.65 mL，计算钢样中S的含量。(参考答案：0.29%)
49. MnO_4^-在酸性溶液中的半反应为$MnO_4^- + 8H^+ + 5e^- \rightarrow Mn^{2+} + 4H_2O$，$\varphi^{\theta}_{MnO_4^-/Mn^{2+}} =$ 1.51 V，已知$c(MnO_4^-) = 0.10$ mol·L^{-1}，$c(Mn^{2+}) = 0.001$ mol/L，$c(H^+) =$ 1.0 mol·L^{-1}，计算该电对的电极电位。(参考答案：1.53 V)
50. 称取基准物质$Na_2C_2O_4$ 0.100 0 g，标定$KMnO_4$溶液时用去24.85 mL，计算$KMnO_4$溶液的浓度$c(1/5KMnO_4)$。(参考答案：0.089 38 mol·L^{-1})
51. 称取铁矿石0.200 0 g，经处理后，滴定时消耗$c(1/6K_2CrO_7) = 0.100\ 0$ mol·L^{-1}的K_2CrO_7标准滴定溶液24.82 mL，计算铁矿石中铁的含量。(参考答案：69.496%)
52. 用$KMnO_4$法测定工业硫酸亚铁的含量，称取样品1.354 5 g，溶解后，在酸性条件下用$c(1/5KMnO_4) = 0.092\ 80$ mol·L^{-1}的高锰酸钾溶液滴定时，消耗37.52 mL，求$FeSO_4 \cdot 7H_2O$的含量（质量分数）。(参考答案：71.46%)
53. 称取纯$K_2Cr_2O_7$ 0.490 3 g，用水溶解后，配成100.0 mL溶液。取出此溶液25.00 mL，加入适量H_2SO_4和KI，滴定时消耗24.95 mL $Na_2S_2O_3$溶液，计算$Na_2S_2O_3$溶液物质的量浓度。(参考答案：0.100 2 mol·L^{-1})
54. 称取0.200 0 g含铜样品，用碘量法测定含铜量，如果析出的碘需要用20.00 mL 0.1 mol·L^{-1}的硫代硫酸钠标准滴定溶液滴定，求样品中铜的质量分数。(参考答案：63.5%)
55. 称取含MnO_2的试样0.500 0 g，在酸性溶液中加入0.602 0 g $Na_2C_2O_4$，过量的$Na_2C_2O_4$在酸性介质中用28.00 mL $c(1/5KMnO_4) = 0.020\ 00$ mol·L^{-1}的$KMnO_4$溶液滴定，求试样中MnO_2的含量。(参考答案：73.25%)
56. 称取$Na_2SO_3 \cdot 5H_2O$试样0.387 8 g，将其溶解，加入50.00 mL $c(1/2I_2) =$ 0.097 70 mol·L^{-1}的I_2溶液处理，剩余的I_2需要用0.100 8 mol·$L^{-1}$$Na_2SO_3$标准滴定溶液25.40 mL滴定至终点，计算试样中Na_2SO_3的含量。(参考答案：37.78%)
57. 称取软锰矿0.321 6 g，分析纯$Na_2C_2O_4$ 0.368 5 g，共置于同一烧杯中，加入H_2SO_4，并加热；待反应完全后，用0.024 mol·$L^{-1}$$KMnO_4$溶液滴定剩余的$Na_2C_2O_4$，消耗$KMnO_4$溶液11.26 mL。计算软锰矿中$MnO_2$的质量分数。(参考答案：56.08%)
58. 称取含有苯酚的试样0.500 0 g，溶解后加入0.100 0 mol·$L^{-1}$$KBrO_3$溶液（其中含有过量KBr）25.00 mL，并加HCl酸化，放置。待反应完全后，加入KI。滴定析出的I_2消耗了0.100 3 mol/L $Na_2S_2O_3$溶液29.91 mL。计算试样中苯酚的含量。(参考答案：37.64%)
59. 量取H_2O_2的试液3.00 mL置于250 mL容量瓶中，加水稀释至刻度，摇匀后吸出25.00 mL置于锥形瓶中，加硫酸酸化后，用$c(1/5KMnO_4) = 0.136\ 6$ mol·L^{-1}的高锰酸钾标准溶液滴定至终点，消耗了35.86 mL，试计算试液中H_2O_2的含量（g/L）。(参考答案：277.7 g/L)

60. 计算 pH =4 和 pH =6 时的 $\lg K'_{MgY}$ 值。(参考答案：0.26；4.05)

61. 称取含钙样品 0.200 0 g，用 HCl 溶解后配成 100.0 mL 溶液。取出 25.00 mL 溶液，用 0.020 0 mol/L EDTA 标准滴定溶液滴定，用去 15.40 mL，求样品中 CaO 的含量。(参考答案：33.69%)

62. 称取基准 ZnO 0.200 0 g，用 HCl 溶解后，标定 EDTA 溶液，用去 24.00 mL，求 EDTA标准滴定溶液的浓度。(参考答案：0.102 4 mol/L)

63. 称取纯 $CaCO_3$ 0.420 6 g，用 HCl 溶解后移入 500 mL 容量瓶中，稀释至刻度。摇匀后取出 50.00 mL，在 pH =12 时，加入钙指示剂，用 EDTA 溶液滴定至终点，消耗 38.84 mL。计算：
①EDTA 标准滴定溶液的浓度（$mol \cdot L^{-1}$）及滴定度 T（CaO/EDTA）。
②配制 1 L 这种浓度的溶液需称取 $Na_2H_2Y \cdot 2H_2O$ 多少克？
(参考答案：0.010 8 $mol \cdot L^{-1}$、0.606 4 $mg \cdot mL^{-1}$；4.03 g)

64. 称取 ZnO 试样 0.100 0 g，加水和盐酸溶液，调节溶液的 pH =10，用铬黑 T 作指示剂，以 0.050 00 $mol \cdot L^{-1}$ EDTA 标准滴定溶液滴定至溶液由红色变为蓝色，消耗 24.01 mL，计算 ZnO 的纯度。(参考答案：97.70%)

65. 移取 50.00 mL 含 Fe^{3+} 的试液，在 pH =2.0 时以磺基水杨酸为指示剂，用 0.012 0 $mol \cdot L^{-1}$ EDTA 标准滴定溶液滴定至溶液由紫红色变为淡黄色，消耗 13.70 mL。计算 Fe^{3+} 的浓度（$mg \cdot L^{-1}$）。(参考答案：184.128 $mg \cdot L^{-1}$)

66. 对于某试剂厂生产的无水 $ZnCl_2$，现采用 EDTA 滴定法测定产品中 $ZnCl_2$ 的含量。称样 0.260 0 g，溶于水后控制溶液的 pH = 6.0，以二甲酚橙为指示剂。用 0.102 5 $mol \cdot L^{-1}$ EDTA 标准滴定溶液滴定 Zn^{2+}，用去 18.60 mL，计算样品中 $ZnCl_2$ 的含量。(参考答案：99.94%)

67. 测定无机盐中的 SO_4^{2-}，称取样品 3.0 g，溶解后稀释至 250.00 mL。移取 25.00 mL 溶液，加入 0.050 00 $mol \cdot L^{-1}$ $BaCl_2$ 溶液 25.00 mL，加热使之沉淀后，用 0.020 00 $mol \cdot L^{-1}$ EDTA标准滴定溶液滴定剩余的 Ba^{2+}，用去 17.15 mL，计算样品中 SO_4^{2-} 的含量。(参考答案：29.02%)

68. 测定铝盐中铝含量时，称取试样 0.255 5 g，溶解后加入 50.00 mL 0.050 18 $mol \cdot L^{-1}$ 的 EDTA 标准滴定溶液，加热煮沸，冷却后调节溶液的 pH =5.00。以二甲酚橙为指示剂，用 0.020 00 $mol \cdot L^{-1}$ 的 $Pb(Ac)_2$ 标准滴定溶液滴定至终点，消耗 25.00 mL。求试样中铝的含量。(参考答案：0.786%)

69. 称取含铝试样 1.032 g，处理成溶液，移入 250 mL 容量瓶中，稀释至刻度，摇匀。吸取 25.00 mL，加入每毫升相当于 1.505 mg Al_2O_3 的 EDTA 溶液 10.00 mL，以二甲酚橙为指示剂，用 $Zn(Ac)_2$ 标准滴定溶液返滴定至紫红色为终点，消耗 12.20 mL。已知 1 mL $Zn(Ac)_2$ 溶液相当于 0.68 mL EDTA 溶液，求试样中铝的含量（以 Al_2O_3 计）。(参考答案：2.460%)

70. 计算用 0.02 $mol \cdot L^{-1}$ EDTA 滴定 0.02 $mol \cdot L^{-1}$ Cu^{2+} 的最高允许酸度。(参考答案：2.91)

71. 计算 pH =5.0 时 Co^{2+} 和 EDTA 配合物的条件稳定常数（不考虑水解等副反应）。当

Co^{2+}浓度为0.02 mol·L^{-1}时，能否用EDTA准确滴定？（参考答案：9.86）

72. 称取铝盐试样1.250 0 g，溶解后加0.050 mol·L^{-1}EDTA溶液25.00 mL，在适当条件下反应后，调节溶液pH为5~6。以二甲酚橙为指示剂，用0.020 mol·$L^{-1}$$Zn^{2+}$标准溶液回滴过量的EDTA，消耗$Zn^{2+}$标准溶液21.50 mL。计算铝盐中铝的质量分数。（参考答案：1.77%）
73. 测定水总硬度时，吸取水样100.00 mL，以EBT为指示剂，在pH=10的氨缓冲溶液中用去0.010 00 mol·L^{-1}EDTA标准溶液2.14 mL。计算水的硬度（以CaO计，用mg·L^{-1}表示）。（参考答案：12.0 mg·L^{-1}）
74. 测定某试液中Fe^{2+}、Fe^{3+}的含量。吸取25.00 mL该试液，在pH=10时，用浓度为0.015 00 mol·L^{-1}的EDTA标准溶液滴定，耗用15.40 mL，调至pH=6，继续滴定，又耗用溶液体积14.10 mL，计算两者的浓度（以mg/mL表示）。（参考答案：$c(Fe^{2+})$=0.516 0 mg·mL^{-1}；$c(Fe^{3+})$=0.472 4 mg·mL^{-1}）
75. 将40.00 mL 0.102 0 mol·L^{-1} $AgNO_3$溶液加到25.00 mL $BaCl_2$溶液中，剩余的$AgNO_3$溶液需用15.00 mL 0.098 00 mol·L^{-1} NH_4SCN溶液返滴定，问25.0 mL $BaCl_2$溶液中含$BaCl_2$质量为多少？（参考答案：0.271 8 g）
76. 某溶液含有Ag^{2+}、Ba^{2+}、Sr^{2+}、Pb^{2+}等离子，其浓度均为0.1 mol/L，问滴加K_2CrO_4溶液时，通过计算说明上述离子开始沉淀的顺序。（参考答案：Pb^{2+}→Ag^{2+}→Ba^{2+}→Sr^{2+}）
77. 将2.318 2 g纯$AgNO_3$配成500.00 mL溶液，取出25.00 mL溶液置于250 mL容量瓶中，稀释至刻度，求所得$AgNO_3$溶液的浓度。（参考答案：0.002 729 mol·L^{-1}）
78. 称取银合金试样0.300 0 g，溶解后制成溶液，加入铁铵矾指示剂，用0.100 0 mol·L^{-1}的NH_4SCN标准溶液滴定，用去23.80 mL，计算试样中的银含量。（参考答案：85.58%）
79. 称取可溶性氯化物样品0.226 6 g，加入30.00 mL 0.112 1 mol·L^{-1}的$AgNO_3$标准溶液，过量的$AgNO_3$用0.118 5 mol·L^{-1}的NH_4SCN标准溶液滴定，用去6.50 mL。计算试样中氯的质量分数。（参考答案：40.62%）
80. 称取NaCl 0.125 6 g，溶解后调节一定的酸度，加入30.00 mL $AgNO_3$标准溶液，过量的Ag^+需用3.20 mL NH_4SCN标准滴定溶液滴定至终点。已知滴定20.00 mL $AgNO_3$溶液需用19.85 mL NH_4SCN溶液，试计算$c(AgNO_3)$和$c(NH_4SCN)$各为多少？（参考答案：0.080 17 mol·L^{-1}；0.807 8 mol·L^{-1}）
81. 纯的KCl和KBr的混合样品0.305 6 g，溶于水后，以K_2CrO_4为指示剂，用$c(AgNO_3)$=0.100 0 mol·L^{-1}的$AgNO_3$标准溶液滴定，终点时用去30.25 mL，试求该混合物中KCl和KBr的质量分数。（参考答案：w(KCl)=34.13%；w(KBr)=65.87%）
82. 计算下列化学因素：

①由Al_2O_3的质量求Al的质量；

②由$Mg_2P_2O_7$的质量求MgO的质量；

③由$(NH_4)_3PO_4 \cdot 12MoO_3$的质量求P和$P_2O_3$的质量。

（参考答案：0.529 4 g；0.359 5 g；0.016 55 g；0.037 89 g）

83. 称取 $BaCl_2$样品 0.480 1 g，用沉淀重量分析法分析后得 $BaSO_4$沉淀 0.457 8 g，计算样品中 $BaCl_2$的质量分数。(参考答案：85.08%)

84. 测定某试样中 MgO 的含量时，先将 Mg^{2+}沉淀为 $MgNH_4PO_4$，再灼烧成 $Mg_2P_2O_7$称量。若试样质量为 0.240 0 g，得到 $Mg_2P_2O_7$的质量为 0.193 0 g，计算试样中 MgO 的质量分数。(参考答案：29.12%)

85. 分析矿石中锰含量，如果 1.520 g 试样产生 0.126 0 g Mn_2O_4，试计算试样中 Mn 和 Mn_2O_3的质量分数。(参考答案：5.98%；8.63%)

第2章　仪器分析法基础知识

2.1　电位分析法

一、概述

1. 电位分析法

电位分析法是一种通过测量电池电动势来测定物质含量的分析方法。只要能测出电池电动势，就可以求出该物质的活度或浓度。

2. 电化学基础知识

（1）电对

原电池的电极（半电池）由氧化态物质和对应的还原态物质所构成（有时包括导电惰性材料）。一个电极中的这一对物质称为一个氧化还原电对，简称电对，表示为：氧化态/还原态。如 Zn^{2+}/Zn、Fe^{3+}/Fe^{2+}、Cl_2/Cl^-、O_2/OH^-、$AgCl/Ag$ 等。电极反应通式为：

$$\text{A(氧化型)} + ne^- = \text{B(还原型)}$$

（2）电极电位

原电池的每一极都有自己一定的电位，以金属离子电极为例：

$$M = M^{n+} + ne^-$$

金属溶解进水中遗留下自由电子，而金属离子受金属表面负电子的吸引聚集在金属表面，达到动态平衡。双电层也就是金属和盐溶液之间产生一定的电位差，这种电位差叫作电极电位。

（3）能斯特（Nernst）方程

能斯特方程是表示电极电位与离子的活动（或浓度）的关系式。对于反应

$$aA + bB = cC + dD$$

在 298.15 K 时

$$\varphi = \varphi^{\theta} - \frac{0.059}{n}\lg\frac{[C]^c[D]^d}{[A]^a[B]^b} \tag{2-1}$$

例如，$M^{n+} + ne^- = M$ 在 298.15 K 时，

$$\varphi = \varphi^{\theta} - \frac{0.059}{n}\lg\frac{[M]}{[M^{n+}]} = \varphi^{\theta} - \frac{0.059}{n}\lg\frac{1}{[M^{n+}]} \tag{2-2}$$

（4）标准电极电位

当待测电极氧化态的活度和还原态的活度均为1时，以标准氢电极作参比，测得的电动势就是这个待测电极的标准电极电位。用符号 φ^{θ} 表示。

原电池电极间的最大电位差称为原电池的电动势。

3. 电位分析法的分类和特点

(1) 直接电位法

直接电位法：利用专用的指示电极（离子选择性电极），选择性地把待测离子的活度（或浓度）转化为电极电位加以测量，根据能斯特方程式，求出待测离子的活度（或浓度）的方法。也称为离子选择性电极法。

直接电位法的特点：①应用范围广，可用于很多阴离子、阳离子、有机物离子的测定，尤其是一些其他方法较难测定的碱金属、碱土金属离子、一价阴离子及气体的测定。②测定速度快，测定的离子浓度范围宽。③可制成传感器，用于生产流程、环境监测自动监测；可微型化，做成微电极，用于微区、血液、活体、细胞等对象的分析。

(2) 电位滴定法

电位滴定法：在滴定过程中，通过测量电位变化来确定滴定终点的方法。和直接电位法相比，电位滴定法不需要准确地测量电极电位值，因此，温度、液体界面电位的影响并不重要，其准确度优于直接电位法。普通滴定法是依靠指示剂颜色变化来指示滴定终点的，如果待测溶液有颜色或浑浊时，终点的指示就比较困难，或者根本找不到合适的指示剂。电位滴定法是靠电极电位的突跃来指示滴定终点的。在滴定到达终点前后，滴液中的待测离子浓度往往连续变化 n 个数量级，引起电位的突跃，被测成分的含量仍然通过消耗滴定剂的量来计算。

电位滴定法与普通滴定分析法的根本差别在于确定终点的方法不同，前者靠电极电位的突跃来指示滴定终点，后者靠指示剂颜色变化来指示滴定终点。

电位滴定法的特点：①准确度比化学滴定法和直接电位法的高，更适合较稀浓度溶液的滴定。②可用于化学滴定法（指示剂法）难以进行的滴定，如极弱酸、碱滴定，K_f 较小的滴定，浑浊、有色溶液的滴定。③可用于非水滴定。

4. 电位分析法基本原理

电极电位的测量需要构成一个化学电池，一个电池有两个电极，在电位分析中，将电极电位随被测物质活度变化的电极称为指示电极（发生电化学现象的电极，流过指示电极的电流很小，一般不引起溶液本体成分的明显变化）；将另一个与被测物质无关的，提供测量电位参考的电极称为参比电极（一般不极化电极，其电位无显著变化，作为测定其他电极电位的标准）。在溶液平衡体系不发生变化及电池回路零电流条件下，测得电池电动势：

$$E = \varphi_{参比} - \varphi_{指示}$$

由于 $\varphi_{参比}$ 不变，$\varphi_{指示}$ 符合能斯特方程，因此 E 的大小取决于待测物质离子活度（或浓度），从而达到分析的目的。

二、电位分析法电极

1. 参比电极

(1) 甘汞电极（$Hg|Hg_2Cl_2|KCl$）

甘汞电极是由金属汞和 Hg_2Cl_2 及 KCl 溶液组成的电极，其结构如图 2－1 所示。多孔物质是由石棉或玻璃砂芯组成的。

电极反应：

$$Hg_2Cl_2 + 2e^- = 2Hg + 2Cl^-$$

电极电位为：

$$\varphi_{甘汞} = \varphi^{\theta} - 0.059\lg\alpha_{Cl^-}$$

φ^{θ}是定值，当 Cl^- 活度一定时，$\varphi_{甘汞}$也就一定，与 H^+ 浓度无关。在 25 ℃时，饱和 KCl 溶液中的 $\varphi_{甘汞}=0.2444\ V$ 是最常用的电位值。

（2） Ag - AgCl 电极（Ag|AgCl|KCl）

将银丝镀上一层氯化银，浸于一定浓度的氯化钾溶液中，即构成 Ag - AgCl 电极，其结构如图 2 - 2 所示。

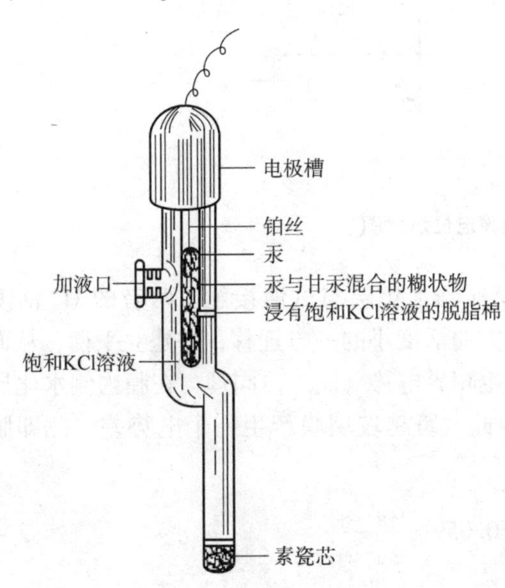

图 2 - 1　甘汞电极示意图

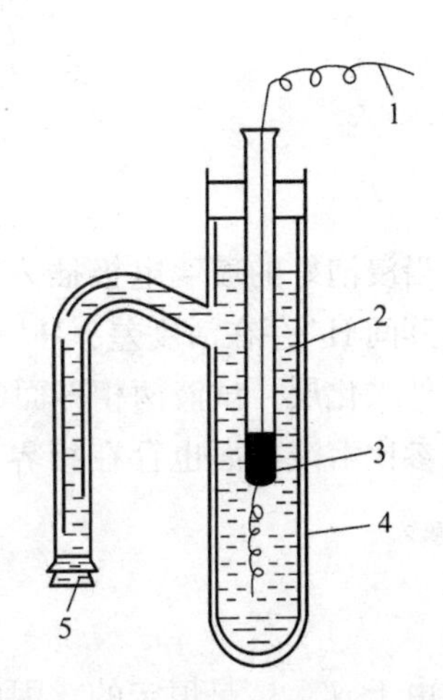

图 2 - 2　Ag - AgCl 电极示意图

1—导线；2—KCl 溶液；3—汞；
4—涂覆 AgCl 的 Ag 丝；5—多孔物质

电极反应：

$$AgCl + e^- = Ag + Cl^-$$

电极电位为：

$$\varphi_{Ag-AgCl} = \varphi^{\theta} - 0.059\lg\alpha_{Cl^-}$$

在 25 ℃下，标准 Ag - AgCl 电极 $\varphi_{AgCl-Ag}=0.2223\ V$，饱和 KCl 溶液中的 $\varphi_{AgCl-Ag}=0.2000\ V$。

2. 指示电极

指示电极的作用是指示与被测物质的浓度相关的电极电位。指示电极对被测物质的指示是有选择性的，一种电极往往只能指示一种物质的浓度。因此，用于电位分析法的指示电极的种类很多。常用的指示电极包括玻璃膜电极、离子选择性电极、气敏电极、生物电极等。

（1） 玻璃膜电极

①结构。

玻璃膜电极是对 H^+ 活度有选择性响应的电极，也是最早的一种离子选择电极，其结构如图 2 - 3 所示。

玻璃膜是由特殊成分的玻璃制成的薄膜，膜厚约50 μm。在玻璃泡中装有 pH 一定的缓冲溶液（通常为 0.1 $mol \cdot L^{-1}$ HCl 溶液），其中插入一支银 - 氯化银电极。玻璃电极中，内参比电极的电位是

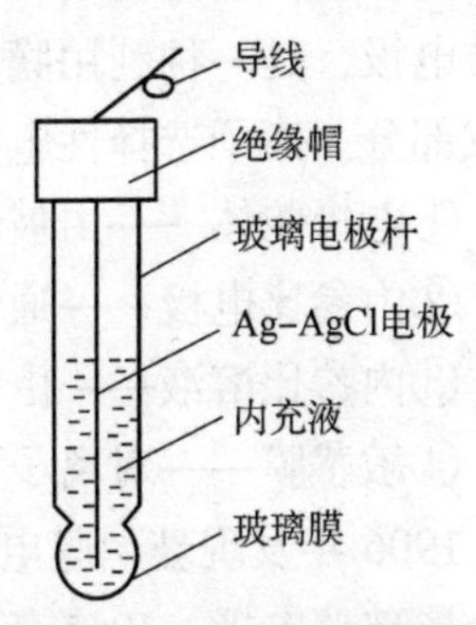

图 2 - 3　pH 玻璃膜电极

恒定的，与被测溶液的 pH 无关。

②玻璃膜电极的响应原理。

电极使用前，应在水中浸泡 24 h，浸泡时，表面的 Na^+ 与水中 H^+ 交换，形成水合硅胶层（水化层），同理，膜内表层也形成类似水化层，结构如图 2－4 所示。

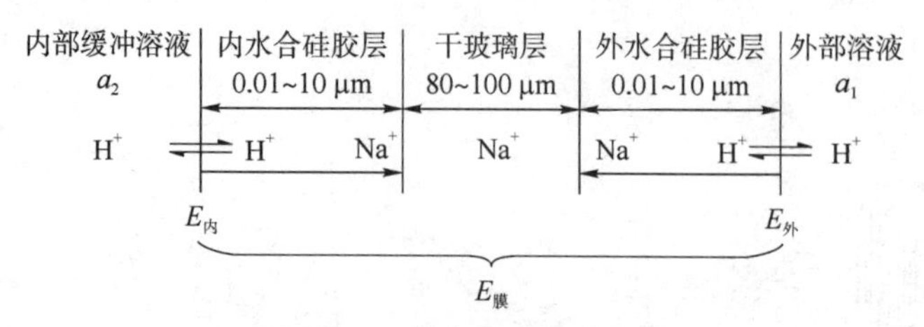

图 2－4　玻璃膜电位示意图

当浸泡好的玻璃电极插入待测试液时，膜外侧水化层与试液接触，两者的 H^+ 活度不同，其间 H^+ 存在活度差，H^+ 便从活度大的一方向活度小的一方迁移，并建立平衡，从而改变了外水化层－试液两相界面的电荷分布，产生相界电势（$\varphi_外$）。同理，在膜内侧水化层与电极参比溶液界面也存在相界电势（$\varphi_内$），因此，跨越玻璃膜产生一个电势差，此即膜电势 $\varphi_膜$。

$$\varphi_膜 = \varphi_外 - \varphi_内 = 0.059\lg \frac{\alpha_{H^+(外)}}{\alpha_{H^+(内)}} \tag{2-3}$$

由于 $\alpha_{H^+(内)}$ 是恒定的，因此

$$\varphi_膜 = K + 0.059\lg\alpha_{H^+(外)} \text{或} \varphi_膜 = K - 0.059\text{pH}$$

可见玻璃电极的膜电位 $\varphi_膜$ 与试液 pH 呈直线关系。内部缓冲溶液的 $\alpha(H^+)$ 是一定的，为常数。K 为常数，它由玻璃电极本身决定。用已知 pH 的溶液标定有关常数，则由求得的 $\varphi_膜$ 可求得待测溶液的 pH。

③Na 玻璃电极特性。

Na 玻璃电极特性（相应有 Li 玻璃等）的优点：测定结果准确，在 pH＝1～9 范围内，电极响应正常，使用最佳；不受溶液氧化剂或还原剂存在的影响；可用于有色的、浑浊的或胶态溶液的 pH 测定。缺点：存在不对称电位；存在酸差（pH<1 时，测得 pH 读数偏高）和碱差（pH>10 时，测得 pH 读数偏低）现象；容易破碎；须经常用已知 pH 缓冲溶液核对。

（2）离子选择性电极

离子选择性电极（Ion Selective Electrode，ISE）是其电极电位对离子具有选择性响应的一类电极，是一种利用膜电位测定溶液中离子活度或浓度的电化学传感器。敏感膜是其主要组成部分。离子选择性电极的构造主要包括：

①电极腔体——由玻璃或高分子聚合物材料做成；

②内参比电极——通常为 Ag/AgCl 电极；

③内参比溶液——由氯化物及响应离子的强电解质溶液组成；

④敏感膜——对离子具有高选择性的响应膜。

1906 年发现玻璃膜电位现象；1929 年制成实用的玻璃 pH 电极；20 世纪 50 年代末制成碱金属玻璃电极；1965 年制成卤离子电极；随后，有选择性响应的各种电极得到迅速发展；1976 年，IUPAC 建议将这类电极称为离子选择性电极（ISE），并做详细分类。

三、直接电位法

1. pH 计工作原理

应用最早、最广泛的电位测定法是 pH 的电位法。理论上，将指示电极和参比电极一起浸入待测溶液，由 $E=\varphi_{参比}-\varphi_{指示}$，只要测量电动势 E，就可以得到 $\varphi_{指示}$，进一步算出待测物质浓度。但在两种组成不同或浓度不同的溶液接触界面上，由于溶液中正负离子扩散通过界面的迁移率不相等，破坏界面上的电荷平衡，形成双电层，产生一个电位差，此即液接电位。实际所测的 E 包括了液接电势，指示电极测得的是活度而不是浓度，同时，膜电极存在不对称电位等，都对测量产生影响。因此，直接电位法不是由电动势计算浓度，而是依靠与标准溶液的比较进行测定，以消除影响。

对于标准缓冲溶液体系的电动势，为

$$E_s=K'+2.303\frac{RT}{F}\text{pH}_s \tag{2-4}$$

对于待测溶液体系的电动势，为

$$E_x=K'+2.303\frac{RT}{F}\text{pH}_x \tag{2-5}$$

则有

$$\text{pH}_x=\text{pH}_s+\frac{E_x-E_s}{2.303RT/F} \tag{2-6}$$

此即 pH 的操作定义或实用定义。可以看出：①待测溶液的 pH_x 与其电位值 E_x 呈线性关系，这种测定方法实际上是一种标准曲线方法；②标定仪器的过程实际上是用标准缓冲溶液校准标准曲线的截距；③温度校准是调整曲线的斜率；④校准后的 pH 刻度符合标准曲线要求，可以测定，pH_x 可以由 pH 直接读出。校准仪器常用的标准缓冲溶液及 pH 见表 2－1。

表 2－1　常用标准缓冲溶液及 pH

温度/℃	草酸氢钾 (0.05 mol/L)	酒石酸氢 (25 ℃，饱和)	邻苯二甲酸氢钾 (0.05 mol/L)	KH_2PO_4 (0.025 mol/L) Na_2HPO_4 (0.025 mol/L)
0	1.666	—	4.003	6.984
10	1.670	—	5.998	6.923
20	1.675	—	4.002	6.881
25	1.679	3.557	4.008	6.865
30	1.683	3.552	4.015	6.853
35	1.688	3.549	4.024	6.844
40	1.694	3.547	4.035	6.838

2. 离子活度的测定——离子计

离子计是利用离子选择性电极与参比电极组成电池，通过测量电池电动势来测定离子的活动的测量仪器。与 pH 计测 pH 类似，各种离子计可直接读出试液的 pM。只是离子计使用不同的离子选择电极和相应的标准溶液标定仪器的刻度。利用电极电位和 pM 的线性关系，也可以采用标准曲线法和标准加入法测定离子活度。

(1) 标准加入法

标准加入法是将一定体积和一定浓度的标准溶液加入已知体积的待测试液中，根据加入前后电位的变化计算待测离子的含量。

1) 标准加入法的具体做法。

①在一定的实验条件下，先测定体积为 V_x（浓度为 c_x）的试液的电池电动势为 E_1，E_1 与 c_x 符合如下关系：

$$E_1 = K + S\lg rc_x \tag{2-7}$$

式中，r——离子的活度系数；

S——$0.059/n$（25 ℃）。

②向试液中加入体积为 V_s（约为试液体积的 1/100）、浓度为 c_s（约为试液浓度的 100 倍）的待测离子标准溶液，在同一实验条件下，再测量其电池电动势为 E_2，E_2 与 c_x 符合如下关系：

$$E_2 = K + S\lg f'(c_x + \Delta c) \tag{2-8}$$

式中，f'——加入标准溶液后，溶液的离子活度系数；

Δc——加入标准溶液后，试液浓度的增量。$\Delta c = c_s V_s/(V_x + V_s)$，由于 $V_s \ll V_x$，所以，$\Delta c = c_s V_s/V_x$。

③由于所加入的标液体积 V_s 很小，不会影响溶液的总离子强度，因而试液的活度系数可认为实际上保持恒定，即 $f \approx f'$，则

$$c_x = \Delta c(10^{\Delta E/S} - 1)^{-1} \tag{2-9}$$

式中，$\Delta c = c_s V_s/V_x$；

$\Delta E = E_2 - E_1$；

$S = 0.059/n$（25 ℃）。

利用上式即可求出试液的浓度 c_x。

此法的优点是仅需一种标准溶液，操作简单、快速，适用于组分比较复杂、份数较少的试样。

2) 测定步骤。

①待测物标准浓度 c_s 系列的配制。

②使用 TISAB（总离子强度调节缓冲液）分别调节标准液和待测液的离子强度与酸度，以掩蔽干扰离子。

③用同一电极体系测定各标准和待测液的电动势 E。

④以测得的各标准液电动势 E 对相应的浓度对数 $\lg c_s$ 作图，得校正曲线。

⑤在与上述相同的实验条件下，向待测试液中也加入一定量的 TISAB，保持与标准溶液大致相同的离子强度，测出其电池电动势 E_x，即可从标准曲线上查出待测试液所对应的 $-\lg c_x$，进一步换算出待测试液的浓度 c_x。

3) 总离子强度调节缓冲溶液 TISAB 的作用。

①保持较大且相对稳定的离子强度，使活度系数恒定。

②维持溶液在适宜的 pH 范围内，以满足离子电极的要求。

③掩蔽干扰离子。

该方法的缺点是当试样组成比较复杂时，难以做到与标准曲线条件一致，需要靠回收率实验对方法的准确性加以验证。

（2）标准曲线

标准曲线法是在同样的条件下用标准物配制一系列不同浓度的标准溶液，由其浓度的对数与电位值作图得到校准曲线，再在同样条件下测定试样溶液的电位值，从校准曲线上读取试样中待测离子的含量。

四、电位滴定法

1. 滴定原理及仪器装置

用标准溶液滴定待测离子过程中，用指示电极的电位变化代替指示剂的颜色变化来指示滴定终点的到达的方法称为电位滴定法，其是一种把电位测定与滴定分析互相结合起来的测试方法，广泛适用于待测溶液有颜色或浑浊，或找不到指示剂的滴定分析中。其特点是可以连续滴定和自动滴定。

电位滴定法的装置由四部分组成，即电池、搅拌器、测量仪表、滴定装置，如图 2－5所示。

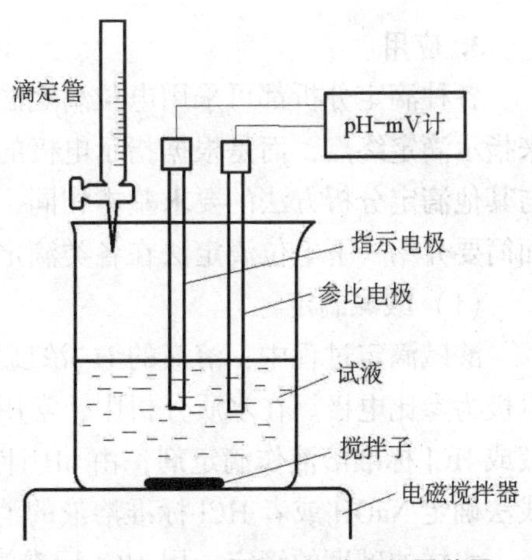

图 2－5　电位滴定法的基本仪器装置

2. 终点确定方法

在进行电位滴定时，在被测溶液中插入一个指示电极和一个参比电极，组成一个工作电池。随着滴定剂的加入，由于发生化学反应，被测离子浓度不断发生变化，因而指示电极电位相应地发生变化，在理论终点附近，离子浓度发生突跃，引起电极电位发生突跃。因此，测量工作电池电动势的变化就可确定滴定终点。

在电位滴定中，一般只需准确记录等当点前后 1～2 mL 内电极电位的变化，绘制滴定曲线，求等当点。在等当点附近，应该每加 0.1 mL 滴定剂就测量一次电位。电位滴定也常采用滴定至终点电位的方法来确定终点。自动滴定法就是根据这一原理设计而成的。

滴定终点的确定有作图法和二级微商计算法两种。

（1）作图法（以 $AgNO_3$ 溶液为例）

①作 $\varphi-V$ 曲线（即一般的滴定曲线），以测得的电位 φ（或电动势 E）对滴定的体积 V 作图，得到图 2－6（a）所示的曲线。曲线的突跃点（拐点）所对应的体积为终点的滴定体积 V。

②作 $\Delta\varphi/\Delta V-V$ 曲线（即一级微分曲线），对于滴定突跃较小或计量点前后滴定曲线不对称的，可以用 $\Delta\varphi/\Delta V$（或 $\Delta E/\Delta V$）对 ΔV 相应的两体积的平均值（即 $V'=(V_{i+1}+V_i)/2$）作图，得到图 2－6（b）所示的曲线。曲线极大值所对应的体积为终点滴定体积 V。

③作 $\Delta^2\varphi/\Delta V^2-V$ 曲线（即二级微商曲线），以 $\Delta^2\varphi/\Delta V^2$（或 $\Delta^2E/\Delta V^2$）对二次体积的平均值(即 $V'=(V'_{i+1}+V'_i)/2$)作图，得到图 2－6（c）所示曲线。曲线与 V 轴的交点，即 $\Delta^2\varphi/\Delta V^2=0$ 所对应的终点滴定体积 V。

（2）二级微商计算法

如图2-6（c）所示，当 $\Delta^2\varphi/\Delta V^2$ 的两个相邻值出现相反符号时，两个滴定体积 V_i、V_{i+1} 之间，必有 $\Delta^2\varphi/\Delta V^2=0$ 的一点，该点对应的体积为 V_e，用线性内插法求得 φ_e、V_e。

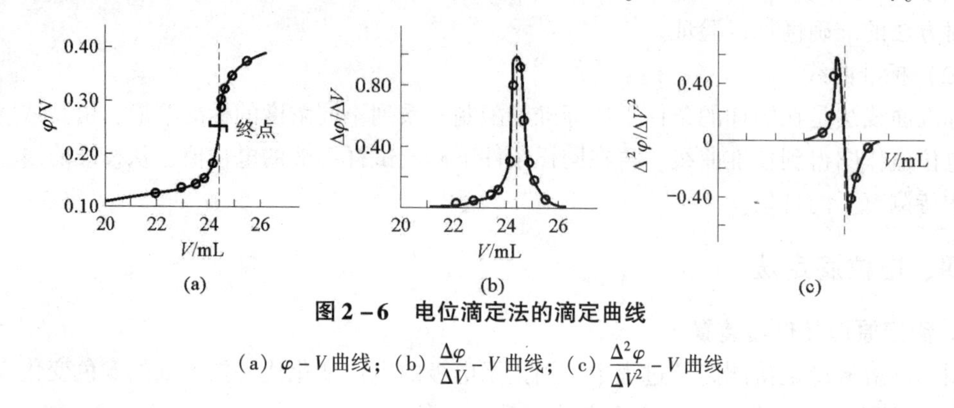

图2-6　电位滴定法的滴定曲线

（a）$\varphi-V$ 曲线；（b）$\frac{\Delta\varphi}{\Delta V}-V$ 曲线；（c）$\frac{\Delta^2\varphi}{\Delta V^2}-V$ 曲线

3. 应用

各种滴定分析都可采用电位滴定法。与其他滴定分析法不同之处在于，它不是用指示剂来指示滴定终点，而是根据指示电极的电位突跃指示终点。因此，它不仅对化学反应的要求与其他滴定分析方法的要求基本相同，而且要根据不同的滴定反应选择不同的指示电极。下面简要介绍一下电位滴定法在各类滴定分析中的应用。

（1）酸碱滴定

酸碱滴定过程中，溶液的 H^+ 浓度发生变化，一般采用玻璃电极为指示电极，饱和甘汞电极为参比电极。在水质分析中，常用电位滴定法测定水中的酸度或碱度，用 NaOH 标准溶液或 HCl 标准溶液作滴定剂，由 pH 计或者电位滴定仪指示反应的终点，用滴定（微商）曲线法确定 NaOH 或者 HCl 标准溶液的消耗量，从而计算水样中的酸度或碱度。

水样的碱度的滴定，用 HCl 标准溶液为滴定剂，利用玻璃电极为指示电极，饱和甘汞电极为参比电极，测定 pH 的变化，由电极的电位突跃来确定滴定终点。同样，由滴定剂的浓度和用量来计算水样中的碱度，这种方法称为电位滴定法。

一些弱酸和弱碱或不溶于水而溶于有机溶剂的酸和碱，可以用非水滴定法。很多非水滴定都可以用电位滴定法指示终点。例如，在 HAc 介质中，用 $HClO_4$ 溶液滴定吡啶；在乙醇介质中，用 HCl 溶液滴定三乙醇胺；在异丙醇和乙醇的混合介质中滴定苯胺和生物碱；在二甲基甲酰胺或乙二铵介质中滴定苯酚及其他弱酸；在丙酮介质中滴定高氯酸、盐酸、水杨酸的混合物等。

（2）沉淀滴定

在水质分析中，用电位滴定法测定水中的 Cl^- 时，以 Cl^- 选择电极为指示电极，以玻璃电极或双液接参比电极为参比，用 $AgNO_3$ 标准溶液滴定，用伏特计测定两电极间的电位变化。在恒定地加入少量 $AgNO_3$ 的过程中，电位变化最大时，仪器的读数即为滴定终点。方法的检出下限可达 10^{-4}mol/L Cl^-（即 3.54 mg/L Cl^-）。该方法可用于地面水、地下水和工业废水中氯化物的测定。水中有颜色、浑浊等，均不影响测定。

（3）配位滴定

例如，用 $AgNO_3$ 或 $Hg(NO_3)_2$ 滴定 CN^-，分别生成 $Ag(CN)_2^-$ 和 $Hg(CN)_4^{2-}$ 络离子，可采

用银电极或汞电极作指示电极。还可以用离子选择电极指示络合滴定的终点，例如，以氟离子选择电极为指示电极，用氟化物滴定 Al^{3+}；以钙离子选择电极为指示电极，用EDTA滴定 Ca^{2+} 等。

（4）氧化还原滴定

在氧化还原滴定中，一般以铂电极为指示电极，以汞电极为参比电极，计量附近氧化态/还原态浓度发生急剧变化，使电位发生突跃。例如，用 $KMnO_4$ 标准溶液滴定 Sn^{2+}、Fe^{2+}、$C_2O_4^{2-}$ 等离子；用 $K_2Cr_2O_7$ 标准溶液滴定 Fe^{2+}、Sn^{2+}、I^- 等离子。

应用实例：GB/T 17832—2008《银合金首饰、银含量的测定——溴化钾容量法（电位滴定法）》。近年来，普遍应用自动电位滴定仪，简便、快速。

4. 自动电位滴定仪

自动电位滴定仪是一种根据电位法原理设计的用于容量分析的常见的分析仪器。其基本原理是选用适当的指示电极和参比电极与被测溶液组成一个工作电池。随着滴定剂的加入，由于发生化学反应，被测离子的浓度不断发生变化，因而指示电极的电位随之变化。在滴定终点附近，被测离子浓度发生突变，引起电极电位的突跃，因此，根据电极电位的突跃可确定滴定终点。仪器分电计和滴定系统两大部分，电计采用电子放大控制线路，将指示电极与参比电极间的电位同预先设置的某一终点电位相比较，两信号的差值经放大后控制滴定系统的滴液速度。达到终点预设电位后，滴定自动停止。

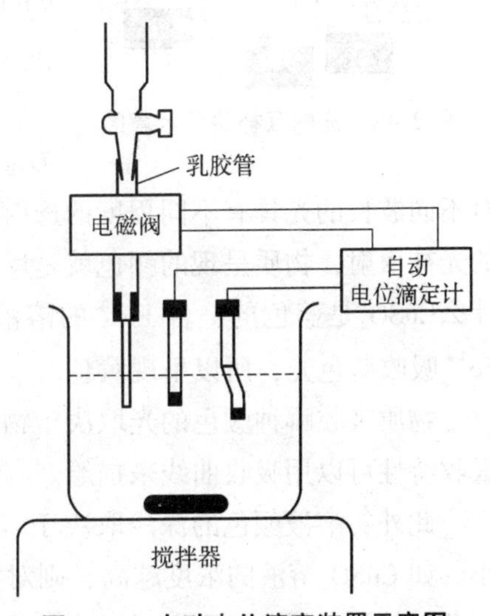

图2－7　自动电位滴定装置示意图

滴定装置如图2－7所示。采用计算机控制技术，对滴定过程中的数据进行自动采集、处理，并利用滴定反应化学计量点前后电位突变的特性，自动寻找滴定终点及控制滴定，因此更加自动和快速。

2.2　分光光度法

一、概述

1. 分光光度法

分光光度法是根据物质对不同波长的单色光的吸收程度不同而对物质进行定性和定量分析的方法，包括比色法、紫外可见分光光度法、原子吸收分光光度法及红外光谱法等。

2. 光的性质

光是一种电磁波，经实验证实，电磁波（电磁辐射）是一种以极高速度传播的光量子流。其既具有粒子性，也具有波动性。

3. 物质对光的选择性吸收

（1）物质的颜色

电磁波的波长（频率）不同，其性质也就不同，通常可见光波长在400～750 nm，更短波长的为紫外光（近紫外、远紫外），更长波长的为红外光（近红外、中红外、远红外）。

颜色是不同波长可见光辐射作用于人眼的视觉器官后所产生的心理感受，是一种与物理、生理和心理学有关的现象。在可见光区，不同波长的光所引起人的视神经的感受不同，使人们看到不同的颜色。如果把白光中某一颜色的光分离出去，剩余的各种波长的混合光将不再是白光，而是呈现一定的颜色，这两种颜色称为“互补色”。换句话说，若两种适当颜色的光，按一定的强度比例混合后能得到白光，这两种颜色的光称为互补色光。光的互补关系示意图如图 2－8 所示。

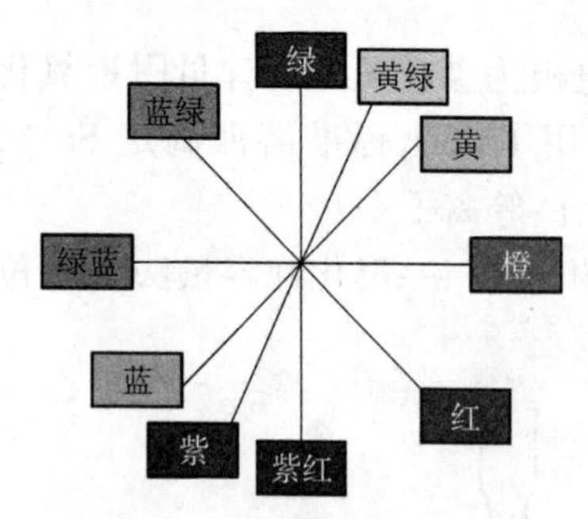

图 2－8　光的互补关系示意图

为什么许多物质都是有颜色的？物质呈现的颜色与光有着密切的关系。物质之所以呈现不同颜色，是由于物质对不同波长的光具有不同程度的透射和反射，白光照在物质上，某些波长的光被吸收，剩余的光被反射，物质呈现的颜色就是反射光的颜色，也就是物质所吸收光的互补色。例如，为什么$CuSO_4$是蓝色的，含 Fe^{3+} 的溶液是黄色的？原因就是 $CuSO_4$ 吸收黄色光，呈现蓝色；Fe^{3+} 吸收蓝色光，所以呈现黄色。

物质吸收哪种颜色的光取决于物质的内部结构，也取决于光的能量。物质对光的选择性吸收特性可以用吸收曲线来描绘。

此外，溶液颜色的深浅取决于溶液吸收光的量的多少，即取决于吸光物质的浓度的大小。如 $CuSO_4$溶液的浓度越高，则对黄色光吸收就越多，表现为透过的蓝色光越强，溶液的蓝色就越深。因此，可以通过比较物质溶液颜色的深浅来确定溶液中吸光物质含量的多少，这就是比色分析法的依据。如图 2－9 所示。

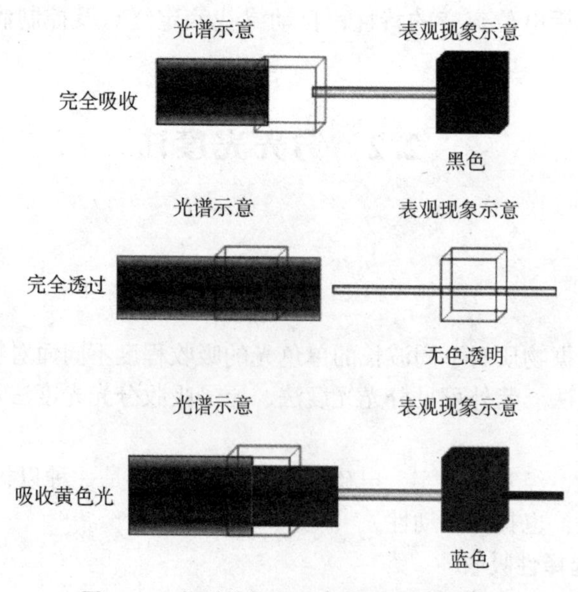

图 2－9　物质的颜色与光吸收的示意图

（2）吸收曲线

测量物质对不同波长的光的吸收程度，以波长（λ/nm）为横坐标，吸光度（A）为纵坐标，得到一条曲线，表明吸光物质溶液对不同波长的光的吸收能力的曲线叫吸收曲线，也叫吸收光谱。不同浓度 $KMnO_4$溶液的吸收曲线如图 2-10 所示。

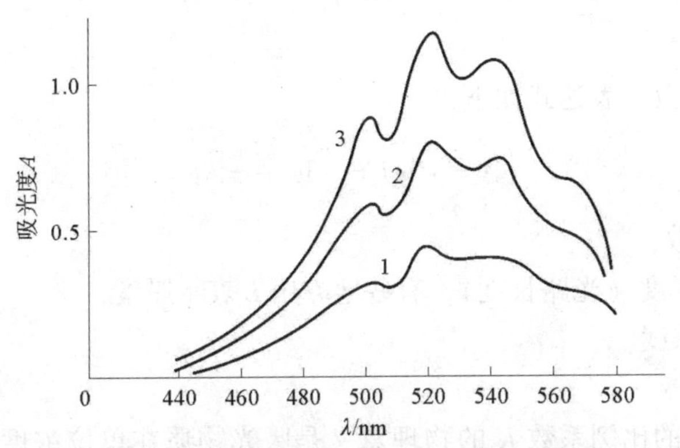

图 2-10　不同浓度 $KMnO_4$溶液的吸收曲线

吸收曲线的特征：

①同一种物质对不同波长的光的吸光度不同，吸光度最大处对应的波长称为最大吸收波长 λ_{max}。

②不同浓度的同一种物质，其吸收曲线形状相似，λ_{max}不变。

③不同物质的吸收曲线形状及 λ_{max}不同。

吸收曲线的用途：

①吸收曲线可以提供物质的结构信息，并作为定性分析的依据之一。

②同一物质在一定温度下的吸收光谱是一定的，因此，物质的吸收光谱可以作为定性依据。

③不同浓度的同一种物质，在某一定波长下吸光度 A 有差异，在 λ_{max}处差异最大，此特性可作为物质定量分析的依据。

④在 λ_{max}处，吸光度随浓度变化幅度最大，所以测定最灵敏。用光度法做定量分析时，利用吸收光谱确定最佳测定波长。一般选用最大吸收波长，若有杂质组分干扰，可根据待测组分和杂质组分的吸收光谱确定测定波长。

二、朗伯比尔定律

朗伯比尔定律是说明物质对单色光吸收的强弱与吸光物质的浓度（c）及液层厚度（b）间的关系的定律，是光吸收的基本定律，是紫外-可见光度法定量的基础。

1. 文字表述

当一束平行的单色光通过溶液时，溶液的吸光度（A）与溶液的浓度（c）及液层厚度（b）的乘积成正比。它是分光光度法定量分析的依据。

当一束强度为 I_0的单色光通过溶液时，一部分光被溶液中的吸光物质吸收后，透过光的强度为 I_t，则透光率（T）为：

$$T = \frac{I_t}{I_0} \times 100\%$$

$-\lg T$ 称为吸光度（物质对光的吸收程度），用 A 表示，则

$$A = -\lg \frac{I_t}{I_0} = -\lg T \tag{2-10}$$

2. 数学表达式

朗伯比尔定律的数学表达式如下：

$$A = -\lg T = -\lg \frac{I_t}{I_0} = Kbc \tag{2-11}$$

式中，K——比例系数；

b——溶液的厚度（光路长度），有些地方用 L 表示厚度；

c——溶液的浓度。

3. 吸光系数

朗伯比尔定律中的比例系数 K 的物理意义是吸光物质在单位浓度、单位厚度时的吸光度。在一定条件（T、λ 及溶剂）下，K 是物质的特征常数，可作为定性的依据。K 在标准曲线上为斜率，是定量的依据。

（1）质量吸光系数

若浓度 c 单位为 g/L，厚度 b 单位为 cm，K 表示质量吸光系数，单位为 L/(g·cm)，则朗伯比尔定律为

$$A = Kbc$$

（2）摩尔吸光系数

若浓度 c 单位为 $mol \cdot L^{-1}$，厚度 b 单位为 cm，比例系数换成 ε，表示质量吸光系数，单位为 L/(mol·cm)，则朗伯比尔定律为

$$A = \varepsilon bc$$

实际工作中，广泛使用的是摩尔吸光系数 ε。ε 的意义：

①ε 是吸收物质在一定波长和溶剂下的特征常数，不随浓度和光程长度的改变而改变，仅与吸收物质本身的性质有关。

②ε 值越大，表示该物质对光的吸收能力越强。

③同一吸收物质在不同波长下的 ε 值不同，在最大吸收波长（λ_{max}）处的摩尔吸光系数（ε_{max}）表明了该吸收物质最大限度的吸光能力，也反映了光度法测定该物质时的最大灵敏度。ε_{max} 越大，表明该物质吸光能力越强，用光度法测定时，灵敏度越高。

4. 引起偏离朗伯比尔定律的因素

根据朗伯比尔定律，$A-c$ 关系应是一条过原点的直线，称为标准曲线，但事实上往往容易发生偏离（正、负偏离）直线的现象而引起误差，高浓度时更突出。导致偏离的主要因素：

①定律本身的局限性。事实上，朗伯比尔定律是一个有限的定律，只在稀溶液中才成立。高浓度时，质点间平均距离缩小、彼此间电荷分布相互影响，从而改变它们对特定辐射的吸收能力。

②化学因素。由于溶液中各组分相互作用，如缔合、离解、光化、异构、配位数改变

等，会引起待测组分吸收曲线的变化等，从而发生偏离朗伯比尔定律的现象。

③仪器因素。定律的重要前提是“单色光”，即只有一种波长的光，实际上真正的单色光是难以得到的。

④其他因素。浑浊溶液由于光的散射和反射、非平行光等因素引起偏离。

三、分光光度计

1. 构成部件

分光光度计主要由光源、单色器、吸收池、检测器和显示系统等部分组成，如图 2－11 所示。

图 2－11　分光光度计组成示意图

①光源。光源用于提供入射光，常见光源有氘灯（紫外光）、钨灯（可见光）。

②单色器。将来自光源的光按波长的长短顺序分散为单色光并能随意调节所需波长光的一种装置，包括进口狭缝、准直镜、色散原件（棱镜和光栅）、聚焦透镜和出口狭缝。

③吸收池。吸收池是用于装溶液的无色、透明、耐腐蚀的池皿。光学玻璃吸收池只能用于可见光区，石英吸收池可用于紫外区和可见光区。

④检测器。将接收到的光信号转变成电信号的元件，主要包括光电池、光电管或光电倍增管。

⑤显示系统。包括检流计、数显、微机自动控制和结果处理等，以 A、T、c 等方式显示。

2. 分光光度计类型

分光光度计包括原子吸收分光光度计、荧光分光光度计、可见分光光度计、红外分光光度计、紫外可见分光光度计。不同的类型有不同的应用领域。

原子吸收分光光度计是冶金、地质环保、食品、医疗、化工、农林等行业的材料分析及质量控制部门进行常量、微量金属（半金属）元素分析的有力工具，是生产、教育、科研单位分析实验室的必备常规仪器之一。

荧光分光光度计是用于扫描液相荧光标记物所发出的荧光光谱的一种仪器。其应用于科研、化工、医药、生化、环保及临床检验、食品检验、教学实验等领域。

可见分光光度计具有透射比、吸光度、浓度直接测定，以及自动调整 0% T、100% T 功能。能选配 5 cm 半径比色架及 2 cm × 3 cm × 5 cm 矩形比色皿扩大测定范围。可选配计算机软件包，经 RS232C 连接计算机、打印机，实施功能扩大。广泛应用于冶金、制药、食品工业、医药、卫生、化工、学校、生物化学、石油化工、质量控制、环境保护及科研实验室等化学分析等。

对于红外分光光度计，一般的红外光谱是指 2.5 ~ 50 μm（对应波数 4 000 ~ 200 cm^{-1}）的中红外光谱，这是研究有机化合物最常用的光谱区域。红外光谱法的特点是：快速、样品量少（几微克至几毫克）、特征性强（各种物质有其特定的红外光谱图）、能分析各种状态（气、液、固）的试样及不破坏样品。红外光谱仪是化学、物理、地质、生物、医学、纺织、环保及材料科学等的重要研究工具和测试手段，而远红外光谱更是研究金属配位化合物的重要手段。

紫外可见分光光度计操作简单、功能完善、可靠性高，在国内居领先水平。该仪器操作简单、功能完善、可靠性高，可广泛用于药品检验、药物分析、环境检测、卫生防疫食品、化工、科研等领域对物质进行定性、定量分析，是生产、科研、教学的重要分析工具。

四、定性及定量分析

1. 定性分析

定性分析的依据是相同的化合物有相同的光谱。在相同的条件下测定相近浓度的待测试样和标准试样的溶液的吸收光谱，然后对比吸收光谱特征数据：吸收峰数目及位置、吸收谷及肩峰所在位置（λ）、最大吸收波长（λ_{max}）、吸光系数等。结构相同的化合物应有完全相同的吸收光谱。光谱曲线完全一致，才有可能是同一物质；光谱曲线有明显差别时，肯定不是同一物质。

2. 定量分析

对于单组分的测定，常用标准曲线法和直接比较法进行分析。

①标准曲线法。配制一系列（5～10个）不同浓度 c 的标准溶液，在适当 λ（通常用 λ_{max}）下，以空白溶液做参比，分别测量 A。作 $A-c$ 曲线，在相同条件下测定试样溶液吸光度 A_x，从曲线上查对应的 c_x。

②直接比较法。已知试样溶液的基本组成，配制相同基体、相近浓度的标准溶液，分别测定吸光度 $A_{标}$、$A_{样}$。根据朗伯比尔定律：

$$A_{标}=\varepsilon bc_{标},\ A_{样}=\varepsilon bc_{样}$$

两式的 ε 和 b 值相同，得

$$c_{样}=\frac{A_{样}}{A_{标}}c_{标} \tag{2-12}$$

五、紫外可见分光光度法的应用

紫外可见分光光度法的应用广泛，可用于定量、定性分析，主要应用于微量组分的测定，也能用于高含量组分的测定、多组分分析及研究配合物的组成和各类平衡常数的测定等。例如，酸碱指示剂解离常数的测定、配合物组成及稳定常数的测定、化合物相对分子质量的测定。

含量测定标准：

①GB/T 16477.5—1996《稀土硅铁合金及镁合金化学分析方法——钛含量的测定》。

②GB 4333.6—1988《硅铁化学分析方法——二苯基碳酰二肼光度法测定铬含量》。

复习思考题

1. 电位分析法的理论基础是什么？它可以分成哪两类分析方法？它们各有何特点？
2. 试述 pH 玻璃电极的响应机理。解释 pH 的操作性实用定义。
3. 什么是 ISE 的不对称电位？在使用 pH 玻璃电极时，如何减少不对称电位对 pH 测量

的影响？
4. 什么是 ISE 的电位选择系数？它在点位分析中有何重要意义？写出有干扰离子存在下的能斯特方程的扩充式。
5. 电位滴定的终点确定有哪几种方法？
6. 什么是朗伯比尔定律（光吸收定律）？其数学表达式及各物理量的意义是什么？
7. 符合朗伯比尔定律的某有色溶液，当溶液浓度增加时，λ_{max}、T、A 和 ε 各有什么变化？改变吸收池厚度，上述各物理量的数值将有何变化？
8. 什么是吸收曲线？什么是校正曲线？各有什么应用？
9. 引起吸收定律偏离的原因是什么？
10. 如何选择光度测量时适宜的实验条件？
11. 电位分析法的理论基础是什么？它可以分成哪两类分析方法？它们各有何特点？
12. 以氟离子选择性电极为例，画出离子选择电极的基本结构图，并指出各部分的名称。
13. 什么是扩散电位和相间电位？写出离子选择电极膜电位和电极电位的能斯特方程。
14. 气敏电极在结构上与一般的 ISE 有何不同？其原理是什么？
15. 在 25 ℃用 pH = 4.01 的标准缓冲溶液标准电极、玻璃电极、饱和甘汞电极测得 E = 0.814 V，问在 1.00×10^{-3} mol · L^{-1}的乙酸溶液中测得的 E 应为多少？（乙酸解离常数 $K=1.75\times10^{-5}$）（参考答案：0.808 V）
16. 有一溶液是由 25 mL 浓度为 0.050 mol · L^{-1}的 KBr 和 20 mL 浓度为 0.10 mol · L^{-1}的 $AgNO_3$混合而成，若将银电极插入该混合溶液中，求银电极的电极电位。（参考答案：0.694 V）
17. 测定电池：pH 玻璃电极 | pH = 5.00 的溶液 | SCE，得到电动势为 0.201 8 V，而测定另一某未知酸度的溶液时，电动势为 0.236 6 V，电极的实际相应斜率为 58.0 mV/pH，计算未知溶液的 pH。（参考答案：5.6）
18. 用 F^- 选择性电极测定水样中的 F^-。取 25.00 mL 水样，加入 25.00 mL TISAB 溶液，测得电位值为 0.137 2 V（vs. SCE）；再加入 1.3×10^{-3}mol/L 的 F^- 标准溶液 1.00 mL，测得电位值为 0.117 0 V。电位的响应斜率为 58.0 mV/pF，计算水中 F^- 的浓度（需考虑稀释效应）。（参考答案：3.26×10^{-5} mol · L^{-1}）
19. 在 25 ℃时，用标准加入法测定 Cu^{2+}浓度，于 100 mL 铜盐溶液中添加 0.100 mol · L^{-1}的 $Cu(NO_3)_2$溶液 1 mL，电动势增加 4 mV，求原溶液中 Cu^{2+}的浓度。（参考答案：$c(K_2Cr_2O_7)=1.9\times10^{-3}$ mol · L^{-1}；$c(KMnO_4)=1.46\times10^{-4}$ mol · L^{-1}）
20. 将钙离子选择性电极和 SCE 置于 100 mL Ca^{2+}试液中，测得电池电动势为 0.415 V，加入 2 mL 浓度为 0.218 mol · L^{-1}的 Ca^{2+}标准溶液后，测得电池电动势为 0.430 V，计算 Ca^{2+}的浓度。（参考答案：1.92×10^{-3} mol · L^{-1}）
21. 有一杯 100 mL 的未知溶液，将饱和甘汞电极与氟离子选择电极插入后，测得电动势为 −0.105 V，然后加入 0.100 0 mol · L^{-1}的 NaF 标准溶液 2.00 mL，再测其电动势为 −0.080 V，该电极斜率为 53 mV。试计算原未知溶液中的 F^-浓度。（参考答

案：1.06×10^{-3} mol·L^{-1}）

22. 维生素 B_{12}的水溶液在 361 nm 处的 $E_{1\ cm}^{1\%}$值是 207，盛于 1 cm 吸收池中，测得溶液的吸光度为 0.456，计算溶液浓度。（参考答案：0.022 g·L^{-1}）
23. 维生素 B_{12}样品 25.0 mg 用水溶成 1 000 mL 后，盛于 1 cm 吸收池中，在 361 nm 处测得吸光度为 0.511，求维生素 B_{12}含量。（参考答案：98.8%）
24. 以丁二酮肟光度法测定微量镍，若配合物的浓度为 1.70×10^{-5} mol·L^{-1}，用 2 cm 吸收池在 470 nm 波长下测得透过率为 30.0%。计算配合物在该波长的摩尔吸光系数。（参考答案：1.54×10^{-4} L·mol^{-1}·cm^{-1}）
25. 以邻二氮菲光度法测定 Fe(Ⅱ)，称取试样 0.500 g，经处理后，加入显色剂，最后定容为 50.0 mL。用 1.0 cm 的吸收池在 510 nm 波长下测得吸光度为 0.430。计算试样中铁的百分含量；当溶液稀释 1 倍后，其透过率将是多少？[$\varepsilon_{510}=1.1\times10^{4}$L/（mol·cm）]。（参考答案：0.021 8%；60.95%）
26. 1.00×10^{-3}mol·L^{-1}的 $K_2Cr_2O_7$溶液及 1.00×10^{-4}mol·L^{-1}的 $KMnO_4$溶液在 450 nm 波长处的吸光度分别为 0.200 及 0，而在 530 nm 波长处的吸光度分别为 0.050 及 0.420。今测得两者混合溶液在 450 nm 和 530 nm 波长处的吸光度分别为 0.380 和 0.710。试计算该混合溶液中 $K_2Cr_2O_7$和 $KMnO_4$浓度（吸收池厚度为 10.0 mm）。（参考答案：$c(K_2Cr_2O_7)=1.9\times10^{-3}$ mol·L^{-1}；$c(KMnO_4)=1.46\times10^{-4}$ mol·L^{-1}）
27. 用薄层色谱法的上行展开法分离 UO_2^{2+}和 La^{3+}时，用 95% 乙醇：2 mol/L HNO_3 = 3:1 的溶剂为展开剂。经过一定时间的展开后，溶剂前沿与原点的距离为 35.0 cm。用偶氮胂Ⅲ显色后，测得 UO_2^{2+}斑点中心与原点的距离为 15.5 cm，La^{3+}斑点中心与原点的距离为 27.8 cm。分离 UO_2^{2+}、La^{3+}的比移值 R_f分别为多少？（参考答案：0.443；0.794）
28. 在 440 nm 处和 545 nm 处用分光光度法在 1 cm 吸收池中测得浓度为 8.33×10^{-4}mol·L^{-1}的 K_2CrO_4标准溶液的吸光度分别为 0.308 和 0.009，又测得浓度为 3.77×10^{-4} mol·L^{-1}的溶液的吸光度为 0.035 和 0.886，并且在上述两波长处测得某 K_2CrO_4和 $KMnO_4$混合液的吸光度分别为 0.385 和 0.653。计算该混合液中 K_2CrO_4和 $KMnO_4$浓度。（参考答案：$c(K_2Cr_2O_7)=9.72\times10^{-4}$ mol·L^{-1}；$c(KMnO_4)=2.72\times10^{-4}$ mol·L^{-1}）

第3章　物理常数的测定

物理常数是有机化合物的重要物理特性，可作为鉴定有机化合物纯度的依据。在工业生产中，原料、中间体和产品是否符合质量要求，常用物理常数作为质量检验的重要指标之一。常用的物理常数有密度、熔点、凝固点、沸点和沸程、黏度、折光率和旋光度等。

3.1　熔点和凝固点

一、熔点的测定

固态物质受热时，从固态转变成液态的过程称为熔化。在标准大气压（101 325 Pa）下，固态与液态处于平衡状态时的温度就是该物质的熔点。物质开始熔化至全部熔化的温度范围叫作熔点范围或熔距。纯物质固液两态之间的变化是非常敏感的，自初熔至全熔变化不超过0.5～1 ℃。混有杂质时，熔点下降，并且熔距变宽。因此，通过测定熔点，可以初步判断该化合物的纯度。

1. 毛细管熔点测定法的原理

将试样研细装入毛细管，置于加热浴中逐渐加热，观察毛细管中试样的熔化情况。试样出现明显的局部液化现象时的温度为初熔点，试样全部熔化时的温度为终熔点。

加热升温，使载热体温度上升，通过载热体将热量传递给试样，当温度上升至接近试样熔点时，控制升温速率，观察试样的熔化情况。当试样开始熔化时，记录初熔温度；当试样完全熔化时，记录终熔温度。

2. 毛细管熔点测定法的仪器

常用的毛细管熔点测定装置有双浴式和提勒管式两种，如图3－1所示。

（1）毛细管（熔点管）

用中性硬质玻璃制成的毛细管，一端熔封，内径为0.9～1.1 mm，壁厚为0.10～0.15 mm，长度约为100 mm。

（2）温度计

①测量温度计（主温度计）。单球内标式，分度值为0.1 ℃，并具有适当的量程。

②辅助温度计。分度值为1 ℃，并具有适当的量程。

（3）热浴

①提勒管式热浴。提勒管的支管有利于载热体受热时在支管内产生对流循环，使整个管内的载热体能保持相当均匀的温度分布。

②双浴式热浴。采用双载热体加热，具有加热均匀、容易控制加热速度的优点，是目前国家标准规定的测定熔点的装置。

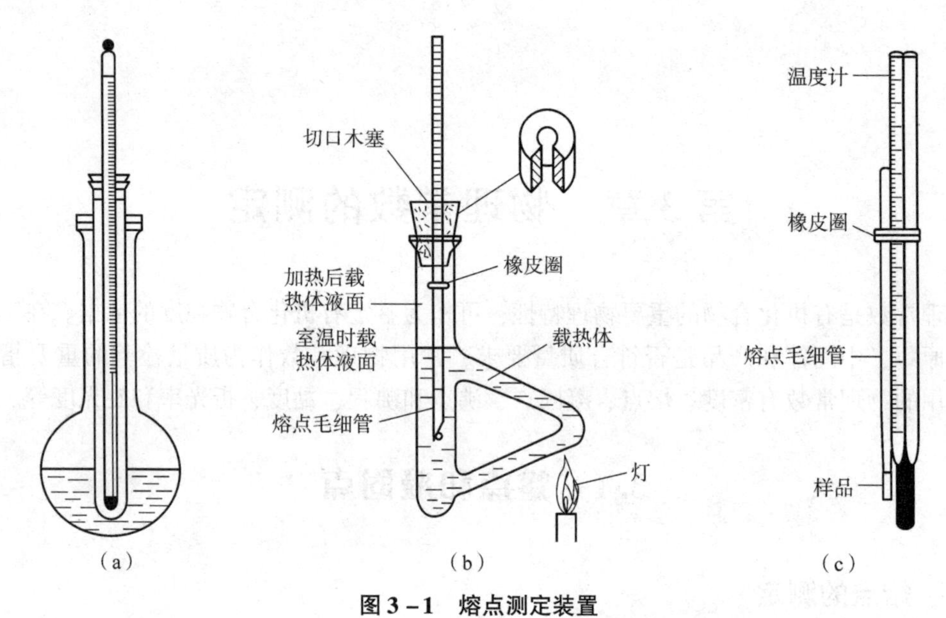

图 3-1　熔点测定装置

(a) 双浴式；(b) 提勒管式；(c) 熔点管的位置

3. 载热体的选择

应选用沸点高于被测物全熔温度，且性能稳定、清澈透明、黏度小的液体作为载热体(传热体)。常用的载热体见表 3-1。

表 3-1　常用的载热体

载热体	使用温度范围/℃
浓硫酸	220 以下
磷酸	300 以下
7 份浓硫酸、3 份硫酸钾混合	220
6 份浓硫酸、4 份硫酸钾混合	365 以下
甘油	230 以下
液体石蜡	230 以下
固体石蜡	270 以下
聚有机硅油	350 以下
熔融氯化锌	360

有机硅油是无色透明、热稳定性较好的液体，具有对一般化学试剂稳定、无腐蚀性、闪点高、不易着火及黏度变化不大等优点，故被广泛使用。

4. 熔点的校正

熔点测定值是通过温度计直接读取的，温度读数准确与否，是影响熔点测定准确度的关键因素。在测定熔点时，必须对熔点测定值进行温度校正。

二、凝固点的测定

1. 测定原理

物质由液态转变为固态时的相变温度即为该物质的凝固点。然而，液态物质根据其成分的不同，有纯溶剂和溶液之分，它们在冷却过程中温度随时间变化而变化的冷却曲线如图 3－2所示。

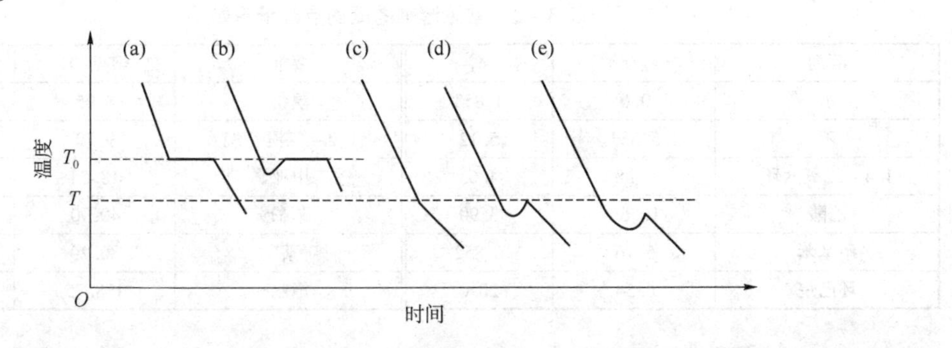

图 3－2　冷却曲线

纯溶液的凝固点是它的液固相平衡温度。其冷却曲线为图 3－2（a）所示的形状，水平段对应的温度为凝固点。但实际过程中，液体在开始凝固前出现过冷现象，即温度降至凝固点温度以下一定值后才开始析出固体。同时，由于凝固放热使温度回升至液固相平衡温度，待液体全部凝固后，温度再下降。实际纯溶剂冷却曲线为图 3－2（b）所示的形状。

稀溶液的冷却情况与此不同。当溶液冷却到溶剂的凝固点时，不会有固体析出，而继续降温到某一数值时，才会开始析出固态纯溶剂，此温度即为溶液的凝固点。换句话说，同一物质的纯液体及其溶液的凝固点之间总存在一定的温度差，这种现象称为溶液的凝固点下降。并且随着溶剂的析出，溶液的浓度也在不断增大，凝固点会变得越来越低，在冷却曲线上得不到温度恒定的水平线段，如图 3－2（c）所示。因此，在测定浓度一定的溶液的凝固点时，析出的固体越少，测得的凝固点越准确。实际溶液冷却过程中会出现过冷现象，过冷后回升所达到的温度一般比溶液应有的凝固点低，这是由于溶液过冷后同时析出大量固体，使溶液浓度偏离原给定浓度，冷却曲线如图3－2（d)所示。若溶液过冷程度不大，则对测定凝固点影响较小；若过冷严重，则测得的凝固点明显偏低，冷却曲线如图 3－2（e）所示。此时应采取各种措施控制过冷程度，一般可用快速搅拌的方法促使晶体成长。

凝固点测定的一个重要应用是利用凝固点降低法测定物质的相对分子质量。其基本原理是：在稀溶液中，溶液的凝固点降低值 ΔT_f 与溶质的质量摩尔浓度 m_B(mol/kg)成正比，即

$$\Delta T_f = K_f \cdot m_B$$

或

$$\Delta T_f = K_f \frac{m_B}{M_B} \times \frac{1}{m_A}$$

移项得

$$M_B = K_f \frac{m_B}{\Delta T_f} \times \frac{1}{m_A} \tag{3-1}$$

式中，m_A、m_B——分别为溶剂、溶质的质量，kg；

K_f——溶剂的凝固点降低常数，kg · mol^{-1}；

M_B——溶质的摩尔质量，kg · mol^{-1}。

只要已知 K_f，再由实验测得 ΔT_f，便可由式（3－1）求得 M_B。各种溶剂具有不同的 K_f 值，有些可在手册上查得。常见溶剂的凝固点降低系数见表 3－2。

表 3－2 常见溶剂的凝固点降低系数

溶剂	熔点/℃	K_f	溶剂	熔点/℃	K_f
水	0.0	1.853	溴仿	8.05	14.4
苯	5.533	5.12	1,2－二溴乙烷	9.79	12.5
1,4－二氧六环	11.8	4.63	二甲亚砜	18.54	4.07
乙酸	16.66	3.90	苯酚	40.90	7.40
硝基苯	5.76	6.852	萘	80.29	6.94
环己烷	6.54	20.0	樟脑	178.75	37.7

2. 仪器装置

凝固点测定装置如图 3－3 所示。

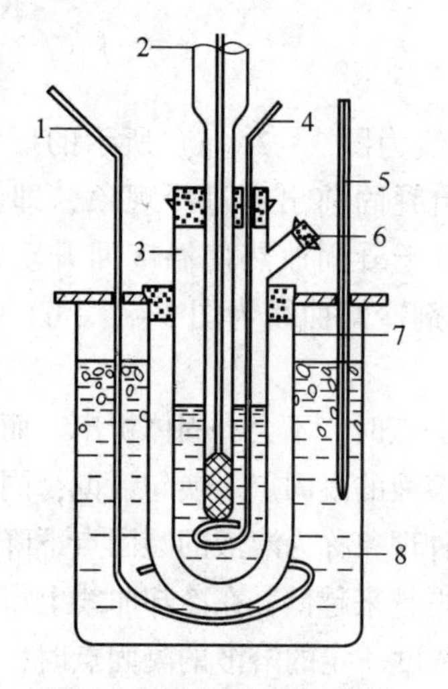

图 3－3 凝固点测定装置

1，4—搅拌器；2—贝克曼温度计；3—冷冻管；5—温度计；6—加样口；7—外套管；8—冰浴槽

3. 测定方法

加试样于干燥的冷冻管中，试样若为固体，应在温度超过其熔点的热浴内将其熔化，并加热至高于凝固点（结晶点）约 10 ℃。插入搅拌器，装好温度计，使水银球至管底的距离约为 15 mm，勿使温度计接触管壁。装好套管，并将冷冻管连同套管一起置于温度低于试样结晶点 5～7 ℃的冷却浴中，当试样冷却至低于结晶点 0.2～0.5 ℃时，开始搅拌并观察温度，所得温度即为试样的凝固点。如果某些试样在一般冷却条件下不易结晶，可另取少量试样，在较低温度下使之结晶，取少量作为晶种加入试样中，即可测出其凝固点。

3.2 沸点和沸程

一、沸点的测定

1. 测定原理

当液体温度升高时，其蒸气压随之增加，当液体的蒸气压与大气压力相等时，开始沸腾。在标准状态（101 325 Pa，0 ℃）下，液体的沸腾温度即为该液体的沸点。沸点是检验液体有机化合物纯度的标志，纯物质在一定的压力下有恒定的沸点。但应注意，有时几种化合物由于形成恒沸物，也会有固定的沸点。例如，95.6% 乙醇和 4.4% 水混合，形成沸点为78.2 ℃

的恒沸混合物。测定沸点的装置如图 3－4 所示。量取适量的试样注入试管中（其液面略低于烧瓶中载热体的液面），缓慢加热，当温度上升到某一数值并在相当时间内保持不变时，此时的温度即为试样的沸点。

2. 测定装置

如图 3－4 所示，三口圆底烧瓶 8 的容积为 500 mL。试管 7 的长度为 190～200 mm。距试管口约 15 mm 处有一直径为 2 mm 的侧孔 2。胶塞 5 和 6 的外侧具有出气槽。主温度计 1 为内标式单球温度计，分度值为 0.1 ℃，量程适合所测试样的沸点温度。辅助温度计 3 的分度值为 1 ℃。

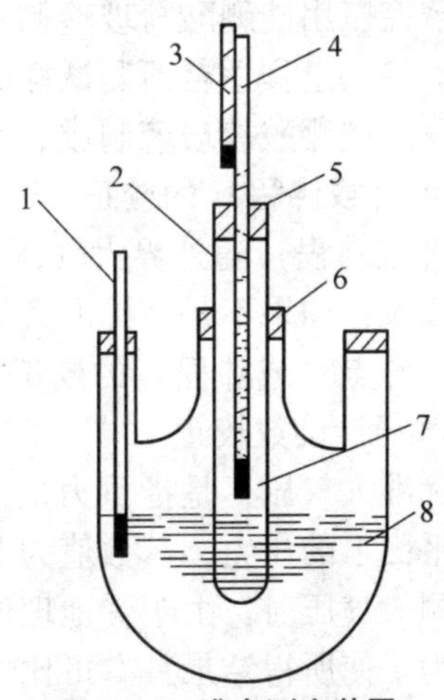

图 3－4　沸点测定装置

1—主温度计；2—侧孔；3—辅助温度计；4—测量温度计；5，6—胶塞；7—试管；8—三口烧瓶

二、沸程的测定

1. 测定原理

在工业生产中，对于有机试剂、化工和石油产品，沸程是其质量控制的主要指标之一。沸程是液体在规定条件（101 325 Pa，0 ℃）下蒸馏，第一滴流出物从冷凝管末端落下的瞬间温度（初馏点）至蒸馏瓶瓶底最后一滴液体蒸发瞬间的温度（终馏点）间隔。

实际应用中习惯不要求蒸干，而是在规定条件下对 100 mL 试样进行蒸馏，观察初馏温度和终馏温度。也可规定一定的馏出体积，测定对应的温度范围或在规定的温度范围测定馏出的体积。对于纯化合物，其沸程一般不超过 1～2 ℃，若含有杂质，则沸程会增大。由于形成共沸物，沸程小的不一定就是纯物质。

2. 测定装置

测定沸程通常用蒸馏法，在标准化的蒸馏装置中进行，如图 3－5 所示。

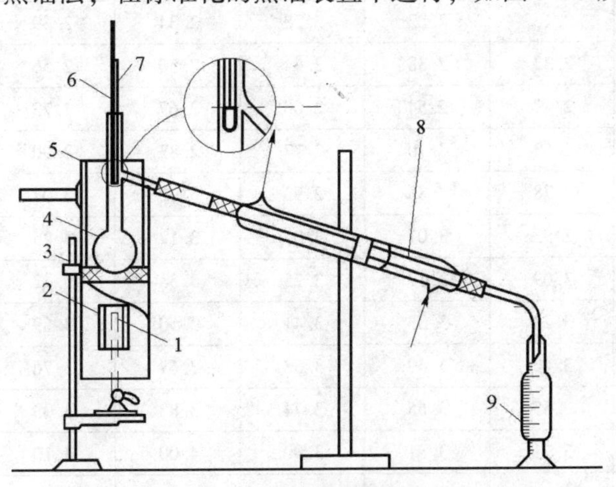

图 3－5　测定沸程蒸馏装置

1—热源；2—热源金属外罩；3—接合装置；4—支管蒸馏瓶；5—蒸馏瓶的金属外罩；6—主温度计；7—辅助温度计；8—冷凝管；9—量筒

支管蒸馏瓶用硅硼酸盐玻璃制成，有效容积 100 mL；主温度计为水银单球内标式，分度值为 0.1 ℃，量程适合所测试样的温度范围；辅助温度计的分度值为 1 ℃；冷凝管为直型水冷凝管，用硅硼酸盐玻璃制成。

3. 沸点（或沸程）的校正

沸点（或沸程）随外界大气压力的变化而发生很大的变化。不同的测定环境，大气压力的差异较大，如果不是在标准大气压力下测定的沸点（或沸程），必须将所得的测定结果加以校正。沸点（或沸程）的校正由下面几方面构成。

（1）气压计读数校正

所谓标准大气压，是指重力加速度为 9.806 65 cm/s^2、温度为 0 ℃时，760 mm 水银柱作用于海平面上的压力，其数值为 101 325 Pa，即 1 013.25 hPa。

在观测大气压时，由于受地理位置和气象条件的影响，往往和标准大气压规定的条件不相符合，为了使所得结果具有可比性，由气压计测得的读数除按仪器说明书的要求进行示值校正外，还必须进行温度校正和纬度重力校正，计算方法见式（3－2）。

$$p = p_t - \Delta p_1 + \Delta p_2 \quad (3-2)$$

式中，p——经校正后的气压，hPa；

p_t——室温时的气压（经气压计差校正的测得值），hPa；

Δp_1——气压计读数校正值（即温度校正值），hPa；

Δp_2——纬度校正值，hPa。

（其中 Δp_1、Δp_2 由表 3－3 和表 3－4 查得）

表 3－3　气压计读数校正值

室温/℃	气压计读数/hPa							
	925	950	975	1 000	1 025	1 050	1 075	1 100
10	1.51	1.55	1.59	1.63	1.67	1.71	1.75	1.79
11	1.66	1.70	1.75	1.79	1.84	1.88	1.93	1.97
12	1.81	1.86	1.90	1.95	2.00	2.05	2.10	2.15
13	1.96	2.01	2.06	2.12	2.17	2.22	2.28	2.33
14	2.11	2.16	2.22	2.28	2.34	2.39	2.45	2.51
15	2.26	2.32	2.38	2.44	2.50	2.56	2.63	2.69
16	2.41	2.47	2.54	2.60	2.67	2.73	2.80	2.87
17	2.56	2.63	2.70	2.77	2.83	2.90	2.97	3.04
18	2.71	2.78	2.85	2.93	3.00	3.07	3.15	3.22
19	2.86	2.93	3.01	3.09	3.17	3.25	3.32	3.40
20	3.01	3.09	3.17	3.25	3.33	3.42	3.50	3.58
21	3.16	3.24	3.33	3.41	3.50	3.59	3.67	3.76
22	3.31	3.40	3.49	3.58	3.67	3.76	3.85	3.94
23	3.46	3.55	3.65	3.74	3.83	3.93	4.02	4.12
24	3.61	3.71	3.81	3.90	4.00	4.10	4.20	4.29
25	3.76	3.86	3.96	4.06	4.17	4.27	4.37	4.47
26	3.91	4.01	4.12	4.23	4.33	4.44	4.55	4.66

续表

室温/℃	气压计读数/hPa							
	925	950	975	1 000	1 025	1 050	1 075	1 100
27	4.06	4.17	4.28	4.39	4.50	4.61	4.72	4.83
28	4.21	4.32	4.44	4.55	4.66	4.78	4.89	5.01
29	4.36	4.47	4.59	4.71	4.83	4.95	5.07	5.19
30	4.51	4.63	4.75	4.87	5.00	5.12	4.24	5.37
31	4.66	4.79	4.91	5.04	5.16	5.29	5.41	5.54
32	4.81	4.94	5.07	5.20	5.33	5.46	5.59	5.72
33	4.96	5.09	5.23	5.36	5.49	5.63	5.76	5.90
34	5.11	5.25	5.38	5.52	5.66	5.80	5.94	6.07
35	5.26	5.40	5.54	5.68	5.82	5.97	6.11	6.25

表3-4　纬度校正值

纬度/(°)	气压计读数/hPa							
	925	950	975	1 000	1 025	1 050	1 075	1 100
0	-2.18	-2.55	-2.62	-2.69	-2.76	-2.83	-2.90	-2.97
5	-2.14	-2.51	-2.57	-2.64	-2.71	-2.77	-2.81	-2.91
10	-2.35	-2.41	-2.47	-2.53	-2.59	-2.65	-2.71	-2.77
15	-2.16	-2.22	-2.28	-2.34	-2.39	-2.45	-2.54	-2.57
20	-1.92	-1.97	-2.02	-2.07	-2.12	-2.17	-2.23	-2.28
25	-1.61	-1.66	-1.70	-1.75	-1.79	-1.84	-1.89	-1.94
30	-1.27	-1.30	-1.33	-1.37	-1.40	-1.44	-1.48	-1.52
35	-0.89	-0.91	-0.93	-0.95	-0.97	-0.99	-1.02	-1.05
40	-0.48	-0.49	-0.50	-0.51	-0.52	-0.53	-0.54	-0.55
45	-0.05	-0.05	-0.05	-0.05	-0.05	-0.05	-0.05	-0.05
50	0.37	0.39	0.40	0.41	0.43	0.44	0.45	0.46
55	0.79	0.81	0.83	0.86	0.88	0.91	0.93	0.95
60	1.17	1.20	1.24	1.27	1.30	1.33	1.36	1.39
70	1.83	1.87	1.92	1.97	2.02	2.07	2.12	2.17

(2) 气压对沸点（沸程）的校正

沸点（沸程）随气压的变化值按式（3-3）计算：

$$\Delta t_p = CV(1\ 013.25 - p) \tag{3-3}$$

式中，Δt_p——沸点（沸程）随气压的变化值，℃；

CV——沸点（沸程）随气压的校正值（由表3-5查得），℃/hPa；

p——经校正的气压值，hPa。

表 3-5 沸点（或沸程）随气压变化的校正值 ℃

标准中规定的沸程温度	气压相差 1 hPa 的校正值	标准中规定的沸程温度	气压相差 1 hPa 的校正值
10～30	0.026	210～230	0.044
30～50	0.029	230～250	0.047
50～70	0.030	250～270	0.048
70～90	0.032	270～290	0.050
90～110	0.034	290～310	0.052
110～130	0.035	310～330	0.053
130～150	0.038	330～350	0.055
150～170	0.039	350～370	0.057
170～190	0.041	370～390	0.059
190～210	0.043	390～410	0.061

（3）温度计水银柱外露段的校正

温度计水银柱外露段的校正值可按式（3-4）进行计算。

$$\Delta t_2 = 0.000\,16(t_1 - t_2)h \quad (3-4)$$

校正后的沸点（沸程）按式（3-5）计算：

$$t = t_1 + \Delta t_1 + \Delta t_2 + \Delta t_p \quad (3-5)$$

式中，t_1——试样的沸点（沸程）的测定值，℃；

t_2——辅助温度计读数，℃；

Δt_1——温度计示值的校正值，℃；

Δt_2——温度计水银柱外露段的校正值，℃；

Δt_p——沸点（沸程）随气压的变化值，℃。

4. 注意事项

①测定沸点时，加热速度不能过快，否则将不利于观察，影响结果的准确度。

②若试样的沸程温度范围下限低于 80 ℃，则应在 5～10 ℃的温度下量取试样及馏出液体积（将接收器距顶端 25 mm 处以下浸入 5～10 ℃的水浴中）；若试样的沸程温度范围下限高于 80 ℃，则在常温下量取试样及馏出液体积；若试样的沸程温度范围上限高于 150 ℃，则在常温下量取试样及馏出液体积，并应采用空气冷凝。

③蒸馏应在通风良好的通风橱内进行。

3.3 密度与相对密度

物质的密度是指在规定的温度 t ℃下单位体积物质的质量，单位为 $g \cdot cm^{-3}$（或 $g \cdot mL^{-1}$）。物质的体积随温度的变化而改变（热胀冷缩），物质的密度也随之改变。因此，同一物质在不同的温度下测得的密度是不同的，密度的表示必须注明温度，国家标准规定化学试剂的密度是指在20 ℃时单位体积物质的质量，用ρ表示。若在其他温度下，则必须在ρ的右下角注明温度，即用ρ_t表示。

$$\rho_t = \frac{m}{V} \tag{3-6}$$

式中，m——物质的质量，g；

V——物质的体积，cm^3或 mL。

密度是一个重要的物理常数。利用密度的测定可以区分化学组成相类似而密度不同的液体化合物、鉴定液体化合物的纯度及定量测定溶液的浓度。因此，在生产实际中，密度是液体有机产品质量控制指标之一。

一般在分析工作中只限于测定液体试样的密度，而较少测定固态试样的密度。通常测定液体试样的密度可用密度瓶法、韦氏天平法和密度计法。

一、密度瓶法

此法是测定密度最常用的方法，但不适宜测定易挥发的液体试样的密度。

1. 测定原理

在规定温度20 ℃时，分别测定充满同一密度瓶的水及试样的质量，由水的质量及密度可以确定密度瓶的容积及试样的体积，根据密度的定义可计算试样的密度。

$$\rho = \frac{m_{样}}{m_{水}} \times \rho_0 \tag{3-7}$$

式中，$m_{样}$——20 ℃时充满密度瓶的试样的质量，g；

$m_{水}$——20 ℃时充满密度瓶的水的质量，g；

ρ_0——20 ℃时水的密度，为0.998 23 g/cm^3。

由于在测定时称量是在空气中进行的，因此受到空气浮力的影响，可按式（3-8）计算密度，以校正空气的浮力。

$$\rho = \frac{m_{样} + A}{m_{水} + A} \times \rho_0 \tag{3-8}$$

$$A = \rho_0 \times \frac{m_{水}}{0.997\ 0} \tag{3-9}$$

式中，A——空气浮力校正值（即称量时试样和蒸馏水在空气中减小的质量），g。

在通常情况下，A值的影响很小，可忽略不计。

2. 测定仪器

用此法测定密度的主要仪器是密度瓶。

密度瓶有各种形状和规格（图3-6）。普通型的为球形，如图3-6（a）所示；标准型的是附有特制温度计、带有磨口帽的小支管的密度瓶，如图3-6（b）所示。容积一般为5、10、25、50 mL等。

此外，在用密度瓶法测定密度时，还需使用分析天平、恒温水浴等仪器。

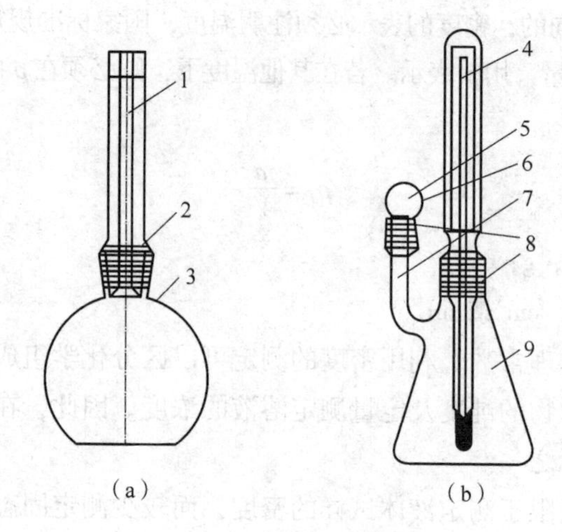

图 3-6 常用的密度瓶

(a) 普通瓶；(b) 标准瓶

1—毛细管；2，8—磨口；3，9—密度瓶主体；4—温度计；5—侧孔罩；6—侧孔；7—侧管

3. 注意事项

称量操作必须迅速，因为水和试样都有一定的挥发性，否则会影响测定结果的准确度。

二、韦氏天平法

韦氏天平法适用于测定易挥发的液体的密度。

1. 测定原理

韦氏天平法测定密度的基本依据是阿基米德定律，即当物体完全浸入液体时，它所受到的浮力或所减小的质量等于其排开的液体的质量。因此，在一定的温度（20 ℃）下，分别测定同一物体（玻璃浮锤）在水及试样中的浮力。由于玻璃浮锤排开水的体积和试样的体积相同，而浮锤排开水的体积为

$$V=\frac{m_{水}}{\rho_0}$$

则试样的密度为

$$\rho=\rho_0\times\frac{m_{样}}{m_{水}} \tag{3-10}$$

式中，ρ——试样在 20 ℃时的密度，$g\cdot cm^{-3}$；

$m_{样}$——玻璃浮锤浸于试样中时的浮力（骑码读数），g；

ρ_0——水在 20 ℃时的密度，0.998 23 $g\cdot cm^{-3}$。

2. 测定仪器

用此法测定密度的主要仪器是韦氏天平。韦氏天平的构造如图 3-7 所示，主要由支架、横梁、玻璃浮锤及骑码等组成。

天平横梁 4 用支架 1 支撑在刀座 5 上，梁的两臂形状不同且不等长。长臂上刻有分度，末端有悬挂玻璃浮锤的钩环 7，短臂末端有指针，当两臂平衡时，指针应和固定指针 3 水平

对齐。旋松支柱紧固螺钉2，可使支柱上下移动，支柱的下部有一个水平调整螺钉11，横梁的左侧有水平调节器，它们可用于调节天平在空气中的平衡。天平附有两套骑码，最大的骑码的质量等于玻璃浮锤在20 ℃的水中所排开水的质量（约5 g），其他骑码为最大骑码的1/10、1/100、1/1 000。各个骑码的读数方法见表3-6。

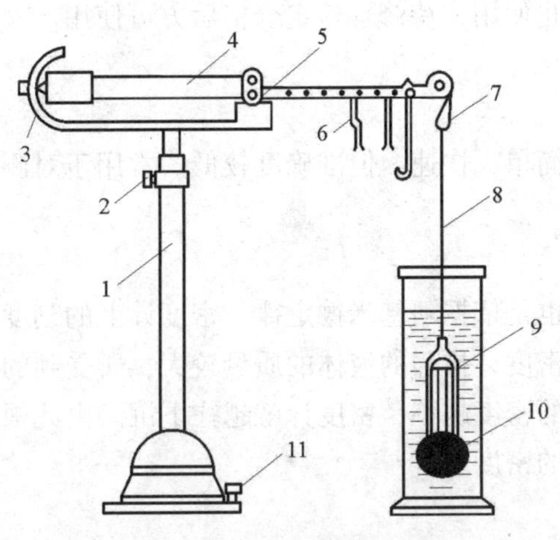

图3-7 韦氏天平

1—支架；2—支柱紧固螺钉；3—固定指针；4—横梁；5—刀座；6—骑码；7—钩环；8—细白金丝；9—玻璃浮锤；10—玻璃筒；11—水平调整螺钉

表3-6 各个骑码在各个位置的读数

位置	一号骑码	二号骑码	三号骑码	四号骑码
放在第十位	1	0.1	0.01	0.001
放在第九位	0.9	0.09	0.009	0.000 9
……	…	…	…	…
放在第一位	0.1	0.01	0.001	0.000 1

例如，一号骑码在第8位上，二号骑码在第7位上，三号骑码在第6位上，四号骑码在第3位上，则读数为0.876 3，如图3-8所示。

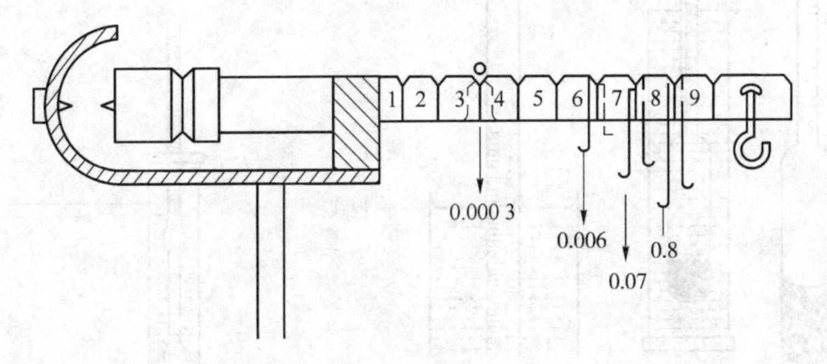

图3-8 骑码读数法

3. 注意事项

①测定过程中，必须注意严格控制温度。取出玻璃浮锤时，必须十分小心，轻取轻放，

一般最好是右手持镊子夹住吊钩，左手持绸布或清洁滤纸托住玻璃浮锤，以防损坏。

②当要移动天平位置时，应把易于分离的零件、部件及横梁等拆卸分离，以免损坏刀子。

③根据使用的频繁程度定期进行清洁工作和计量性能检定。当发现天平失真或有疑问时，在未清除故障前应停止使用，待修理检定合格后方可使用。

三、密度计法

用此法测定密度比较简单、快速，但准确度较低。常用于对测定精度要求不太高的工业生产中的日常控制分析。

1. 测定原理

用密度计法测定密度也是依据阿基米德定律。密度计上的刻度标尺越向上越小，在测定密度较大的液体时，由于密度计排开的液体的质量较大，所受到的浮力也就越大，故密度计就越向上浮；反之，液体的密度越小，密度计就越往下沉。由此根据密度计浮于液体的位置可直接读出所测液体试样的密度。

2. 测定仪器

密度计是一支封口的玻璃管，中间部分较粗，内有空气，所以放在液体中可以浮起，下部装有小铅粒形成重锤，能使密度计直立于液体中，上部较细，管内有刻度标尺，可以直接读出密度值，如图 3-9 所示。

密度计都是成套的，每套有若干支，每支只能测定一定范围的密度。使用时要根据待测液体的密度大小选用不同量程的密度计。

3. 注意事项

①所用的玻璃圆筒应较密度计高大些，装入的液体不要太满，但应能将密度计浮起。

②密度计不可突然放入液体内，以防其与筒底相碰而受损。

③读数时，眼睛视线应与液面在同一个水平位置上，注意视线要与弯月面上缘平行（图 3-10）。

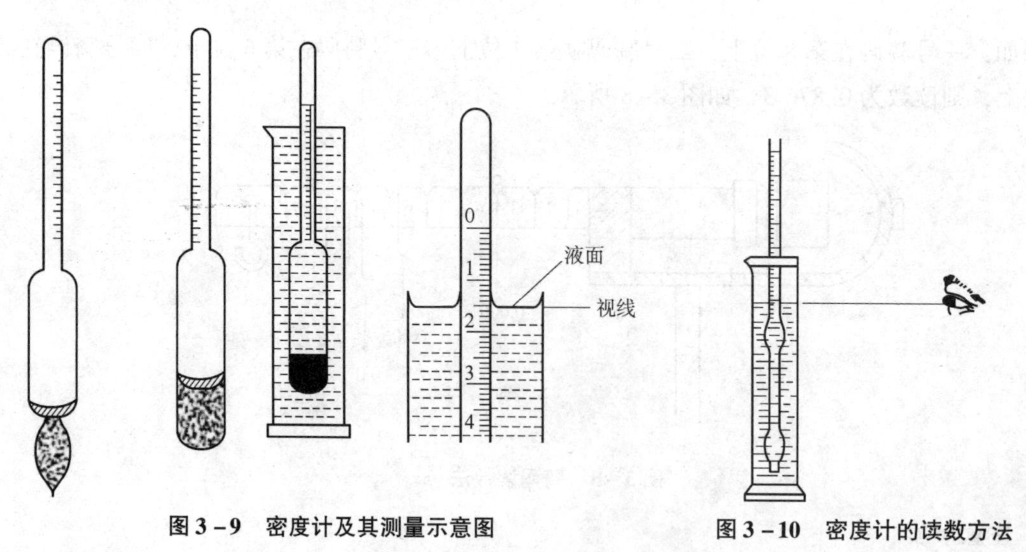

图 3-9　密度计及其测量示意图

图 3-10　密度计的读数方法

3.4 黏度

一、黏度及黏度的种类

当流体在外力作用下做层流运动时，相邻两层流体分子之间存在内摩擦力，阻滞流体的流动，这种特性称为流体的黏滞性。衡量黏滞性大小的物理常数称为黏度。黏度随流体的不同而不同，随温度的变化而变化，不注明温度条件的黏度是没有意义的。

黏度通常分为绝对黏度（动力黏度）、运动黏度和条件黏度。

1. 绝对黏度

绝对黏度（又称动力黏度）是指当两个面积为1 m^2、垂直距离为1 m的相邻液层，以1 m/s的速度做相对运动时所产生的内摩擦力，常用η表示。当内摩擦力为1 N时，则该液体的黏度为1，其法定计量单位为Pa·s（即N·s/m^2）。非法定计量单位为P（泊）或cP（厘泊）。它们之间的关系为1.0 Pa·s = 10 P = 1 000 cP。温度为t ℃时的绝对黏度用η_t表示。

2. 运动黏度

某流体的绝对黏度与该流体在同一温度下的密度之比称为该流体的运动黏度，以v表示。

$$v = \frac{\eta}{\rho}$$

其法定计量单位是m^2/s，非法定计量单位是St（沲）或cSt（厘沲）。它们之间的关系是1 $m^2 \cdot s^{-1} = 10^4$ St $= 10^6$ cSt。在温度为t ℃时的运动黏度以v_t表示。

3. 条件黏度

条件黏度是在规定温度下，在特定的黏度计中，一定量液体流出的时间（s）；或者是此流出时间与在同一仪器中规定温度下的另一种标准液体（通常是水）流出的时间之比。根据所用仪器和条件的不同，条件黏度通常有下列几种：

①恩氏黏度。试样在规定温度下从恩氏黏度计中流出200 mL所需的时间与20 ℃的蒸馏水从同一黏度计中流出200 mL所需的时间之比，用符号E_t表示。

②赛氏黏度。试样在规定温度下，从赛氏黏度计中流出60 mL所需的时间，单位为s。

③雷氏黏度。试样在规定温度下，从雷氏黏度计中流出50 mL所需的时间，单位为s。

以条件性的实验数值来表示的黏度，可以相对地衡量液体的流动性。

二、各种黏度的测定

1. 测定原理

（1）运动黏度的测定原理（毛细管黏度计法）

在一定温度下，当液体在直立的毛细管中以完全润湿管壁的状态流动时，其运动黏度v与流动时间τ成正比。测定时，用已知运动黏度的液体（常用20 ℃时的蒸馏水）作为标准，测定其从毛细管黏度计流出的时间，再测量试样自同一黏度计流出的时间，即可计算出试样的黏度。

$$\frac{v_t^{样}}{v_t^{标}} = \frac{\tau_t^{样}}{\tau_t^{标}}$$

即

$$v_t^{样} = \frac{v_t^{标}}{\tau_t^{标}} \tau_t^{样} \qquad (3-11)$$

式中，$v_t^{标}$——标准液体在一定温度下的运动黏度；

$\tau_t^{标}$——标准液体在某一毛细管黏度计中的流出时间；

$\tau_t^{样}$——被测试样的流出时间；

$v_t^{样}$——被测试样的运动黏度。

标准液体在一定温度下的运动黏度是已知值，标准液体在某一毛细管黏度计中的流出时间也是一定值，故对某一毛细管黏度计来说，$\frac{v_t^{标}}{\tau_t^{标}}$是一常数，称为该毛细管黏度计常数，一般以 K 表示，则上式可写为：

$$v_t^{样} = K\tau_t^{样} \qquad (3-12)$$

由此可知，在测定某一试液的运动黏度时，只须测定毛细管黏度计的黏度计常数，再测出在指定温度下试样的流出时间，即可计算出其运动黏度 $v_t^{样}$。

（2）恩氏黏度（条件黏度）的测定原理

条件黏度的测定原理与运动黏度的相似，即不同的液体流出同一黏度计的时间与黏度成正比。根据不同条件黏度的规定，分别测量已知条件黏度的标准液体和试样在规定的黏度计中流出时间，计算试样的条件黏度。

如恩氏黏度的测定原理就是按恩氏黏度的规定，分别测定试样在一定温度（通常为 50 ℃或 100 ℃，特殊要求时也用其他温度）下，由恩氏黏度计流出 200 mL 所需的时间（s）和同样量的水在 20 ℃时由同一黏度计流出的时间，即黏度计的水值 K_{20}，从而根据下式计算试液的恩氏黏度。

$$E_t = \frac{\tau_t}{K_{20}} \qquad (3-13)$$

式中，E_t——试样在 t ℃时的恩氏黏度；

τ_t——试液在 t ℃时从恩氏黏度计中流出 200 mL 所需时间，s；

K_{20}——黏度计 20 ℃时的水值，s。

2. 测定仪器

（1）运动黏度测定装置

主要由以下几部分组成：

1）毛细管黏度计（平氏黏度计）。它由 13 支毛细管组成，毛细管内径分别为 0.4、0.6、0.8、1.0、1.2、1.5、2.0、2.5、3.0、3.5、4.0、5.0、6.0 mm。其构造如图 3－11 所示。

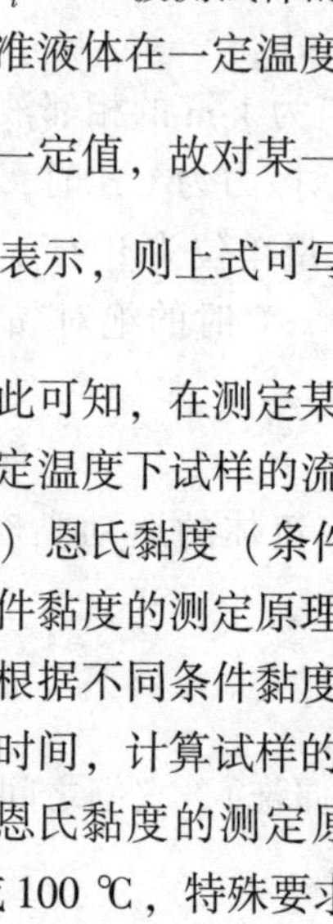

图 3－11　毛细管黏度计

1，5，6—扩大部分；2—支管；3，4—管身；7—毛细管；a，b—标线

选用原则是按试样运动黏度的大约值选用其中一支，使试样流出时间为 120～480 s。在 0 ℃及更低温度测定高黏度

试样时，流出时间可增加至 900 s；在 20 ℃测定液体燃料时，流出时间可减少至 60 s。

2）恒温浴。容积不小于 2 L，高度不小于 180 mm，带有自动控温仪及自动搅拌器，并有透明壁或观察孔。

3）温度计。测定运动黏度专用温度计，分度值为 0.1 ℃。

4）恒温浴液。应根据测定所需的规定温度不同，选用适当的恒温液体。常用的恒温液体见表 3－7。

表 3－7 不同温度下使用的恒温液体

测定温度/℃	恒温用液体
50～100	透明矿物油、甘油或 25% NH_4NO_3 水溶液（表面应浮有一层透明的矿物油）
20～50	水
0～20	水和冰的混合物，或乙醚、冰与干冰的混合物
－50～0	乙醇与干冰的混合物（无乙醇时可用汽油代替）

5）注意事项。

①试样含有水或机械杂质时，在测定前应经过脱水处理，过滤除去机械杂质。

②由于黏度随温度的变化而变化，所以测定前试样和毛细管黏度计均应准确恒温并保持一定的时间。在恒温器中，黏度计放置的时间为：在 20 ℃时，放置 10 min；在 50 ℃时，放置15 min；在 100 ℃时，放置 20 min。

③试样中有气泡会影响装液体积，且进入毛细管后可能形成气塞，增大了液体流动的阻力，使流动时间延长，造成误差。

（2）恩氏黏度测定装置

主要由以下几部分组成：

1）恩氏黏度计。如图 3－12 所示。

其结构为：将两个黄铜圆形容器套在一起，内筒 1 装试样，外筒 2 为热浴。内筒底部中央有流出孔 9，试样可经小孔流出，流入接收量瓶。筒上有盖 6，盖上有插堵塞棒 5 的孔 4 及插温度计的孔 3。内筒中有三个尖钉 7，作为控制液面高度和仪器水平的水平器。外筒装在铁质的三脚架 10 上，足底有调整仪器的水平调节螺旋 11。黏度计热浴一般配有自动调整控制温度的电加热器。

2）接收量瓶。是有一定尺寸规格的葫芦形玻璃瓶（图 3－13）。其中刻有 100 mL 和 200 mL 两道标线。

3）电加热控温器。

4）温度计。测定恩氏黏度计专用温度计，分度值为 0.1 ℃。

5）注意事项。

①恩氏黏度计的各部件尺寸必须符合规定的要求，特别是流出管的尺寸规定非常严格，管的内表面经过磨光，使用时应防止磨损及弄脏。

②符合标准的黏度计，其水值应等于（51 ± 1）s，并应定期校正，如水值不符合规定，则不能使用。

③测定时，温度应恒定到要求温度的 ±0.2 ℃。试样必须呈线状流出，否则就无法得到流出 200 mL 试样所需准确时间。

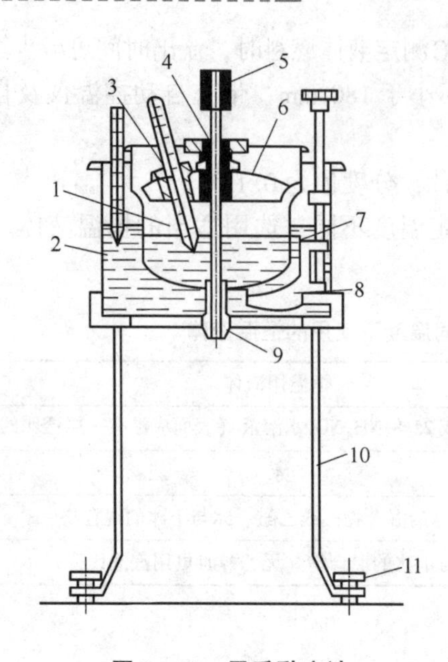

图 3-12 恩氏黏度计

1—内筒；2—外筒；3，4—孔；5—堵塞棒；6—内筒盖；
7—尖钉；8—搅拌器；9—流出孔；10—三脚架；11—水平调节螺旋

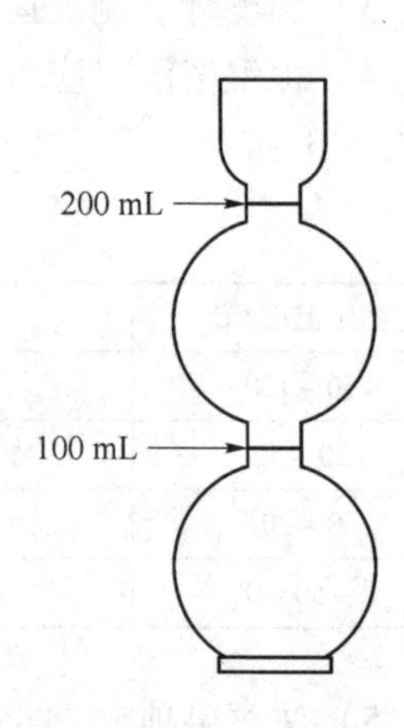

图 3-13 接收量瓶

3.5 折射率

一、折射与折射率

折射率也称折光率。固体、气体或液体都有折射现象，这是由于光在两种不同介质中的传播速度不同而形成的。所以，光线从一种介质进入另一种介质，当它的传播方向与两种介质的界面不垂直时，传播方向就会在界面处发生改变，这种现象称为光的折射现象，如图 3-14 所示。

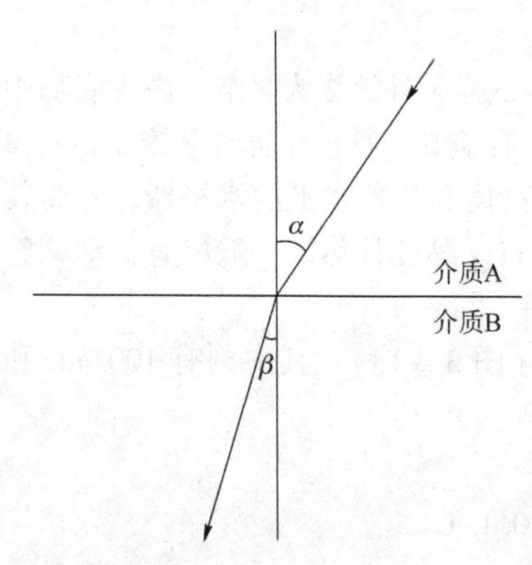

图 3-14 光的折射

根据折射定律，波长一定的单色光线在一定的温度和压力等条件下，从某种介质 A 进入另一种介质 B 时，入射角 α 和折射角 β 的正弦之比和这两种介质的折射率 N（介质 A 的）与 n（介质 B 的）成反比，即

$$\frac{\sin\alpha}{\sin\beta}=\frac{n}{N} \tag{3-14}$$

当介质 A 是真空时，规定 $N=1$，于是 $n=\frac{\sin\alpha}{\sin\beta}$。

所以，一种介质的折射率，就是光线从真空进入该介质时的入射角和折射角的正弦之比。这种折射率称为该介质的绝对折射率。但在实际应用中，通常总是以空气作为入射介质，并作为比较的标准，如此测定的折射率称为某物质对空气的相对折射率。若以空气为标准测得的相对折射率乘以 1.000 29（空气的绝对折射率），即为该介质的绝对折射率。

二、影响折射率的因素

折射率是物质的特性常数，它不仅与物质的结构及光线波长有关，还受温度、压力等因素的影响。所以，在表示折射率时，必须注明所用的光源波长和测定时的温度。例如，水的折射率$n_D^{20}=1.332\ 99$，表示测定温度为20 ℃时所用光源波长为钠灯的D线（583.9 nm）。

一般文献中记录的折射率数据都是以20 ℃为标准的，因此，在其他温度下测定的折射率都要进行校正，其校正公式如下：

$$n_D^{20}=n_D^t+0.000\ 45(t-20) \tag{3-15}$$

由于大气压的变化对折射率影响并不显著，所以只有在很精密的工作中才需考虑压力的影响。

液体物质的折射率可以用阿贝折射仪迅速而准确地测定。将实测的折射率与已知的纯化合物的折射率进行比较，既能说明化合物的纯度，也可用于鉴定；同时，根据折射率和混合物摩尔组成间的线性关系，还可以用来测定含有已知成分混合物的质量分数。

三、折射率的测定

通常用阿贝折射仪来测定物质的折射率。为了使测量温度恒定，还须配备一台超级恒温水浴一起使用。

1. 阿贝折射仪的结构

其结构及观测图分别如图3－15和图3－16所示，主要组成部分是两块直角棱镜，上面一块是光滑的，下面一块的表面是磨砂的，左面有一个镜筒和刻度盘，上面刻有1.300 0～1.700 0的格子，右边也有一个镜筒，是测量望远镜，用来观察折射情况。光线由反射镜反射入下面的棱镜，发生漫反射，以不同入射角射入两个棱镜之间的液层，然后再射到上面棱镜的光滑表面上。由于它的折射率很高，一部分光线可以再经折射进入空气而到达测量望远镜，另一部分光线则发生全反射。调节旋钮，使测量望远镜中的视场如图3－16所示，此时可以从左边的读数镜中直接读出折射率。

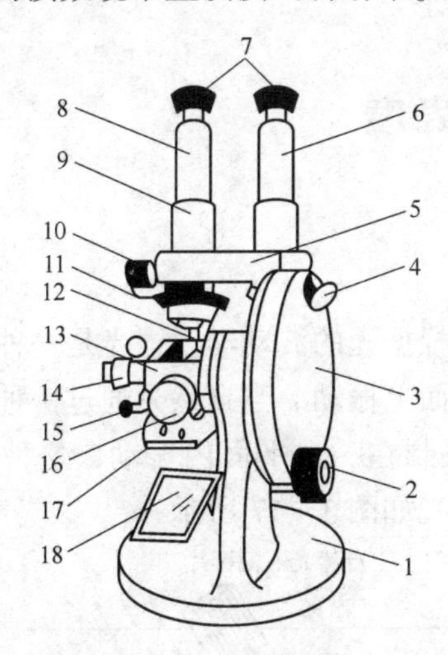

图3－15　阿贝折射仪

1—底座；2—棱镜调节旋钮；3—圆盘组（内有刻度板）；4—小反光镜；5—支架；6—读数镜筒；7—目镜；8—观察镜筒；9—分界线调节螺丝；10—消色调节旋组；11—色散刻度尺；12—棱镜锁紧扳手；13—棱镜组；14—温度计插座；15—恒温器接头；16—保护罩；17—主轴；18—反光镜

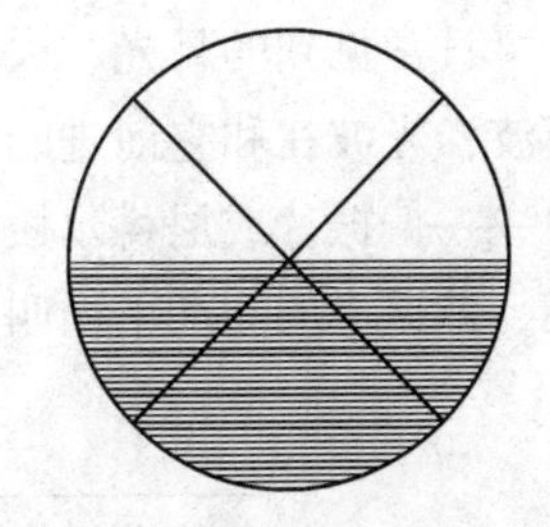

图3－16　望远镜中的视场

阿贝折射仪中装有消除色散装置，故可用钠灯作为光源，也可直接使用日光。其测得的数据与钠 D 线测得的一样。

2. 阿贝折射仪的使用方法

（1）校正

先将折射仪与恒温槽连接，通入恒温水，使仪器恒温在（20.0 ±0.1）℃。松开锁钮，开启下面棱镜，滴 1 ~2 滴丙酮或乙醇于镜面上。合上棱镜，过 1 ~2 min 后打开棱镜，用丝巾或擦镜纸轻轻擦洗镜面（注意：不能用滤纸擦）。待镜面干净后，用二级水或标准玻璃块进行校正。

滴 1 ~2 滴重蒸馏水（二级水）于镜面上，关紧棱镜，转动左手刻度盘，使读数镜内标尺读数等于重蒸馏水的折射率（$n_D^{20}=1.3330$）。调节反射镜，使测量望远镜中的视场最亮；调节测量望远镜，使视场最清晰。转动消色调节器，消除色散，再用一特制的小螺丝刀旋动右面镜筒下方的方形螺钉，使明暗交界线和“×”字中心对齐，如图 3 -16 所示，至此，校正完毕。

（2）测量

打开棱镜，清洗镜面，擦干后用滴管向棱镜表面滴加 2 ~3 滴试样，待整个镜面湿润后，立即闭合棱镜并扣紧，待棱镜温度计读数恢复到（20.0 ±0.1）℃，调整反射镜使视场最亮。轻轻转动左手刻度盘，在右镜筒内找到明暗分界线。若看到彩色光带，则转动消色调节器，直至出现明暗分界线。再转动左手刻度盘，使分界线对准“×”中心，读数并记录。

（3）维护

①阿贝折射仪在使用前后，棱镜需用丙酮或乙醇洗净并干燥，滴管或其他硬物不得接触镜面。擦洗镜面时，只能用丝巾或擦镜纸，不能过分用力，以防损伤镜面。

②用完后，要将金属套中的水放尽，拆下温度计并放在指套中，将仪器擦干净，放入盒中。

③折射仪不能放在日光直射或靠近热源的地方，以免试样迅速蒸发。

④酸、碱等腐蚀性的液体不得使用阿贝折射仪测定其折射率，可用浸入式折射仪测定。

⑤折射仪不用时，需放在木箱内，并置于干燥处。

3.6 比旋光度

一、偏振光

日常见到的日光、火光、灯光等都是自然光。根据光的波动学说，光是一种电磁波，是横波，光波在和它前进的方向相互垂直的许多个平面上振动。当自然光通过一种特制的玻璃片——偏振片或尼科尔棱镜时，则透过的光线只限制在一个平面内振动，这种光称为偏振光，偏振光的振动平面叫作偏振面。自然光和偏振光如图 3 -17 所示。

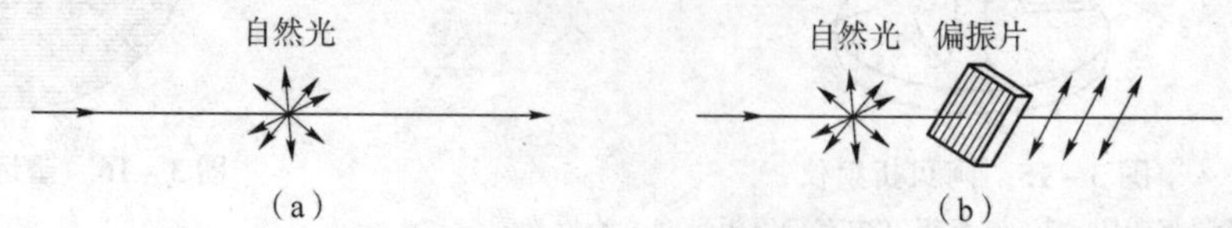

图 3 -17　自然光、偏振光示意图

（a）自然光；（b）偏振光

二、有机物的旋光性

有些化合物因其分子中有不对称结构，具有手性异构，如果将这类化合物溶解于适当的溶剂中，当偏振光通过这种溶液时，偏振光的振动方向（振动面）发生旋转，产生旋光现象，如图 3－18 所示。这种特性称为物质的旋光性，此种化合物称为旋光性物质。偏振光通过旋光性物质后，振动方向（振动面）旋转的角度称为旋光度（旋光角），用 α 表示。能使偏振光的振动方向向右旋转（顺时针旋转）的旋光性物质称为右旋体，以（＋）或 D 表示；能使偏振光的振动方向向左旋转（逆时针旋转）的旋光性物质称为左旋体，以（－）或 L 表示。通过测定旋光度（旋光角）和比旋光度，可以检验具有旋光活性的物质的纯度，也可定量分析其含量及溶液的浓度。

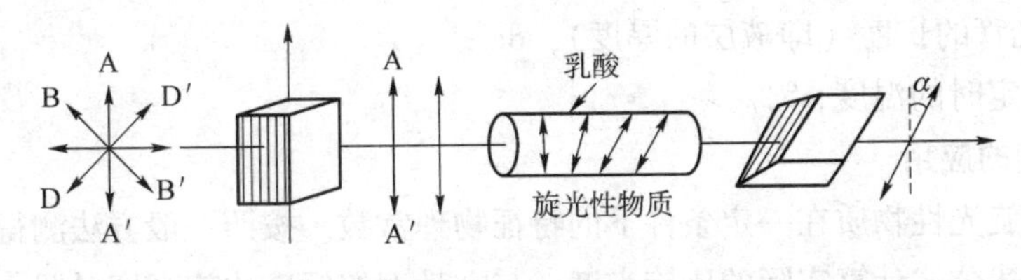

图 3－18　旋光现象

三、影响旋光度的因素

旋光度的大小主要取决于旋光性物质的分子结构，也与溶液的浓度、液层厚度、入射偏振光的波长、测定时的温度等因素有关。

四、旋光度和比旋光度的测定

1. 测定原理

测定旋光度的原理如图 3－19 所示。从光源产生的自然光通过起偏镜，变为在单一方向上振动的偏振光，当此偏振光通过盛有旋光性物质的旋光管时，振动方向旋转到了一定的角度，此时调节附有刻度盘的检偏镜，使最大量的光线通过，检偏镜所旋转的度数和方向显示在刻度盘上，即为实测的旋光度 α。

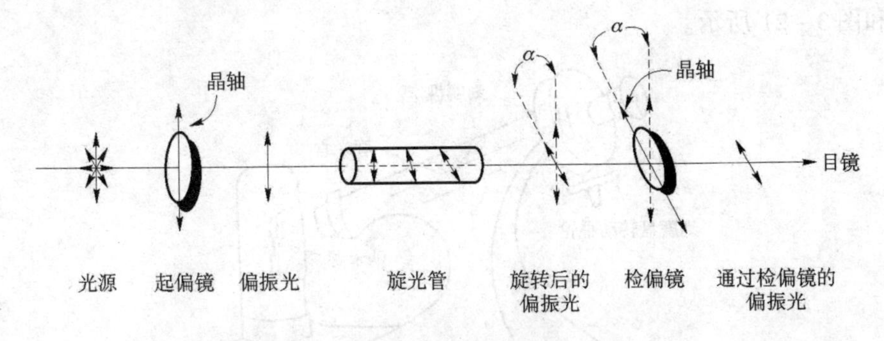

图 3－19　测定旋光度的原理示意图

同一旋光性物质在不同的溶剂中有不同的旋光度和旋光方向。由于旋光度的大小受诸多因素的影响，缺乏可比性。一般规定：以黄色钠光 D 线为光源，在 20 ℃时，偏振光透过每毫升含 1 g 旋光性物质、液层厚度为 1 dm（10 cm）溶液时的旋光度，叫作比旋光度（或旋光本领)，用符号$[\alpha]_{D}^{20}$表示。

纯液体的比旋光度(旋光本领)：

$$[\alpha]_{D}^{20}=\frac{\alpha}{l\rho} \tag{3-16}$$

溶液的比旋光度(旋光本领)：

$$[\alpha]_{D}^{20}=\frac{\alpha}{lm} \tag{3-17}$$

式中，α——测得的旋光度，(°)；

ρ——液体在20 ℃时的密度，g/mL；

m——每毫升溶液中含旋光活性物质的质量，g；

l——旋光管的长度（即液层的厚度)，dm；

20——测定时的温度，℃。

2. 比旋光度的应用

比旋光度是旋光性物质在一定条件下的特征物理常数。按照一般方法测得旋光性物质的旋光度，根据上述公式计算实际的比旋光度，与文献上的标准比旋光度对照，以进行定性鉴定。也可用于测定旋光性物质的纯度或溶液的浓度。

溶液浓度：

$$纯度（\%）=\frac{\alpha V}{l[\alpha]_{D}^{20}m'} \tag{3-18}$$

式中，α——测得的旋光度，(°)；

$[\alpha]_{D}^{20}$——旋光性物质的标准比旋光度，(°)；

l——旋光管的长度（液层厚度)，dm；

V——溶液的体积，mL；

m'——试样的质量，g。

3. 测定仪器

旋光仪的型号很多，常用的是国内生产的 WXG－4 型旋光仪，其外形和构造分别如图3－20和图3－21 所示。

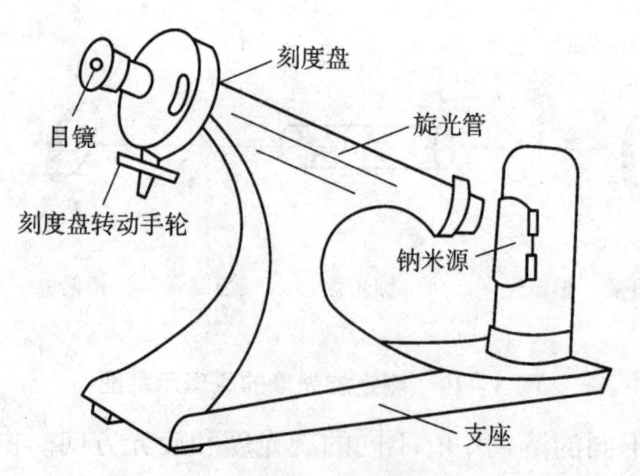

图3－20　WXG－4 型旋光仪外形

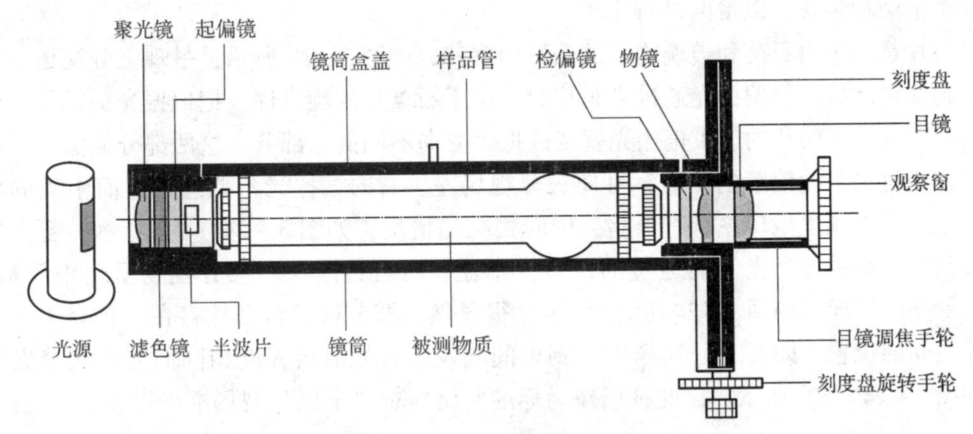

图3-21 WXG-4型旋光仪的构造

如图3-21所示，光线从光源投射到聚光镜、滤色镜、起偏镜后，变成平面直线偏振光，再经半波片，视场中出现了三分视界。旋光物质盛入旋光管放入镜筒测定，由于溶液具有旋光性，故把平面偏振光旋转了一个角度，通过检偏镜起分析作用。从目镜中观察，就能看到中间亮（或暗）、左右暗（或亮）的照度不等三分视场。转动刻度盘手轮，带动刻度盘、检偏镜，使视场照度（暗视场）相一致时为止。然后从放大镜中读出刻度盘旋转的角度。

（1）起偏镜和检偏镜的作用

如图3-22所示，起偏镜Ⅰ和检偏镜Ⅱ为两个偏振片。当钠光射入起偏镜后，射出的是偏振光，此偏振光又射入检偏镜。如果这两个偏振片的方向相互平行，则偏振光可不受阻碍地通过检偏镜，观测者在检偏镜后可看到明亮的光线，如图3-22（a）所示。慢慢转动检偏镜，观测者可看到光线逐渐变暗。当旋至90°，即两个偏振片的方向相互垂直时，则偏振光被检偏镜阻挡，视野呈全黑，如图3-22（b）所示。

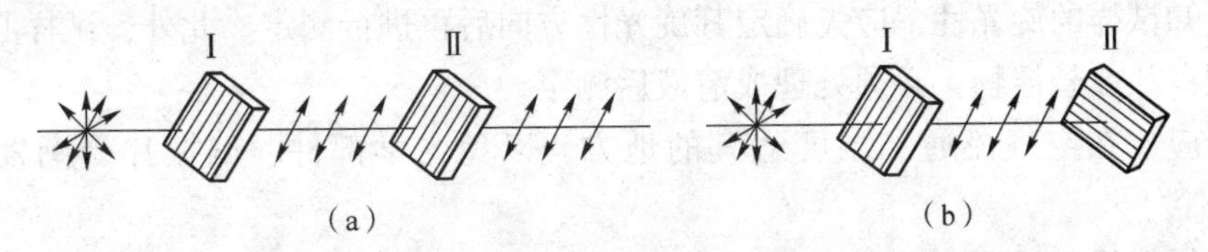

图3-22 起偏镜Ⅰ和检偏镜Ⅱ的作用

（a）偏振片平行；（b）偏振片垂直

如果在测量光路中先不放入装有旋光性物质的旋光管，此时转动检偏镜，使其与起偏镜的方向垂直，则偏振光不能通过检偏镜，在目镜上看不到光亮，视野全黑。此时读数盘应指示为零，即为仪器的零点。然后将装有旋光性物质的旋光管放在光路中，由于偏振光被旋光性物质旋转了一个角度，使部分光线通过检偏镜，目镜又呈现光亮。再旋转检偏镜，使其振动方向与透过旋光性物质以后的偏振光方向相互垂直，则目镜视野再次呈现全黑。此时检偏镜在读数盘上旋转过的角度即为旋光性物质的旋光度。

（2）半荫片的作用

上述旋光仪的零点和试样旋光度的测定，都以视野呈现全黑为标准，但人的视觉要判定两个完全相同的“全黑”是不可能的。为提高测定的准确度，通常在起偏镜和旋光管之间放入一个半荫片装置，以帮助进行比较。

半荫片是一个由石英和玻璃构成的圆形透明片，如图 3－23 所示，呈现三分视场。半荫片放在起偏镜之后，当偏振光通过半荫片时，由于石英片的旋光性，把偏振光旋转了一个角度。因此，通过半荫片的这束偏振光就变成振动方向不同的两部分。这两部分偏振光到达检偏镜时，通过调节检偏镜的位置，可使三分视场左、右的偏振光不能透过，而中间的可透过，即在三分视场里呈现左、右最暗，中间稍亮的情况，如图 3－24（a）所示。若把检偏镜调节到使中间的偏振光不能通过的位置，则左、右可透过。即三分视场呈现中间最暗，左、右最亮的情况，如图 3－24（b）所示。很显然，调节检偏镜必然存在一种介于上述两种情况之间的位置，即在三分视场中看到中间与左、右的明暗程度相同而分界线消失的情况，如图 3－24（c）所示。以此视场作为标准要比判断“全黑”视场准确得多。

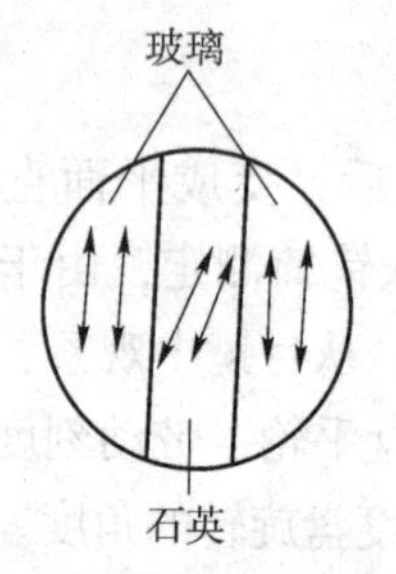

图 3－23　半荫片示意图

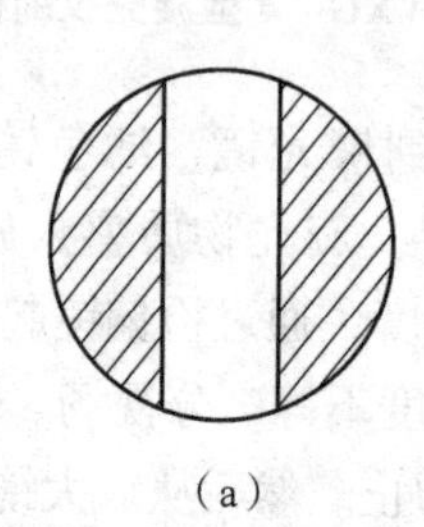

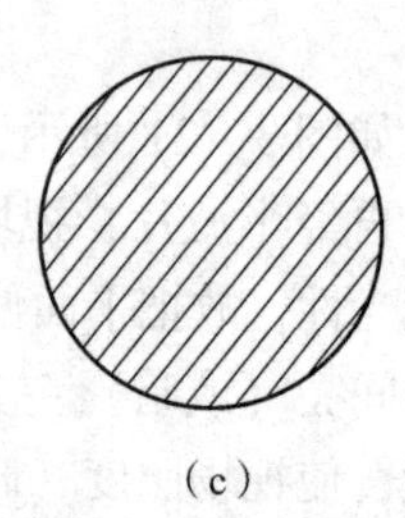

图 3－24　视场变化情况

（a）左、右最暗，中间稍亮；（b）中间最暗，左、右稍亮；（c）中间与左、右的明暗程度相同

4. 注意事项

①不论是校正仪器零点还是测定试样，均应极其缓慢地旋转刻度盘，否则就观察不到视场亮度的变化，通常零点校正的绝对值在 1°以内。

②如不知试样的旋光性，应先确定其旋光性方向后再进行测定。此外，试样必须清晰透明，如出现浑浊或悬浮物，必须处理成清液后测定。

③仪器应放在空气流通和温度适宜的地方，以免光学部件、偏振片受潮发霉及性能衰退。

④钠光灯管使用时间不宜超过 4 h，若长时间使用，应用电风扇吹风或关熄 10～15 min，待冷却后再使用。

⑤旋光管使用后，应及时用水或蒸馏水冲洗干净，擦干藏好。

第4章 检验与测定

4.1 采样和制样

在实际工作中，要分析和检验的物料常常是大量的，其组成有的比较均匀，也有的很不均匀。检验时所称取的分析试样只是几克、几百毫克或更少，而分析结果必须能代表全部物料的平均组成，因此，仔细而正确地采取具有代表性的“平均试样”，就具有极其重要的意义。一般来说，采样误差常大于分析误差，因此，掌握采样和制样的一些基本知识是很重要的。如果采样和制样方法不正确，即使分析工作做得非常仔细和正确，也是毫无意义的，有时甚至给生产和科研带来很坏的后果。

通常遇到的分析对象是各种各样的，如金属、矿石、土壤、化工产品、石油、工业用水、天然气等。归结起来，试样有固体、液体和气体三种形态。按其各组分在试样中的分布情况看，不外乎有分布得比较均匀和分布得不均匀两种。显然，对于不同的分析对象，分析前试样的采取及制备也是不相同的，因此，其采样及制备样品的具体步骤应根据分析试样的性质、均匀程度、数量等来决定。这些步骤和细节在有关产品的国家标准和部颁标准中都有详细规定，例如固体和半固体石油产品取样法（SY 2001—84）、化学试剂取样及验收规则（GB 619—88）等。各种工业分析专著上也都有试样的采取和制备的章节，这里只讨论试样的采取和制备的一些基本原则。

一、组成比较均匀的试样的采取和制备

一般来说，金属试样、水样及某些组成较为均匀的化工产品等，任意采取一部分或稍加混合后取一部分，即成为具有代表性的分析试样。

1. 金属试样

金属经高温熔炼，组成比较均匀。例如钢片，只要任意剪取一部分即可。但对钢锭和铸铁来说，由于表面和内部的凝固时间不同，铁和杂质的凝固温度也不一样，因此表面和内部所含的杂质也有所不同，使组成不很均匀。为了克服这种不均匀性，在钻取试样时，先用砂轮将表面层磨去，然后采用多钻几个点及钻到一定深度的方法，将所取得的钻屑捣碎混匀，作为分析试样。

2. 水样

由于各种水的性质不同，水样的采集方法也不同。洁净的与稍受污染的天然水的水质变化不大，因此，在规定的地点和深度按季节采取 1 ~ 2 次，即具有代表性；生活污水与人们的作息时间、季节性的食物种类都有关系，一天中不同时间的水质不完全一样，每个月的水质情况也不相同；工业废水的变化更大，同一种工业废水，由于生产工艺过程不同，废水水质差别很大，同时，工业废水的水质还会因原材料不均一、工艺的间歇性，随时发生变化。

所以，在采集上述各种水样时，必须根据分析目的不同而采取不同的采集方式，如平均混合水样、平均比例混合水样、用自动取样器采集一昼夜的连续比例混合水样等。但对于受污染十分严重的水体，其采样要求应根据污染来源、分析目的而定，不能按天然水采样。

供确定物理性质与化学成分分析用的水样有 2 L 即可。水样瓶可以是容量为 2 L 的、具有无色磨口塞的硬质玻璃细口瓶或聚乙烯塑料瓶。当水样中含大量油类或其他有机物时，以玻璃瓶为宜；当测定微量金属离子时，采用塑料瓶较好，塑料瓶的吸附性较小；测定 SiO_2时，必须用塑料瓶取样；测定特殊项目的水样时，可另用取样瓶取样，必要时需加药品保存。

采样瓶要洗得很干净，采样前应用水样冲洗采样瓶至少 3 次，然后采样。采样时，水要缓缓流入采样瓶，不要完全装满，水面与瓶塞间要留有空隙（但不超过 1 cm），以防水温改变时瓶塞被挤掉。

采集水管或有泵水井中的水样时，只须将水龙头或泵打开，放水数分钟，使积留在水管中的杂质冲洗掉，然后取样即可。

采集池、江、河水的水样时，将一个干净的空瓶盖上塞子，塞子上系上一根绳子，瓶底系一铁砣或石头（如图 4 - 1 所示），沉入水面下一定深处（通常为 20 ~ 50 cm），然后拉绳拔塞，让水样灌入瓶中取出即可。一般要在不同深度取几个水样混合后作为分析试样，如水面较宽，应该在不同的断面分别采取几个水样。

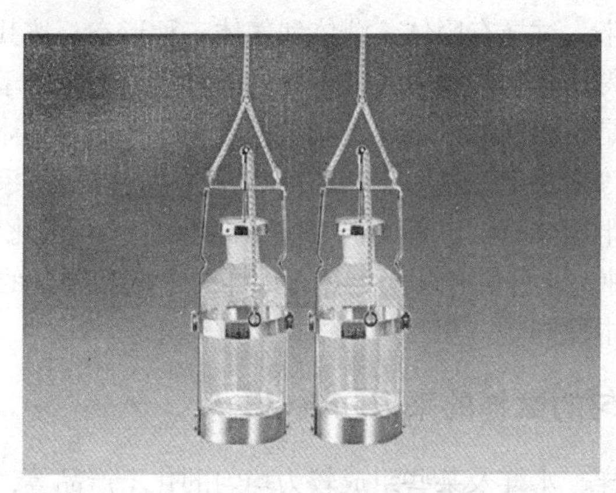

图 4 - 1　水样采集瓶

采集工业废水样品时，要根据废水的性质、排放情况及分析项目的要求采用下列 4 种采集方式。

①间隔式平均采样。对于连续排出水质稳定的水样的生产设备，可以间隔一定时间采取等体积的水样，混匀后装入瓶内。

②平均取样或平均比例取样。对几个性质相同的生产设备排出的废水，分别采集同体积的水样，混匀后装瓶；对性质不同的生产设备排出的废水，则应先测定流量，然后根据不同的流量按比例采集水样，混匀后装瓶。最简单的办法是在总废水池中采集混合均匀的废水。

③瞬间采样。某些工业废水，如油类和悬浮性固体分布很不均匀，很难采到具有代表性的平均水样，并且在放置过程中，水中一些杂质容易浮于水面或沉淀，若从全分析水样中取出一部分用来分析某项目，则会影响到结果的正确性。在这种情况下可单独采样，进行全量分析。

水样采集后应及时化验，保存时间越短，分析结果越可靠。有些化学成分和物理性状要在现场测定，因为在送往实验室的过程中会产生变化。水样保存的期限取决于水样性质、测定项目的要求和保存条件。对于现场无条件测定的项目，可采用“固定”的方法，使原来易变化的状态转变成稳定的状态。例如：

氰化物：加入 NaOH，使 pH 调至 11.0 以上，并保存在冰箱中，尽快分析；

重金属：加 HCl 或 HNO_3酸化，使 pH 在 3.5 左右，以减少沉淀或吸附；

氮化合物：每 1 L 水加 0.8 mL 浓 H_2SO_4，以保持氮的平衡，在分析前用 NaOH 溶液中和；

硫化物：在 250 ~ 500 mL 采样瓶中加入 1 mL 25% 乙酸锌溶液，生成硫化物沉淀；

酚类：每升水中加 0.5 g 氢氧化钠及 1 g 硫酸铜；

溶解氧：按测定方法加入硫酸锰和碱性碘化钾；

pH、余氯：必须当场测定。

3. 化工产品

组成比较均匀的化工产品可以任意取一部分为分析试样。若是储存在大容器内的物料，可能因相对密度不同而影响其均匀程度，可在上、中、下不同高度处各取部分试样，然后混匀。

如果物料分装在多个小容器（如瓶、袋、桶等）内，则可从总件数（N）中按式（4 - 1）计算随机抽取的件数（S）：

$$S = \sqrt{\frac{N}{2}} \tag{4-1}$$

然后再从各件中抽取部分试样，混匀即成分样试样。

4. 气体试样

气体的组成虽然比较均匀，但不同存在形式的气体，如静态的气体与动态的气体，其取样方法和装置都有所不同。

取静态气体试样时，于气体的容器上装一个取样管，用橡皮管与吸气瓶或吸气管等盛气体的容器连接，或直接与气体分析仪相连。也可将气体试样取于球胆内，但球胆取样后不宜放置过夜，应立即分析。如果只取少量样品，也可用注射器抽取。

取动态气体试样，即从管道中流动的气体中取样时，应注意气体在管道中流速的不均匀性。位于管道中心的气体流速比管壁处的要大。为了取得平均试样，取样管应插入管道 1/3 直径深度，取样管口切成斜面，面对气流方向。

如果气体温度过高，取样管外应装上夹套，通入冷水冷却。如果气体中有较多尘粒，可在取样管中放一支装有玻璃棉的过滤筒。

对常压气体，一般打开取样管旋塞即可取样。如果气体压力过高，应在取样管与容器间接一个缓冲器；如果是负压气体，可连接抽气泵，通过抽气泵取样。

测定气体中微量组分时，一般需采取较大量试样，这时采样装置由取样管、吸收瓶、流量计和抽气泵组成。在不断抽气的同时，欲测组分被吸收或吸附在吸收瓶内的吸收剂中，流量计可记录所取试样的体积。

二、组成不均匀的试样的选取和制备

对一些颗粒大小不等、成分混杂不齐、组成极不均匀的试样，如矿石、煤炭、土壤等，选取具有代表性的均匀试样是一项较为复杂的操作。为了使选取的试样具有代表性，必须按一定的程序，自物料的各个不同部位取出一定数量大小不同的颗粒。取出的份数越多，试样的组成与被分析物料的平均组成越接近。但考虑以后在试样处理上所花费的人力、物力等，应该以选用能达到预期准确度的最节约的采样量为原则。

根据经验，平均试样选取量与试样的平均度、粒度、易破碎度有关，可用式（4－2）（称为采样公式）表示：

$$Q = Kd^a \tag{4-2}$$

式中，Q——选取平均试样的最小质量，kg；

d——试样中最大颗粒的直径，mm；

K、a——经验常数，由物料的均匀程度和易破碎程度等决定，可由实验求得。K 值在 0.05～1 之间，a 值通常为 1.8～2.5。地质部门将 a 值规定为 2，则上式为 $Q = Kd^2$。

例如，在采取赤铁矿的平均试样时（赤铁矿的 K 值为 0.06），若此矿石最大颗粒的直径为 20 mm，则根据上式计算得

$$Q = 0.06 \times 20^2 = 24\ (\text{kg})$$

也就是最小质量为 24 kg。这样取得的试样，组成很不均匀，数量又太多，不适宜直接分析。根据采样公式，试样的最大颗粒越小，最小质量可越小。如将上述试样最大颗粒破碎至 1 mm，则

$$Q = 0.06 \times 1^2 = 0.06\ (\text{kg})$$

此时试样的最小质量可减至 0.06 kg。因此，采样后进一步破碎、混合，可减缩试样量而制备适合分析用的试样。

三、试样制备

固体试样的采集量较大，其粒度和化学组成往往不均匀，不能直接用来分析。因此，为了从总样中取出少量的物理性质、化学性质及工艺特性和总样基本相似的代表样品，就必须将总样进行制备处理。样品制备试样一般可分为破碎、过筛、混匀、缩分 4 个步骤。

1. 破碎

用机械或人工方法把样品逐步破碎，大致可分为粗碎、中碎和细碎等阶段。粗碎是指用颚氏破碎机把大颗粒试样压碎至通过 4～6 目筛。中碎是指用盘式粉碎机把粗碎后的试样磨碎至通过 20 目筛。细碎是指用盘式粉碎机进一步磨碎，必要时再用研钵研磨，直至通过所要求的筛孔为止。

在矿石中，难破碎的粗粒与易破碎的细粒的成分常常不同，在任何一次过筛时，应将未通过筛孔的粗粒进一步破碎，直至全部过筛为止。不可将粗粒随便丢掉。

筛子一般用细的铜合金丝制成，有一定孔径，用筛号（目数）表示，通常称为标准筛。常见标准筛规格见表 4－1。

表 4－1 标准筛规格

筛号/目	3	6	10	20	40	60	80	100	120	140	200
筛孔直径/mm	6.72	3.36	2.00	0.83	0.42	0.25	0.177	0.149	0.125	0.105	0.074

2. 缩分

每次在样品破碎后，用机械（分样器）或人工取出一部分有代表性的试样，继续进行破碎。这样样品量就逐渐缩小，便于处理。这个过程称为缩分。

常用的手工缩分方法是四分法。如图4－2所示，先将已破碎的样品充分混匀，堆成圆锥形，将它压成圆饼状，通过中心按十字形切为四等份，弃去任意对角的两份。由于样品中不同粒度、不同相对密度的颗粒大体上分布均匀，留下样品的量是原样的一半，仍能代表原样的成分。

缩分的次数不是随意的，在每次缩分时，试样的粒度与保留的试样量之间都应符合采样公式，否则应进一步破碎后再缩分。根据 $Q=Kd^2$，计算不同 K 值和不同粒度时所需试样的最小质量，见表4－2。

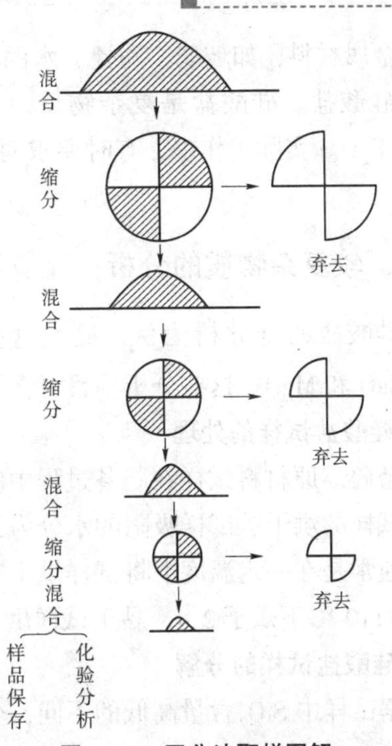

图4－2 四分法取样图解

表4－2 采集平均试样时的最小质量 kg

筛号/目	筛孔直径/mm	K				
		0.1	0.2	0.3	0.5	1.0
3	6.72	4.52	9.03	13.55	22.6	45.2
6	3.36	1.13	2.26	3.39	5.65	11.3
10	2.00	0.40	0.80	1.20	2.00	4.00
20	0.83	0.069	0.14	0.21	0.35	0.69
40	0.42	0.018	0.035	0.053	0.088	0.176
60	0.25	0.006	0.013	0.019	0.031	0.063
80	0.177	0.003	0.006	0.009	0.016	0.031

一般送化验室的试样为200～500 g。试样最后的细度应便于溶样，对于某些较难溶解的试样，往往需要研磨至能通过100目甚至200目细筛。

将制备好的试样储存于具有磨口玻璃塞的广口瓶中，瓶外贴好标签，注明试样名称、来源、采样日期等。

4.2 检验方案的制定

一、明确检验方案

环境样品，如被污染的大气、工业废水，其成分复杂。如电镀厂水样中含 Na^{+}、Mg^{2+}、Al^{3+}、Ca^{2+}、Mn^{2+}、Cu^{2+}、Cr（Ⅲ、Ⅵ），以及少量的 Fe^{3+}、Ni^{2+}、Zn^{2+}、Mo（Ⅵ）等。

无机非金属材料，如玻璃、陶瓷、水泥等主要成分是硅酸盐。土壤的母质、被污染河流的底泥也是硅酸盐。硅酸盐是复杂物质，含 SiO_2、Fe_2O_2、Al_2O_3、CaO、MgO、TiO_2及少量的 Na_2O和 K_2O。实际工作中，有时要求对试样的全部组分或其主要组成进行分析，这称为全分析。

二、较复杂物质的分析

以硅酸盐的全分析为例，硅酸盐分析通常主要测定的项目有 SiO_2、Fe_2O_3、Al_2O_3、TiO_2、CaO 和 MgO。这些分析项目可在同一分析试样溶液中进行，称为硅酸盐系统分析。

1. 硅酸盐试样的处理

①磨碎。原材料试样在制备过程中应研细至全部通过 0.080 mm 方空筛，并充分混匀。

②试样的烘干。试样吸附的水分为无效水分，一般应在分析前将其除去。除去吸附水分的办法通常是在一定温度下将试样烘干一定时间，如黏土、生料、石英砂、矿渣等原材料，在 105 ~ 110 ℃下烘干 2 h。黏土试样烘干后吸水性很强，冷却后要快速称量。

2. 硅酸盐试样的分解

根据试样中 SiO_2含量高低的不同，分解试样时可采用两种不同的方法：

①SiO_2含量低时，可采用酸溶法，常用 HCl 或 $HF - H_2SO_4$为溶剂。

②SiO_2含量高时，可采用熔融法或烧结法，可选用 Na_2CO_3或 K_2CO_3作熔剂；若用动物凝胶聚法测定 SiO_2，选用 NaOH 或 KOH 作熔剂。

3. SiO_2的测定

测定 SiO_2的方法有滴定分析法、重量法和气化法三种。

滴定分析法是依据硅酸在有过量的氟离子和钾离子的强酸性溶液中生成氟硅酸钾沉淀，该沉淀在热水中水解并相应生成氢氟酸，再用 NaOH 标准溶液滴定，以求得试样中 SiO_2的含量。重量法测定硅酸盐中 SiO_2的含量时，所得的 SiO_2沉淀中夹带有 Fe^{3+}、Al^{3+}、Ti^{4+}等杂质，并在滤液中存有漏失的 SiO_2，一般分析可不必校正。气化法是用 $HF + H_2SO_4$处理试样，SiO_2以 SiF_4形式逸出，试样的减量即为 SiO_2的含量。

4. Fe_2O_3、Al_2O_3、TiO_2的测定

试液中的 Fe_2O_3、Al_2O_3和 TiO_2的含量在常量范围内时，可用配位滴定法滴定；在微量范围内时，可用分光光度法测定。

（1）配位滴定法

在 pH = 2 ~ 2.5 的溶液中，以磺基水杨酸作指示剂，于 40 ~ 50 ℃时，用 EDTA 滴定 Fe^{3+}，此时 Al^{3+}、Ti^{4+}、Mn^{2+}、Ca^{2+}、Mg^{2+}、Cu^{2+}、Ni^{2+}、Zn^{2+}等都不干扰测定；可采用返滴定法或氟化物置换滴定法滴定 Al^{3+}；TiO_2的含量可用分光光度法进行测定。从含量中扣除 TiO_2量后，即得 Al_2O_3的量。

（2）分光光度法

将试液中 Fe^{3+}用盐酸羟胺或抗坏血酸还原为 Fe^{2+}，在 pH = 2 ~ 9 范围内与邻二氮菲生成稳定的橙红色配合物。常加入 NaOAc 调节溶液的 pH≈5，用显色剂显色，于 510 mm 波长处用适当厚度的比色皿测定吸光度。从预先绘制好的工作曲线上查得铁含量。

将试样先用氨水和HCl调节pH≈2后，加入铬天青S－溴化十四烷吡啶（简写为CAS－TPB）混合液，再加pH＝5.3的HOAc－NaOAc缓冲溶液，显色，生成紫红色的三元配合物，于610 nm波长处测定吸光度。从预先绘制好的工作曲线上查得铝含量。

在0.5～1.0 mol/L的HCl介质中，TiO^{4+}与二安替比林甲烷形成1∶3的黄色配合物，在波长420 nm处用分光光度计测定吸光度。从预先绘制好的工作曲线上查得钛含量。Fe^{3+}的干扰可加抗坏血酸消除。

5. CaO和MgO的测定

试液中共存组分Fe^{3+}、Al^{3+}、Ti^{4+}、Mn^{2+}的存在对Ca^{2+}、Mg^{2+}的测定均有干扰，这些组分含量较少时，可加入掩蔽剂如三乙醇胺、酒石酸钾钠消除干扰；当含量较高时，一般采用沉淀分离法除去干扰组分。分离Fe^{3+}、Al^{3+}、Ti^{4+}的滤液即可用来滴定CaO和MgO的含量，Ca^{2+}、Mg^{2+}通常采用配位滴定法。

三、制订实验方案

以硅酸盐系统分析为例制订实验方案，如图4－3所示。

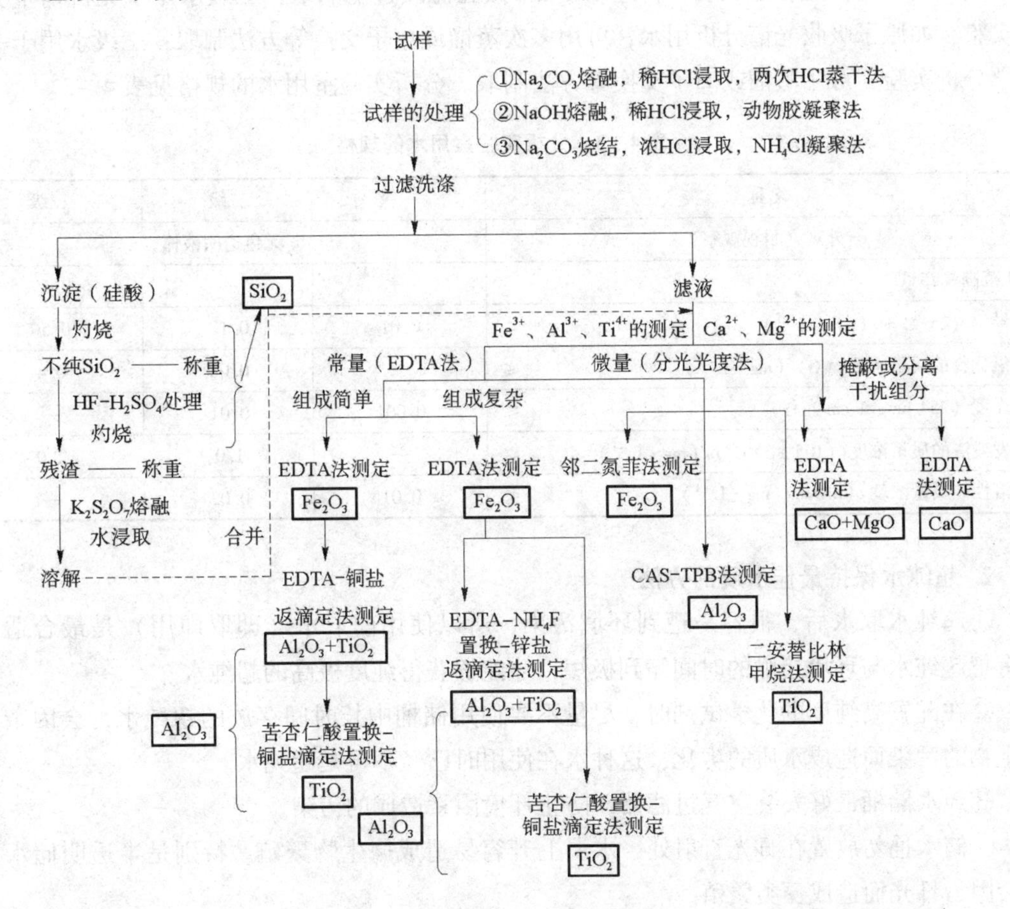

图4－3 硅酸盐系统分析方案

4.3 实验用水及试剂准备

一、实验室用水及储存方法

在化验室中，常用的水共有两种：一是自来水，二是分析实验室用水。

自来水是将天然水经过初步净化处理制得的，仍然含有多种杂质，主要是各种盐类、一些有机物、颗粒物和微生物等。因此，自来水只能用于仪器的初步洗涤，以及作冷却或热浴用水。

为了制备溶液及进行分析工作，需要进一步将水纯化，制备成能满足化验分析需要的纯净水。这种纯水称为分析实验室用水。为了叙述方便，有时习惯称为纯水。

1. 分析实验室用水的规格和级别

实验室用水共分为三个级别：一级水、二级水和三级水。

一级水用于有严格要求的分析实验，如高效液相色谱等，可由二级水用石英蒸馏设备蒸馏，或经离子交换混合处理后，再经0.2 μm微孔滤膜过滤制取；二级水用于无机衡量分析等实验，如原子吸收光谱分析用水，可用多次蒸馏或离子交换等方法制取；三级水用于一般化学分析实验，可用蒸馏或离子交换等方法制取。分析实验室用水的规格见表4－3。

表4－3 分析实验室用水的规格

名称		一级	二级	三级
外观（目视观察）		无色透明液体		
pH范围（25 ℃）		—	—	5.0～7.5
电导率（25 ℃）/($mS \cdot m^{-1}$)	≤	0.01	0.10	0.50
可氧化物的质量浓度$\rho(O)/(mg \cdot L^{-1})$	≤	—	0.08	0.4
吸光度（254 nm，1 cm光程）	≤	0.001	0.01	—
蒸发残渣的质量浓度((105±2)℃)$\rho/(mg \cdot L^{-1})$	≤	—	1.0	2.0
可溶性硅质量浓度$\rho(SiO_2)/(mg \cdot L^{-1})$	≤	0.01	0.02	—

2. 超纯水保持最佳水质的方法

①超纯水取水后，很容易遭到环境污染，所以使用前取水（即取即用）是最合适的。只有把超纯水与环境接触的时间缩到极短，才能够获得纯度极高的超纯水。

②在配置高纯度的化学试剂时，尽量不要使用储桶中长时间存放的超纯水，会因杂质、微生物的污染而造成水质的劣化，这种水在使用时已经不再是超纯水。

③纯水储桶最好安装空气过滤器，防止环境因素造成的污染。

④储水桶勿放置在日光直射处，水温上升容易造成微生物繁殖。特别是半透明储水桶，也会因为日光而造成藻类繁殖。

⑤超纯水取水时，一定要将初期的出水放掉，以获得稳定的水质。

⑥取水时，让超纯水顺着容器侧壁流入，尽量不要产生气泡，以降低空气污染。

⑦不要在终端滤器后连接软管，使用直接取水的方式才能获得纯度高的超纯水。

3. 分析实验室用水的储存方法

各级水均宜使用密闭的专用聚乙烯容器储存。各级用水在储存期间可能被沾污，故一级水不可储存，应在用前准备。二级水、三级水可适量制备，分别储存于预先用同级水冲洗过的相应容器中。

二、常用各类化学试剂与各种标准物质

1. 常用各类化学试剂

①常用酸碱。常用酸碱的密度和浓度参见附表4。

②容量工作基准试剂。容量工作基准试剂是量值传递的基准，用于标定标准滴定溶液浓度。

③pH工作基准试剂。pH工作基准试剂是量值传递的基准，用于pH计的定位。

④制备标准滴定溶液用试剂。标准滴定溶液以前称为滴定分析（容量分析）用标准溶液，可用于测定化学试剂的主体含量。因此，所用试剂宜选纯度较高的级别。有时还要用基准试剂对所制备的溶液进行标定。

⑤制备标准溶液用试剂。此处所述标准溶液，以前称为杂质标准溶液或杂质测定用标准溶液。这种标准溶液用于化学试剂中杂质含量的测定。

⑥制备试剂溶液、制剂等所用试剂。在化学试剂的各种实验方法中，还需要一些试剂溶液、制剂及制品等。制备这些溶液、制剂及制品所用的化学试剂也很多，有无机试剂，也有有机试剂，还包括不少指示剂。

2. 常用各种标准物质

（1）标准物质

标准物质定义为：已确定其一种或几种特性，用于校准测量器具、评价测量方法或确定材料特性量值的物质。标准物质是一种计量标准，都附有标准物质证书，规定了对其一种或多种特性值可溯源的确定程序，对每个标准值都有给定置信水平的不确定度。标准物质一般成批制备，要求材质均匀、性能稳定，在有效使用期内特性量值准确可靠。标准物质可以是纯的或混合的气体、液体和固体。例如，校准黏度计用的纯水，量热法中用作热容校准物质的蓝宝石，化学分析校准用的高纯度化学试剂、标准溶液等。

（2）标准物质的等级和分类

我国将标准物质分为一级标准物质和二级标准物质两个级别。

①一级标准物质——代号为GBW，用绝对测量法或两种以上不同原理的准确可靠的方法定值。在只有一种定值方法的情况下，在多个实验室以同种准确、可靠的方法定值；准确度具有国内最高水平，均匀性在准确度范围内并附有证书。此类标准物质由国家计量行政部门批准、颁布并授权生产。

②二级标准物质——代号为GBW(E)，是用与一级标准物质进行比较测量的方法或用一级标准物质的定值方法定值，其不稳定度和均匀性未达到一级标准物质水平，能满足一般测量的需要。此类标准物质经有关业务主管部门批准并授权生产。

二级标准物质是在日常分析检测中大量采用的一类标准物质。由于它们组成基体复杂，前处理方法各不相同，定值通常采用相对测量法，因此需要相应的一级标准物质来校准仪器，也可以采用多种不同的分析方法，如标准曲线法、标准加入法、内标法等进行比较测

量，由此确定其量值不确定度的水平，保证测量的溯源性。

标准物质种类极多，按照鉴定特性来分，基本上可分为化学成分标准物质、物理和物理化学特性标准物质、工程技术特性标准物质三类。表 4－4 列出了与化学分析工作关系最为密切的常用标准物质及其用途，仅供参考。

表 4－4　部分常用标准物质

鉴定特性	类型	名称
化学成分	高纯试剂纯度标准物质	一级：碳酸钠、EDTA、氯化钠、苯 二级：重铬酸钾、苯二甲酸氢钾、草酸钠、三氧化二砷及碳酸钠、EDTA、氯化钠
	高纯农药标准物质	二级：敌百虫、速灭威、甲胺磷、氰戊菊酯
	高纯气体标准物质	一级：一氧化碳 二级：氢气、氮气、氧气、二氧化碳、甲烷、丙烷、纯一氧化碳、纯一氧化氮、纯硫化氢
	成分分析标准物质	各类标准物质多属此种
	成分气体标准物质	空气中甲烷、氮气中乙烯、各种混合气体
	环境水质标准物质	水中各种金属离子及阴离子等成分分析标准物质
	元素分析标准物质	二级：间氯苯甲酸、茴香酸、苯甲酸、脲
物理性质	氯化钾电导率标准物质	基准溶液 71.135 2 g KCl/(1 000 g 溶液)，电导率 11.131 5 $S \cdot m^{-1}$ (25 ℃)； 基准溶液 7.419 13 g KCl/(1 000 g 溶液)，电导率 1.285 3 $S \cdot m^{-1}$ (25 ℃)； 基准溶液 0.745 263 g KCl/(1 000 g 溶液)，电导率 0.140 83 $S \cdot m^{-1}$ (25 ℃)； 基准溶液 0.074 526 g KCl/(1 000 g 溶液)，电导率 0.014 65 $S \cdot m^{-1}$ (25 ℃)
	熔点标准物质	对硝基苯甲酸、苯甲酸、萘、1,6－己二酸、对甲氧基苯甲酸、对硝基甲苯、蒽、蒽醌
	pH 标准物质	四草酸氢钾、酒石酸氢钾、邻苯二甲酸氢钾

4.4　试样的分解、分离和富集

在一般分析工作中，除干法（如发射光谱）分析外，通常要先将试样分解，制成溶液，再进行测定。因此，试样的分解是分析工作的重要步骤之一。必须了解各种试样的分解方法，这对制订快速而准确的分析方法具有重要意义。

一、分析试样的一般要求

分析工作对试样的分解一般有三个要求：

①试样应分解完全。要得到准确的分析结果，试样必须分解完全，处理后的溶液不应残留原试样的细屑或粉末。

②试样分解过程中，待测成分不应有挥发损失。如在测定钢铁中的磷时，不能单独用 HCl 或 H_2SO_4分解试样，而应当用 HCl(或 H_2SO_4) + HNO_3混合酸，将磷氧化成 H_3PO_4进行测定，避免部分磷生成挥发性的磷化氢（PH_3）而损失。

③分解过程中不应引入被测组分和干扰物质。如测定钢铁中的磷时，不能用 H_3PO_4来溶解试样；测定硅酸盐中的钠时，不能用 Na_2CO_3熔融来分解试样。在进行超纯物质分析时，应当用超纯试剂处理试样，若用一般分析试剂，则可能引入含有数十倍甚至数百倍的被测组分。又如，在用比色法测定钢铁中的磷、硅时，采用 HNO_3溶解试样，生成的氮的氧化物使显色不稳定，必须加热煮沸将其完全除去，这样更显色。

二、分解试样的方法

试样的品种繁多，所以各种试样的分解要采用不同的方法。常用的分解方法大致可分为溶解和熔融两种：溶解就是将试样溶解于水、酸、碱或其他溶剂中；熔融就是将试样与固体熔剂混合，在高温下加热，将预测组分转变为可溶于水或酸的化合物。另外，测定有机物中的无机元素时，首先要除去有机物。

1. 溶解法

溶解比较简单、快速，所以分解试样尽可能采用溶解的方法。如果试样不能溶解或溶解不完全，则采用熔融法。溶解根据使用溶剂不同，可分为酸溶法和碱溶法。水作溶剂，只能溶解一般可溶性盐类。

（1）酸溶法

酸溶法是利用酸的酸性、氧化还原性和配合性使试样中被测组分转入溶液。钢铁、合金、有色金属、纯金属、碳酸盐类矿物可采用此法。

常用作溶剂的酸有盐酸、硝酸、硫酸、磷酸、高氯酸、氢氟酸，以及它们的混合酸等。

1）盐酸［HCl，相对密度 1.19，含量 38%，$c(HCl) = 12$ mol/L］。纯盐酸是无色液体，它是分解试样的重要强酸之一。在金属的电位次序中，氢以前的金属或其合金都能溶于盐酸，产生氢气和氯化物。其反应式为：

$$M + nHCl = MCl_n + n/2H_2\uparrow$$

（M 代表金属，n 为金属离子价数）

多数金属氯化物易溶于水，只有银、一价汞和铅的氯化物难溶于水（氯化铅易溶于热水）。

盐酸还能分解许多金属的氧化物、氢氧化物和碳酸盐类矿物。如：

$$CuO + 2HCl = CuCl_2 + H_2O$$

$$Al(OH)_3 + 3HCl = AlCl_3 + 3H_2O$$

$$BaCO_3 + 2HCl = BaCl_2 + H_2O + CO_2\uparrow$$

盐酸又能分解一部分硫化物（主要是硫化亚铁和硫化镉），生成 H_2S 和氯化物。如：

$$CdS + 2HCl = CdCl_2 + H_2S\uparrow$$

$$FeS + 2HCl = FeCl_2 + H_2S\uparrow$$

盐酸中的 Cl^- 与某些金属离子（如 Fe^{3+} 等）形成氯配合离子，能帮助溶解。

盐酸对 MnO_2、Pb_3O_4等有还原性，也能帮助溶解。其反应式为：

$$MnO_2 + 4HCl \xlongequal{\triangle} MnCl_2 + Cl_2\uparrow + 2H_2O$$

$$Pb_3O_4 + 8HCl \xlongequal{\triangle} 3PbCl_2 + Cl_2\uparrow + 4H_2O$$

金属铜不溶于 HCl，但能溶于 $HCl + H_2O_2$中，其反应式为：

$$Cu + 2HCl + H_2O_2 = CuCl_2 + 2H_2O$$

单独使用 HCl，不适用于钢铁试样的分解，因为会留下一些褐色的碳化物。

当用 HNO_3溶解硫化矿物时，会析出大量单质硫而包藏矿样，妨碍继续溶解。如先加入 HCl，使大部分硫形成 H_2S 而挥发，再加入 HNO_3使试样分解完全，可以避免上述现象。$HCl + H_2O_2$、$HCl + Br_2$是分解硫化矿物和某些合金的良好溶剂。

2）硝酸［HNO_3，相对密度 1.42，含量 70%，$c(HNO_3) = 16$ mol/L］。纯硝酸是无色的液体，加热或受光的作用即可促使它分解，分解的产物是 NO_2，致使硝酸呈现黄棕色。其分解反应式为：

$$4HNO_3 = 4NO_2 + O_2 + 2H_2O$$

浓硝酸是最强的酸和最强的氧化剂之一，随着硝酸的稀释，其氧化性能也随之而降低。所以，硝酸作为溶剂，兼有酸的作用和氧化作用，溶解能力强并且快。除铂、金和某些稀有金属外，浓硝酸几乎能分解所有的金属试样。硝酸与金属作用不产生 H_2，这是由于所生成的氢气在反应过程中被过量硝酸氧化了。绝大部分金属与硝酸作用生成硝酸盐，几乎所有的硝酸盐都易溶于水。

硝酸被还原的程度是根据硝酸的浓度和金属的活泼程度决定的。浓硝酸一般被还原为 NO_2，稀硝酸通常被还原为 NO。若硝酸很稀，而金属相当活泼，则生成 NH_3，而 NH_3与过量 HNO_3作用生成 NH_4NO_3。例如：

$$Cu + 4HNO_3(\text{浓}) = Cu(NO_3)_2 + 2NO_2\uparrow + 2H_2O$$

$$3Pb + 8HNO_3(\text{稀}) = 3Pb(NO_3)_2 + 2NO\uparrow + 4H_2O$$

$$4Mg + 10HNO_3(\text{极稀}) = 4Mg(NO_3)_2 + NH_4NO_3 + 3H_2O$$

值得注意的是，有些金属如铁、铝、铬等虽然能溶于稀硝酸，但却不易和浓硝酸作用。这是因为浓硝酸将它们表面氧化，生成一层致密的氧化物薄膜，阻止了进一步的反应。

锑、锡与浓硝酸作用产生白色 $HSbO_3$、H_2SnO_3沉淀。

硝酸也能溶解许多金属氧化物，生成硝酸盐和水。如：

$$CuO + 2HNO_3 = Cu(NO_3)_2 + H_2O$$

硝酸还能氧化许多非金属，使之成为酸，如硫被氧化成硫酸、磷被氧化成磷酸、碳被氧化成碳酸等。其反应式为：

$$S + 2HNO_3 = H_2SO_4 + 2NO$$

$$3P_4 + 20HNO_3 + 8H_2O \xlongequal{\triangle} 12H_3PO_4 + 20NO$$

$$3C + 4HNO_3 \xlongequal{\triangle} 3CO_2 + 2H_2O + 4NO$$

用硝酸分解试样后，溶液中产生亚硝酸和氮的其他氧化物，常能破坏有机显色剂和指示剂，需要把溶液煮沸将其除掉。

3）硫酸［H_2SO_4，相对密度 1.84，含量 98%，$c(H_2SO_4) = 18$ mol/L］。纯硫酸是无色油状液体，它与水混合时，放出大量热，1 mol 硫酸放热 4 537.2 J（19 kcal）。故在配制稀硫酸时，必须将浓硫酸徐徐加入水中，并加以搅拌以散热；切不可相反进行，否则，由于放出大量热，水迅速蒸发，致使溶液飞溅。

浓硫酸具有强烈的吸水性，可吸收有机物中的水，使碳析出，是一种强的脱水剂。在高温时，又是一种相当强的氧化剂（稀 H_2SO_4 无氧化能力），与碳作用，碳被氧化成二氧化碳。

$$C + 2H_2SO_4 \xlongequal{\triangle} CO_2\uparrow + 2SO_2\uparrow + 2H_2O$$

硫酸沸点（338 ℃）比较高，溶样时加热蒸发到冒出 SO_3 白烟，可除去试液中挥发性的 HCl、HNO_3、HF 及水等。这个性质在化学分析中被广为应用，用于除去上述这些酸的阴离子对测定可能造成的干扰，但冒白烟的时间不宜过长，否则生成难溶于水的焦硫酸盐。

除钙、锶、钡、铅、一价汞的硫酸盐难溶于水外，其他金属的硫酸盐一般都易溶于水。硫酸可溶解铁、钴、镍、锌等金属及其合金。硫酸常用来分解独居石、萤石和锑、铀、钛等矿物，也常用于破坏试样中的有机物。

4）磷酸［H_3PO_4，相对密度 1.69，含量 85%，$c(H_3PO_4) = 15$ mol/L］。纯磷酸是无色糖浆状液体，是中强酸，也是一种较强的配合剂，能与许多金属离子生成可溶性配合物。磷酸在高温时分解试样的能力很强，绝大多数过去认为不溶于酸的矿，如铬铁矿、钛铁矿、铌铁矿、金红石等，都能被磷酸分解。钨、钼、铁等在酸性溶液中都能与磷酸形成无色配合物，因此常用磷酸做某些合金钢的溶剂。

磷酸溶样的缺点是：如加热温度过高，时间过长，将析出难溶性的焦磷酸盐沉淀；对玻璃器皿腐蚀严重；溶样后如冷却过久，再用水稀释，会析出凝胶。为了克服上述缺点，应将试样研磨得细一些，温度低些，时间短些，并不断摇动，冒白烟就应停止加热，溶液未完全冷却时，即用水稀释。

5）高氯酸［$HClO_4$，相对密度 1.67，含量 70%，$c(HClO_4) = 12$ mol/L］。又名过氯酸，纯高氯酸是无色液体，在热浓的情况下它是一种强氧化剂和脱水剂。用 $HClO_4$ 分解试样时，能把铬氧化为 $Cr_2O_7^{2-}$、钒氧化为 VO_3^-、硫氧化物为 SO_4^{2-}。高氯酸的沸点为 203 ℃，用它蒸发赶走低沸点酸后，残渣加水很容易溶解，而用 H_2SO_4 蒸发后的残渣则常常不易溶解。除 K^+、NH_4^+ 等少数离子外，其他金属的高氯酸盐都是可溶性的。高氯酸常被用来溶解铬矿石、不锈钢、钨铁及氟矿石等。热、浓 $HClO_4$ 遇有机物常会发生爆炸，当试样含有机物时，应先用浓硝酸蒸发破坏有机物，然后加入 $HClO_4$。蒸发 $HClO_4$ 的浓烟容易在通风道中凝聚，故经常使用。通风橱和烟道应定期用水冲洗，以免在热蒸气通过时，凝聚的 $HClO_4$ 与尘埃、有机物作用，引起燃烧或爆炸。70% 的 $HClO_4$ 沸腾时（不遇有机物），没有任何爆炸危险。热、浓 $HClO_4$ 造成的烫伤疼痛且不易愈合，使用时要极其注意。

6）氢氟酸［HF，相对密度 1.13，含量 40%，$c(HF) = 22$ mol/L］。纯氢氟酸是无色液体，是一种弱酸，它对一些高价元素有很强的配合作用，能腐蚀玻璃、陶瓷器皿。氢氟酸和大多数金属均能产生反应，反应后，金属表面生成一层难溶的金属氟化物，阻止了进一步反应。因此，它常与 HNO_3、H_2SO_4 或 $HClO_4$ 混合作为溶剂，用来分解硅铁、硅酸盐及含钨、铌的合金钢等。用氢氟酸分解试样应在铂器皿或聚四氟乙烯塑料器皿中进行。氢氟酸对人体有毒性和腐蚀性，皮肤若被 HF 灼烧溃烂，不愈合。使用氢氟酸时，应戴上橡皮手套，注意安全。

7）混合溶剂。在实际工作中常应用混合溶剂，混合溶剂具有更强的溶解能力。最常用的混合溶剂是王水（3 份 HCl + 1 份 HNO_3）。由于 HCl 的配合能力和 HNO_3 的氧化能力，王水可以溶解单独用 HCl 或 HNO_3 所不能溶解的贵金属，如铂、金等及难溶的 HgS 等。

$$3Pt + 4HNO_3 + 18HCl = 3H_2PtCl_6 + 4NO\uparrow + 8H_2O$$

所以，在洗涤铂器皿时，不能用王水。

常用的混合溶剂还有逆王水（1 份 HCl + 3 份 HNO_3）、硫酸和磷酸、硫酸和氢氟酸、盐酸和高氯酸、盐酸和过氧化氢等。

有时为了加速溶解，常在溶剂中加入某些试剂，如用 HCl 溶解铁矿时，加入少量 $SnCl_2$ 以还原 Fe^{3+}，使其溶解速度加快。

8）加压溶解法。在密闭容器中，用酸或混合酸加热分解试样时，由于蒸气压增高，酸的沸点提高，可以加热至较高的温度，因而使酸溶法的分解效率提高。在常压下难溶于酸的物质，在加压下可能溶解。例如，$HF-HClO_4$ 在加压条件下可分解刚玉（Al_2O_3）、钛铁矿（$FeTiO_3$）、铬铁矿（$FeCr_2O_4$）、钽铌铁矿 [$FeMn(Nb,Ta)_2O_6$] 等难溶试样。另外，在加压下消煮一些生物试样，可以大大缩短消化时间。目前所使用的加压溶解装置类似于一种微型的高压锅，是双层附有旋盖的罐状容器，内层用铂或聚四氟乙烯制成，外层用不锈钢制成，溶样时将盖子旋紧加热。

（2）碱溶法

一般用 20% ~30% NaOH 溶液作溶剂，主要溶解金属铝及铝、锌等有色合金。

$$2Al + 2NaOH + 2H_2O = 2NaAlO_2 + 3H_2\uparrow$$

反应可在银或聚四氟乙烯塑料器皿中进行，试样中的铁、锰、铜、镍、镁等形成金属残渣析出，铝、锌、铅、锡和部分硅形成含氧酸根进入溶液中。可以将溶液与金属残渣过滤分开，溶液用酸酸化，金属残渣用 HNO_3 溶解后，分别进行分析。

2. 熔融法

熔融分解是利用酸性或碱性熔剂与试样混合，在高温下进行复分解反应，将试样中的全部组分转化为易溶于水或酸的化合物（如钠盐、钾盐、硫酸盐及氯化物等）。由于熔融时反应物的浓度和温度都比用溶剂溶解时高得多，所以分解试样的能力比溶解法强得多。但熔融时要加入大量熔剂（为试样质量的 6 ~12 倍），因而熔剂本身的离子和其中的杂质就带入试液中，另外，熔融时坩埚材料的腐蚀也会使试液受到沾污，所以尽管熔融法分解能力很强，也只有在用溶剂溶解不了时才应用。熔融法分为酸熔法和碱熔法两种。

（1）酸熔法

常用的酸性熔剂有焦硫酸钾（$K_2S_2O_7$，熔点 419 ℃）和硫酸氢钾（$KHSO_4$，熔点 219 ℃）。硫酸氢钾灼烧后失去水分，也生成焦硫酸钾：

$$2KHSO_4 = K_2S_2O_7 + H_2O$$

所以两者的作用是相同的。焦硫酸钾在 420 ℃以上分解产生 SO_3：

$$K_2S_2O_7 = K_2SO_4 + SO_3$$

这类熔剂在 300 ℃以上即可与碱性或中性氧化物发生反应，生成可溶性硫酸盐。例如，金红石（主成分为 TiO_2）被 $K_2S_2O_7$ 分解的反应为：

$$TiO_2 + 2K_2S_2O_7 = Ti(SO_4)_2 + 2K_2SO_4$$

$K_2S_2O_4$ 常被用来分解铁、铝、钛、锆、铌、钽的氧化物类矿，以及中性和碱性耐火材料。用 $K_2S_2O_7$ 熔融时，温度不应超过 500 ℃，时间不宜太长，以免 SO_3 大量挥发及硫酸盐分解为难溶性氧化物。熔融后，将熔块冷却，加少量酸后用水浸出，以免某些易水解元素发生水解而产生沉淀。

近年来采用铵盐混合熔剂熔样取得较好效果。此法熔融能力强，试样在2～3 min内即可分解完全。方法原理是基于铵盐在加热时分解出相应的无水酸，在高温下具有很强的熔融能力。一些铵盐的热分解反应如下：

$$NH_4F = NH_3\uparrow + HF$$

$$(NH_4)_2S_2O_8 = 2NH_3\uparrow + 2H_2SO_4$$

$$5NH_4NO_3 = 4N_2\uparrow + 9H_2O + 2HNO_3$$

$$NH_4Cl = NH_3\uparrow + HCl$$

$$(NH_4)_2SO_4 = 2NH_3\uparrow + H_2SO_4$$

对于不同试样，可以选用不同质量比例的混合铵盐，例如，对含锌试样，NH_4Cl、NH_4NO_3、$(NH_4)_2S_2O_8$的质量比为1.5∶1∶0.5；对硅酸盐试样，NH_4Cl、NH_4NO_3、$(NH_4)_2SO_4$、NH_4F的质量比为1∶1∶1∶3。用此法熔样一般采用瓷坩埚，但硅酸盐试样则采用镍坩埚。

(2) 碱熔法

酸性试样如酸性氧化物（硅酸盐、黏土）、酸性炉渣、酸不溶残渣等，均可采用碱熔法。常用的碱性熔剂有Na_2CO_3（熔点853 ℃）、K_2CO_3（熔点903 ℃）、NaOH（熔点318 ℃）、KOH（熔点404 ℃）、Na_2O_2（熔点460 ℃）和它们的混合熔剂。

1) Na_2CO_3或K_2CO_3。经常把两者混合使用，这样熔点可降到712 ℃，用来分解硅酸盐、硫酸盐等。如分解钠长石（$NaAlSi_3O_8$）和重晶石（$BaSO_4$）：

$$NaAlSi_3O_8 + 3Na_2CO_3 = NaAlO_2 + 3Na_2SiO_3 + 3CO_2\uparrow$$

$$BaSO_4 + Na_2CO_3 = BaCO_3 + Na_2SO_4$$

用碳酸盐熔融时，空气可以把某些元素氧化成高价状态，为了使氧化更完全，有时用Na_2CO_3 + KNO_3的混合熔剂，它可分解含硫、砷、铬的矿物，将它们氧化为SO_4^{2-}、AsO_4^{3-}、CrO_4^{2-}。

常用的混合熔剂还有$Na_2CO_3 + S$，用来分解含As、Sb、Sn的矿石，把它们转化为可溶的硫代酸盐，如锡石（SnO_2）的分解反应为：

$$2SnO_2 + 2Na_2CO_3 + 8S = 2Na_2SnS_3 + 2SO_2\uparrow + 2CO_2\uparrow$$

2) Na_2O_2。Na_2O_2是强氧化性、强腐蚀性的碱性熔剂，能分解许多难溶物质，如铬铁、硅铁、锡石、独居石、黑钨矿、辉钼矿等，能把其中大部分元素氧化成高价状态。有时为了减缓作用的剧烈程度，可将它与Na_2CO_3混合使用。用Na_2O_2作熔剂时，不应让有机物存在，否则极易发生爆炸。

3) NaOH或KOH。NaOH与KOH都是低熔点强碱性熔剂，常用于铝土矿、硅酸盐等的分解。在分解难溶矿物时，可用NaOH与少量Na_2O_2混合或将NaOH与少量KNO_3混合，作为氧化性的碱性溶剂。

4) 混合熔剂烧结法（或称混合溶剂半熔法）。此法是在低于熔点的温度下让试样与固体试剂发生反应。和熔融法比较，烧结法的温度较低，加热时间较长，但不易损坏坩埚，可以在瓷坩埚中进行。常用的半混合熔剂有：

2份MgO + 3份Na_2CO_3

1份MgO + 2份Na_2CO_3

1份ZnO + 2份Na_2CO_3

它们被广泛用来分解矿石或做煤中全硫量的测定。MgO 或 ZnO 的作用在于：熔点高，可预防 Na_2CO_3在灼烧时熔合，试剂保持着松散状态，使矿石氧化得更快、更完全，反应产生的气体也容易逸出。

（3）坩埚材料的选择

由于熔融是在高温下进行的，并且熔剂又具有极大的化学活性，所以选择进行熔融的坩埚材料就成为很重要的问题。在熔融时，不仅要保证坩埚不受损失，还要保证分析的准确度。表 4－5 列出了常用熔剂和应选用的坩埚材料表，可供工作时参考，符号“＋”表示可以用此种材料的坩埚进行熔融，符号“－”表示不宜用此种材料的坩埚进行熔融。

表 4－5　常用熔剂和选用坩埚材料表

熔剂	坩埚					
	铂	铁	镍	瓷	石英	银
无水 Na_2CO_3（K_2CO_3）	+	+	+	−	−	−
6 份无水 Na_2CO_3 +0.5 份 KNO_3	+	+	+	−	−	−
2 份无水 Na_2CO_3 +1 份 MgO	+	+	+	+	+	−
1 份无水 Na_2CO_3 +2 份 MgO	+	+	+	+	+	−
2 份无水 Na_2CO_3 +1 份 ZnO	−	−	−	+	+	−
Na_2O_2	−	+	+	−	−	+
1 份无水 Na_2CO_3 +1 份研细的结晶	−	−	−	+	+	−
硫黄	+	−	−	+	+	−
硫酸氢钾	−	+	+	−	−	+
氢氧化钠（钾）	+	−	−	−	−	−
1 份 KHF_2 +10 份焦硫酸钠	+	−	−	−	−	−
硼酸酐（熔融、研细）	+	−	−	−	−	−

3. 有机化合物的分解

有机样品，如饲料，其矿物元素常以结合形态存在于有机化合物中，要测定这些元素，首先要将有机化合物破坏，让无机元素游离出来。常用的分解有机化合物的方法有三类。

（1）定温灰化法

定温灰化是将有机样品置于坩埚中，在电炉上炭化，然后移入高温炉中 500～550 ℃灰化 2～4 h，将灰白色残渣冷却后，用（1+1）HCl 或 HNO_3溶解，进行测定。此法适用于测定有机化合物中的铜、铅、锌、铁、钙、镁等。

（2）氧瓶燃烧法

氧瓶燃烧在充满氧气的密闭瓶内，用电火花引燃有机样品，瓶内盛适当的吸收剂，以吸收其燃烧产物，然后再测定各元素。此法常用于有机化合物中卤素等非金属元素的测定。

（3）湿法分解法

①HNO_3－H_2SO_4消化。先加 HNO_3，后加 H_2SO_4，防止炭化（一旦炭化，很难消化到终点）。此法适合有机化合物中铅、砷、铜、锌等的测定。

②H_2SO_4－H_2O_2消化。适用于含铁或含脂肪高的样品。

③$H_2SO_4-HClO_4$消化或HNO_3-HClO_4消化。适用于含锡、铁、铜的有机物的消化。

4. 提取法

检测样品中的有机组分时，不论是有机样品如动植物、粮食、面粉、药材等，还是无机样品如土壤等，第一步就是提取（或称萃取），需要时再进行皂化、分离、浓缩等处理，最后得到供检测用的试液。

5. 蒸馏法

如欲检测样品（包括无机样品、有机样品）中的可挥发组分，有时用提取、蒸馏相结合的方式对样品进行处理。

三、化学分离法

1. 化学分离法概述

定量分析的试样通常是复杂物质，试样中其他组分的存在常常影响某些组分的定量测定，干扰严重时，甚至使分析工作无法进行。这时必须根据试样的具体情况采用适当的分离方法把干扰组分分离除去，然后才能进行定量测定。因此，物质的化学分离和测定具有同样重要的意义。

（1）分离的目的

在实际分析工作中，大多数试样都是由多种物质组合而成的混合物，且成分复杂，其他组分的存在往往干扰并影响测定的准确度，甚至无法进行测定。前面也介绍了消除干扰的简便方法，如控制反应条件，提高分析方法的选择性，利用配位剂、氧化剂或还原剂进行掩蔽等，但有时只用这些方法还不能消除干扰，这就需要事先将被测组分与干扰组分分离。所以化学分离对化学分析来说是至关重要的。

（2）分离的一般要求

在定量化学分析中，对分离和富集的一般要求是分离要完全，干扰组分应该减少到不干扰测定；另外，在操作过程中不要引入新的干扰，且操作要简单、快速；被测组分在分离过程中的损失量要小到可以忽略不计。实际工作中通常用回收率来衡量分离效果。

所谓欲测组分的回收率，是指欲测组分经分离或富集所得的含量与它在试样中的原始含量的比值（数值以%表示）：

$$回收率=\frac{分离后测得量}{原始含量}\times 100\% \tag{4-3}$$

显然回收率越高，分离效果越好，说明待测组分在分离过程中损失量越少。在实际分析中，按待测组分含量的不同，对回收率的要求也不同。对常量组分的测定，要求回收率大于99.9%；而对于微量组分的测定，回收率可为95%，甚至更低。

（3）分离的方法

在定量化学分析中，为使试样中某一待测组分和其他组分分离，并使微量组分达到浓缩、富集的目的，可通过它们某些物理或化学性质的差异，使其分别存在于不同的两相中，再通过机械的方法把两相完全分开。常用的分离方法如下：

①沉淀分离法。在被测试样中加入某种沉淀剂，使其与被测定离子或干扰离子反应，生

产难溶于水的沉淀物，从而达到分离的目的。该法在常量和微量组分中皆可采用，常用的沉淀剂有无机沉淀剂和有机沉淀剂。

②溶剂萃取分离法。将和水不混溶的有机溶剂与试样的水溶液一起充分震荡，使某些物质进入有机溶剂，而另一些物质仍留在水溶液中，从而达到相互分离的目的。该法在常量与微量组分中皆可采用，应根据相似相溶原理选择适宜的萃取剂。

③离子交换分离法。利用离子交换树脂对阳离子和阴离子进行交换反应而分离，常用于性质相近或带有相同电荷的离子的分离、富集微量组分及高纯物质的制备。通常选用强酸性阳离子交换树脂和强碱性的阴离子交换树脂进行离子交换分离。

④色谱分离法。色谱分离法实质上是一种物理化学分离方法，即利用不同物质在两相固定相和流动相中具有不同的分配系数或吸附系数，当两相做相对运动时，这些物质在两相中反复多次分配，即组分在两相之间进行反复多次的吸附、脱附和溶解、挥发过程，从而使各种物质得到完全分离。

将固定相装填在玻璃或金属制成的柱中进行操作的，称为柱色谱；利用滤纸作为固定相，在其上展开分离的，称为纸色谱；将吸附剂研成粉末，再压成或涂成薄膜，在其上展开分离的称为薄层色谱。

⑤蒸馏分离法。蒸馏是将被分离的组分从液体或溶液中挥发出来，而后冷凝为液体，或者将挥发的气体吸收。

2. 沉淀分离法

在定量化学分析中，常常通过沉淀反应把待测组分沉淀分离出来或将共存的干扰组分沉淀除去，这种利用沉淀反应使待测组分与干扰组分离的方法称为沉淀分离法。

沉淀分离法是根据溶度积原理，利用各类沉淀剂将组分从分析的样品体系中分离出来。因此，沉淀分离法需要经过沉淀、过滤洗涤等操作，较费时且操作烦琐，并且某些组分的沉淀的分离选择性较差，因而沉淀分离不易达到定量完全。但如能很好地运用沉淀原理，掌握分离操作并使用选择性较好的有机沉淀剂，可以提高分离效率。尽管方法古老，但仍是定量化学分析中一种常用的分离技术。沉淀分离法可分为用无机沉淀剂的分离法和有机沉淀剂的分离法。

（1）无机沉淀剂的分离法

无机沉淀剂有很多，形成的沉淀类型也很多，最常用的是氢氧化物沉淀分离法和硫化物沉淀分离法，此外，还有形成硫酸盐、碳酸盐、草酸盐、磷酸盐、铬酸盐等沉淀分离法。此处着重讨论氢氧化物沉淀分离法和硫化物沉淀分离法。

1）氢氧化物沉淀分离法。

可以形成氢氧化物沉淀的离子种类很多，除碱金属与碱土金属离子外，其他金属离子的氢氧化物的溶解度都很小。根据沉淀原理，溶度积 K_{sp} 越小，则沉淀时所需的沉淀剂浓度越低。因此，只要控制好溶液中的氢氧根离子浓度，即控制合适的 pH，就可以达到分离的目的。

①NaOH 法。NaOH 是强碱，用它做沉淀剂，可使两性元素和非两性元素分离，两性元素以含氧酸阴离子形态保留在溶液中，非两性元素则生成氢氧化物沉淀。几种常见金属离子氢氧化物开始沉淀和沉淀完全时的 pH 见表 4－6。

表4-6 各种金属氢氧化物开始沉淀和沉淀完全时的pH

氢氧化物	溶度积K_{sp}	开始沉淀时的pH	沉淀完全时的pH
$Sn(OH)_4$	1×10^{-57}	0.5	1.3
$TiO(OH)_2$	1×10^{-29}	0.5	2.0
$Sn(OH)_2$	3×10^{-27}	1.7	3.7
$Fe(OH)_3$	3.5×10^{-38}	2.2	3.5
$Al(OH)_3$	2×10^{-32}	4.1	5.4
$Cr(OH)_3$	5.4×10^{-31}	4.6	5.9
$Zn(OH)_2$	1.2×10^{-17}	6.5	8.5
$Fe(OH)_2$	1×10^{-15}	7.5	9.5
$Ni(OH)_2$	6.5×10^{-18}	6.4	8.4
$Mn(OH)_2$	4.5×10^{-13}	8.8	10.8
$Mg(OH)_2$	1.8×10^{-11}	9.6	11.6

②氨水－铵盐法。氨水－铵盐法是利用氨水和铵盐控制溶液的pH在8~9之间，使一、二价与高价金属离子分离的方法。由于溶液pH并不太高，可防止$Mg(OH)_2$析出沉淀和$Al(OH)_3$等酸性氢氧化物溶解。用氨水－铵盐法分离金属离子的情况见表4-7。

表4-7 用氨水－铵盐法分离金属离子的情况

定量沉淀的离子	部分沉淀的离子	留于溶液中的离子
Hg^{2+}、Be^{2+}、Fe^{3+}、Al^{3+}、Cr^{3+}、Bi^{3+}、Sb^{3+}、Sn^{4+}、Ti^{4+}、Zr^{4+}、Hf^{4+}、Th^{4+}、Ga^{3+}、In^{3+}、Tl^{3+}、Mn^{4+}、Nb（Ⅴ）、U（Ⅵ）、稀土等。	Mn^{2+}、Fe^{2+}、Pb^{2+}	$Ag(NH_3)^{2+}$、$Cu(NH_3)_4^{2+}$、$Cd(NH_3)_4^{2+}$、$Co(NH_3)_6^{3+}$、$Ni(NH_3)_4^{2+}$、$Zn(NH_3)_4^{2+}$、Ca^{2+}、Sr^{2+}、Ba^{2+}、Mg^{2+}等

③金属氧化物和碳酸盐悬浊液法。以ZnO为例，ZnO为一难溶弱碱，用水调成悬浊液，可在氢氧化物沉淀分离中用作沉淀剂，ZnO悬浊液适用于Fe^{3+}、Al^{3+}、Cr^{3+}、Mn^{2+}、Co^{2+}、Ni^{2+}的分离。例如合金中钴的测定，可用ZnO悬浊液法分离除掉干扰元素，然后用比色法测定钴。

④有机碱法。六亚甲基四胺、吡啶、苯胺、苯肼等有机碱，与其共轭酸组成缓冲溶液，可控制溶液的pH，使某些金属离子生成氢氧化物沉淀，达到沉淀分离的目的。如吡啶与溶液中的酸作用，生成相应的盐：

$$C_5H_5N + HCl = C_5H_5N \cdot HCl$$

吡啶和吡啶盐组成pH=5.5~6.5的缓冲溶液，可使Fe^{3+}、Al^{3+}、Ti^{3+}、Zr^{3+}和Cr^{3+}等形成氢氧化物沉淀，Mn^{2+}、Co^{2+}、Ni^{2+}、Cu^{2+}、Zn^{2+}和Cd^{2+}形成可溶性吡啶配合物而留在溶液中。

2）硫化物沉淀分离法。

能形成难溶硫化物沉淀的金属离子有40余种，除碱金属和碱土金属的硫化物能溶于水外，重金属离子分别在不同的酸度下形成硫化物沉淀。因此，在某些情况下，利用硫化物进行沉淀分离还是有效的。硫化物沉淀分离法所用的主要的沉淀剂是 H_2S。H_2S 是二元弱酸，溶液中的 [S^{2-}] 与溶液的酸度有关，随着 [H^+] 的增加，[S^{2-}] 迅速降低。因此，控制溶液的 pH 即可控制 [S^{2-}]，使不同溶解度的硫化物得以分离。硫化物沉淀分离的特点如下：

①硫化物的溶度积相差比较大，通过控制溶液的酸度来控制硫离子浓度，从而使金属离子相互分离。

②硫化物沉淀分离的选择性不高。

③硫化物沉淀大多是胶体，共沉淀现象比较严重。可以采用硫代乙酰胺在酸性或碱性溶液中水解进行均相沉淀。

硫代乙酰胺在酸性溶液中水解：

$$CH_3CSNH_2 + 2H_2O + H^+ = CH_3COOH + H_2S + NH_4^+$$

在碱性溶液中水解：

$$CH_3CSNH_2 + 3OH^- = CH_3COO^- + S^{2-} + NH_3 + H_2O$$

④适用于分离除去重金属，如 Pb^{2+} 等。

(2) 有机沉淀剂的分离法

近年来，有机沉淀剂以它独特的优越性得到广泛的应用。有机沉淀剂与金属离子形成的沉淀主要有螯合物沉淀、缔合物沉淀和三元配合物沉淀。

三元配合物沉淀主要指被沉淀的组分与两种不同的配位体形成三元混配合物和三元离子缔合物。例如，在 HF 溶液中，硼与 F^- 及二胺替比林甲烷及其衍生物所形成的三元离子缔合物就属于这一类。二胺替比林甲烷及其衍生物在酸性溶液中形成阳离子，与 BF^{4-} 配阴离子缔合成三元离子缔合物沉淀。

(3) 共沉淀分离和富集

在沉淀分离中，凡化合物未达到溶度积，而由于体系中其他难溶化合物在形成沉淀过程中引起该化合物同时沉淀的现象，称为共沉淀。利用溶液中的一种沉淀（载体）析出时，将共存于溶液中的某些微量组分一起沉淀下来的分离方法，称为共沉淀分离法，其解决了因受溶解度限制而不能用沉淀法进行分离或富集的问题。

共沉淀是一个包括沉淀夹带溶液中其他可溶性物质的多种形式的复杂过程。按其沉淀机理，可以有形成混晶、表面吸附、生成化合物、包藏、吸藏等过程。共沉淀剂的种类很多，可分为无机共沉淀剂和有机共沉淀剂两大类。目前分析方面经常用的是有机共沉淀剂，它的特点是选择性高，分离效果好，共沉淀剂经灼烧后就能除去，不致干扰微量元素的测定。

(4) 提高沉淀分离选择性的方法

为了提高沉淀分离的选择性，首先应该寻找新的选择性更好的沉淀剂；其次，控制好溶液的酸度，利用配位掩蔽和氧化还原反应进行控制。

①控制溶液的酸度。因为无论是无机沉淀剂还是有机沉淀剂，大多是弱酸或弱碱，沉淀时，溶液的 pH 对提高沉淀分离的选择性和富集效率都有影响。

②利用配位掩蔽作用。利用掩蔽剂对提高分离的选择性和富集效率都有影响。利用掩蔽

剂来提高分离的选择性是经常被采用的方法。例如Ca^{2+}和Mg^{2+}间的分离，若用$(NH_4)_2C_2O_4$做沉淀剂沉淀Ca^{2+}时，部分MgC_2O_4也将沉淀下来，但若加过量的$(NH_4)_2C_2O_4$，则Mg^{2+}与过量的$C_2O_4^{2-}$会形成$Mg(C_2O_4)_2^{2-}$配合物而被掩蔽，这样便可使Ca^{2+}和Mg^{2+}分离。

③利用氧化还原反应。在沉淀分离过程中，可采用加入氧化剂和还原剂来改变干扰离子的价态的方法来消除干扰。

(5) 沉淀分离法的应用

①合金钢中镍的分离。镍是合金钢中的主要组分之一。钢中加入镍可以增强钢的强度、韧性、耐热性和抗蚀性。镍在钢中主要以固溶体和碳化物形式存在，大多数含镍钢都溶于酸中。可在氨性溶液中以丁二酮肟为沉淀剂，使合金钢中的镍沉淀析出。沉淀用砂芯玻璃坩埚过滤后，洗涤、烘干。铁、铬的干扰可用酒石酸或柠檬酸配合掩蔽；铜、钴可与丁二酮肟形成可溶性配合物。为了获得纯净的沉淀，把丁二酮肟镍沉淀溶解后，再一次进行沉淀。

②试液中微量锑的共沉淀分离。微量锑（含量在10^{-6}左右）可在酸性溶液中以$MnO(OH)_2$为载体进行共沉淀分离和富集。载体$MnO(OH)_2$是在$MnSO_4$的热溶液中加入$KMnO_4$溶液，加热煮沸后生成的。溶液的酸度为1～1.5 mol/L，这时Fe^{3+}、Cu^{2+}、As(Ⅲ)、Pd^{2+}、Tl^{3+}等不沉淀，只有锡和锑可以完全沉淀下来。其中能够与Sb（Ⅴ）形成配合物的组分干扰锑的测定，所得沉淀溶解于H_2O_2和HCl混合溶剂中。

3. 溶剂萃取分离法

溶剂萃取分离法是根据物质在两种不混溶的溶剂中的分配特性不同进行分离的方法。该方法设备简单、操作简易快捷，既可用于分离主体组分，也可用于分离、富集痕量组分，特别适用于分离性质非常相似的元素，是分析化学中广泛应用的分离方法。

(1) 萃取分离的基本原理

根据相似相溶原理，将物质由亲水性转化为疏水性。极性化合物易溶于极性的溶剂中，而非极性化合物易溶于非极性的溶剂中。例如，I_2是一种非极性化合物，CCl_4是非极性溶剂，水是极性溶剂，所以I_2易溶于CCl_4而难溶于水。当用等体积的CCl_4从I_2的水溶液中提取I_2时，萃取百分率可达98.8%。又如，用水可以从丙醇和溴丙烷的混合液中萃取极性的丙醇。常用的非极性溶剂有酮类、醚类、苯、CCl_4和$CHCl_3$等。

无机化合物在水溶液中受水分子极性的作用，电离成带电荷的亲水性离子，并进一步结合成水合离子，而易溶于水中。如果要从水溶液中萃取水合离子，显然是比较困难的。为了从水溶液中萃取某种金属离子，必须设法脱去水合离子周围的水分子，并中和所带的电荷，使之变成极性很弱的可溶于有机溶剂的化合物，也就是说，将亲水性的离子变成疏水性的化合物。为此，常加入某种试剂使之与被萃取的金属离子作用，生成一种不带电荷的易溶于有机溶剂的分子，然后用有机溶剂萃取。例如，Ni^{2+}在水溶液中是亲水性的，以水合离子$Ni(H_2O)_6^{2+}$的状态存在。如果在氨性溶液中，加入丁二酮肟试剂，生成疏水性的丁二酮肟镍螯合物分子，它不带电荷并由疏水基团取代了水合离子中的水分子，成为亲有机溶剂的疏水性化合物，即可用$CHCl_3$萃取。

①溶剂萃取分离的机理。

当有机溶剂（有机相）与水溶液（水相）混合振荡时，由于一些组分的疏水性而从水相转入有机相，而亲水相的组分留在水相中，这就实现了提取和分离。

②分配系数。

设物质A在萃取过程中分配在不互溶的水相和有机相中：

$$A_{有} \rightleftharpoons A_{水}$$

在一定温度下，当分配达到平衡时，物质A在两种溶剂中的活度比（或活度）保持恒定，即分配定律可用下式表示：

$$K_D = \frac{[A]_{有}}{[A]_{水}}$$

式中，K_D称为分配系数。分配系数大的物质，绝大部分进入有机相，分配系数小的物质，仍留在水相中，因而将物质彼此分离。此式称为分配定律，它是溶剂萃取的基本原理。

③分配比。

分配系数K_D仅适用于溶质在萃取过程中没有发生任何化学反应的情况。例如，I_2在CCl_4和水中均以I_2的形式存在。而在许多情况下，溶质在水和有机相中以多种形态存在。例如，用CCl_4萃取OsO_4时，在水相中存在OsO_4、OsO_5^{2-}和$HOsO_5^-$三种形式，在有机相中存在OsO_4和$(OsO_4)_4$两种形式，此种情况如果用分配系数$K_D([OsO_4]_{有}/[OsO_4]_{水})$便不能表示萃取的多少。用溶质在两相中的总浓度之比来表示分配情况：

$$D = \frac{c_{有}}{c_{水}} = \frac{物质在有机相中的总浓度}{物质在水相中的总浓度} \tag{4-4}$$

式中，D称为分配比，D的大小与溶质的本性、萃取体系和萃取条件有关。

④萃取率。

对于某种物质的萃取效率大小，常用萃取率（E）来表示。即

$$E = \frac{被萃取物质在有机相中的总量}{被萃取物质的总量} \times 100\% \tag{4-5}$$

设某物质在有机相中的总浓度为$c_{有}$，在水相中的总浓度为$c_{水}$，两相的体积分别为$V_{有}$和$V_{水}$，则

$$\begin{aligned} E &= \frac{c_{有}V_{有}}{c_{有}V_{有} + c_{水}V_{水}} \times 100\% \\ &= \frac{D}{D + V_{水}/V_{有}} \times 100\% \end{aligned} \tag{4-6}$$

可以看出，分配比越大，则萃取百分率越大，萃取效率越高，并可以通过分配比计算萃取百分率。

⑤分离系数。

在萃取工作中，不仅要了解对某种物质的萃取程度如何，更重要的是必须掌握当溶液中同时含有两种以上组分时，萃取之后它们之间的分离情况如何。例如，A、B两种物质的分离程度可用两者的分配比D_A、D_B的比值来表示：

$$\beta = \frac{D_A}{D_B} \tag{4-7}$$

式中，β称为分离系数。D_A与D_B之间相差越大，则两种物质之间的分离效果越好，如果D_A和D_B很接近，则β接近于1，两种物质便难以分离。因此，为了扩大分配比之间的差值，必须了解各种物质在两相中的溶解机理，以便采取措施，改变条件，使欲分离的物质溶于一相，而使其他物质溶于另一相，以达到分离的目的。

（2）主要的溶剂萃取体系

根据萃取反应的类型和所形成的可萃取物质的不同，可把萃取体系分为螯合物萃取体系、离子缔合物萃取体系和协同萃取体系等。

①螯合物萃取体系。螯合物萃取在定量化学分析中应用最为广泛，它是利用萃取剂与金属离子作用形成难溶于水、易溶于有机溶剂的螯合物进行萃取分离的。所用的萃取剂一般是有机酸，也是螯合物。

②离子缔合物萃取体系。由金属络离子与异电性离子借静电引力的作用结合成不带电的化合物，称为离子缔合物。此缔合物具有疏水性而能被有机溶剂萃取。通常离子的体积越大、电荷越低，越容易形成疏水性的离子缔合物。

被萃取的螯合物在萃取溶剂中的溶解度越大，则萃取效率越高。选择萃取剂的基本原则是：溶剂纯度要高，减少因溶剂而引入杂质；沸点宜低，便于分离后浓缩；被萃取物质在萃取剂中的溶解度要大，而杂质在其中的溶解度要小；密度大小适宜，易于两相分层；性质稳定，毒性小。

（3）溶剂萃取分离的操作技术

萃取方法可分为间歇式和连续式两种。在分析中应用较广泛的萃取方法为间歇法（也称单效萃取法）。这种方法是取一定体积的被萃取溶液，加入适当的萃取剂，调节至应控制的酸度。然后移入分液漏斗中，加入一定体积的溶剂，充分振荡至达到平衡为止。静置待两相分层后，轻轻转动分液漏斗的活塞，使水溶液层或有机溶剂层流入另一容器中，使两相彼此分离。如果被萃取物质的分配比足够大，则一次萃取即可达到定量分离的要求。如果被萃取物质的分配比不够大，经第一次分离之后，再加入新鲜溶剂，重复操作，进行2~3次萃取。但萃取次数太多，不仅操作费时，还容易带入杂质或损失萃取的组分。

静置分层时，有时在两相交界处会出现一层乳浊液，其原因很多。在萃取过程中，如果在被萃取离子进入有机相的同时，还有少量干扰离子也转入有机相，可以采用洗涤的方法除去杂质离子。洗涤液的组成与试液的基本相同，但不含试样。洗涤的方法与萃取操作的相同。通常洗涤1~2次即可达到除去杂质的目的。分离以后，如果需要将被萃取的物质再转到水相中进行测定，可改变条件进行反萃取。例如，Fe^{3+}在盐酸介质中形成$FeCl_4^-$，与甲基异丁酮结合而被萃取到有机相，再用水反萃取到水溶液中（由于酸度降低），即可进行测定。

间歇式萃取法主要包括萃取、放气、静置、分离、重复萃取、合并萃取液等过程。间歇式萃取所用仪器虽简单，操作方法也不难，但除非分配系数很大，一般不可能通过一次萃取操作就将待萃取物质全部转移到萃取剂中，因为操作一次只利用了一次溶解度差异。若要重复几次，则很费时费事，且增大了萃取剂总用量，加大了后续操作的工作量。因此，对于那些分配系数不够大的物质，常采用连续萃取的方式。

从液体或溶液中萃取某物质时，需按有机萃取剂密度是比水相大还是小而采用不同的仪器装置，如图4-4所示。

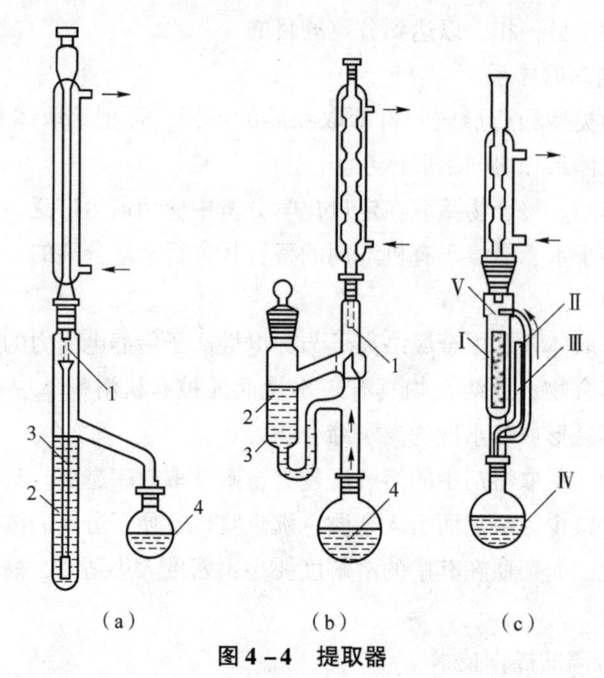

图4-4　提取器

（a）轻溶剂提取器；（b）重溶剂提取器；（c）索氏（Soxhlet）提取器

1—冷凝液；2—待萃取混合液；3，4—萃取用溶剂；

Ⅰ—素瓷或滤纸套筒；Ⅱ—蒸气上升管；Ⅲ—虹吸管；Ⅳ—萃取用溶剂；Ⅴ—冷凝液（纯净萃取剂）

图4-4（a）适用于萃取剂密度小于待萃取液密度时的连续萃取；图4-4（b）适用于萃取剂密度大于待萃取液密度时的连续萃取；而图4-4（c）所示的索氏提取器则是从固态样品中直接提取某些可溶于萃取剂中的组分时，进行连续提取的装置。图4-4所示的三种装置，之所以能够连续萃取，是因为它们都是把萃取液的蒸馏操作与萃取剂的萃取操作通过该装置组合到一起。

（4）溶剂萃取分离法的应用

利用溶剂萃取法可将待测元素分离或富集，从而消除干扰，提高了分析方法的灵敏度。基于萃取建立起来的分析方法的特点是简便快速，因此发展较快，现已把萃取技术与某些仪器分析方法（如吸光光度法、原子吸收法等）结合起来，促进了微量分析的发展。

4. 离子交换分离法

利用离子交换剂与溶液中的离子发生交换作用而使离子分离的方法，称为离子交换分离法。各种离子与离子交换树脂交换能力不同，被交换到离子交换树脂上的离子可选用适当的洗脱剂依次洗脱，从而达到彼此之间的分离。与溶剂萃取不同，离子交换分离是基于物质在固相和液相之间的分配。离子交换法所用设备简单，操作不复杂，交换容量可大可小，树脂还可反复再生使用。因此，在工业生产及分析研究上应用广泛。

它主要用于大量干扰元素的去除、微量元素的分离与富集、制取去离子水及提纯化学试剂等方面。

(1) 离子交换树脂的种类

离子交换剂的种类很多，主要分为无机离子交换剂和有机离子交换剂两大类。目前分析化学中应用较多的是有机离子交换剂，又称离子交换树脂。离子交换树脂是一种高分子的聚合物，具有网状结构的骨架部分。在水、酸、碱中难溶，对有机溶剂、氧化剂、还原剂和其他化学试剂具有一定的稳定性，对热也比较稳定。在骨架上连接有可以与溶液中的离子起交换作用的活性基团，如$—SO_3H$、—COOH 等。根据可以被交换的活性基团的不同，离子交换树脂分为阳离子交换树脂、阴离子交换树脂和螯合树脂等类型。

①阳离子交换树脂。能交换阳离子的树脂称为阳离子交换树脂。它所具有的活泼基团中，都有一个不能交换的阴离子和一个可被交换的阳离子。

阳离子交换树脂分为三类：强酸型阳离子交换树脂、弱酸型阳离子交换树脂、混合型阳离子交换树脂。强酸型阳离子交换树脂应用较广泛；弱酸型阳离子交换树脂的 H^+ 不易电离，所以在酸性溶液中不能应用，但它的选择性较高且易于洗脱。

阳离子交换树脂的酸性基团上可交换的离子为 H^+ （故又称为 H^+ 型阳离子交换树脂），可被溶液中的阳离子所交换。它与阳离子进行交换的反应可简单地表示如下：

$$nR—SO_3H + M^{n+} \underset{再生}{\overset{交换}{\rightleftharpoons}} (R—SO_3)_nM + nH^+$$

式中，M^{n+} 为阳离子，交换后 M^{n+} 留在树脂上。交换反应是可逆的，已经交换的树脂如果再用酸进行处理，树脂又恢复原状，又可再次使用。

②阴离子交换树脂。阴离子交换树脂与阳离子交换树脂具有同样的有机骨架，只是所连的活性基团为碱性基团。所连的 OH^- 可被阴离子交换和洗脱。

这类树脂的活性基团为碱性，它的阴离子可被溶液中的其他阴离子交换。根据活性基团的强弱，可分为强碱型和弱碱型两类。强碱型树脂含季胺基[$—N(CH_3)_3Cl$]，用$R—N(CH_3)_3Cl$表示；弱碱型树脂含伯胺基（$—NH_2$）、仲胺基（—NH）及叔胺基（—N）。这些树脂水化后，其中的 OH^- 能被离子所交换，故此类树脂又称为 OH^- 型阴离子交换树脂。其交换过程可简单表示如下：

$$nR—N(CH_3)_3OH + X^{n-} \underset{再生}{\overset{交换}{\rightleftharpoons}} [R—N(CH_3)_3]_nX + nOH^-$$

式中，X^{n-} 为阴离子。各种阴离子交换树脂中，以强碱型阴离子交换树脂的应用最广，它在酸性、中性和碱性溶液中都能应用，能与强酸根和弱酸根离子交换，酸度影响较大，但在碱性溶液中失去交换能力，故应用较少。对于交换后的树脂，用适当浓度的碱处理后，又可再生使用。

③螯合树脂。这类树脂含有特殊的活性基团，可与某些金属离子形成螯合物，在交换过程中能有选择性地交换某种金属离子。表4－8 列出了目前定量分析中较常用的离子交换树脂的类型和牌号，供选择时参考。

表 4-8　常用离子交换树脂的类型

类别	交换基	树脂牌号	交换容量 $mg \cdot mol \cdot g^{-1}$	国外对照产品
阳离子交换树脂	$—SO_3H$	强酸#1 阳离子交换树脂	4.5	
	$—SO_3H$	732（强酸 1×7）	≥4.5	Amberlite IR-100（美）
	$—SO_3H$ —OH	华东强酸#45	2.0~2.2	Zerolit 225（英） Amberlite IR-100（美）
	—COOH	华东弱酸-122	3~4	Zerolit 216（英）
	—OH	弱酸#101	8.5	
阴离子交换树脂	$N^+(CH_3)_3$	强碱#201 阴离子交换树脂	2.7	
	$N^+(CH_3)_3$	711（强碱 201×4）	≥3.5	Amberlite IRA-400（美）
	$N^+(CH_3)_3$	717（强碱 201×7）	≥3	Amberlite IRA-400（美）
	$—NH_2$ ≡N	701（强碱 330）	≥9	Zerolit FF（英） DOOlite A-3031（美）
	≡N	330（弱碱型阴离子交换树脂）	8.5	

（2）离子交换分离操作技术

①树脂的选择和处理。根据分离的对象和要求选择适当类型粒度，表 4-9 列出了不同粒度树脂的部分分离对象，以供参考。

表 4-9　交换树脂粒度选择　目

用途	筛孔
制备分离	50~100
分析中离子交换分离	80~120
离子交换层析法分离常量元素	100~200
离子交换层析法分离微量元素	200~400

树脂确定后，先用 3~4 mol/L HCl 浸泡 1~2 天，然后用蒸馏水洗至中性。经过处理后的阳离子交换树脂已转化为 H 型，阳离子交换树脂用 NaOH 或 NaCl 溶液处理转化为 OH 或 Cl 型。转化后的树脂应浸泡在离子水中备用。

②装柱。一般先装入 1/3 体积的蒸馏水，然后树脂从顶端缓缓加入，让其在柱内自由沉降，使树脂均匀一致。液面高于树脂面，以防有气泡；勿使树脂干涸。离子交换柱多采用有机玻璃或聚乙烯塑料管加工成的圆柱形，也可用滴定管代替，如图 4-5 所示。在装柱前先在柱中充水，在柱下端铺一层玻璃纤维，将柱下端旋塞稍打开一些，将已处理的树脂带水慢慢装入柱中，让树脂自动沉下构成交换层。待树脂层达到一定高度后（树脂高度与分离的要求有关，树脂层越高，分离效果越好），再盖一层玻璃纤维。操作过程中应注意树脂层不能暴露于空气中，否则树脂干枯并混有气泡，使交换、洗脱不完全，影响分离效果。若发现柱内有气泡，应重装。

③交换。加入待分离试液，调节适当流速，使试液按一定的流速流过树脂层。经过一段时间后，试液中与树脂发生交换反应的离子留在树脂上，不发生交换反应的物质进入流出液

中，以达到分离的目的。

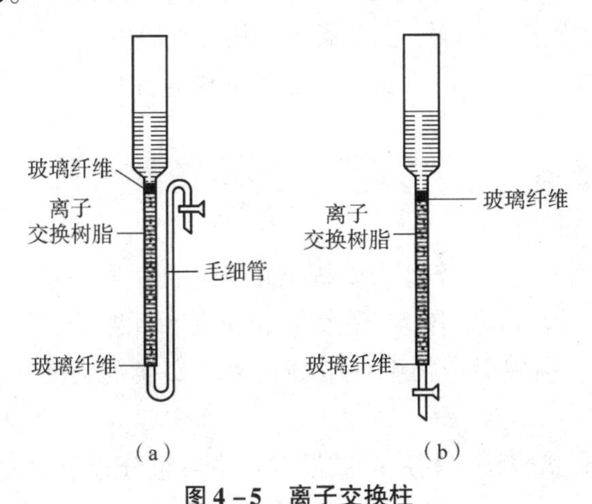

图4-5 离子交换柱

(a) 虹吸式固定床；(b) 一般固定床

④洗涤。对阳离子树脂，常用 HCl 作洗脱剂；对阴离子树脂，常用 HCl、NaCl、NaOH 作洗脱液。交换完毕后，用洗涤液将树脂上残留的试液和被交换的离子洗下来，洗涤液一般用蒸馏水。洗净后，用适当的洗脱液将被交换的离子洗脱。选择洗脱液的原则是洗脱液离子的亲和力大于已交换离子的亲和力，对于阳离子交换树脂，常采用 3~4 mol/L HCl 溶液作洗脱液；对于阴离子交换树脂，常用 HCl、NaCl 或 NaOH 溶液作洗脱液。

⑤树脂再生。树脂经过洗脱以后，在大多数情况下，已经得到再生，在用去离子水洗涤后，可以重复使用。

(3) 离子交换分离法的应用

①去离子的制备。天然水中含有许多杂质，可用离子交换法净化，除去可溶性无机盐和一些有机物。使自来水先后通过阳离子交换柱和阴离子交换柱。

例如，用强酸型阳离子交换树脂除去 Ca^{2+}、Mg^{2+} 等阳离子：

$$2R-SO_3H+Ca^{2+} \rightarrow (R-SO_3H)_2Ca+2H^+$$

用强碱型阴离子交换树脂除去各种阴离子：

$$RN(CH_3)_3OH+Cl^- \rightarrow RN(CH_3)_3Cl+OH^-$$

这种净化水的方法简便快速，在工业上和科研中普遍使用。目前净化水多使用复柱法。首先按规定方法处理树脂和装柱，再把阴、阳离子交换柱串联起来，将水依次通过。为了制备更纯的水，再串联字根混合柱（阳离子交换树脂和阴离子交换树脂按1:2 混合装柱）除去残留的离子，这时出来的水称为去离子水。若要纯度更高些，可再通过混合柱。

②阴阳离子的分离。根据离子亲和力的差别，选用适当的洗脱剂可将性质相近的离子分离。例如，用强酸型阳离子交换树脂柱分离 K^+、Na^+、Li^+ 等离子，由于在树脂上三种离子的亲和力大小顺序是 $K^+ > Na^+ > Li^+$，当用0.1 mol/L HCl 溶液淋洗时，最先洗脱下来的是 Li^+，其次是 Na^+，最后是 K^+。

③干扰组分的分离和痕量组分富集。试样中微量组分的测定常常是比较困难的工作，利用离子交换法可以富集微量组分。例如，测定天然水中 K^+、Na^+、Ca^{2+}、Mg^{2+}、SO_4^{2-}、

Cl^-等组分时，可取数升水样，让它流过阳离子交换柱，再流过阴离子交换柱。然后用稀HCl溶液把交换在柱上的阳离子洗脱，另用稀氨水慢慢洗脱各种阴离子。经过这样交换、洗脱处理，组分的浓度就增加数十倍至100倍，达到富集的目的。

5. 色谱分离法

（1）色谱分离法的分类

按分离原理的不同进行分类：

①吸附色谱法。利用混合物中各组分对固定相吸附能力强弱的差异进行分离。

②分配色谱法。利用混合物中各组分在固定相和流动相两间分配系数的不同进行分离。

③离子交换色谱法。利用混合物中各组分在离子交换剂上的交换亲和力的差异进行分离。

④凝胶色谱（排组色谱）法。利用凝胶混合物中各组分分子的大小所产生的阻滞作用的差异进行分离。

按流动相所处的状态不同进行分类：

①液相色谱法。以液体为流动相的色谱法。

②气相色谱法。以气体为流动相的色谱法。

按固定相所处的状态不同进行分类：

①柱色谱。将固定相装填在金属或玻璃制成的柱中，做成层析柱，以进行分离。把固定相附着在毛细管内壁，做成色谱柱，称为毛细管色谱。

②纸色谱。利用滤纸作为固定相进行色谱分离。

③薄层色谱。将固定相铺成薄层于玻璃板或塑料板上进行色谱分离。

利用物质在两相不互溶的溶剂中的分配比不同进行分离的称为分配色谱，常用的支持剂有硅胶、硅藻土、纤维粉等。

利用物质解离程度不同进行分离的称为离子交换色谱，常用的离子交换树脂有强酸型（磺酸型）、强碱型（季胺型）、弱酸型（羧酸型）、弱碱型（三级胺型）等。

利用物质分子大小不同进行分离的称为凝胶色谱（也称分子筛或排阻色谱），常用的支持剂有葡聚糖凝胶、羟丙基葡聚糖凝胶等。

利用电流通过时离子的电性不同进行分离的称为电泳色谱，常用的有纸电泳、琼脂电泳、凝胶电泳等。

（2）柱色谱

①吸附柱色谱。吸附柱色谱法是液－固色谱法的一种。方法是将固体吸附剂（如氧化铝、硅胶、活性炭等）装在管柱中，如图4－6（a）所示，将待分离组分A和B溶液倒入柱中，则A和B被吸附剂吸附于管上端，如图4－6（b）所示。加入已选好的有机溶剂，从上而下进行洗脱。A和B遇纯溶剂后，从吸附剂上被洗脱下来。但遇到新吸附剂时，又重新被吸附上去，因而在洗脱过程中，A和B在柱中反复进行着解吸、吸附、再解吸、再吸附等过程。由于A和B溶剂下移速度不同，因而A和B可以完全分开，如图4－6（c）所示，形成两处环带，每一环带内是一纯净物质，如果A、B两组分有颜色，则能清楚地看到色环；若继续冲洗，则A将先被洗出，B后被洗出，用适当容器接

收，再进行分析测定。

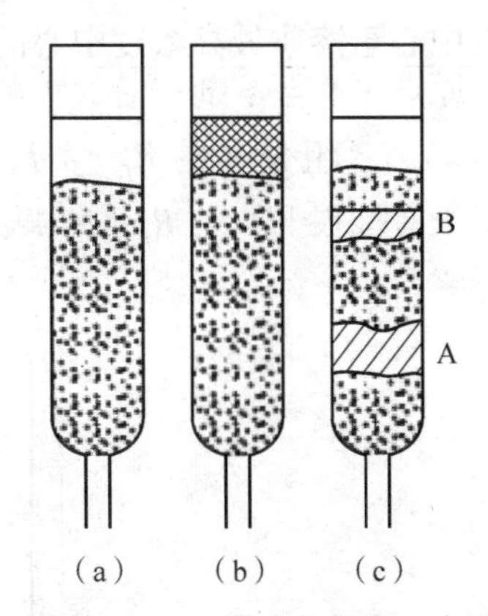

图4-6 二元混合物柱层示意图

（a）填充柱；（b）加入试样柱；（c）A、B两组分分开

②分配柱色谱法。分配柱色谱法是液-液色谱法，它是根据物质在两种相互不混溶的溶剂间的分配系数不同来实现分离的方法。一种物质在两种互不相溶的溶剂中振摇，当达到平衡时，在同一温度下该物质在两相溶剂中浓度的比值是恒定的，这个比值就称为该物质在这两种溶剂中的分配系数。在天然药物提取分离工作中常用的溶剂萃取，就是利用天然药物中化学成分在互不相溶的两相溶剂中的分配系数不同，从而达到分离的目的。如果需要分离的物质在两相溶剂中的分配系数相差很小，则一般用液-液萃取的方法是无法使其分离的，必须使其在两相溶剂中不断地反复分配，才能达到分离的目的，而分配色谱就能起到使其在两相溶剂中不断进行反复分配提取的效用。

③柱色谱分离法应用。柱层析虽然费时，相对于仪器化的高效液相色谱法柱效率低，但由于有设备简单、容易操作、从洗脱液中获得分离样品量大等特点，应用仍然较多。对于简单的样品，用此法可直接获得纯物质；对于复杂组分的样品，此法可作为初步分离手段，粗分为几类组分，然后再用其他分析手段将各组分进行分离分析。在天然产物的分析中，此法常作为除去干扰成分的预处理手段。

（3）纸色谱

①纸色谱原理。纸色谱法又称为纸上层析法，属于分配层析，是在滤纸上进行的色谱分析方法。滤纸是一种惰性载体，滤纸纤维素中吸附着的水分为固定相。由于吸附水有部分是以氢键缔合形式与纤维素的羟基结合在一起的，一般情况下难以脱去，因而纸层析不但可以用与水不相混溶的溶剂作流动相，而且可以用丙醇、乙醇、丙酮等与水混溶的溶剂作流动相。

选取一定规格的层析纸，在接近纸条的一端点上欲分离的试样，把纸条悬挂于层析筒内，如图4-7所示。让纸条下端浸入流动相（展开剂）中，由于层析纸的毛细管作用，展开剂将沿着纸条不断上升。当流动相接触到滤纸上的试样点（ 原点）时，试样中的各组分就不断地在固定相和展开剂之间分配，从而使试样中分配系数不同的各种组分得以分离。当分离进行一定时间后，溶剂前沿上升到接近滤纸条的上沿，取出纸条，晾干，找出纸上各组分的斑点，记下溶剂前沿的位置。

物质被分离后各组分在纸色谱中的位置可用比移值 R_f 来表示：

$$R_f = \frac{\text{原点中心至溶质最高浓度中心的距离}}{\text{原点中心至溶剂前沿的距离}} \tag{4-8}$$

如图4-8所示，组分A的 $R_f = a/l$；组分B的 $R_f = b/l$。R_f 均在0~1之间。若 $R_f \approx 0$，表明该组分基本留在原点未动，即没有被展开；若 $R_f \approx 1$，表明该组分随溶剂一起上升，即待分离组分在固定相中的浓度接近零。

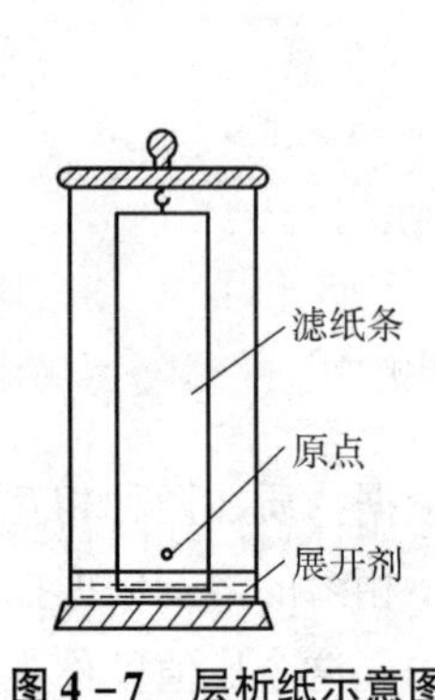

图4-7 层析纸示意图

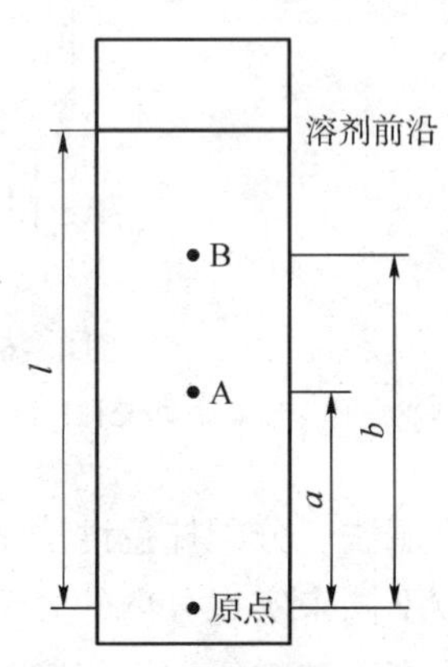

图4-8 R_f 值测量示意图

在一定的条件下，R_f 是物质的特征值，可以利用 R_f 鉴定各种物质，但影响 R_f 的因素很多，最好用已知的标准样品对照。根据各物质的 R_f，可以判断彼此能否用色谱法分离。一般来说，两组分的 R_f 只要相差0.02以上，就能彼此分离。

在一定条件下，某种物质的 R_f 是常数，其大小受物质的结构、性质、溶剂系统物质组成与比例、pH、选用滤纸质地和温度等多种因素影响。此外，样品中的盐分、其他杂质及点样过多，均会影响有效分离。但由于影响比移值的因素较多，因而一般采用在相同实验条件下与对照物质对比来确定其异同。作为药品的鉴别时，供试品在色谱中所显主斑点的颜色（或荧光）与位置应与对照品在色谱中所显的主斑点相同。作为药品的纯度检查时，可取一定量的供试品，经展开后，按各药品项下的规定检视其所显杂质斑点的个数或呈色（或荧光）的强度；作为药品的含量测定时，将主色谱斑点剪下洗脱后，再用适宜的方法测定。

无色物质的纸色谱图谱可用光谱法（紫外光照射）或显色法鉴定，氨基酸纸色谱图谱常用茚三酮显色法鉴定。纸层色谱适用于极性较大的亲水性化合物或极性差别较小的化合物的分离。

②纸色谱分离法应用。

例如铜、铁、钴、镍的纸色谱分离：将离子混合试液点在慢速滤纸（层析纸）上，以丙酮-浓盐酸-水作展开剂，用上行法进行展开。1 h后从层析筒中取出，用氨水熏5 min，晾干后，用二硫代乙酰胺溶液喷雾显色，就会得到一个良好的色层分离谱图。亚铁离子呈黄色斑点，比移值为1.0；铜离子呈绿色斑点，比移值为0.70；钴离子呈深黄色斑点，比移值为0.46；镍离子呈蓝色斑点，比移值为0.17。若将斑点分别剪下，经灰化或用 $HClO_4$ 和 HNO_3 处理后，可测得各组分的含量。

（4）薄层色谱法

1）薄层色谱法原理。薄层色谱法又称为薄层层析法，是在柱色谱和纸色谱基础上发展起来的。薄层色谱法是把固定相吸附剂如中性氧化铝铺在玻璃板或塑料板上，铺成均匀的薄层，层析就在板上的薄层中进行。把试样点在层板薄层的一端。离边缘一定距离处，试样中各组分就被吸附剂所吸附。把层析板放入层析缸中，使点样的一端浸入流动相展开剂中，由于薄层的毛细管作用，随着展开剂沿着薄层上升。于是试样中的各组分就沿着薄层在固定相和流动相之间不断发生溶解、吸附、再溶解、再吸附的分配过程。各个色斑在薄层中的位置用比移值 R_f 来表示（见纸色谱）。

2）薄层色谱法分离和应用。

①痕量组分的检测。用薄层层析法检测痕量组分既简便又灵敏。例如，3,4－苯并芘是致癌物质，在多环芳烃中含量很低。可将试样用环已酮萃取，并浓缩到几毫升。点在含有20 g/L 咖啡因的硅胶 G 板上，用异辛烷－氯仿（1＋2）展开后，置于紫外灯下观察，板上呈现紫色至橘黄色斑点。将斑点刮下，用适当的方法进行测定。

②同系物或同分异构体分离。用一般的分离方法很难将同系物或同分异构体分开，但用薄层层析法可将它们分开。例如，$C_3 \sim C_{10}$ 的二元酸混合物在硅胶 G 板上用苯－甲醇－乙酸（体积比为 45:8:4）展开 10 cm，就可以完全分离。

③无机离子的分离。对于 H_2S 组阳离子，可以在硅胶 G 薄层上用丙酮:苯（3:1）混合溶剂 100 mL，用酒石酸饱和后，再加入 6 mL 10% 硝酸溶液作为展开剂层析分离。然后用硫化物或酸性、碱性的双硫腙溶液作显色剂，得到各组分 R_f 的次序如下：Hg > Bi > Sb > Cd > As > Pb > Cu > Tl。又如对于（$(NH_4)_2S$）组阳离子，可在硅胶 G 薄层上用丙酮:浓盐酸:己二酮（体积比＝100:1:0.5）作展开剂，展开 10 cm 后，以氨熏，再以 5 $g \cdot L^{-1}$ 8－羟基喹啉的乙醇溶液（φ(乙醇)＝60%）喷雾显色，到各组分的 R_f 顺序如下：Fe > Zn > Co > Mn > Cr > Ni > Al。此外，还用于卤素的分离和鉴定，硒、碲的分离和鉴定，贵金属的分离鉴定，稀土元素 Ce、La、Pr、Nd 的分离等。

6. 蒸馏分离法

蒸馏是分离两种或两种以上沸点相差较大的液体的常用方法。由于分子运动，液体的分子有从表面逸出的倾向，这种倾向随着温度的升高而增大，即液体在一定温度、一定的蒸气压下，当其温度达到沸点时，也即液体的蒸气压等于外压时（达到饱和蒸气压），就有大量气泡从液体内部逸出，即液体沸腾。一种物质在不同温度下的饱和蒸气压变化是蒸馏分离的基础。将液体加热至沸腾，使液体变为蒸气，然后使蒸气冷却再凝结为液体，这两个过程的联合操作称为蒸馏。蒸馏可将易挥发和不易挥发的物质分离开来，也可将沸点不同的液体混合物分离开来。蒸馏能分离沸点相差 30 ℃以上的两种液体。

纯粹的液体有机化合物在一定压力下具有一定的沸点。但由于有机化合物常和其他组分形成二元或三元共沸混合物（或恒沸混合物），这些恒沸混合物也有一定的沸点（高于或低于其中的每一部分）。因此，具有固定沸点的液体不一定都是纯粹的化合物。一般不纯物质的沸点取决于杂质的物理性质及它和纯物质间的相互作用。假如杂质是不挥发的，溶液的沸点比纯物质的沸点略有提高（但在蒸馏时，实际上测量的并不是溶液的沸点，而是逸出蒸气与其冷凝液平衡时的温度，即是馏出液的沸点，而不是瓶中蒸馏液的沸点）；若杂质是挥发性的，则蒸馏时液体的沸点会逐渐上升；或者由于组成了共沸混合物，在蒸馏过程中温度可保持不变，停留在某一范围。

挥发和蒸馏分离法是利用物质挥发性的差异进行分离的一种方法，可以用于除去干扰组分，也可以使待测组分定量地挥发出来后再测定。在无机物中，具有挥发性的物质不多，因此这种方法选择性较高。最常用的例子是氮的测定，首先将各种含氮化合物中的氮经适当处理转化为 NH_3，在浓碱存在下，利用 NH_3 的挥发性把它蒸馏出来并用酸溶液吸收；再根据氮的含量多少选用适宜的测定方法。

蒸馏分离法在有机化合物的分离中应用很广，不少有机物是利用各自的沸点的不同来分离和提纯。例如，C、H、O、N、S 等元素的测定即采用这种方法。在环境监测中，不少有毒物质如 Hg、CN^-、SO_2、S^{2-}、F^-、酚类等，都能用蒸馏分离法分离富集，然后选用适当的方法测定。表 4－10 列出了部分元素的挥发和蒸馏分离条件。

表 4－10　蒸馏分离法的应用示例

组分	挥发形式	条件	应用
As	$AsCl_3$、$AsBr_3$、$AsBr_5$	HCl 或 HBr + H_2SO_4	除去 As
	AsH_3	Zn + H_2SO_4 或 Al + NaOH	微量 As 的测定
B	$B(OCH_3)_3$	酸性溶液甲醇	除去 B 或测定 B
	BF_3	加氟化物溶液	除去 B 或测定 B
C	CO_2	1 100 ℃通氧气燃烧	C 的测定
CN^-	HCN	加 H_2SO_4 和酒石酸用稀碱吸收	CN^- 的测定
Cr	CrO_2Cl_2	HCl + $HClO_4$	除去 Cr
铵盐、含氮有机化合物	NH_3	NaOH	氨态氮测定，含氮有机化合物转化成铵盐后测定
S	SO_2	1 300 ℃	硫的测定
Si	SiF_4	HF + H_2SO_4	测定硅酸盐中的 Si，除去 Si，测定纯 Si 中的杂质
Se、Te	$SeBr_4$、$TeBr_4$	HBr + H_2SO_4	Se、Te 的测定或除去 Se、Te
Ge	$GeCl_4$	HCl	Ge 的测定
Sb	$SbCl_3$、$SbBr_5$、$SbBr_3$	HCl 或 HBr + H_2SO_4	除去 Sb
Sn	$SnBr_4$	HBr + H_2SO_4	除去 Sn
Os、Ru	OsO_4、RuO_4	$KMnO_4$ + H_2SO_4	痕量 Os、Ru 的测定
Tl	$TlBr_3$	HBr + H_2SO_4	除去 Tl

4.5　溶液的配制和标定

一、标准滴定溶液的配制和标定

①本书除另有规定外，所用试剂的纯度应在分析纯以上；所用制剂及制品均应该按 GB/T 603—2002 的规定制备；实验用水应符合 GB/T 6682—1992 中三级水的规格。

②本书制备的标准滴定溶液的浓度，除高氯酸外，均指 20 ℃时的浓度。在标准滴定溶液标定、直接制备和使用时，若温度有差异，应按附表 7 进行补正。

③在标定和使用标准滴定溶液时，滴定速度一般应保持在 6 ~ 8 mL · min^{-1}。

④工作基准试剂小于等于 0. 5 g 时，按精确至 0. 01 mg 称量；数值大于 0. 5 g 时，按精确至 0. 1 mg 称量。

⑤制备标准滴定溶液的浓度值应在规定浓度值的 ±5% 范围以内。

⑥标定标准溶液浓度时，须两人进行实验，分别各做四组平行实验，每人平行测定结果的极差与浓度平均值之比不得大于 0. 15%。两人共八次平行测定结果的极差与浓度平均值之比不得大于 0. 18%，最终以两人八次测定结果的平均值作为测定结果。运算过程中保留五位有效数字，浓度值结果取四位有效数字。

⑦标准滴定溶液浓度平均值的不确定度一般不应大于 0. 2%，可根据需要记录。

⑧使用工作基准试剂标定标准滴定溶液的浓度。当对标准滴定溶液浓度值的准确度有更高要求时，可使用二级纯度标准物质或定值标准物质代替工作基准试剂进行标定或直接制备，并在计算标准滴定溶液浓度值时将其质量分数代入计算式中。

⑨标准滴定溶液的浓度小于等于 0. 02 mol · L^{-1}时，应于临用前将浓度高的标准滴定溶液用煮沸并冷却的水稀释，必要时重新标定。

⑩标准滴定溶液在常温（15 ~ 25 ℃）下保存时间一般不超过两个月。当溶液出现浑浊、沉淀、颜色变化等现象时，应重新制备。

⑪储存标准滴定溶液的容器，其材料不应与溶液起理化作用，壁厚最薄处不小于 0. 5 mm。

⑫所用溶液以% 表示的均为质量分数，只有乙醇（95%）中的% 为体积分数。

二、杂质测定用标准溶液的配制

1. 一般规定

①杂质测定用标准溶液，应使用分度吸管量取。每次量取时，以不超过所量取杂质测定用标准溶液体积的三倍量，选用分度吸管。

②杂质测定用标准溶液的量取体积应为 0. 05 ~ 2. 00 mL。当量取体积小于 0. 05 mL 时，应将杂质测定用标准溶液按照比例稀释，稀释的比例以稀释后的溶液在应用时的量取体积不小于 0. 05 mL 为准；当量取体积大于 2. 00 mL 时，应在原杂质测定用标准溶液制备方法的基础上按比例增加所用试剂和制剂的量，所增加比例以制备后溶液在应用时的量取体积不大于 2. 00 mL 为准。

③除另有规定外，杂质测定用标准溶液在常温（15 ~ 25 ℃）下的保存期一般为两个月，

当出现浑浊、沉淀或颜色有变化等现象时，应重新制备。

④本书中所用溶液以%表示的均为质量分数，只有乙醇（95%）中的%为体积分数。

2. 制备方法

杂质测定用标准溶液的制备方法（部分）见表4－11。

表4－11　杂质测定用标准溶液的制备方法（部分）

序号	名称	浓度/(mg·mL^{-1})	制备方法
1	乙酸盐	10	称取23.050 g乙酸钠（$CH_3COONa \cdot 3H_2O$），溶于水，移入1 000 mL容量瓶中，稀释至刻度
2	甲醇（CH_3OH）	1	称取1.000 g甲醇，溶于水，移入1 000 mL容量瓶中，稀释至刻度，临用前制备
3	甲醛（HCHO）	1	称取 *m* g甲醛溶液，精确至0.001 g，置于1 000 mL容量瓶中，稀释至刻度，临用前制备。 $m=\frac{1.000}{w}$ 式中，*w* 为甲醛溶液的实测质量分数，以%表示
4	二氧化硅（SiO_2）	1	称取1.000 g二氧化硅，置于铂坩埚中，加入3.3 g无水碳酸钠，混匀，于1 000 ℃加热至完全熔融，冷却，溶于水，移入1 000 mL容量瓶中，稀释至刻度，储存于聚乙烯瓶中
5	硫酸盐	0.1	方法1：称取0.148 g于105～110 ℃干燥至恒重的无水硫酸钠，溶于水，移入1 000 mL容量瓶中，稀释至刻度 方法2：称取0.181 g硫酸钾，溶于水，移入1 000 mL容量瓶中，稀释至刻度
6	硝酸盐	0.1	方法1：称取0.163 g于120～130 ℃干燥至恒重的无水硫酸钠，溶于水，移入1 000 mL容量瓶中，稀释至刻度 方法2：称取0.137 g硝酸钠，溶于水，移入1 000 mL容量瓶中，稀释至刻度
7	氯化物	0.1	移取0.165 g于500～600 ℃灼烧至恒重的氧化钠，溶于水，移入1 000 mL容量瓶中，稀释至刻度
8	碳（C）	1	称取8.826 g于270～300 ℃灼烧至恒重的无水碳酸钠，溶于无二氧化碳的水中，移入1 000 mL容量瓶中，用无二氧化碳的水稀释至刻度
9	磷（P）	0.1	称取0.439 g磷酸二氢钾，溶于水，移入1 000 mL容量瓶中，稀释至刻度
10	硫（S）	0.1	称取0.544 g硫酸钾，溶于水，移入1 000 mL容量瓶中，稀释至刻度
11	钾（K）	0.1	方法1：称取0.191 g于500～600 ℃灼烧至恒重的氯化钾，溶于水，移入1 000 mL容量瓶中，稀释至刻度 方法2：称取0.259 g于120～130 ℃干燥至恒重的硝酸钾，溶于水，移入1 000 mL容量瓶中，稀释至刻度
12	铁（Fe）	0.1	称取0.864 g硫酸铁铵[$NH_4Fe(SO_4)_2 \cdot 12H_2O$]，溶于水，加10 mL硫酸溶液（25%），移入1 000 mL容量瓶中，稀释至刻度
13	铜（Cu）	0.1	称取0.393 g硫酸铜（$CuSO_4 \cdot 5H_2O$），溶于水，移入1 000 mL容量瓶中，稀释至刻度

续表

序号	名称	浓度/（mg·mL^{-1}）	制备方法
14	砷（As）	0.1	称取0.132 g于硫酸干燥器中干燥至恒重的三氧化二砷，温热溶于1.2 mL氢氧化钠溶液（100 g/L）中，移入1 000 mL容量瓶中，稀释至刻度
15	汞（Hg）	0.1	方法1：称取0.135 g氯化汞，溶于水，移入1 000 mL容量瓶中，稀释至刻度 方法2：称取0.162 g硝酸汞，用10 mL（1+9）硝酸溶液溶解，移入1 000 mL容量瓶中，稀释至刻度
16	铅（Pb）	0.1	称取0.160 g硝酸铅，用10 mL（1+9）硝酸溶液溶解，移入1 000 mL容量瓶中，稀释至刻度

三、缓冲溶液的配制

缓冲溶液可分为标准缓冲溶液和一般缓冲溶液两类。标准缓冲溶液又可分为pH标准缓冲溶液、pH测定用缓冲溶液。

1. 标准缓冲溶液的制备

pH标准缓冲溶液是用pH工作基准试剂经干燥处理，用超纯水在（20±5）℃条件下配制的。其组成标度用溶质B的质量摩尔浓度b_B表示。可用于仪器的校正、定位。

pH测定用缓冲溶液可用优级纯或分析纯试剂、实验室三级纯水配制。其组成标度用物质的量浓度c_B表示。主要用于用电位法测定化学试剂水溶液的pH。测定范围pH=1~12。

上述两种标准缓冲溶液名称基本相同、所用试剂名称相同、溶液pH也相同，故共列于表4-12。

表4-12 标准缓冲溶液的制备

缓冲溶液名称和pH（20 ℃）	试剂化学式	pH标准缓冲溶液（pH工作基准试剂超纯水）	pH测定用缓冲溶液（GR、AR级试剂、三级水）
草酸盐标准缓冲溶液 pH=1.680	$KH_3(C_2O_4)\cdot 2H_2O$ （MB=254.19 g/mol）	12.61 g于（57±2）℃烘至恒重的邻苯二甲酸氢钾，溶于水，在（20±5）℃时稀释至1 000 mL b_B=0.050 0 mol/kg	12.71 g试样溶于无二氧化碳的水，稀释至1 000 mL c_B=0.050 0 mol/L
苯二甲酸盐标准缓冲溶液 pH=4.003	$KHC_8H_4O_4$ （MB=204.22 g/mol）	10.12 g于（110±5）℃烘至恒重的邻苯二甲酸氢钾，溶于水，在（20±5）℃时稀释至1 000 mL b_B=0.050 0 mol/kg	10.21 g于110 ℃干燥1 h的试剂，稀释至1 000 mL c_B=0.050 0 mol/L
磷酸盐标准缓冲溶液 pH=9.182	KH_2PO_4 （MB=136.09 g/mol） 或$NaHPO_4$ （MB=141.96 g/mol）	3.388 g于烘至恒重的磷酸二氢钾或3.533 g于（115±5）℃烘至恒重的磷酸氢二钠，溶于水，在（20±5）℃时稀释至1 000 mL b_B=0.025 0 mol/kg	3.40 g或3.55 g试样溶于无二氧化碳的水，稀释至100 mL。两种试剂均需在（120±10）℃下干燥2 h c_B=0.025 0 mol/L

2. 一般缓冲溶液的制备

一般缓冲溶液多用于维持实验溶液的 pH 在某范围值，一般而言，对其 pH 的要求并不很严，但要求缓冲能力较大。

复习思考题

1. 简述从物料流中采样的方法。
2. 为什么要对采集到的固体样品进行处理？将固体样品制备成试样，要经过哪几步处理？简述各步骤的目的。
3. 采得一份石灰石样品 20 kg，粗碎后最大粒度为 6.0 mm，已知 K 值为 0.1，问应缩分几次？如缩分后再破碎至 2.0 mm，应再缩分几次？
4. 一、二、三级分析实验用水，各适用于何种分析工作？
5. 标准物质可以分为哪几类？
6. 玻璃量器可采用什么方法进行容量校正？
7. 分离和富集方法在定量分析中有什么重要意义？
8. 对分离和富集有哪些要求？
9. 试以 ZnO 悬浊液为例，说明难溶化合物的悬浊液为什么可用来控制溶液的 pH。
10. 试比较无机沉淀剂分离与有机沉淀剂分离的优缺点，举例说明。
11. 提高沉淀分离选择性的方法有哪些？
12. 分配系数与分配比有何不同？在溶剂萃取分离中为什么要引入分配比？
13. 溶剂萃取分离法有哪些常用的操作技术？
14. 色谱分离法分为哪几种？各自的特点是什么？
15. 纸色谱法和薄层色谱法的基本原理是什么？
16. 什么是比移值？如何求得？
17. 挥发和蒸馏分离法依据什么进行分离？举例说明它们在物质分离中的应用情况。
18. 100 mL 0.010 0 mol/L 的 HA 弱酸溶液用25.0 mL 乙醚萃取，萃取后取出25.0 mL 水相，需要 20.0 mL 0.050 0 mol/L 的 NaOH 溶液与之中和。HA 在有机相与水相中的分配比为多少？（参考答案：6）
19. 25 ℃时，Br_2 在 CCl_4 和水中的 $K_D = 2.90$。水溶液中的溴分别用①等体积的 CCl_4，②1/2体积的 CCl_4 萃取一次时，萃取效率各为多少？（参考答案：74.36%；59.18%）
20. 用甲基紫－CCl_4 萃取剂以离子缔合萃取体系萃取 50.0 mL 含 Tl^{3+} 溶液时，已知 $D = 60$，用 20 mL 萃取剂萃取，其中学生甲用 20 mL 一次全量萃取，而学生乙用20 mL 分四次萃取，每次 5 mL。问学生乙比学生甲的萃取率提高了多少？（参考答案：4%）
21. Sr－8 羟基喹啉配合物从 pH = 11 的水相中萃取到三氯甲烷，其分配比为 10，假如水相与三氯甲烷的体积相等，从水相中除去质量分数为 99.99% 的锶，需要萃取多少次？（参考答案：4 次）

第 5 章　数据处理及测后工作

5.1　化学检验数据和误差

一、准确度和精密度

1. 准确度与精密度的概念

（1）真值

某一物质本身具有的客观存在的真实数值，即为该量的真值。一般来说，真值是未知的，但下列情况的真值可以认为是知道的。

①理论真值：如某化合物的理论组成等。

②计量学约定真值：如国际计量大会上确定的长度、质量、物质的量单位等。

③相对真值：认定精度高一个数量级的测定值作为低一级的测量值的真值，这种真值是相对而言的。如厂矿实验室中标准试样及管理试样中组分的含量等，可视为真值。

（2）准确度

表示分析结果与真实值接近的程度。它们之间的差别越小，则分析结果越准确，即准确度高。

（3）精密度

分析工作要求在统一条件下进行多次重复测定，得到一组数值不等的测量结果，测量结果之间接近的程度称为精密度。几次分析结果的数值越接近，分析结果的精密度就越高。在分析化学中，有时用重现性和再现性表示不同情况下分析结果的精密度。重现性表示不同分析人员在同一条件下所得分析结果的精密度，再现性表示不同分析人员或不同实验室之间在各自条件下所得分析结果的精密度。

2. 准确度与精密度的关系

分析检验工作中，要求测量值或分析结果应达到一定的准确度与精密度。并非精密度高者准确度就高。例如甲、乙、丙三人分析某铁矿石中三氧化二铁的质量分数，结果如表 5 - 1 和图 5 - 1所示。

表 5 - 1　某铁矿石中 Fe_2O_3 的质量分数测定结果　　%

人员	1	2	3	4	平均值
甲	50.30	50.30	50.28	50.29	50.29
乙	50.40	50.30	50.25	50.23	50.30
丙	50.36	50.35	50.34	50.33	50.35

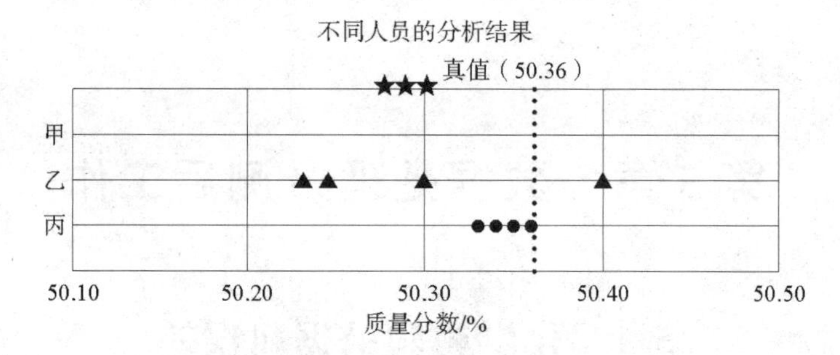

图5－1　某铁矿石中Fe_2O_3的质量分数测定结果

甲：精密度高，但准确度低（平均值与真实值相差较大）；

乙：精密度不高，准确度也不高；

丙：精密度和准确度都比较高。

所以，精密度高的不一定准确度就高，但准确度高的，一定要求精密度高。如果一组数据精密度很低，也就失去了衡量准确度的前提。

二、误差

1. 误差及其表示方法

定量分析的任务是测定试样中组分的含量，因此，分析结果必须达到一定的准确程度。不准确的分析结果会导致生产上的损失、资源的浪费、科学上的错误结论。

在定量分析中，由于受分析方法、测量仪器、所使用的试剂和分析人员等方面因素的限制，使测得的结果不可能和真值完全一致，这种在数值上的差别就是误差。随着科学技术水平的提高和人们经验、技巧及专门知识的丰富，误差可能被控制得越来越小，但不可能减小为零。因此，分析工作者在一定条件下应尽可能减小误差，并且对分析结果做出正确的评价，找出产生误差的原因及减小误差的途径。

（1）绝对误差和相对误差

准确度的高低用误差来衡量，即误差表示测定结果与真是值的差异。差值越小，误差就越小，即准确度越高。误差一般用绝对误差和相对误差来表示。

绝对误差（E）表示测定值 x_i 与真实值 x_T 之差，即

$$E = x_i - x_T \tag{5-1}$$

相对误差（RE）是指绝对误差 E 在真实值中所占的百分率，即

$$RE = \frac{E}{u} \times 100\% \tag{5-2}$$

绝对误差和相对误差都有正值和负值，分别表示分析结果偏高或偏低。由于相对误差能反映误差在真实值中所占的比例，故常用相对误差来表示或比较各种情况下测定结果的准确度。

【例5－1】 已知测得某试样中含铜量为86.06%，其真实值为86.02%，求其相对误差和绝对误差。

解： E = 测定值 − 真实值 = 86.06% − 86.02% = +0.04%

$$RE = \frac{E}{T} \times 100\% = \frac{X-T}{T} \times 100\% = \frac{+0.04\%}{86.02\%} \times 100\% = 0.05\%$$

绝对误差和相对误差都有正值和负值，测定值大于真实值时，绝对误差为正，表示测定

结果偏高；测定值小于真实值时，绝对误差为负，表示测定结果偏低。由于相对误差能够反映误差在真实值中所占的比例，故常用相对误差来表示或比较各种情况下测定结果的准确度。一些仪器测量的准确度用绝对误差更清楚，如分析天平的称量误差是 ±0.000 2 g，常用滴定管的读数误差是 ±0.02 mL 等。

一个真实值要通过测量结果来获得。由于任何测量方法和测量结果都难免有误差，因此，真实值不可能准确知道。分析化学上所谓的真实值是由具有丰富经验的工作人员采用多种可靠的分析方法反复测定得出的比较准确的结果。

精密度是保证准确度的先决条件。精密度差，所测结果不可靠，就失去了衡量准确度的前提。高的精密度不一定能保证高的准确度，但可以找出精密而不准确的原因，而后加以校正，就可以使测定结果既精密又准确。

(2) 偏差

对同一试样，在同一条件下重复测定 n 次，结果分别为 x_1，x_2，…，x_n，其算术平均值为：

$$\bar{x} = \frac{x_1 + x_2 + x_3 + \cdots + x_n}{n} = \frac{\sum x_i}{n} \tag{5-3}$$

用偏差（d）来衡量精密度的高低。偏差是指测定值（x）与几次测定结果算术平均值（$\bar{x}$）之差。偏差小，测定结果的精密度高；偏差大，测定结果精密度低，结果不可靠。偏差也分为绝对偏差和相对偏差。

①绝对偏差。绝对偏差是单次测量值与平均值之差，即

$$d_i = x_i - \bar{x} \tag{5-4}$$

②相对偏差。相对偏差是绝对偏差与平均值之比（常用百分数表示），即

$$\mathrm{Rd}_i = \frac{d_i}{\bar{x}} \times 100\% \tag{5-5}$$

③平均偏差。几次平行测定中，各次测定的偏差有正有负，还可能是零，为说明分析结果的精密度，通常以单次测量偏差的绝对值的算术平均值即平均偏差来表示精密度。

$$\bar{d} = \frac{|d_1| + |d_2| + \cdots + |d_n|}{n} = \frac{\sum |d_i|}{n} \tag{5-6}$$

④相对平均偏差。相对平均偏差是平均偏差与平均值之比（用百分数来表示），即

$$\bar{d}_r = \frac{\bar{d}}{\bar{x}} \times 100\% \tag{5-7}$$

(3) 公差

公差是生产部门对分析结果允许误差的一种限量，又称为允许误差。如果分析结果超出允许的公差范围，称为“超差”。遇到这种情况，则该项分析应该重做。公差范围的确定一般是根据生产需要和实际情况而定的，所谓实际情况，是指试样组成的复杂情况和所用分析方法的准确程度。对于每一项具体的分析工作，各主管部门都规定了公差范围，例如钢铁分析中碳含量的公差范围，国家标准规定见表 5-2。

表 5-2 钢铁分析中碳含量的公差范围（用绝对误差表示）

碳的质量分数范围/%	0.10~0.20	0.20~0.50	0.50~1.00	1.00~2.00	2.00~3.00	3.00~4.00	>4.00
公差/（±%）	0.015	0.02	0.025	0.035	0.045	0.050	0.060

（4）极差

一组测量数据中，最大值（x_{max}）与最小值（x_{min}）之差称为极差 R。

$$R = x_{max} - x_{min}$$

用极差表示误差十分简单，适用于少数几次测量中估计误差的范围，不足之处是没有利用全部测量数据。

2. 数据集中趋势的表示方法

根据有限次测定数据来估计真值，通常采用算术平均值或中位数来表示数据分布的集中趋势。

（1）算术平均值

对某试样进行 n 次平行测定，测定数据为 x_1，x_2，…，x_n，则

$$\bar{x} = \frac{1}{n}(x_1 + x_2 + \cdots + x_n) = \frac{1}{n}\sum_{i=1}^{n} x_i \tag{5-8}$$

根据随机误差的分布特性，绝对值相等的正、负误差出现的概率相等，所以算术平均值 $\bar{x}$ 是真值的最佳估计值。当测定次数无限增多时，所得的平均值即为总体平均值 u。

$$u = \lim_{n\to\infty} \frac{1}{n}\sum_{i=1}^{n} x_i \tag{5-9}$$

（2）中位数

中位数是指一组平行测定值按按小到大的顺序排列时的中间值。当测定次数 n 为奇数时，位于序列正中间的那个数值就是中位数；当测定次数 n 为偶数时，中位数为正中间相邻的测定值的平均值。

中位数不受离群值大小的影响，但用于表示集中趋势不如平均值好，通常只有当平行测定次数较少而又有离群值较远的可疑值时，才用中位数来代表分析结果。

3. 数据分散程度的表示方法

随机误差的存在影响测量的精密度，通常采用平均偏差或标准偏差来表示数据的分散程度。

（1）平均偏差

计算平均偏差 $\bar{d}$ 时，先计算各次测定值对于平均值的偏差，然后求其绝对值之和的平均值，见式（5-6）和式（5-7）。

（2）标准偏差

标准偏差又称为均方根偏差。当测定次数趋于无穷大时，总体标准偏差 σ 表达式为

$$\sigma = \sqrt{\frac{\sum_{i=1}^{n}(x_i - u)^2}{n-1}} \tag{5-10}$$

式中，u——总体平均值，在校正系统误差的情况下，u 即为真值。

在一般的分析工作中，有限测定次数时的标准偏差 s 表达式为：

$$s = \sqrt{\frac{\sum_{i=1}^{n}(x_i - \bar{x})^2}{n-1}} \tag{5-11}$$

标准偏差在平均值中所占的百分率叫作相对标准偏差，也叫变异系数或变动系数

(CV)，其计算式为：

$$CV = \frac{s}{\bar{x}} \times 100\% \tag{5-12}$$

用标准偏差表示精密度比用算术平均偏差更合理，因为将单次测定值的偏差平方以后，较大的偏差能显著地反映出来，故能更好地反映数据的分散程度。

(3) 平均值的标准偏差

一系列测定（每次做 n 个平行测定）的平均值$\bar{x}_1$，$\bar{x}_2$，…，$\bar{x}_n$的波动情况也遵从正态分布，这时应用平均值的标准偏差来表示平均值的精密度。统计学已证明，对有限次测定，其平均值的标准偏差 $s_{\bar{x}}$ 为：

$$s_{\bar{x}} = \frac{s}{\sqrt{n}} \tag{5-13}$$

上式表明，平均值的标准偏差与测定次数的平方根成反比，增加次数可以提高测定的精密度，但实际上增加测定次数所取得的效果是有限的。当 $n>10$ 时，变化已很小，实际工作中测定次数无须过多，通常4~6次足够。

4. 误差产生的来源

误差按其性质的不同，可分为系统误差（或称可测量误差）和偶然误差（或称随机误差）两类。

系统误差：这是由于测定过程中某些经常性的原因所造成的误差。它对分析结果影响比较恒定，会在同一条件下的重复测定中重复地显示出来，使测定结果系统地偏高或系统地偏低（能有高的精密度而不会有高的准确度）。

系统误差按其产生的原因不同，可以分为如下几种：

①仪器误差。这是由于仪器本身的缺陷或没有按规定条件使用仪器而造成的。如仪器的零点不准、仪器未调整好、外界环境（光线、温度、湿度、电磁场等）对测量仪器的影响等。

②理论误差（方法误差）。这是由于测量所依据的理论公式本身的近似性，或者实验条件不能达到理论公式所规定的要求，或者实验方法本身不完善所带来的误差。例如，热学实验中没有考虑散热所导致的热量损失、伏安法测电阻时没有考虑电表内阻对实验结果的影响等。

③操作误差。这是由于观测者个人感官和运动器官的反应或习惯不同而产生的误差，它因人而异，并与观测者当时的精神状态有关。

④试剂误差。指由于所用蒸馏水含有杂质或所使用的试剂不纯所引起的测定结果与实际结果之间的偏差。

⑤方法误差。指方法本身造成的误差。如反应不能定量完成、沉淀溶解、络合物解离、副反应干扰、滴定终点不一致等。

5. 减小误差的方法

从误差的分类和各种误差产生的原因来看，只有熟练操作并尽可能地减小系统误差和随即误差，才能提高分析结果的准确度。减小误差的主要方法如下。

①选择合适的分析方法。各种分析方法的准确度是不相同的。化学分析法对高含量组分的测定，能获得准确和较满意的结果。例如，用 $K_2Cr_2O_7$ 滴定法测得铁的质量分数为40.20%，若方法的相对误差为0.2%，则铁的质量分数是40.12%~40.28%。这一试样如

果用直接比色法进行测定，由于方法的相对误差为2%，测得铁的质量分数为41.0% ~ 39.4%，误差显然大得多。但对于低含量组分的测定，允许有较大的相对误差，这时采用仪器分析法比较合适。所以，在选择分析方法时，主要根据组分含量及对准确度的要求，在可能的条件下选择最佳的分析方法。

②增加平行测定次数，减小随机误差。在消除系统误差的前提下，平行测定次数越多，平均值越接近真值。在一般化学分析中，要求平行测定2 ~ 4次，实际工作中，样品平行测定2次，结果取平均值。在标准滴定溶液浓度的标定中，规定由两人以上各做4次平行样，平行实验次数不少于8次。一些特殊测定要根据实验要求加以具体考虑。

③对照实验。用已知准确结果的样品与被测样品一起进行对照实验。其中标准物质和标准样品是极为重要的一种量具。标准物质作为量值的传递工具，是指一种物质的特定物性或组成的标准值已由特定机关或组织确定，用作测定或分析的标准。中国对标准物质的编号为GBW，标准样品的编号为GSB，两者都是实物标准，也称为标样，可以用来校正分析仪器、评价分析方法的准确性、协同多个实验室的操作、控制分析质量等。目前质检部原材料岗位有标准物质30种、标液岗位有标准物质10种、标准气体20种，用于实际分析工作。

在实际工作中，作为一种管理手段，生产单位也可以根据产品情况自制一些“管理样品”来代替标准样品。即经过多人反复多次分析，其中各组分含量相对比较可靠，用来对照不同分析者之间是否存在系统误差，以及当分析仪器、试剂溶液更换时进行对照实验。

④空白实验。在不加被测组分的情况下，按照试样分析同样的操作步骤和条件进行实验，所得结果为空白值，从试样分析结果中扣除空白值。实际工作中所有的比色分析都有空白值，一些容量分析也要消除滴定空白。当空白值较大时，应通过提纯试剂和选用其他方法进行分析。

⑤校准仪器。分析仪器不准确引起的仪器误差应当通过校准仪器来消除。

三、有效数字及其运算规则

在分析检验中，为了得到准确的分析结果，不仅要准确地进行各种测量，还要正确地记录和计算。因此，在实验数据的记录和结果的计算中，数据有效位数的保留不是任意的，要根据测量仪器、分析方法的准确度来决定，这涉及有效数字的概念。

1. 有效数字

有效数字是在分析中能实际测量得到的数字，在保留的有效数字中，只有最后一位数字是可疑的，其余数字都是准确的。表5 - 3列出了有效数字位数。如滴定管读数为25.31 mL，25.3 mL是确定的，0.01 mL是可疑的，可能为（25.31 ±0.01）mL。有效数字的位数由所使用的仪器决定，不能任意增加或减少。

表5 - 3　有效数字位数

<table>
<tr><td>2.1</td><td>1.0</td><td>两位有效数字</td><td rowspan="3">第一个非“0”数字前的所有“0”都不是有效数字，只起定位作用，与精度无关。第一个非“0”数字后的所有“0”都是有效数字</td></tr>
<tr><td>1.98</td><td>0.038 2</td><td>三位有效数字</td></tr>
<tr><td>18.79</td><td>0.720 0</td><td>四位有效数字</td></tr>
<tr><td>3 600</td><td>100</td><td>有效数字位数不确定</td><td>如3 600，一般看成4位，但可能是2或3位，应根据实际情况写成3.6×10^3、3.60×10^3、3.600×10^3</td></tr>
</table>

在分析中，对于含有对数的有效数字，如 pH、pK_a、lg$K$ 等，其位数取决于小数部分的位置，整数部分只说明这个数的方次。如 pH = 9.32 为两位有效数字而非三位。

2. 有效数字修约

处理数据时，涉及的各测量值的有效数字位数可能不同，根据要求，常常要弃去多余的数字，然后再进行计算，舍弃多余数字的过程称为数字修约。遵循 GB/T 8170—2008《数值修约规则与极限数值的标示和判定》。修约规则见表 5－4，口诀为：四舍六入五成双；五后非零就进一；五后皆零视奇偶，五前为偶应舍去，五前为奇则进一。

表 5－4　有效数字修约规则

口诀	待修约数据	修约要求	修约后	备注
四舍六入五成双	1.434 26 1.463 1	两位有效数字	1.4 1.5	1. 拟舍弃数字的最左一位数字小于 5，则舍弃，保留其余各位数字不变 2. 拟舍弃数字的最左一位数字大于 5，则进一，即保留数字的末位数字加 1
五后非零就进一	1.450 08	两位有效数字	1.5	拟舍弃数字的最左一位数字是 5，且后有非 0 数字时进一，即保留数字的末位数字加 1
五后皆零视奇偶 五前为偶应舍去 五前为奇则进一	1.450 0 1.350 0	两位有效数字	1.4 1.4	拟舍弃数字的最左一位数字是 5，且其后无数字或皆为 0 时，若所保留的末位数字为奇数（1、3、5、7、9）则进一，即保留数字的末位数字加 1；若所保留的末位数字为偶数（0、2、4、6、8），则舍去
注：拟修约数字应在确定修约间隔或指定修约数位后一次修约到位，不得连续多次修约。例如，修约 2.548 3 到两位。不正确修约：2.548 3→2.548→2.55→2.6；正确修约：2.548 3→2.5。在用计算器或计算机处理数据时，也应按规则进行修约。				

3. 有效数字运算规则

在分析检验过程中，往往要经过几个不同的测量环节，在分析结果的计算中，每个环节测量值的误差都将传递到结果中。因此，为了保证运算结果能真正反映实际测量的准确度，获得准确、可靠的分析结果，在进行结果运算时，应遵循有效数字的运算规则，具体运用如下：

（1）加减法

几个数据加减时，最后结果有效数字的保留应以小数点后位数最少的数据为依据。例如：

$$0.12 + 0.0354 + 42.716 = 42.8714 \approx 42.87$$

（2）乘除法

几个数据相乘或相除时，它们的积或商的有效数字位数的保留必须以各数据中有效数字位数最少的数据为准。例如：

$$1.54 \times 31.76 \approx 1.54 \times 31.8 = 48.972 \approx 49.0$$

（3）乘方和开方

对数据进行乘方或开方时，所得结果的有效数字位数的保留应与原数据相同。例如：

$$6.72^2 = 45.1584，保留三位有效数字应为45.2$$

$$\sqrt{9.65} = 3.10644，保留三位有效数字应为3.11$$

(4) 对数计算

所取对数的小数点后的位数（不包括整数部分）应与原数据的有效数字的位数相等。例如：

$$\lg 102 = 2.00860017，保留三位有效数字应为2.009$$

(5) 混合计算

有效数字的保留以最后一步计算的规则执行。

5.2 检验数据处理

一、检验结果有效数字的运算

定量分析测定组分含量时，通常都需要经过一系列的实验过程，最后通过计算得出分析结果。当用数据表述分析结果时，除了要反映出测量值的大小外，还要反映出测量时的准确度。这就要求在分析化验工作中，不仅要准确地进行测量，还应正确地进行记录和计算。当一些准确度不同的数据进行运算时，需要遵守一定的规则，以保证运算结果能真正反映实际测量的准确度，获得准确、可靠的分析结果。应用有效数字运算规则的步骤一般是：先修约（可先多保留一位有效数字）后计算，结果再修约。

【例5-2】 利用有效数字运算规则，计算下列结果：

(1) $2.45 + 3.174 + 5.2435 = ?$

(2) $0.03250 \times 5.703 \times 60.1 \div 126.43 = ?$

(3) $pH = 1.05$，$c(H^+) = ?$

解： (1) $2.45 + 3.174 + 5.2435$

$\approx 2.45 + 3.174 + 5.244$（先修约，多保留一位有效数字）

$= 10.868$（计算）

≈ 10.87（结果再修约）

(2) $\dfrac{0.03250 \times 5.703 \times 60.1}{126.43}$

$\approx \dfrac{0.03250 \times 5.703 \times 60.1}{126.4}$（先修约，多保留一位有效数字）

$= 0.08813$（计算）

≈ 0.0881（结果再修约）

(3) $pH = 1.05$

$c(H^+) = 10^{-1.05}\ mol/L \approx 8.9 \times 10^{-2}\ mol/L$

有效数字运算规则的实质是：计算结果的准确度取决于算式诸多数值中误差最大的那个。应用运算规则的好处是，既可以保证运算结果准确度取舍合理、符合实际，又可简化计算、减少差错、节省时间。

二、极限数值的结果检验

分析化验工作中，为使测定结果准确可靠，对同一样品要做多次平行测定。在平行测定所得一组分析实验数据中，往往有个别数据与其他数据相差较远，这一数据称为极限数值（或可疑值、极端值、离群值）。测得的数据不能随便舍弃，应先做判断处理，对可疑值按一定规则（统计学）先取舍，然后才能报告分析结果。可疑值的处理：

①确知原因的可疑值应舍弃不用。

对操作中的明显过失（如称样时洒落、溶样时溅失、滴定时泄漏等），所测数据可视为可疑值，应舍弃。

②不知原因的可疑值应按原则判断，决定取舍。

可疑值取舍对平均值影响很大，若不能确定该可疑值是“过失”引起的，就不能为了单纯追求实验结果的“一致性”而随意舍弃。

根据随机误差分布规律（统计学）决定取舍，取舍的方法很多，下面简单介绍两种常用的检验方法。

1. $4\bar{d}$ 检验法

对于一些实验数据，也可用 $4\bar{d}$ 法判断可疑值的取舍。$4\bar{d}$ 检验法即4倍平均偏差法，首先求出可疑值以外的其余数据的平均值 $\bar{x}$ 和平均偏差 $\bar{d}$，然后将可疑值与平均值进行比较，如绝对差值大于 $4\bar{d}$，则可疑值舍去；否则保留。具体做法如下：

①除可疑值外，将其余数据相加，求算数平均值 $\bar{x}$ 及平均偏差 $\bar{d}$；

②将可疑值与平均值之差的绝对值与 $4\bar{d}$ 比较：

若 $|可疑值-\bar{x}|\geqslant 4\bar{d}$，则可疑值应舍去；若 $|可疑值-\bar{x}|<4\bar{d}$，则可疑值应保留。

用 $4\bar{d}$ 法处理可疑数据的取舍是存在较大误差的，但是，由于这种方法比较简单，不必查表，故至今仍为人们所采用。显然，这种方法只能用于一些要求不高的实验数据。

【例5-3】用NaOH滴定某甲酸溶液，进行四次平行测定，消耗NaOH溶液的体积（mL）分别为25.36、25.45、25.40、25.38，试问25.45这个数据是否该保留？

解：首先不计极限数值25.45，求得其余数据的平均值 $\bar{x}$ 和平均偏差 $\bar{d}$ 为：

$$\bar{x}=\frac{25.36+25.40+25.38}{3}=25.38(\text{mL})$$

$$\bar{d}=\frac{|0.02|+|0.02|+|0.00|}{3}=0.013$$

极限数值与平均值之差的绝对值为：

$$|25.45-25.38|=0.07$$

而
$$4\bar{d}=4\times 0.013=0.052$$

因为 $0.07>4\bar{d}$（0.052），所以25.45应舍去。

2. *Q* 检验法

Q 检验法又叫作舍弃商法，是由迪安（Dean）和狄克逊（Dixon）在1951年专为分析化学中少量观测次数（$n<10$）提出的一种简易判据式。当测定次数 $3\leqslant n\leqslant 10$ 时，根据所要求的置信度，按照下列步骤检验可疑数据是否应弃去。其检验步骤为：

①将测定值按由小到大顺序排列：x_1，x_2，x_3，…，x_n，其中可疑值为 x_1 或 x_n。

②求出最大值与最小值之差（极差 R）：x_n-x_1。

③求可疑值与其相邻值之差：x_n-x_{n-1} 或 x_2-x_1。

④求 $Q_{计}$ 值，$Q_{计}=\frac{|x_{疑}-x_{邻}|}{x_{最大}-x_{最小}}$，即差值除以极差：$Q_{计}=\frac{x_n-x_{n-1}}{x_n-x_1}$ 或 $Q_{计}=\frac{x_2-x_1}{x_n-x_1}$。

⑤根据测定次数 n 和要求的置信水平（如95%）查表5－5得到 Q 值。

⑥判断。$Q_{计}$值越大，表明可疑值离群越远，当 $Q_{计}$值超过一定界限时，应舍去。

统计学家已经计算出不同置信度（水平）时的 Q 值，见表5－5，比较由 n 次测定求得的 $Q_{计}$与表中所列相同测量次数 $Q_{表}$大小，当 $Q_{计}>Q_{表}$时，该可疑值应舍去，否则应保留。

表5－5　Q 值表（置信度90%和95%）

P	n							
	3	4	5	6	7	8	9	10
$Q_{0.90}$	0.94	0.76	0.64	0.56	0.51	0.47	0.44	0.41
$Q_{0.95}$	0.97	0.84	0.73	0.64	0.59	0.54	0.51	0.49

注意事项：

①适用于测定次数为3～10的检验。

②Q 检验法符合数理统计原理。

③具有直观性和计算简便的优点。

④缺点是数据离散度越大，可疑值越难舍去。

⑤测定次数不能少于3次。

【例5－4】 对某铁矿石中铁含量进行了六次测定，测定结果分别为32.70%、33.90%、32.90%、32.60%、33.00%、32.80%，试用 Q 检验法判断极限数值33.90%是否应弃去。

解： ①首先将各数值按递增的顺序进行排列：32.60%、32.70%、32.80%、32.90%、33.00%、33.90%。

②求出最大值与最小值之差：

$$x_n - x_1 = 33.90\% - 32.60\% = 1.30\%$$

③求出极限数值与其最邻近数据之差：

$$x_n - x_{n-1} = 33.90\% - 33.00\% = 0.90\%$$

④计算 Q 值：

$$Q = \frac{x_n - x_{n-1}}{x_n - x_1} = \frac{0.90\%}{1.30\%} = 0.69$$

⑤查表5－5，当 $n=6$ 时，$Q_{0.90}=0.56$，$Q>Q_{0.90}$，所以极限数值33.90%应弃去。

三、分析结果判定

在定量分析工作中，经常重复地对试样进行测定，然后求出平均值。但多次测出的数据是否都参加平均值的计算，这须进行判定。如果在消除了系统误差后，所测定的数据出现显著的大值或小值，这样的数据是值得怀疑的，称为可疑值。对可疑值应做如下判断：

1. 确知原因的可疑值应弃去不用

操作过程中有明显的过失，如称样时的损失、溶样有溅出、滴定时滴定剂有泄漏等，则该次测定结果必是可疑值。在复查分析结果时，对能找出原因的可疑值应弃去不用。

2. 不知原因的可疑值

分析结果中不知原因的可疑值应按 Q 检验法和 $4\bar{d}$ 检验法进行判断，决定取舍。

5.3 检验报告的填写、检查及复核

一、对原始记录的要求

对测量值进行读数和记录时，应注意以下几个问题：

①测定过程中的各种测量数据要及时、真实、准确而清楚地记录下来，并应用一定的表格形式使数据记录有条理，且不能遗漏。

②指针式显示仪表读数时，应使视线通过指针并与刻度标尺盘垂直，读取指针对准的刻度值。有些仪表刻度盘上附有镜面，读数时只要使指针与镜面内的指针像重合即可读数。对于记录式显示仪表（如记录仪），记录纸上的数值可以从记录纸上的印格读出，也可使用米尺测读。

③记录测量数据时，应注意其有效数字的位数。例如，用分光光度计测量溶液的吸光度时，如吸光度在0.8以下，读数应记录至0.001；大于0.8而小于1.5时，则读数要求记录至0.01；若吸光度值在1.5以上，就失去了准确读数的实际意义。其他等分刻度的量器和显示仪表应记录所示的全部有效数字，即要求记录至最小分度值的后一位（末一位是最小分度值内的估计值）。

④记录的原始数据不得随意涂改，如需废弃某些记录的数据，应划掉重记。应将所得的数据交有关人员审阅后进行计算，不允许私自抄凑数据。

二、对检验方法的验证

1. 正确选择分析方法的重要性

化学分析的目的在于向生产部门和市场管理监督部门提供准确、可靠的分析数据，以便生产部门根据这些数据对原料的质量进行控制，制定合理的工艺条件，保证生产正常进行，以较低的成本生产出符合质量标准和卫生标准的产品；市场管理和监督部门则根据这些数据对被检样品的品质和质量做出正确、客观的判断和评定。

2. 选择分析方法应考虑的因素

样品中待测成分的分析方法往往很多，怎样选择最恰当的分析方法是需要周密考虑的。一般来说，应该综合考虑下列各因素：

（1）分析要求的准确度和精密度

不同分析方法的灵敏度、选择性、准确度、精密度各不相同，要根据生产和科研工作对分析结果要求的准确度和精密度来选择适当的分析方法。

（2）分析方法的繁简和速度

不同分析方法操作步骤的繁简程度、所需时间及劳力各不相同，分析的费用也不同。要根据待测样品的数目和要求、取得分析结果的时间等来选择适当的分析方法。同一样品需要测定几种成分时，应尽可能选用能用同一份样品处理液同时测定的方法，以达到简便、快速的目的。

（3）样品的特性

各种样品中，待测成分的形态和含量不同、可能存在的干扰物质及其含量不同、样品的溶解和待测成分提取的难易程度也不相同，要根据样品的这些特征来选择制备待测液、定量某成分和消除干扰的适宜方法。

（4）现有条件

分析工作一般在实验室进行，各级实验室的设备条件和技术条件也不相同，应根据具体条件来选择适当的分析方法。

3. 分析方法的评价

在研究一种分析方法时，通常用精密度、准确度和灵敏度这三项指标评价。精密度表示了测定结果的可靠性，准确度反映了测定结果的准确性。

某一分析方法的准确度，可通过测定标准试样的误差或做回收实验来计算回收率，以误差或回收率来判断。

在回收实验中，加入已知量的标准物质的样品，称为加标样品。未加标准物质的样品称为未知样品。在相同条件下用同种方法对加标样品进行预处理，按下列公式计算出加入标准物质的回收率：

$$p = \frac{x_1 - x_0}{m} \times 100\% \tag{5-14}$$

式中，p——加入标准物质的回收率，%；

m——加入标准物质的质量；

x_1——加入标准样品的测定值；

x_0——未知样品的测定值。

灵敏度是指分析方法所能检测到的最低量。不同的分析方法有不同的灵敏度，一般仪器分析方法具有较高的灵敏度，而化学分析法（重量分析和容量分析）的灵敏度相对较低。

在选择分析方法时，要根据待测成分的含量范围选择适宜的方法。一般来说，待测成分含量低时，须选用灵敏度高的方法；含量高时，宜选用灵敏度低的方法，以减小由于稀释倍数太大所引起的误差。由此可见，灵敏度的高低并不是评价分析方法好坏的绝对标准，一味追求选用灵敏度的方法是不合理的。

三、检验报告的内容

1. 检验报告的一般构成

一份简明、严谨、整洁的检验报告是测定的记录和总结的综合反映。检验报告一般包括：

①检验报告的总顺序、每项编号、总页数。

②受检单位名称。

③检验报告的题目。

④样品说明，包括生产厂名、型号规格、产品批发或出厂日期、取样地点、编号、日期、方法等。

⑤检验所依据的标准编号与名称。

⑥对实验情况的必要说明。

⑦将实验结果与标准要求做比较。

⑧检验结论：对样品或整批产品质量是否合格做出明确判断。

⑨必要时，实验结果应辅以图片、图表表示。

⑩对实验中出现的疑点加以说明，如实记录实验过程中的意外情况。

⑪检验报告的编写人、审核人和批准人应签字，并加盖检测中心印章。

⑫检验报告的批准日期。

2. 对检验报告的要求

①检验记录是出具检验报告书的原始依据。为保证检验工作的科学性和规范化，检验原始记录必须使用蓝黑墨水或碳素笔书写，做到记录原始、数据真实、字迹清晰、资料完整。

②原始记录应按页编号，按规定归档保存，内容不得私自泄露。

③检验报告不允许更改。

④检验报告书是对产品质量做出的技术鉴定，是具有法律效力的技术文件，应及时归档。

⑤全部检测数据均采用法定计量单位。

3. 分析（实验）数据的处理

分析（实验）数据的处理是指对原始实验数据的进一步分析计算，包括绘制图形或表格、数理统计、作图与实验测定数据的误差必须一致，以免在数据处理中带来更大的结果误差。

实验数据用图形表示，可以使测定数据间的相互关系表达得更简明直观，易显出最高点、最低点、转折点等，利用图形可直接或间接求得分析结果，便于应用。因此，正确地标绘图形是实验后数据处理的重要环节，必须十分重视作图的方法和技术。

复习思考题

1. 名词解释：

   真值、准确度、精密度、误差、偏差、系统误差、随机误差

2. 精密度和准确度有何区别？

3. 什么是有效数字？

4. 按有效数字运算规则计算下列各式：

   （1）2.187×0.854；

   （2）$0.032\,6 \times 0.008\,14$；

   （3）$3.40 + 5.728 + 1.004\,2$。

5. 指出下列数据的有效数字位数：

   1.890 4；3.500；0.004 583；0.870 0；4.98×10^3；pH = 4.56

6. 数据的取舍应遵循哪些原则？

7. 某铁矿石中铁含量（即质量分数）为39.16%，若甲分析得结果为39.12%、39.15%、39.18%，乙分析得结果为39.19%、39.24%和39.28%，试比较甲、乙两人分析结果的准确度和精密度。

8. 用HCl标准溶液标定NaOH溶液的浓度时，经5次滴定，所用HCl溶液的体积（mL）分别为27.34、27.36、27.35、27.37、27.40。请计算分析结果：（1）平均值；（2）平均偏差和相对平均偏差；（3）标准偏差和相对标准偏差。（参考答案：（1）27.36；（2）0.02；（3）0.02，0.07%）

9. 标定 NaOH 溶液的浓度时，获得以下分析结果（单位均为 mol/L）：0.102 1、0.102 2、0.102 3 和 0.103 0。问：（1）对于最后一个分析结果 0.103 0，按照 Q 检验法是否可以舍弃（P = 0.95 或 P = 0.05）？

（2）溶液准确浓度应该怎样表示？

（参考答案：（1）舍弃；（2）0.102 2 mol/L）

10. 有一全脂乳粉试样，经过两次测定，得知脂肪含量为 24.87% 和 24.93%，而脂肪的实际含量（即质量分数）为 25.05%，求分析结果的绝对误差和相对误差。（参考答案：−0.15；−0.598 8%）

11. 系统误差对分析结果有什么影响？随机误差对分析结果有什么影响？

第6章　职业道德、化验室管理及安全生产

6.1　职业道德

一、职业道德的概念

职业道德就是从事一定职业的人在工作或劳动过程中所应遵循的与其特定职业活动相适应的行为规范。职业道德是指人们在职业生活中应遵循的基本道德，即一般社会道德在职业生活中的具体体现。其是职业品德、职业纪律、专业胜任能力及职业责任等的总称，属于自律范围，它通过公约、守则等对职业生活中的某些方面加以规范。

职业道德不仅是本行业从业人员在职业活动中的行为规范，还是行业对社会所负的道德责任和义务。良好的职业修养是每一个优秀员工必备的素质，良好的职业道德是每一个员工都必须具备的基本品质，这两点是企业对员工最基本的规范和要求，同时也是每个员工担负起自己的工作责任必备的素质。

二、职业道德的特点

各种职业道德反映着由于职业不同而形成的不同的职业心理、职业习惯、职业传统和职业理想，反映着由于职业的不同所带来的道德意识和道德行为上的一定差别。作为一种客观存在的道德现象，职业道德具有如下特点：

1. 行业性与特定性

在范围和对象上，职业道德具有鲜明的行业性与特定性。职业道德是与职业分工、职业活动相联系的。一定的职业道德只适用于一定的职业活动范围，有多少种职业分工，就会有多少种职业道德。

2. 稳定性与连续性

由于职业道德反映着社会总体需要和各种职业利益及其特殊要求，从而在内容和结构上就会具有稳定性和连续性，形成比较稳定的职业传统习惯和比较特殊的职业心理与品格。

3. 灵活性与多样性

职业道德是适应各种职业活动的内容与交往形式的要求而形成的。因此，在反映形式和表现方式上往往比较具体、灵活、多样。它既可以通过严格的规章制度、严明的守则公约、严肃的作风纪律表现出来，也可以通过简单的标语口号、鲜明的誓词条例和具体的注意事项表现出来。例如，生产车间的“安全生产、质量第一”、仓库前的“严禁烟火”及商店内的“顾客第一、热诚服务”等，都是职业道德的表现形式。

4. 强烈的纪律性

纪律也是一种行为规范，它既要求人们能自觉遵守，又带有一定的强制性。也就是说，一方面，遵守纪律是一种美德；另一方面，遵守纪律又带有强制性，具有法令的要求。例如，工人必须执行安全规定、分析检验人员必须遵守分析操作规程等。

三、化学分析与检验工作职业道德的基本要求

1. 忠于职守

要求化学检验人员必须按照生产规程和岗位职责的要求，自觉地在自己的工作岗位上尽职尽责，做好工作。

2. 钻研技术

技术是人类在认识自然、改造自然的实践中积累起来的有关生产劳动的知识、经验和技巧，它是完成生产任务的基础。没有过硬的技术和业务能力，产品质量、生产效率、经济效益就无从谈起，当然也更谈不上为国家、为人民做贡献。

随着现代化建设事业的发展，科学技术的发展日新月异，分析检验的方法也在不断发展、更新，这就要求化学检验人员必须努力学习科学文化知识，刻苦钻研业务技术，以适应分析岗位技术发展和分析技术不断更新的要求。无论是现在还是将来，学习科学文化知识、钻研科学技术，都是化学检验人员必须具备的重要的职业道德素质。

3. 遵章守纪

章是指章程、制度，纪是指劳动纪律，遵章守纪就是要严格执行技术规范、各项分析操作规程及企业内部制度，自觉遵守劳动纪律，不迟到、不早退、不旷工、不怠工，听从指挥，服从工作调配，有严肃的工作态度，有认真的工作作风和严谨的工作秩序，对待工作一丝不苟，保证各项工作顺利完成。

4. 团结互助

团结显示的是集体的力量，互助表现的是同志间的情感和友谊，团结互助反映的是集体的友谊和凝聚力。

相互协调、密切配合、团结互助也是化学检验人员职业道德的基本要求之一。团结互助表现在职业实践中，一是热爱本职工作，虚心向学有所长的同志学习，形成尊重知识、尊重人才的风尚；二是岗位之间、上下工序之间认真负责，讲团结、讲友爱、讲互助、讲奉献；三是坚持原则，按章办事，不扯皮，不推诿，不刁难，不袖手旁观，不相互拆台。

5. 勤俭节约

勤俭节约直接涉及个人、企业和国家的利益，与热爱企业、热爱祖国、热爱社会主义有密切的关系，具有重要的道德意义。

6. 勇于创新

勇于创新，就是要求化学检验人员拿出开拓创新的勇气和胆量，为实现既定的目标，积极开展有益于事业发展的实践活动。要自觉地把个人追求与分析检验事业的奋斗目标结合起来，敢于做前人未做的工作，去开创和发展分析检验事业。

6.2 化验室管理

一、化学试剂管理办法

化验室的化学药品及试剂溶液品种很多，化学药品大多具有一定的毒性及危险性，对其加强管理不仅是保证分析数据质量的需要，也是确保安全的需要。

化验室只宜存放少量短期内需要的药品。化学药品要按无机物、有机物、生物培养剂分类存放，无机物按酸、碱、盐分类存放，盐类按金属活泼性顺序分类存放，生物培养剂按培养菌群不同分类存放，其中属于危险化学药品中的剧毒品应锁在专门的毒品柜中，由专门人员加锁保管，实行领用经申请、审批、双人登记签字的制度。

1. 属于危险品的化学药品

①易爆和不稳定物质。如浓过氧化氢、有机过氧化物等。

②氧化物性质。如氧化性酸、过氧化氢等。

③可燃性物质。除易燃的气体、液体、固体外，还包括在潮气中会产生可燃物的物质。如碱金属的氢化物、碳化钙及接触空气自燃的物质如白磷等。

④有毒物质。

⑤腐蚀性物质。如酸、碱等。

⑥放射性物质。

2. 化验室试剂存放、使用要求

①易燃易爆试剂应储存于铁柜（壁厚 1 mm 以上）中，柜子的顶部都有通风口。严禁在化验室存放大于 20 L 的瓶装易燃液体。易燃易爆药品不要放在冰箱内（防爆冰箱除外）。

②相互混合或接触可以产生激烈反应、燃烧、爆炸、放出有毒气体的两种或两种以上的化合物称为不相溶化合物，不能混放。这种化合物多为强氧化性物质与还原性物质。

③腐蚀性试剂宜放在塑料或搪瓷的盘或桶中，以防因瓶子破裂造成事故。

④要注意化学药品的存放期限，一些试剂在存放过程中会逐渐变质，甚至形成危害。

⑤药品柜和试剂溶液均应避免阳光直晒及靠近暖气等热源。要求避光的试剂应装于棕色瓶中，或用黑纸或黑布包好存于暗柜中。

⑥发现试剂瓶上标签掉落或将要模糊时，应立即重新贴好标签。无标签或标签无法辨认的试剂，都要当成危险物品重新鉴别后小心处理，不可随便乱扔，以免引起严重后果。

⑦化学试剂应定位放置，用后复位，节约使用，但多余的化学试剂严禁倒回原瓶。

二、剧毒品的保管、发放、使用、处理管理制度

为了严格剧毒品的储存、保管和使用制度，防止意外流失，造成不良后果和危害，特制定管理制度如下：

①剧毒品仓库和保存箱必须由两人同时管理。双锁，两人同时到场才能开锁。

②剧毒品保管人员必须熟悉剧毒品的有关物理化学性质，以便做好仓库温度控制与通风

调节。

③严格执行化学试剂在库检查制度，对库存试剂必须进行定期检查，发现有变质或有异常现象要进行原因分析，提出改进储存条件和保护措施，并及时通知有关部门处理。

④对剧毒品发放本着先入先出的原则，发放时有准确登记（试剂的计量、发放时间和经手人）。

⑤凡是领用单位，必须是双人领取，双人送还，否则剧毒品仓库保管员有权不予发放。

⑥领用剧毒品试剂时，必须提前申请上报，做到用多少领多少，并一次配制成使用试剂。

⑦使用剧毒试剂时，一定要严格遵守分析操作规程。

⑧使用剧毒试剂的人员必须穿好工作服，戴好防护眼镜、手套等劳动保护用具。

⑨对使用后产生的废液，不准随便倒入水池内，应倒入指定的废液桶或瓶内。废液必须当天处理，不得存放。

⑩产生的废液要在指定的安全地方用化学方法处理，要建立废液处理记录。记录内容包括废液量、处理方法、处理时间、地点、处理人。

6.3 实验室安全知识

对于分析实验室的工作人员，除了需要了解、掌握有关用电、化学危险品及气瓶使用的安全知识外，日常工作中还要遵守一些常规的、涉及安全问题的常识和规则。

一、实验室常规安全问题

1. 实验室一般安全守则

①实验室要经常保持整齐、清洁。仪器、试剂、工具存放有序，实验台面干净，使用的仪器摆放合理。混乱、无序往往是引发事故的重要原因之一。

②严格按照技术规程和有关分析程序进行工作。对每天的工作安排要做到心中有数。安排合理，使工作紧张有序地进行。

③进行有潜在危险的工作时，如危险物料的现场取样、易燃易爆物品的处理、焚烧废料等，必须有他人陪伴。陪伴者应位于能看清操作者工作情况的地方，并注意观察操作的安全过程。

④打开久置未用的浓硝酸、浓盐酸、浓氨水的瓶塞时，应着防护用品，瓶口不要对着人，宜在通风橱中进行。热天打开易挥发溶剂瓶塞时，应先用冷水冷却。如瓶塞难以打开，尤其是磨口塞，不可猛力敲击。

⑤稀释浓硫酸时，稀释用容器（如烧杯、锥形瓶等，绝不可直接用细口瓶）置于塑料盆中，将浓硫酸慢慢分批加入水中，并不停搅拌，待冷至室温时，再转入细口储液瓶。绝不可将水倒入酸中。

⑥蒸馏或加热易燃液体时，绝不可以使用明火，一般也不要蒸干。操作过程中不要离开人，以防温度过高或冷却水临时中断而引发事故。

⑦化验室的每瓶试剂、溶液必须贴有名实一致的标签。绝不允许在瓶内盛装与标签内容不相符的试剂。

⑧工作时要穿工作服。进行危险性操作时，要加着防护用具。实验工作服不宜穿出室外。

⑨实验室内禁止抽烟、进食。

⑩实验完后要认真洗手，离开实验室时要认真检查，停水、断电、熄灯、锁门。

2. 实验室安全必备用品

①必须配置适用的灭火器材，就近放在便于取用的地方定期检查。如失效，要及时更换。

②根据各室工作内容，配置相应的防护用具和急救药品，如防护眼镜、橡胶手套、防毒口罩等，以及常用的红药水、紫药水、碘酒、创可贴、稀小苏打溶液、硼酸溶液、消毒纱布、药棉、医用镊子、剪刀等。

3. 气瓶的安全使用

(1) 气瓶内装气体的分类

瓶装气体的分类按 GB 16163—1996《瓶装压缩气体分类》规定。

1) 按其临界温度，可划分为三类：①永久气体，如氧气 -118 ℃、氨气 132.4 ℃、氯气 144.0 ℃。②液化气体，如 NH_3、Cl_2、H_2S 等。③溶解气体，如乙炔 C_2H_2。

2) 按照气体化学性质的安全性能分类，通常分为：①剧毒气体，如 F_2、Cl_2。②易燃气体，如 H_2、CO、C_2H_2。③助燃气体，如 O_2、N_2O。④不燃气体，如 N_2、Ar、He、CO_2。

(2) 气瓶的安全使用

为了安全使用气瓶，气瓶本身必须是安全的。钢瓶生产、检验的标记必须明确、合格。无论盛装哪种气体的气瓶，在其肩部都有喷以白色薄漆的钢印标记，记有该瓶生产、检验及有关使用的一些基本数据必须与试剂相符。降压或报废的钢瓶，除在检验单位的后面打上相应标志外，还应在气瓶制造厂打的工作压力标志前面打上降压或报废标志。气瓶的安全使用规则如下：

①气瓶的存放位置应符合阴凉、干燥、严禁明火、远离热源、不受日光暴晒、室内通风良好等条件。除不燃气体外，一律不得进入实验楼内。

②存放和使用中的气瓶，一般都应直立，并有固定支架，防止倒下。存放的气瓶安全帽必须旋紧。

③剧毒气体或相互混合能引起燃烧爆炸气体的钢瓶，必须单独放置在单间内，并在该室附近设置防毒、消防器材。

④搬运气瓶时，严禁摔掷、敲击、剧烈震动。瓶外必须有两个橡胶防震圈。戴上并旋紧安全帽。乙炔瓶严禁滚动。

⑤使用时必须安装减压表。减压表按气体性质分类。如氧气表可用于 O_2、N_2、Ar、H_2、空气等，螺纹是右旋的（俗称正扣）；氢气表可用于 H_2、CO 等可燃气体，螺纹是左旋的（俗称反扣）；乙炔表则为乙炔气瓶专用。

⑥安装减压表时，应先用手旋进，证明确已入扣后，再用扳手旋紧，一般应旋进 6~7

扣，用皂液检查，应严密不漏气。

⑦开启钢瓶前，应关闭分压表。开启动作要轻，用力要匀。当总表已显示瓶内压力后，再开启分压表，调节输出压力至所需值。

⑧瓶内气体不得全部用尽，剩余压力一般不得小于0.2 MPa，以备充气单位检验取样，也可防止空气反渗入瓶内。

二、烧伤、灼伤的急救知识

1. 一般烧伤的急救知识

一般烧伤包括烫伤和火伤。按其伤势的轻重，可以分为三级：一级烧伤，红肿；二级烧伤，皮肤起泡；三级烧伤，组织破坏，皮肤呈现棕色或黑色。烫伤有时呈白色。

急救的主要目的是使受伤皮肤表面不受感染。当伤及身体表面积较大时，应将伤者衣服脱去（必要时应用剪刀剪开衣服，防止伤及皮肉），用消毒纱布和洁净的布被单盖好身体，立即送医院治疗。烧伤者的身体损失大量水分，因此必须及时补给大量温热饮料（可以在100 mL水中加食盐0.3 g、碳酸氢钠0.15 g、糖精0.04 g）或盐开水，以防患者休克。对处于休克期的伤员，不能未做处理即送医院，这会加重休克。最好请医护人员前来抢救。送伤者至医院时，要防寒、防暑、防疫，必要时还要输液或止痛。

对四肢及躯干二度烧伤且面积不大者，可以用薄油纱布覆盖在已清洗（可先用无菌生理盐水洗后，再用1:2 000新洁尔液冲洗）并拭干的伤面，隔天即须更换敷料。最好去医院处理。

凡烧伤面积大的三度烧伤的患者，尽可能采用暴露疗法，不宜包扎，应由医生在医院进行治疗。

简单的烧伤治疗可用下述方法：

轻度烧伤，可用清凉乳剂（清石灰500 g加蒸馏水2 000 mL，搅拌，沉淀，取上清液和等体积芝麻油混合）涂于伤处，必要时进行包扎。二度烧伤，可选用5%新制丹宁溶液，用纱布浸湿包扎，或立即在伤处涂以獾油。注意，千万别将烫伤引起的水泡弄破，以防感染。

2. 化学灼伤的急救知识

化学灼伤时，应迅速脱去衣服，清除皮肤上的化学药品，并用大量干净的水冲洗。再用清除这种有害药品的特种溶剂、溶液或药剂仔细处理，严重的应送医院治疗。如果是眼睛受到化学灼伤，最好的方法是立即用洗涤器的水流洗涤，洗涤时要避免水流直射眼球，也不要揉搓眼睛。在用大量的细水流洗涤后，如果是碱灼伤，再用20%硼酸溶液淋洗；如果是酸灼伤，则用3%碳酸氢钠溶液淋洗。

三、触电的急救知识

1. 电击伤知识

电击伤俗称触电，是由于电流通过人体所致。局部表现有不同程度的烧伤、出血、焦黑等现象，烧伤区与正常组织界限清楚；或全身机能障碍，如休克、呼吸及心跳停止，致死原因是电流引起脑（延髓的呼吸中枢）的高度抑制及心肌的抑制，心室纤维性颤动。触电后的损伤与电压、电流及导体接触体表的情况有关。电压高、电流强、电阻小而体表潮湿，易致死；如果电流仅从一侧肢体或体表并传导入地，或肢体干燥、电阻大，可能引起烧伤而未必死亡。

2. 触电的急救原则

首先要切断电源，使触电者脱离电源，因为电流对人作用时间越长，伤害会越严重，早断电1 s，就多一份抢救成功的希望。

有时触电者从外表上看，呼吸和心脏搏动发生中断，已经失去了知觉，但事实上很多人失去知觉是一种假死现象，是由于人体中的重要机能暂时发生故障，并不意味着真正死亡。因此，不管触电人所接触的电压有多高，在触电过程中人体所承受的电击和电灼伤有多严重，都应该迅速采取一切可能的方法进行急救。

抢救触电人生命能否获得成功的关键在于在现场能否迅速而正确地进行紧急救护。放弃现场急救，认为送医院保险，就会延误宝贵的抢救时间，很可能造成触电人员死亡。

触电人脱离电源后，救护人员应根据触电者不同生理反应进行现场急救，并应立即通知医生前来抢救。如有呼吸或心搏停止现象，应立即进行人工呼吸和胸外心脏按压术。

3. 用电基本知识

①化验室内的电气设备的安装和使用管理必须符合安全用电管理规定，大功率化验设备用电必须使用专线，严禁与照明线共用，谨防因超负荷用电而着火。

②化验室用电容量的确定要兼顾事业发展的增容需要，留有一定余量。但不准乱拉乱接电线。

③化验室内的用电线路，配电盘、板、箱、柜等装置及线路系统中的各种开关、插座、插头等，均应经常保持完好、可用状态；熔断装置所用的熔丝必须与线路允许的容量相匹配，严禁用其他导线替代。室内照明器具都要经常保持稳固、可用状态。

④可能散发易燃易爆气体或粉体的建筑内，所用电器线路和用电装置均应按相关规定使用防爆电气线路和装置。

⑤对化验室内可能产生静电的部位、装置，要心中有数，要有明确标记和警示，对其可能造成的危害要有妥善的预防措施。

⑥化验室内所用的高压、高频设备要定期检修，要有可靠的防护措施。凡设备本身要求安全接地的，必须接地；定期检查线路，测量接地电阻。自行设计、制作对已有电气装置进行自动控制的设备，在使用前必须经化验室与设备处技术安全办公室组织验收合格后方可使用。自行设计、制作的设备或装置，其中的电气线路部分也应请专业人员查验无误后再投入使用。

⑦化验室内不得使用明火取暖，严禁抽烟。必须使用明火化验的场所，须经批准后才能使用。

⑧手上有水或潮湿时，不要接触电器用品或电器设备；严禁使用水槽旁的电器插座(防止漏电或感电)。

⑨化验室内的专业人员必须掌握本室的仪器、设备的性能和操作方法，严格遵守操作规程操作。

⑩机械设备应装设防护设备或其他防护罩。

⑪电器插座不要接太多插头，以免引起电器火灾。

⑫如电器设备无接地设施，不要使用，以免产生静电。

4. 静电防护

(1) 使用防静电材料

金属是导体，因导体的漏放电流大，会损坏器件。另外，由于绝缘材料容易产生摩擦起电，因此不能采用金属和绝缘材料作防静电材料，而采用表面电阻为 $1\times10^{5}\ \Omega\cdot cm$ 以下的所谓静电导体，以及表面电阻为 $1\times10^{5}\sim1\times10^{8}\ \Omega\cdot cm$ 的静电亚导体作为防静电材料。例如，常用的静电防护材料是在橡胶中混入导电炭黑来实现的，将表面电阻控制在 $1\times10^{6}\ \Omega\cdot cm$ 以下。

（2）泄漏与接地

对可能产生或已经产生静电的部位进行接地，提供静电释放通道。采用埋大地线的方法建立“独立”地线，使地线与大地之间的电阻小于 10 Ω（参见 GBJ 179 或 SJ/T 10694—1996）。

静电防护材料的方法：将静电防护材料（如工作台面垫、地垫、防静电腕带等）通过 1 MΩ的电阻接到通向独立大地线的导体上（参见 SJ/T 10630—1995）。串接 1 MΩ 电阻是为了确保对地泄放小于 5 mA 的电流，称为软接地。设备外壳和静电屏蔽罩通常是直接接地，称为硬接地。

（3）导体带静电的消除

导体上的静电可以用接地的方法使静电泄漏到大地。放电体上的电压与释放时间可用式（6-1）表示。

$$U_T = U_0 L_1/(RC) \tag{6-1}$$

式中，U_T——T 时刻的电压（V）；

U_0——起始电压（V）；

R——等效电阻（Ω）；

C——导体等效电容（pF）。

一般要求在 1 s 内将静电泄漏，即 1 s 内将电压降至 100 V 以下的安全区。这样可以防止泄漏速度过快、泄漏电流过大而对 SSD 造成损坏。若 $U_0=500$ V，$C=200$ pF，想在 1 s 内使 U_T 达到 100 V，则要求 $R=1.28\times10^{9}$ Ω。因此，静电防护系统中通常用 1 MΩ 的限流电阻，将泄放电流限制在 5 mA 以下。这是为操作安全设计的。如果操作人员在静电防护系统中不小心触及 220 V 工业电压，也不会带来危险。

（4）非导体带静电的消除

对于绝缘体上的静电，由于电荷不能在绝缘体上流动，因此不能用接地的方法消除静电。可采用以下措施：

①使用离子风机——离子风机产生正、负离子，可以中和静电源的静电。

②使用静电消除剂——静电消除剂属于表面活性剂。可用静电消除剂擦洗仪器和物体表面，能迅速消除物体表面的静电。

③控制环境湿度——增加湿度可提高非导体材料的表面电导率，使物体表面不易积聚静电。例如，北方干燥环境可采取加湿通风的措施。

④采用静电屏蔽——对易产生静电的设备可采用屏蔽罩（笼），并将屏蔽罩（笼）有效接地。

（5）工艺控制法

为了在电子产品制造中尽量少地产生静电，控制静电荷积聚，将已经存在的静电积聚迅速消除掉，应从厂房设计、设备安装、操作、管理制度等方面采取有效措施。

四、机械伤的急救知识

机械伤害造成的受伤部位可以遍及人体全身各个部位，如头部、眼部、颈部、胸部、腰部、脊柱、四肢等，有些机械伤害会造成人体多处受伤，后果非常严重。现场急救非常关键，如果现场急救正确、及时，不仅可以减轻伤者的痛苦，降低事故的严重程度，还可以争取抢救时间，挽救生命。

1. 伤害急救基本要点

①发生机械伤害事故后，现场人员不要害怕和慌乱，要保持冷静，迅速对受伤人员进行检查。急救检查应先看神志、呼吸，接着摸脉搏、听心跳，再查瞳孔，有条件者测血压。检查局部有无创伤、出血、骨折、畸形等变化，根据伤者的情况，有针对性地采取人工呼吸、心脏按压、止血、包扎、固定等临时应急措施。

②让人迅速拨打急救电话，向医疗救护单位求援。记住报警电话很重要，我国通用的医疗急救电话为120，但除了120以外，各地还有一些其他的急救电话，也要适当留意。在发生伤害事故后，要迅速、及时拨打急救电话。拨打急救电话时，要注意以下问题：①在电话中应向医生讲清伤员的确切地点、联系方法（如电话号码）、行驶路线。②简要说明伤员的受伤情况、症状等，并询问清楚在救护车到来之前应该做些什么。③派人到路口准备迎候救护人员。

③遵循“先救命、后救肢”的原则，优先处理颅脑伤、胸伤、肝、脾破裂等危及生命的内脏伤，然后处理肢体出血、骨折等伤。

④检查伤者呼吸道是否被舌头、分泌物或其他异物堵塞。

⑤如果呼吸已经停止，立即实施人工呼吸。

⑥如果脉搏不存在，心脏停止跳动，立即进行心肺复苏。

⑦如果伤者出血，进行必要的止血及包扎。

⑧大多数伤员可以抬送医院，但对于颈部、背部严重受损者要慎重，以防其进一步受伤。

⑨让患者平卧并保持安静，如有呕吐，同时无颈部骨折时，应将其头部侧向一边，以防噎塞。

⑩动作轻缓地检查患者，必要时剪开其衣服，避免突然挪动而增加患者痛苦。

⑪救护人员既要安慰患者，自己也应尽量保持镇静，以消除患者的恐惧。

⑫不要给昏迷或半昏迷者喝水，以防液体进入呼吸道而导致窒息，也不要用拍击或摇动的方式试图唤醒昏迷者。

2. 现场急救技术

（1）人工呼吸

口对口（鼻）吹气法是现场急救中采用最多的一种人工呼吸方法，其具体操作方法如下。

①对伤员进行初步处理：将需要进行人工呼吸的伤员放在通风良好、空气新鲜、气温适宜的地方，解开伤员的衣领、裤带、内衣及乳罩，清除口鼻分泌物、呕吐物及其他杂物，保证呼吸道畅通。

②使伤员仰卧，施救人员位于其头部一侧，捏住伤员的鼻孔，深吸气后，将自己的嘴紧

贴伤员的嘴吹入气体。之后，离开伤员的嘴，松开捏住伤员鼻孔的手，以一手压伤员胸部，助其呼出体内气体。如此，有节律地反复进行，每分钟进行 15 次。吹气时不要用力过度，以免造成伤员肺泡破裂。

③吹气时，应配合对伤员进行胸外心脏按压。一般地，吹一次气后，做四次心脏按压。

（2）心肺复苏

胸外心脏按压是心脏复苏的主要方法，它是通过压迫胸骨对心脏给予间接按摩，使心脏排出血液，参与血液循环，以恢复心脏的自主跳动。其具体操作方法是：

1）让需要进行心脏按压的伤员仰卧在平整的地面或木板上。

2）施救人员位于伤员一侧，双手重叠放在伤员胸部正中间处，用力向下挤压胸骨，使胸骨下陷 3 ~4 cm，然后迅速放松。放松时手不离开胸部。如此反复有节律地进行。其按摩速度为每分钟 60 ~80 次。胸外心脏按压时的注意事项：①胸部严重损伤、肋骨骨折、气胸或心包填塞的伤员，不应采用此法。②胸外心脏按压应与人工呼吸配合进行。③按摩时，用力要均匀，力量大小依伤员的身体及胸部情况而定；按压时，手臂不要弯曲，用力不要过猛，以免使伤员肋骨骨折。④随时观察伤员情况，做出相应的处理。

3. 止血

当伤员身体有外伤出血现象时，应及时采取止血措施。常用的止血方法有以下几种：

（1）伤口加压法

这种方法主要适用于出血量不太大的一般伤口，通过对伤口的加压和包扎减少出血，让血液凝固。其具体做法是，如果伤口处没有异物，用干净的纱布、布块、手绢、绷带等物或直接用手紧压伤口止血；如果出血较多，可以用纱布、毛巾等柔软物垫在伤口上，再用绷带包扎，以增加压力，达到止血的目的。

（2）手压止血法

临时用手指或手掌压迫伤口靠近心端的动脉，将动脉压向深部的骨头上，阻断血液的流通，从而达到临时止血的目的。这种方法通常是在急救中和其他止血方法配合使用，其关键是要掌握身体各部位血管止血的压迫点。手压法仅限于无法止住伤口出血，或准备敷料包扎伤口的时候。施压时间切勿超过 15 min。如施压过久，肢体组织可能因缺氧而损坏，以致不能康复，继而还可能需要截肢。

（3）止血带法

这种方法适合在四肢伤口大量出血时使用，主要有布止血带绞紧止血、布止血带加垫止血、橡皮止血带止血三种。使用止血带法止血时，绑扎松紧要适宜，以出血停止、远端不能摸到脉搏为好。使用止血带的时间越短越好，最长不宜超过 3 h，并在此时间内每隔半小时（冷天）或 1 h 慢慢解开、放松一次。每次放松 1 ~2 min。放松时可用指压法暂时止血。不到万不得已，不要轻易使用止血带，因为上好的止血带能把远端肢体的全部血流阻断，造成组织缺血，时间过长会引起肢体坏死。

4. 搬运转送危重伤病员

搬运转送是危重伤病员经过现场急救后由救护人员安全送往医院的过程，是现场急救过程中的重要环节。因此，必须寻找合适的担架，准备必要的途中急救力量和器材，尽可能调度速度快、震动小的运输工具。同时，应注意掌握各种伤病员搬运方式的不同：

①上肢骨折的伤员，托住固定伤肢后，可让其自行行走。

②下肢骨折用担架抬送。

③脊柱骨折伤员，用硬板或其他宽布带将伤员绑在担架上。

④对于昏迷病人，可将其头部稍垫高并转向一侧，以免呕吐物吸入气管。

五、化学中毒急救知识

毒害性化学试剂统称为毒害品，指的是进入人体血液后导致疾病或死亡的物品。不同毒害品的致毒途径和毒害程度都不同。化验工作中接触到的化学药品很多是对人体有害的。有些气体、蒸气、烟雾及粉尘能通过呼吸道进入人体，如CO、HCN、Cl_2、酸雾、NH_3等。有些则可经未洗净的手在饮水、进食时经消化道进入人体，如氰化物、汞盐、砷化物等。有些是触及皮肤及五官黏膜而进入人体，如汞、SO_2、SO_3、氮的氧化物、苯胺等。有些化学药品可由几种途径进入人体。有些毒物对人体的毒害可能是慢性的、积累性的，例如汞、砷、铅、苯、酚、卤代烃等，当它们起初进入人体时，量很少，症状不明显，往往被忽视，直到长期接触以后，才出现中毒的症状，因此必须引以足够的重视。

化验人员了解毒性物质、侵入途径、中毒症状和急救方法，可以减少化学毒物引起的中毒事故。一旦发生中毒事故，能争分夺秒地采取正确的自救措施，力求在毒物被身体吸收之前实现抢救，使毒物对人体的损伤减至最小。

1. 中毒与毒物分级

（1）中毒途径

毒害品可通过下列三种途径引起中毒：

①呼吸系统。分散于空气中的挥发性毒物及粉尘，通过呼吸经肺进入血液，并随血液分散到人体各部位引起全身中毒。

②消化系统。操作时触及毒物的手未洗净就拿取食物、饮料等，从而将毒品带入口腔、胃、肠道而引起中毒，也有因误食而中毒的。

③接触中毒。毒害品由皮肤渗入人体或通过皮肤上的伤口进入，经血液循环而导致中毒。这类毒害品多属脂溶性、水溶性毒物，如硝类化合物、氨基化合物、有机磷化物、氰化物等。所以，实验室一定要通风良好，尽力降低空气中有害物质的含量。凡涉及毒害品的操作，必须认真、小心；手上不能有伤口；操作完后一定要仔细洗手；产生有毒性气体的操作一定要在通风橱中进行。

（2）毒性参数

①半致死量（LD_{50}），指喂食一组实验动物（如白鼠或豚鼠），使其死亡半数的毒物量。常以mg/kg表示。

②半致死浓度（LC_{50}），指实验动物吸入某毒物一定时间后，使其半数死亡时该毒物在空气中的质量浓度，常以mg/m^3表示。

（3）毒物危害级别

我国国家标准GBZ/ 230—2010《职业性接触毒物危害程度分级》根据急性毒性、影响毒性作用的因素、毒性效应、实际危害后果4大类9项指标进行综合分析，将危害程度分为轻度危害、中毒危害、高度危害和极度危害。

2. 急救措施

①对有害气体吸入性中毒者，应立即将病人脱离染毒区域，搬至空气新鲜的地方，除去

患者口鼻中的异物，解开衣物，同时注意保暖。严重者，进行输氧或者人工呼吸，对于 CO 和 H_2S 中毒者，可在纯氧中加入 5% 的 CO_2，以刺激呼吸中枢，增强肺的呼吸能力；SO_2 和 NO_2 中毒者，进行人工呼吸时，避免刺激患者的肺部，并观察是否有肺水肿。

②对皮肤黏膜沾染接触性中毒者，马上离开毒源，卸下中毒者随身装备，脱去受污染的衣物，用清水冲洗体表。碱性物中毒可用醋酸或 1% ~2%（质量分数，下同）稀盐酸、酸性果汁冲洗；如为醛性物中毒，可用石灰水、小苏打水、肥皂水冲洗。

③对食物中毒者，用催吐、洗胃、导泻等方法排除毒物，现场可用手指、羽毛、筷子、压舌板触摸患者咽部，使其将毒物呕吐出来。但强酸强碱中毒者或意识不清醒者忌用。

④眼内含有毒物者，迅速用生理盐水或清水冲洗 5 ~10 min。酸性毒物用 2% 碳酸氢钠溶液冲洗，碱性中毒用 3% 硼酸溶液冲洗。无药液时，用微温清水冲洗也可。

六、化学室防火、防爆与灭火常识

化学实验室由于实验条件的复杂性和所用材料的危险性，如果操作和管理不当，就会引起燃烧、爆炸等事故，导致人员伤亡和财产损失，因此，加强化学实验室的安全管理工作有着十分重要的意义。

1. 燃爆特性

气体灭火：当逸散的气体燃烧时，通常最好的办法是切断气源，而不是直接灭火。先灭火，而气源未切断，气体继续外漏会形成爆炸性气氛，遇火星会发生爆炸，其损失要比没有形成爆炸性气氛之前大得多。

液体和固体灭火：液体和固体化学物的灭火比较复杂，这要根据物质本身的化学和物理性质来确定具体的灭火方法。低闪点易燃液体的主要灭火剂为泡沫、二氧化碳、干粉和砂土，用水灭火无效，并且闪点越低越无效；一般易燃固体，水是首推的灭火剂，但对一些遇湿易燃、自燃的活性化学物质，往往遇水会发生剧烈的化学反应，增大火势，这类物质只能用干粉和砂土灭火，严禁用水；有些物质遇水会发生化学反应，放出有毒气体，危及灭火人员的生命，此时可选用适当的灭火剂。

2. 防火知识

①操作、倾倒易燃液体时，应远离火源。

危险性大的，如乙醚或二硫化碳，操作时应在通风橱或防护罩内进行，或设蒸气回收装置。涉及能喷出火焰、腐蚀性物质、毒物、爆炸的危险性操作，容器口应朝向无人处。开启试剂瓶时，瓶口不得对向人体，如室温过高，应先将瓶体冷却。黄磷、金属钾、钠、氢化铝锂、氢化钠等自燃物数量较大者，应在防火实验室内操作。操作钾、钠时，应防止其与水、卤代烷接触。久置的有机化合物如醚、共轭烯烃等物质，容易吸收空气中的氧气而生成易爆的过氧化物，需特殊处理后方可使用。接触时可引起燃爆事故的性质不相容物，如氧化剂与易燃物，不得一起研磨。过氧化钠、钾不得放在纸上称量。不得将废液、废物弃入废物缸或下水道，以免引起燃爆事故，应设置专用储器收集，如有溅洒，应即用纸巾吸除并做适当处理。

②真空系统所用容器应有足够的强度与厚度、材质均一。

减压蒸馏时，应选用圆底烧瓶做接收器，不可用平底烧瓶蒸馏或用锥形瓶接收，以免炸裂。进行真空操作时，应严防空气突然进入热的装置而引起爆炸。真空泵应接附有单向阀或两通开关的安全瓶，通过安全瓶使空气充满装置，待系统内压力平衡后，再切断真空泵电源。抽真空时，容器外面宜用铁丝网罩或布包裹，以备玻璃炸裂时防护。高压釜应设置在专门的室内。

③使用煤气灯点燃时，附近不得放置易燃易爆物品。

为防止煤气爆炸，应按规定次序点燃、熄灭煤气灯。点燃时的次序是：闭风、点火、开启煤气阀、调节风量。熄灯时的次序是：闭风、关煤气阀。停气时应将所有开关关闭。使用酒精灯和酒精喷灯时，酒精的添加量不应超过灯具容量的 2/3，切勿倒满，以防酒精外流。应用火柴点燃，不得用另一个燃着的酒精灯来点，以免失火。燃着的灯焰应用灯帽盖灭。使用时应注意，灯内酒精量约 1/4 容量时即应添加酒精，以免灯内产生爆炸。用电烘箱烘烤物料时，应根据待烘物料的物理、化学性质严格控制烘烤温度与时间。烘箱宜带自动温度控制装置且应注意检查其工作是否可靠，以免控制失灵而造成事故。升温时，宜逐渐提高温度，避免升温过快。带有易燃液体的物件不得放入烘烤、易燃易爆物严禁放入烘烤。工作结束或停电时，应切断电源，防止长时间运行使温度升高而引燃物料。常用的小型电炉，其电热丝外露，不能用于能形成易燃蒸气的场所。加热时，应垫石棉铁丝网，使被加热物料受热均匀。当熔化石蜡、松香等可燃物时，应特别注意控制温度，防止大量冒烟或超过自燃点。加热易燃液体应用液浴，液浴温度不得超过自燃点。

④对化验室内的各类电气设备，应严格管理电气线路的敷设、电气设备的安装，保护和维修都应严格执行国家的有关规范。

有些电气设备功率较大，使用时应注意防止过载。接线应稳妥，绝缘要良好，开关、导线均应符合要求，并宜使用单独的供电线路。经常使用易燃易爆气体和液体的实验室的电气设施应达到整体防爆要求。电气设备及线路应及时检测和更新，避免带隐患运转。

⑤操作时，若有易燃物沾污体表，应立即洗除，切勿近火。

如有氧化剂沾污衣物，也应如此，否则稍微受热即易着火。烧着的余烬火柴梗不得乱丢或丢入废物桶，应使其完全熄灭后才可弃入桶内。灼热的坩埚、瓷舟不得放于橡皮、塑料或纸等可燃物上，应远离可燃物质，放于石棉板等不燃物体上。操作有爆炸危险性物质时，不应使用磨口玻璃瓶，以免由于启闭磨口塞产生的摩擦火花而引起爆炸事故。可用软木塞、橡皮塞或塑料塞。操作可燃物或受热分解物品的实验室应挂窗帘，以防日晒。勿将易燃物质与玻璃器皿放于日光下，防止由于玻璃弯曲面的聚焦作用产生局部高热而引起燃爆事故。

3. 防爆知识

化验室内产生爆炸的原因有：一是由于器皿内与大气间压力差大；二是由于反应区域内的压力急剧下降。在使用危险物质工作时，为了消除爆炸的可能性或防止人身事故，应该遵守下列原则：在工作地点使用预防爆炸或减轻其危害后果的仪器和设备。如真空装置上的玻璃，要用偏光镜加以检查；压力调节器或安全阀定期检验；在进行有爆炸危险工作的通风橱内，玻璃要用金属网保护。

在任何情况下，对于危险物质，必须取用能保证实验结果的必要精确性或可靠性的最小量进行工作，并且不能直接用火加热。

在有爆炸性物质存在时，使用带磨口塞的玻璃瓶是非常危险的。关闭或开启塞时，摩擦有可能成为爆炸的原因，因此，必须用软木塞或橡皮塞，并保持其充分清洁。

4. 灭火知识

A 类火灾：指固体物质火灾。这种物质往往具有有机物性质，一般在燃烧时能产生灼热的余烬。如木材、棉、毛、麻、纸张火灾等。

B 类火灾：指液体火灾和可熔化的固体火灾。如汽油、煤油、原油、甲醇、乙醇、沥青、石蜡火灾等。

C 类火灾：指气体火灾。如煤气、天然气、甲烷、乙烷、丙烷、氢气火灾等。

D 类火灾：指金属火灾。指钾、钠、镁、钛、锆、锂、铝镁合金火灾等。

5. 几类常用灭火器的灭火原理和使用方法

（1）二氧化碳灭火器灭火原理和使用方法

二氧化碳灭火剂是一种具有一百多年历史的灭火剂，价格低廉，获取、制备容易，其主要依靠隔绝空气作用和部分冷却作用灭火。二氧化碳具有较大的密度，约为空气的 1.5 倍。在常压下，液态的二氧化碳会立即汽化，一般 1 kg 的液态二氧化碳可产生约 0.5 m^3 的气体。因而，灭火时，二氧化碳气体可以排除空气而包围在燃烧物体的表面或分布于较密闭的空间中，降低可燃物周围或防护空间内的氧气浓度而灭火。另外，二氧化碳从储存容器中喷出时，会由液体迅速汽化成气体而从周围吸引部分热量，起到冷却的作用。

二氧化碳灭火器主要用于扑救贵重设备、档案资料、仪器仪表、600 V 以下电气设备及油类的初起火灾。在使用时，应首先将灭火器提到起火地点，放下灭火器，拔出保险销，一只手握住喇叭筒根部的手柄，另一只手紧握启闭阀的压把。对没有喷射软管的二氧化碳灭火器，应把喇叭筒往上扳 70°～90°。使用时，不能直接用手抓住喇叭筒外壁或金属连接管，防止手被冻伤。在使用二氧化碳灭火器时，在室外使用的，应选择上风方向喷射；在室内窄小空间使用的，灭火后操作者应迅速离开，以防窒息。

（2）干粉灭火器的灭火原理和使用方法

干粉灭火器内充装的是干粉灭火剂。干粉灭火剂是用于灭火的干燥且易于流动的微细粉末，是由具有灭火效能的无机盐和少量的添加剂经干燥、粉碎、混合而成微细固体粉末组成。它是一种在消防中得到广泛应用的灭火剂。除扑救金属火灾的专用干粉化学灭火剂外，干粉灭火剂一般分为 BC 干粉灭火剂和 ABC 干粉灭火剂两大类。如碳酸氢钠干粉、改性钠盐干粉、钾盐干粉、磷酸二氢铵干粉、磷酸氢二铵干粉、磷酸干粉灭火剂等。干粉灭火剂主要通过在加压气体作用下喷出的粉雾与火焰接触、混合时发生的物理、化学作用灭火：一是靠干粉中的无机盐的挥发性分解物，与燃烧过程中燃料所产生的自由基或活性基团发生化学抑制和副催化作用，使燃烧的链反应中断而灭火；二是靠干粉的粉末落在可燃物表面外发生化学反应，并在高温作用下形成一层玻璃状覆盖层，从而隔绝氧气灭火。另外，还有部分稀释氧气和冷却作用。

干粉灭火器最常用的开启方法为压把法。将灭火器提到距火源适当距离后，先上下颠倒几次，使筒内的干粉松动，然后让喷嘴对准燃烧最猛烈处，拔去保险销，压下压把，灭火剂便会喷出灭火。另外，还可用旋转法。开启干粉灭火器时，左手握住其中部，将喷嘴对准火焰根部，右手拔掉保险卡，顺时针方向旋转开启旋钮，打开储气瓶，滞时 1～4 s，干粉便会喷出灭火。

（3）清水灭火器的灭火原理和使用方法

清水灭火器中的灭火剂为清水。水在常温下具有较低的黏度、较高的热稳定性、较大的密度和较高的表面张力，是一种古老且使用范围广泛的天然灭火剂，易于获取和储存。它主要依靠冷却和隔绝空气作用进行灭火。因为每千克水自常温加热至沸点并完全蒸发汽化，可以吸收 2 593.4 kJ 的热量，因此，它利用自身吸收显热和潜热的能力发挥冷却灭火作用，是其他灭火剂所无法比拟的。此外，水被汽化后形成的水蒸气为惰性气体，且体积将膨胀 1 700 倍左右。在灭火时，由水汽化产生的水蒸气将占据燃烧区域的空间、稀释燃烧物周围的氧含量，阻碍新鲜空气进入燃烧区，使燃烧区内的氧气浓度大大降低，从而达到灭火的目的。当水呈喷淋雾状时，形成的水滴和雾滴的比表面积将大大增加，增强了水与火之间的热交换作用，从而强化了其冷却和隔绝空气作用。另外，对一些易溶于水的可燃、易燃液体，还可起稀释作用；采用强射流产生的水雾可使可燃、易燃液体产生乳化作用，使液体表面迅速冷却，可燃蒸气产生速度下降，从而达到灭火的目的。

利用清水灭火器时，可采用拍击法，先将清水灭火器直立放稳，摘下保护帽，用手掌拍击开启杆顶端的凸头，水流便会从喷嘴喷出。

(4) 简易式灭火器的适用范围和使用方法

简易式灭火器是近几年开发的轻便型灭火器。它的特点是灭火剂充装量在500 g以下，压力在0.8 MPa以下，并且是一次性使用。按充入的灭火剂类型分，包括：简易式灭火器，如1211灭火器，也称气雾式卤代烷灭火器；简易式干粉灭火器，也称轻便式干粉灭火器；简易式空气泡沫灭火器，也称轻便式空气泡沫灭火器。简易式灭火器适用于家庭，简易式1211灭火器和简易式干粉灭火器可以扑救液化石油气灶及钢瓶上角阀或煤气灶等处的初起火灾，也能扑灭油锅起火和废纸篓等固体可燃物燃烧的火灾。简易式空气泡沫适用于油锅、煤油炉、油灯和蜡烛等引起的初起火灾，也能对固体可燃物燃烧的火进行扑救。

使用简易式灭火器时，手握灭火器筒体上部，大拇指按住开启钮，用力按下即能喷射。在灭液化石油气灶或钢瓶角阀等气体燃烧的初起火灾时，只要对准着火处喷射，火焰熄灭后即将灭火器关闭，以备复燃时再用；如灭油锅火，应对准火焰根部喷射，并左右晃动，直至扑灭火。灭火后应立即关闭煤气开关，或将油锅移离加热炉，防止复燃。用简易式空气泡沫灭油锅火时，喷出的泡沫应对着锅壁，不能直接冲击油面，防止将油冲出油锅，扩大火势。

复习思考题

1. 什么是职业道德？分析与检验职业工职业道德的基本要求是什么？
2. 化学检验人员日常工作中应该注意哪些安全问题？
3. 含有氰化物的残渣应如何处理？能否直接倒入下水道中？为什么？
4. 取用腐蚀性、刺激性药品时，应做哪些防护工作？
5. 打开久置未用的浓硝酸、浓盐酸、浓氨水的瓶塞时，应注意些什么？
6. 稀释浓硫酸时，应注意哪些问题？
7. 实验室应配置哪些相应的防护用具和急救药品？
8. 开启钢瓶前时，应注意什么问题？
9. 发生化学灼伤时，应如何处理？应如何更换熔断器的熔丝？能否用铜丝代替熔断器的熔丝使用？
10. 防止静电的措施主要有哪些？
11. 同时使用多台大功率的电器时，应注意哪些问题？
12. 常用的止血方法有哪些？
13. 中毒的途径有哪几种？
14. 什么是半致死量和半致死浓度？
15. 拨打急救电话时，应注意哪些问题？

第Ⅱ部分
化学分析与检验技能实训

第7章　基础实训

7.1　基本操作训练项目

实验1　玻璃器皿的洗涤和使用

【实验目的】

掌握滴定管、移液管、容量瓶等主要玻璃器皿的洗涤和使用方法。

【实验仪器与材料】

仪器：滴定管，移液管，容量瓶，洗瓶。

试剂：洗涤剂。

【实验原理】

分析与检验实验室中所使用的器皿应洁净，其内外壁应能被水均匀润湿，且不挂水珠。实验室中常用的烧杯、锥形瓶、量筒、量杯等一般的玻璃器皿，可用毛刷蘸去污粉或合成洗涤剂刷洗，再用自来水冲洗干净，然后用蒸馏水或去离子水润洗三次。

滴定管、移液管、吸量管、容量瓶等具有精确刻度的仪器，可采用合成洗涤剂洗涤。其洗涤方法是：将配制成0.1%～0.5%浓度的洗涤剂倒入容器中，摇动几分钟，弃去，用自来水冲洗干净后，再用蒸馏水或去离子水润洗三次。如果未洗涤干净，可用铬酸洗液洗涤。

光度法用的比色皿是用光学玻璃制成的，不能用毛刷刷洗，应根据不同情况采用不同的洗涤方法。经常使用的洗涤方法是：将比色皿浸泡在热的洗涤液中一段时间后冲洗干净即可。盛放有色物质的容量瓶等用此法洗涤是往往很有效的。此外，分析化学实验室常用洗涤剂还有稀 HCl、$NaOH-KMnO_4$溶液、乙醇及其他试剂的混合溶液等。

【实验方法与步骤】

一、滴定管的洗涤和使用

1. 滴定管的种类

①按容积分，有常量、半微量及微量滴定管。

常量滴定管中有容积分别为100 mL、50 mL、25 mL滴定管。其中100 mL和25 mL的滴定管的分刻度值为0.1 mL；50 mL滴定管为最常用的，这种滴定管上刻有50个等分的刻度（单位为mL），每一等分再分10格（每格为0.1 mL），在读数时，两小格间还可估出一个数值（可读至0.01 mL）。

容积为10 mL、分刻度值为0.05 mL的滴定管有时称为半微量滴定管。在滴定管的下端有一玻璃活塞的，称为酸式滴定管；带有尖嘴玻璃管和胶管连接的，称为碱式滴定管。图7－1所示即为这两种滴定管。碱式滴定管下端的胶管中有一个玻璃珠，用以堵住液流。玻璃珠的直径应稍大于胶管内径，用手指捏挤玻璃珠附近的胶管，在玻璃珠旁形成一条狭窄的小缝，液体就沿着这条小缝流出来。酸式滴定管适用于装酸性和中性溶液，不适宜装碱性溶液，因为玻璃塞易被碱性溶液腐蚀。碱式滴定管适宜装碱性溶液。与胶管起作用的溶液（如$KMnO_4$、I_2、$AgNO_3$等溶液）不能用碱式滴定管。有些需要避光的溶液，可以采用茶色（棕色）滴定管。

微量滴定管如图7－2所示。这是测量小量体积时用的滴定管，它的分刻度值为0.005 mL或0.01 mL，容积有1～5 mL各种规格。使用时，打开活塞A，微微倾斜滴定管，从漏斗注入溶液，当溶液接近量管的上端时，关闭活塞A，继续向漏斗加入溶液至占满漏斗容积的2/3左右为止。滴定前先检查管内特别是两活塞间是否有气泡，如有，应设法排除。打开活塞B，调节液面至零位线。滴定完毕后读数，打开活塞A让溶液流向刻度管，经调节后又可进行第二次滴定。

②按构造分，有普通滴定管和自动滴定管（图7－3）。

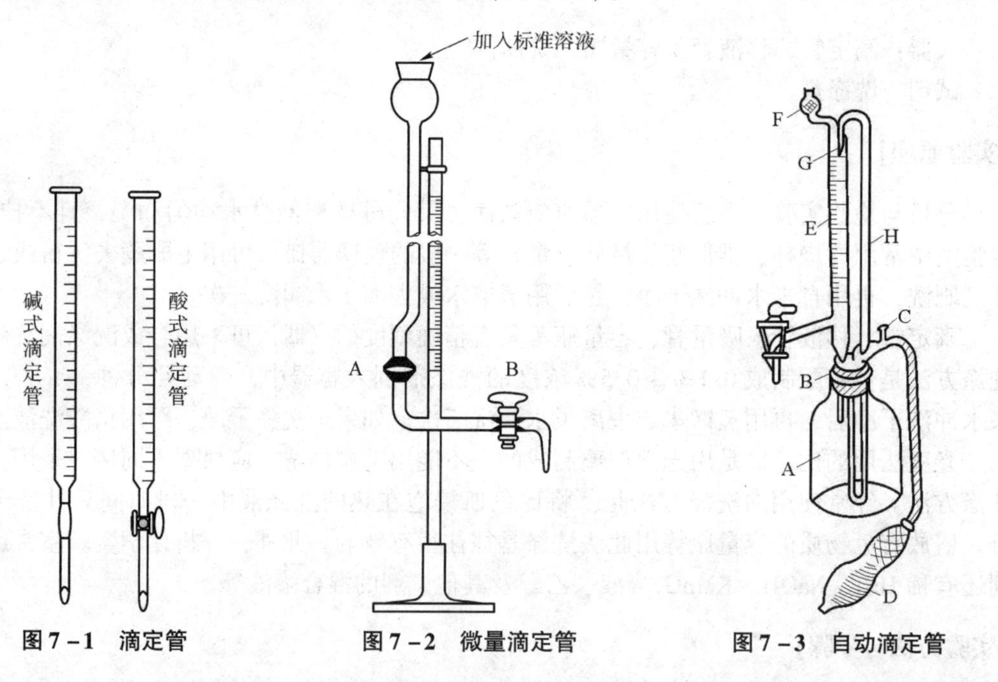

图7－1 滴定管　　图7－2 微量滴定管　　图7－3 自动滴定管

自动滴定管是上述滴定管的改进，它的不同点就是罐装溶液半自动化，如图7－3所示。储液瓶A用于储存标准溶液，常用储液瓶的容积为1～2 L。量管E以磨口接头（或胶塞）B与储液瓶连接起来，使用时，用打气球D打气，通过玻璃管H将液体压入量管并将其充满。玻璃管末端G是一毛细管，它准确位于量管的零标线上。因此，当溶液压入量管略高出零标线时，用手按下通气口C，让压力降低，此时溶液即自动向右虹吸到储液瓶中，使量管中液面恰好位于零线上。F是防御管，为了防止标准溶液吸收空气中的CO_2和水分，可在防御管中填装碱石灰。自动滴定管的构造比较复杂，但使用比较方便，适用于经常使用同一标准溶液的日常例行分析工作。

除上述几种滴定管类型外，还有高位自动装液滴定管、弯形活塞滴定管、二斜孔三通活塞滴定管等（如图7－4所示），还有带蓝线衬背的滴定管，读数比较方便。这些滴定管在生产单位应用也比较广泛。

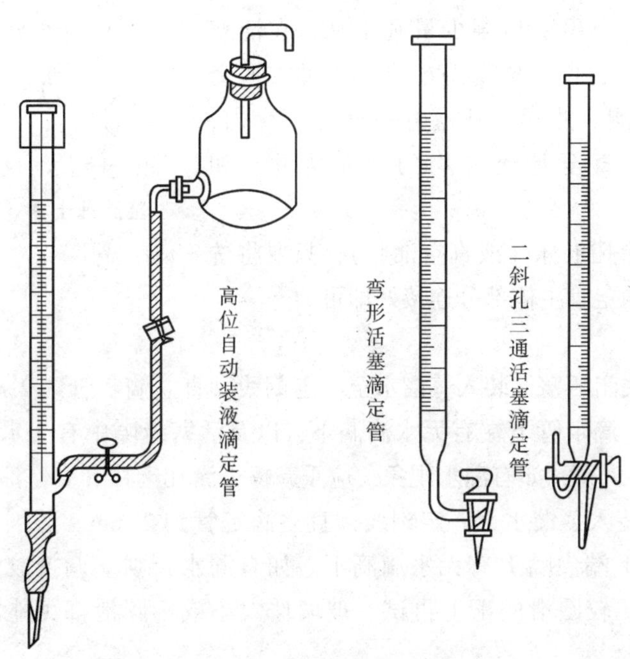

图7－4 其他形式的滴定管

2. 准备

（1）洗涤

无明显油污的滴定管可直接用自来水冲洗，或用肥皂水或洗衣粉水泡洗，但不可用去污粉刷洗，以免划伤内壁而影响体积的准确测量。若有油污不易洗净，可用铬酸洗液洗涤。洗涤时，将酸式滴定管内的水尽量除去，关闭活塞，倒入10～15 mL洗液于滴定管中，两手端住滴定管，边转动边向管口倾斜，直至洗液布满全部管壁为止。立起后打开活塞，将洗液放回原瓶中。如果滴定管油垢较多，需用较多洗液充满滴定管浸泡十几分钟或更长时间，甚至用温热洗液浸泡一段时间。洗液放出后，先用自来水冲洗，再用蒸馏水淋洗3～4次，洗净的滴定管的内壁应完全被水均匀地润湿而不挂水珠。

碱式滴定管的洗涤方法与酸式滴定管的基本相同，但要注意，铬酸洗液不能直接接触胶管，否则胶管变硬损坏。为此，最简单的方法是将胶管连同尖嘴部分一起拔下，滴定管下端套上一个塑料帽，然后装入洗液洗涤；另一种方法是将碱式滴定管的尖嘴部分取下，胶管还留在滴定管上，将滴定管倒立于装有洗液的烧杯中，将滴定管上胶管（现在朝上）连接到抽水泵上，打开抽水泵，轻捏玻璃珠，待洗液徐徐上升至接近胶管处即停止，让洗液浸泡一段时间后放回原瓶。然后用自来水冲洗，用蒸馏水淋洗3～4次备用。

（2）涂凡士林（真空油脂）

酸式滴定管活塞与塞套应密合不漏水，并且转动要灵活，为此，应在活塞上涂一薄层凡士林（或真空油脂）。方法是：将活塞取下，用干净的纸或布把活塞和塞套内壁擦干（如果活塞孔内有油垢堵塞，可用细金属丝轻轻剔去，如管尖被油脂堵塞，可先用水充满全管，然后将管尖置于热水中，使油脂熔化，突然打开活塞，将其冲走）。用手指蘸少量凡士林，在活塞的大头一边涂一圈，再用火柴棍蘸少量凡士林在塞套内的小头一边涂一圈。然后将活塞悬空插入塞套内，沿一个方向转动，直至凡士林均匀分布为止。如图7－5所示。

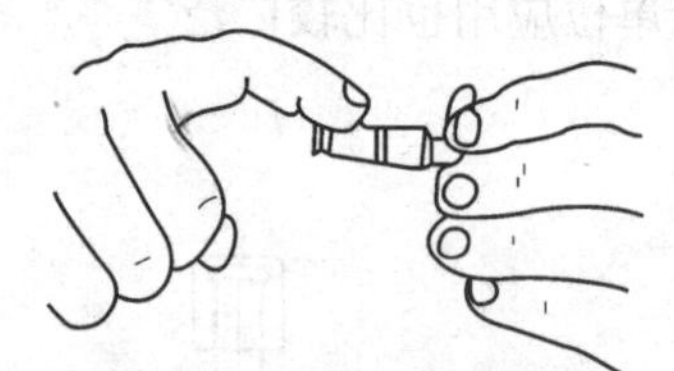

图7－5　酸式滴定管玻璃塞涂凡士林（真空油脂）操作

碱式滴定管不涂凡士林（或真空油脂），只要将洗净的胶管、尖嘴和滴定管主体部分连接好即可。

（3）试漏

酸式滴定管：关闭活塞，装入蒸馏水至一定刻线，直立滴定管约2 min。仔细观察刻线上的液面是否下降、滴定管下端有无水滴滴下，以及活塞缝隙中有无水渗出。将活塞转动180°后等待2 min再观察，如有漏水现象，应重新擦干涂凡士林（真空油脂）。

碱式滴定管：装入蒸馏水至一定刻线，直立滴定管约2 min。仔细观察刻线上的液面是否下降或滴定管下端尖嘴上有无水滴滴下。如有漏水，则应调换胶管中的玻璃珠，选择一个大小合适、比较圆滑的配上再试。玻璃珠太小或不圆滑都可能漏水，太大则操作不方便。

（4）装溶液和赶气泡

准备好滴定管即可装标准溶液。装之前应将瓶中标准溶液摇匀，使凝结在瓶内的水混入溶液，为了除去滴定管内残留的水分，确保标准溶液浓度不变，应先用此标准溶液淋洗滴定管2～3次，每次用10 mL，从下口放出少量（1/3）以洗涤尖嘴部分，然后关闭活塞，横持滴定管并慢慢转动，使溶液与管内壁处处接触，最后将溶液从管口倒出弃去，但不要打开活塞，以防活塞上的油脂冲入管内。尽量倒空后再洗第二次，每次都要冲洗尖嘴部分。如此洗2～3次后，即可装入标准溶液至“0”刻线以上。然后转动活塞，使溶液迅速冲下，排出下端存留的气泡，再调节液面在0.00 mL处。如溶液不足，可以补充；也可记下初读数，不必补充溶液再调。但一般是调在0.00 mL处较方便，这样可不用记初读数。

碱式滴定管应按图7－6所示的方法将胶管向上弯曲，用力捏挤玻璃珠，使溶液从尖嘴喷出，以排出气泡。碱式滴定管的气泡一般藏在玻璃珠附近，必须对光检查胶管内气泡是否被赶尽，赶尽后再调节液面至0.00 mL处，或记下初读数。

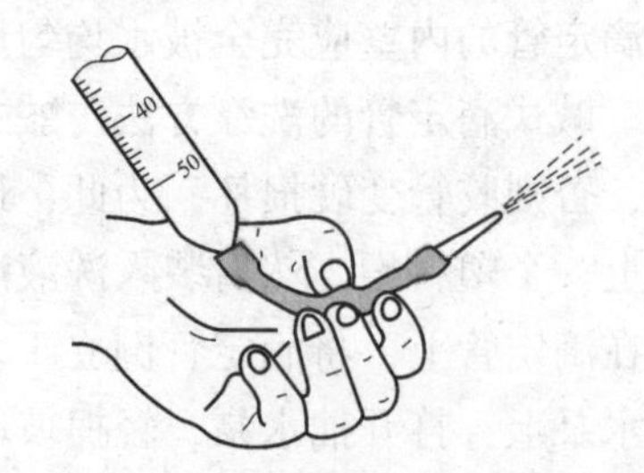

图7－6　碱式滴定管赶气泡操作

装标准溶液时，应从盛标准溶液的容器内直接将标准溶液倒入滴定管中，尽量不用小烧杯或漏斗等其他容器帮忙，以免浓度改变。

（5）滴定

滴定最好在锥形瓶中进行，必要时也可在烧杯中进行。滴定操作是左手进行滴定，右手摇瓶。使用酸式滴定管的操作如图7－7所示。左手的拇指在管前，食指和中指在管后，手指略微弯曲，轻轻向内扣住活塞。手心空握，以免活塞松动或可能顶出活塞而使溶液从活塞缝隙中渗出。滴定时转动活塞，控制溶液流出速度，要求做到逐滴放出。

使用碱式滴定管的操作如图7－8所示，左手的拇指在前，食指在后，捏住胶管中玻璃珠所在部位稍上处，捏挤胶管使其与玻璃珠之间形成一条缝隙，溶液即可流出。但注意不能捏挤玻璃珠下方的胶管，否则会使空气进入而形成气泡。

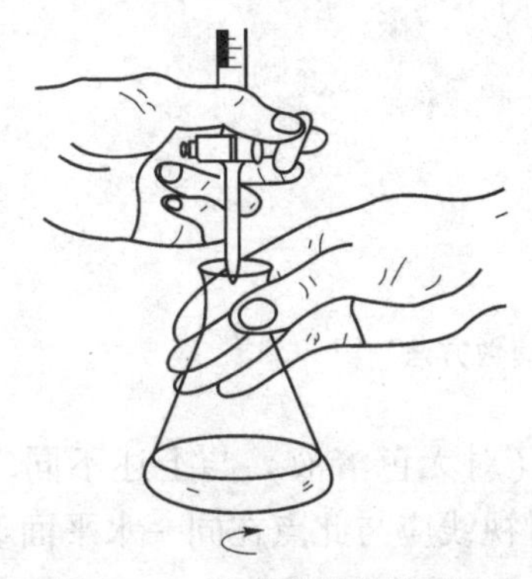

图7－7　酸式滴定管的操作

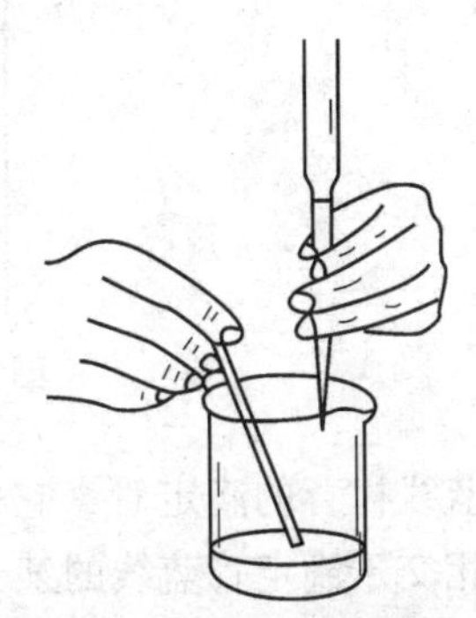

图7－8　碱式滴定管的操作

滴定前，先记下滴定管液面的初读数，如果是0.00 mL，可以不记。用小烧杯内壁碰一下悬在滴定管尖端的液滴。

滴定时，应使滴定管尖嘴部分插入锥形瓶口（或烧杯口）下1～2 cm处。滴定速度不能太快，以每秒3～4滴为宜，切不可成液柱流下。边滴边摇（或用玻璃棒搅拌烧杯中的溶液）。向同一方向做圆周旋转而不应前后振动，因为那样会溅出溶液。临近终点时，应1滴或半滴地加入，并用洗瓶吹入少量水冲洗锥形瓶内壁，使附着的溶液全部流下，然后摇动锥形瓶，观察终点是否已达到（为便于观察，可在锥形瓶下放一块白瓷板），如终点未到，则继续滴定，直至准确到达终点为止。

（6）读数

由于水溶液的附着力和内聚力的作用，滴定管液面呈弯月形。无色水溶液的弯月面比较清晰，有色溶液的弯月面清晰程度较差，因此，两种情况的读数方法稍有不同。为了正确读数，应遵守下列规则：

①注入溶液或放出溶液后，需等待30 s～1 min后才能读数（使附着在内壁上的溶液流下）。

②滴定管应垂直地夹在滴定台上读数，或者用两手指拿住滴定管的上端使其垂直后读数。

③对于无色溶液或浅色溶液，应读弯月面下缘实线的最低点，如图7－9所示。为此，读数时视线应与弯月面下缘实线的最低点相切，即视线与弯月面下缘实线的最低点在同一水平面上。对于有色溶液，应使视线与液面两侧的最高点相切。初读和终读应用同一标准。

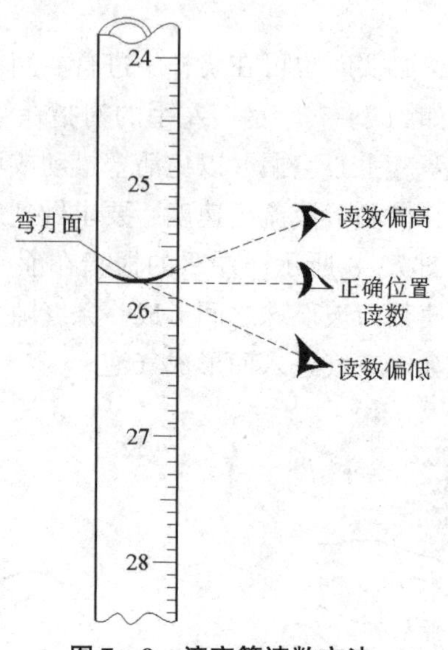

图7-9　滴定管读数方法

④有一种蓝线衬背的滴定管，它的读数方法（对无色溶液）与上述不同。无色溶液有两个弯月面，相交于滴定管蓝线的某一点，读数时视线应与此点在同一水平面上。对有色溶液，读数方法与上述普通滴定管的相同。

⑤滴定时，最好每次都从0.00 mL开始，或从接近零的任一刻度开始，这样可固定在某一段体积范围内滴定，减小测量误差。读数必须准确到0.01 mL。

⑥为了协助读数，可采用读数卡。这种方法有利于初读者练习读数。读数卡可用黑纸或涂有黑长方形（约3 cm×1.5 cm）的白纸制成，读数时，将读数卡放在滴定管背后，使黑色部分在弯月面下约1 mm处，此时即可看到弯月面的反射层成为黑色，然后读此黑色弯月面下缘的最低点。

3. 注意事项

①滴定管用毕后，倒去管内剩余溶液，用水洗净，装入蒸馏水至刻度以上，用大试管套在管口上，这样下次使用前可不必再用洗液清洗。

②酸式滴定管长期不用时，活塞部分应垫上纸。否则，时间久了，塞子不易打开。碱式滴定管不用时应将胶管拔下，蘸些滑石粉保存。

二、移液管和吸量管的洗涤与使用

移液管又称无分度吸管，是中间有一膨大部分（称为球部）的玻璃管，球的上部和下部均为较细窄的管颈，出口缩至很小，以防溶液过快流出而引起误差。管颈上部刻有一环形标线，如图7-10（a）所示，表示在一定温度（一般为20 ℃）下移出的体积。常用的移液管有5、10、15、20、25、50 mL等规格。

吸量管又称分度吸管，是具有分刻度的玻璃管，两头直径较小，中间管身直径相同，可以转移不同体积的液体，如图7-10（b）所示。分度吸管的型式、规格较多，见表7-1。

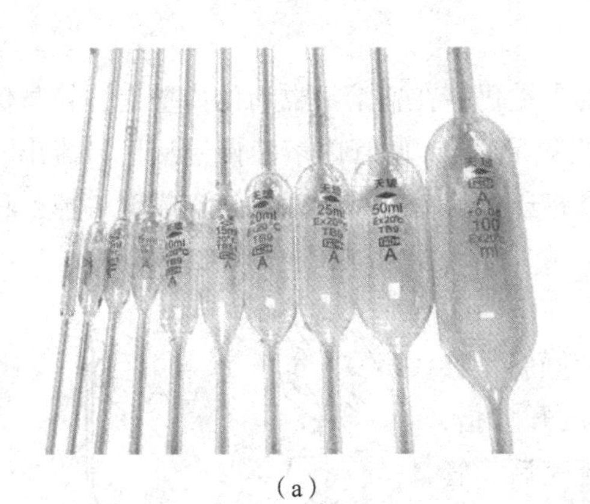

（a）

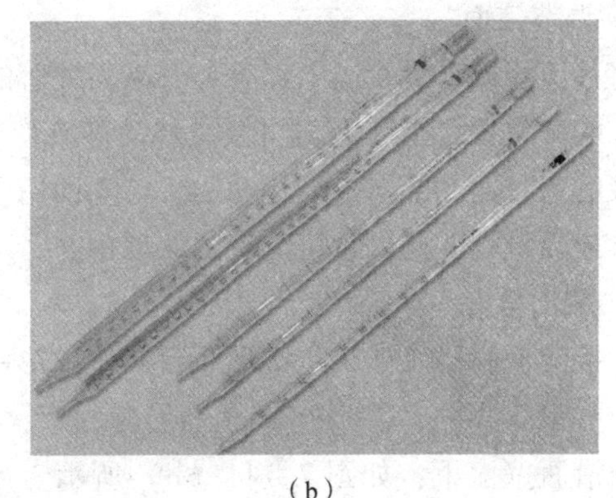

（b）

图7－10　移液管和吸量管

（a）大肚子移液管；（b）吸量管

表7－1　分度吸管的型式、规格

<table>
<tr><th colspan="2">型式</th><th>级别</th><th>标称容量/mL</th><th>使用方法</th></tr>
<tr><td rowspan="2">完全流出式</td><td>慢流式</td><td>A、A_2及B级</td><td>1，2，5，10，25，50</td><td rowspan="2">液体自标线流至管下口，A、A_2级等待15 s，B级和快流式等待3 s（流液口要保留残液）</td></tr>
<tr><td>快流式</td><td rowspan="2">B级</td><td>1，2，5，10</td></tr>
<tr><td colspan="2">吹出式</td><td>0.1，0.2，0.25，0.5，1，2，5，10</td><td>液体全部吹出，液体自标线流至管下端，随即将管下端残留</td></tr>
<tr><td colspan="2">不完全流出式</td><td>A、A_2及B级</td><td>0.1，0.2，0.25，0.5</td><td>液体自标线流至最低标线上约5 mm处，A、A_2级等待15 s，B级等待3 s，然后调至最低标线</td></tr>
</table>

移液管和吸量管的操作步骤：

1. 洗涤

移液管和吸量管均可用自来水洗涤，再用蒸馏水洗净。较脏时（内壁挂水珠时）可用铬酸洗净。其洗涤方法是：右手拿移液管或吸量管，管的下口插入洗液中，左手拿洗耳球，先把球内空气压住，然后把球的尖端接在移液管或吸量管的上口，慢慢松开左手手指，将洗液放回原瓶中。如果需要长时间浸泡在洗液中（一般吸量管需要这样做），应准备一个高的玻璃大量筒，筒底用玻璃片盖上。浸泡一段时间后取出吸量管，沥尽洗液，用自来水冲洗，再用蒸馏水淋洗干净。洗净的标志是内壁不挂水珠，并且水滴不会成股流下。干净的移液管和吸量管应放置在干净的移液管架上。

2. 吸取溶液

用右手的拇指和中指捏住移液管或吸量管的上端，将管的下口插入欲取的溶液中，插入不要太浅或太深，太浅会产生吸空，把溶液吸到洗耳球内弄脏溶液，太深又会在管外黏附溶液过多。左手拿洗耳球，接在管的上口，慢慢吸入溶液，如图7－11（a）所示。先吸入移液管容量的1/3，取出，横持并转动管子，使溶液接触到刻度以上部位，以置换内壁的水分，然后将溶液从管的下口放出并弃去。如此用欲取溶液淋洗2～3次后，即可吸取溶液至刻度以上，立即用右手的食指按住管口（右手的食指应捎带潮湿，便于调节液面）。

3. 调节液面

将移液管或吸量管向上提升离开液面，管的末端仍靠在盛溶液器皿的内壁上，管身保持直立，略微放松食指（有时可微微转动移液管或吸量管），使管内溶液慢慢从下口流出，直至溶液的弯月面底部与标线相切为止，立即用食指压紧管口。将尖端的液滴靠壁去掉，移出移液管或吸量管，插入承接溶液的器皿中。

4. 放出溶液

承接溶液的器皿如果是锥形瓶，应使锥形瓶倾斜，移液管或吸量管直立，管下端紧靠锥形瓶内壁，放开食指，让溶液沿瓶壁流下，如图 7－11（b）所示。流完后，管尖接触瓶内壁约 15 s 后，再将移液管或吸量管移去。残留在管末端的少量溶液不可用外力使其流出，这是因为校准移液管或吸量管时已考虑了末端保留溶液的体积。

但有一种吹出式吸量管，管口上刻有“吹”字，使用时必须使管内的溶液全部流出，末端的溶液也需吹出，不允许保留。

另外，有一种吸量管的分刻度只刻到距离管口 1～2 cm 处，刻度以下溶液不应放出。

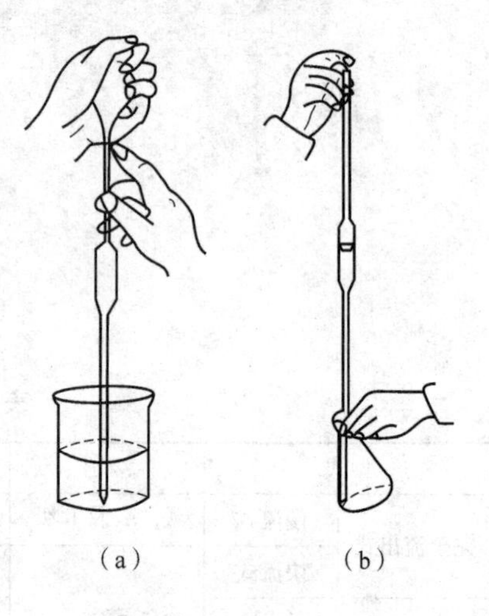

图 7－11　移液管移液操作

（a）吸取溶液；（b）放出溶液

5. 注意事项

①移液管与容量瓶常配合使用，因此使用前常做两者的相对体积的校准。

②为了减小测量误差，吸量管每次都应以最上面刻度为起始点，往下放出所需体积，而不是放出多少体积就吸取多少体积。

三、容量瓶的洗涤和使用

容量瓶是为配制准确的一定物质的量浓度的溶液所用的精确仪器。它是一种带有磨口玻璃塞的细长颈、梨形的平底玻璃瓶，颈上有刻度。当瓶内体积在所指定温度下达到标线处时，其体积即为所标明的容积数，这种一般是“量入”的容量瓶。但也有刻两条标线的，上面一条表示量出的容积。容量瓶有多种规格，小的有 5、25、50、100 mL，大的有 250、500、1 000、2 000 mL 等。它主要用于直接法配制标准溶液、准确稀释溶液及制备样品溶液。

1. 容量瓶基本操作

（1）检漏

使用前检查瓶塞处是否漏水。具体操作方法是：在容量瓶内装入半瓶水，塞紧瓶塞，用右手食指顶住瓶塞，另一只手五指托住容量瓶底，将其倒立（瓶口朝下），观察容量瓶是否漏水。若不漏水，将瓶正立且将瓶塞旋转 180°后，再次倒立，检查是否漏水。若两次操作中容量瓶瓶塞周围皆无水漏出，即表明容量瓶不漏水。经检查不漏水的容量瓶才能使用。

（2）洗涤

使用前容量瓶都要洗涤。先用洗液洗，再用自来水冲洗，最后用蒸馏水洗涤干净（直至内壁不挂水珠且水珠不成股流下为洗涤干净）。

（3）固体物质的溶解

把准确称量好的固体溶质放在干净的烧杯中，用少量溶剂溶解（如果放热，要放置使其降温到室温）。然后把溶液转移到容量瓶里，转移时要用玻璃棒引流。方法是将玻璃棒一端靠在容量瓶颈内壁上，注意，不要让玻璃棒其他部位触及容量瓶口，防止液体流到容量瓶外壁上。

（4）淋洗

为保证溶质能全部转移到容量瓶中，要用溶剂少量多次洗涤烧杯，并把洗涤溶液全部转移到容量瓶里。转移时要用玻璃棒引流。

（5）定容

继续向容量瓶内加入溶剂，直到液体液面离标线大约 1 cm 时，改用滴管小心滴加，最后使液体的弯月面与标线正好相切。若加水超过刻度线，则需重新配制。

（6）摇匀

盖紧瓶塞，用倒转和摇动的方法使瓶内的液体混合均匀，如图 7－12 所示。静置后，液面可能低于刻度线，这是因为容量瓶内极少量溶液在瓶颈处润湿所损耗，所以并不影响所配制溶液的浓度，故不要再向瓶内添水，否则，将使所配制的溶液浓度降低。

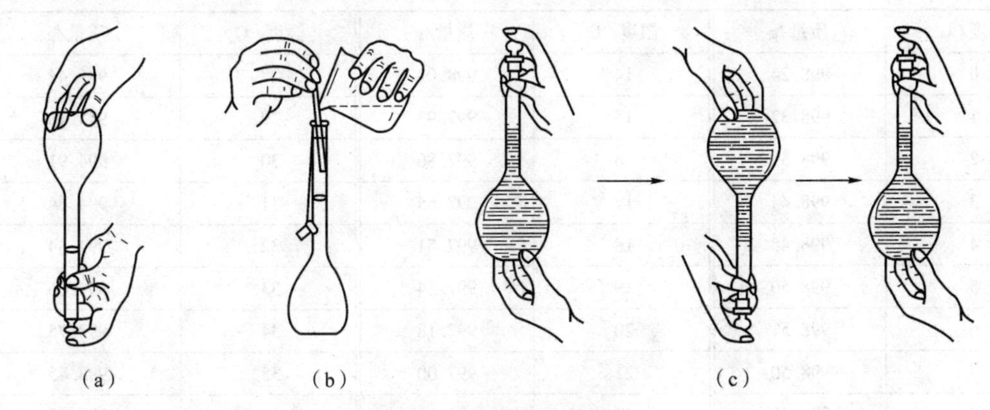

图 7－12 容量瓶的使用

（a）检漏；（b）溶液转移；（c）溶液混匀过程

2. 使用容量瓶时的注意事项

①容量瓶的容积是特定的，刻度不连续，所以一种型号的容量瓶只能配制同一体积的溶液。在配制溶液前，先要弄清楚需要配制的溶液的体积，然后再选用相同规格的容量瓶。

②易溶解且不发热的物质可直接用漏斗倒入容量瓶中溶解，其他物质基本不能在容量瓶里进行溶解，应将物质在烧杯中溶解后转移到容量瓶里。

③用于洗涤烧杯的溶剂总量不能超过容量瓶的标线。

④容量瓶不能进行加热。如果溶质在溶解过程中放热，要待溶液冷却后再进行转移，因为一般的容量瓶是在 20 ℃下标定的，若将温度较高或较低的溶液注入容量瓶，容量瓶则会热胀冷缩，所量体积就会不准确，导致所配制的溶液浓度不准确。

⑤容量瓶只能用于配制溶液，不能储存溶液，因为溶液可能会对瓶体产生腐蚀，从而使容量瓶的精度受到影响。

⑥容量瓶用毕应及时洗涤干净，塞上瓶塞，并在塞子与瓶口之间夹一条纸条，防止瓶塞与瓶口粘连。

四、容量仪器的校正

容量仪器的校正方法是：称量一定容积的水，然后根据该温度时水的密度，将水的质量换算为容积。这种方法基于在不同温度下水的密度都已经很准确地测定过。3.98 ℃时，1 mL 水在真空中的质量为1.00 g，如果校正工作也是在3.98 ℃和真空中进行，则称出的水的克数就等于容积的毫升数。但通常并不在3.98 ℃而是在室温下称量水，同时不在真空里，而是在空气中称量。因此，称量的结果必须对下列三点加以校正：①水的密度随着温度的改变而改变的校正；②玻璃仪器的容积由于温度的改变而改变的校正；③物体由于空气的浮力而使质量改变的校正。

为了便于计算，将此三项校正值合并而得到总校正值，见表7－2。表中的数字表示在不同温度下，用水充满20 ℃时容积为1 L的玻璃仪器，在空气中用黄铜砝码称取的水的质量。应用该表来校正容量仪器是十分方便的。

表7－2　不同温度下用水充满20 ℃时容积为1 L的玻璃容器于空气中以黄铜砝码称取的水的质量

温度/℃	质量/g	温度/℃	质量/g	温度/℃	质量/g
0	998.24	14	998.04	28	995.44
1	998.32	15	997.93	29	995.18
2	998.39	16	997.80	30	994.91
3	998.44	17	997.65	31	994.64
4	998.48	18	997.51	32	994.34
5	998.50	19	997.34	33	994.06
6	998.51	20	997.18	34	993.75
7	998.50	21	997.00	35	993.45
8	998.48	22	996.80	36	993.12
9	998.44	23	996.60	37	992.80
10	998.39	24	996.38	38	992.46
11	998.32	25	996.17	39	992.12
12	998.23	26	995.93	40	991.77
13	998.14	27	995.69		

玻璃容器是以20 ℃为标准而校准的，但使用时不一定也在20 ℃，因此，器皿的容量及溶液的体积都将发生变化。器皿容量的改变是由玻璃的胀缩而引起的，但玻璃的膨胀系数极小，在温度相差不太大时可以忽略不计。溶液体积的改变是由溶液密度的改变所致，稀溶液的密度一般可以用相应的水密度来代替。为了便于校正在其他温度下所测量的体积，表7－3列出了在不同温度下1 L水（或稀溶液）换算到20 ℃时应增减的体积。

表7-3　不同温度下1 L水（或稀溶液）换算到20 ℃时的校正值　　mL

温度/℃	0.01 mol/L溶液	0.1 mol/L溶液
5	+1.5	+1.7
10	+1.3	+1.45
15	+0.8	+0.9
25	-1.0	-1.1
30	-2.3	-2.5

例如，在10 ℃时滴定用去25.00 mL 0.1 mol/L标准溶液，在20 ℃时应相当于25.00 + $\frac{1.45 \times 25.00}{1\ 000}$ = 25.04（mL）。

1. 滴定管的校正

滴定管的校正方法是将欲校准的滴定管充分洗净，装入蒸馏水至刻度零处，记录水的温度。然后由滴定管放出10 mL水（放出速度为10 mL/min）至预先称过质量的具塞瓶中，盖上瓶塞，再称出它的质量（精确到0.01 g）。两次质量之差即为放出水的质量。用同样的方法称出滴定管从0到20 mL、从0到30 mL、从0到40 mL、从0到50 mL刻度间水的质量，用实验温度时水的质量来除相对应水的体积换算校正值（非密度值），即可得到相当于滴定管各部分容积的实际毫升数。

2. 移液管和吸量管的校正

移液管和吸量管的校正方法与上述滴定管的校正方法相同。

3. 容量瓶的校正

（1）绝对校正法

准确称量洗净、干燥、带塞的容量瓶（空瓶质量）。注入蒸馏水至标线，记录水温，用滤纸条吸干瓶颈内壁水滴，盖上瓶塞称量，两次称量之差即为容量瓶容纳的水的质量。根据上述方法算出该容量瓶20 ℃时的真实容积数值，求出校正值。

（2）相对校正法

在很多情况下，容量瓶与移液管是配合使用的，因此，重要的不是要知道所用容量瓶的绝对容积，而是容量瓶与移液管的容积是否正确。例如，250 mL容量瓶的容积是否为25 mL移液管所放出的液体体积的10倍？一般只需要做容量瓶与移液管的相对校正即可。其校正方法如下：

预先将容量瓶洗净控干，用洁净的移液管吸取蒸馏水注入该瓶中。假如容量瓶容积为250 mL，移液管为25 mL，则共吸10次。观察容量瓶中水的弯月面是否与标线相切，若不相切，表示有误差。一般应将容量瓶控干后再重复校正一次。如果仍不相切，则在容量瓶瓶颈上做一新标记，以后配合该移液管使用时，以新标记为准。

【实验数据及处理】

无。

【思考与讨论】

1. 玻璃仪器内壁附有不易洗掉的物质时，应如何洗涤？

2. 哪些仪器不能用加热的方法干燥？

3. 容量瓶的洗涤和使用有哪些注意事项？

4. 滴定管有哪些操作要领？

5. 滴定管读数时要遵循哪些规则？

实验2　分析天平称量练习

【实验目的】

1. 掌握直接称量法、固定质量称量法和差减称量法。

2. 练习并熟练掌握分析天平的基本操作和常用称量方法。

3. 培养准确、整齐、简明记录实验原始数据的习惯。

【实验仪器与材料】

托盘天平、半机械加码电光分析天平、电子天平、表面皿、称量瓶、纸带、烧杯等。

【实验原理】

分析天平是指称量精度为0.000 1 g的天平。分析天平是精密仪器，使用时要认真、仔细，按照天平的使用规则操作，做到准确、快速完成称量而又不损坏天平。常用分析天平有电光分析天平和电子天平。半机械加码电光分析天平如图7－13所示。

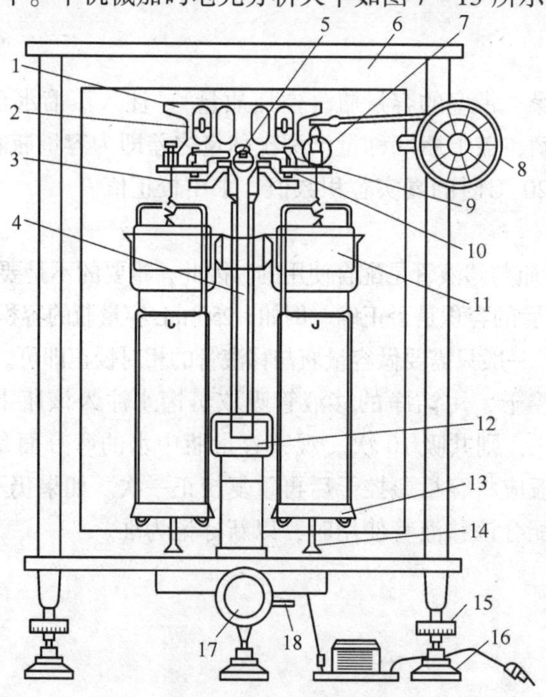

图7－13　半机械电光分析天平

1—横梁；2—平衡螺丝；3—吊耳；4—指针；5—支点刀；6—框罩；7—圈码；8—圈码指数盘；9—支柱；10—托梁架；11—阻尼器；12—投影屏；13—称量盘；14—盘托；15—螺旋脚；16—垫脚；17—旋钮；18—调屏杆

分析天平称量一般采用直接称量法或递减称量法。前者用于称取不吸水、在空气中性质稳定的试样。称量时将试样放在已知质量的干净且干燥的容器中，一次称取一定量的试样。后者多用于称取易吸水、易氧化或易与 CO_2反应的物质。称量前先将较多的试样装入称量瓶中准确称量，然后倒出一部分试样后再称量，两次称量的质量之差即为倾出的试样质量。此外，递减法也适用于连续称取几份试样。

半机械加码电光分析天平是精密仪器，称量时应仔细认真。拿下防尘罩，叠平后放在天平箱上方。检查天平是否正常，天平是否水平，称量盘是否洁净，圈码指数盘是否在“0.00”位，圈码有无脱位，吊耳有无脱落、移位等。检查和调整天平的零点。用平衡螺丝（粗调）和投影屏调节杠（细调）调节天平零点，这是分析天平称重练习的基本内容之一，应数量掌握。具体操作步骤如下。

1. 称量前准备与检查（三查一调）

将天平防尘罩取下，折叠整齐放在天平盒顶部。

查：天平是否水平，如不水平，可通过转动天平盒下方的两个旋钮调平。

查：指数盘是否在“0.00”处，圈码是否挂好，砝码盒内砝码、镊子是否齐全。

查：天平横梁、吊耳位置是否正常；两盘是否干净，如不干净，需用小毛刷清扫。

调：零点调节。接通电源，旋动升降旋钮慢慢开启天平，这时可看到缩微标尺的投影在光屏上移动。当投影稳定后，如光屏上的标与投影（标尺）上的零刻度不重合，偏离较小时，可拨动天平底板下面的微动调节杆，移动光屏的位置，使其重合，这时零点即调好；若偏离较大，调屏不能解决，则需先适当调节天平横梁上左边的平衡螺丝，再用微动调节杆调好。

2. 称量

分析天平称量一般采用直接称量法或递减称量法。前者用于称取不吸水、在空气中性质稳定的试样。称量时，将试样放在已知质量的干净且干燥的容器中，一次称取一定量的试样。后者多用于称取易吸水、易氧化或易与 CO_2 反应的物质。称量前先将较多的试样装入称量瓶中，准确称量，然后倒出一部分试样后再称量，两次称量的质量之差即为倾出的试样质量。此外，递减法也适用于连续称取几份试样。当要求快速称量或怀疑被称物可能超过最大载荷时，可用托盘天平（台称）粗称。一般不提倡粗称。将待称量物置于天平左盘的中央，关上天平左门。按照“由大到小，中间截取，逐级试重”的原则在右盘加减砝码。试重时，应半开天平，观察指针偏移方向或标尺投影移动方向，以判断左右两盘的轻重、所加砝码是否合适及如何调整。注意：指针总是偏向质量小的盘，标尺投影总是向质量大的称量盘方向移动。先确定克以上砝码（应用镊子取放），关上天平右门。再依次调整百毫克组和十毫克组圈码，每次都从中间量（500 mg 和 50 mg）开始调节。确定十毫克组圈码后，再完全开启天平，准备读数。

分析天平只有经称前检查和调零后才可使用。其加码原则为：先大后小，折半添加。

（1）成克砝码的确定

打开天平左侧门，将被称物放在天平左盘中心，关闭天平左侧门。打开天平右侧门，用镊子夹取与在托盘天平上粗称质量相当的成克的砝码放在天平右盘中心，以克为单位的砝码一般即可确定。

（2）克以内砝码的确定

克以内的需加圈码，即通过转动指数盘的外圈和内圈完成。

①指数盘外圈（100～900 mg）的确定。首先转动外层指数盘，先加 500 mg，半开旋钮，如光屏上标尺迅速左移，表示所加砝码轻了，关上升降旋钮。改加 800 mg，如光屏上标尺右移，表示所加砝码重了，关上升降旋钮。改加 600 mg，如光屏上标尺左移，表示所加砝码轻了，关上升降旋钮。改加 700 mg，如光屏上标尺右移，表示所加砝码重了。这表明所加砝码的质量就在 600～700 mg。将外层指数盘拨回 600 mg，此时外圈即确定。

②指数盘内圈（10～90 mg）的确定。再转动内层指数盘，先加 50 mg，如光屏上标尺右移，表示所加砝码重了，关上升降旋钮。改加 30 mg，如光屏上标尺左移，表示所加砝码轻了，关上升降旋钮。改加 40 mg，如光屏上标尺左移，表示所加砝码轻了。这表明所加砝码的质量应在 40～50 mg，此时内圈即确定。

③光屏读数（10 mg 以内）的确定。内圈确定后，将升降旋钮缓缓全开，此时光屏上标尺移动缓慢，待光屏上标尺稳定后，即可从光屏上读出 10 mg 以内的数值（标尺上 1 小格为 0.1 mg，不足 1 小格时，采用“四舍五入”）。

（3）质量的确定

砝码确定后，全开天平旋钮，待标尺停稳后即可读数。称量物的质量等于砝码总质量加标尺读数（均以克计）。标尺读数在 9～10 mg 时，可再加 10 mg 圈码，从屏上读取标尺负值，记录时将此读数从砝码总质量中减去。

3. 清理复原

称量数据记录完毕，即应关闭天平，取出被称量物质，用镊子将砝码放回砝码盒内，圈码指数盘退回到“0.00”位，关闭两侧门，盖上防尘罩，并在天平使用登记本上登记。称量完毕后，将被称物取出，砝码放回砝码盒中原来的位置上，关好侧门，将圈码指数盘恢复到“0.00”位置，切断电源，套好防尘罩。

全机械加码电光分析天平的称量方法，除克以上砝码由另一指数盘加减外，其余操作与半机械加码电光分析天平的相同。即

被称物的质量＝砝码的质量＋圈码的质量＋光屏上所示的质量

记录完被称物的质量后，再核对一次，关上升降旋钮。

【实验方法与步骤】

分析天平的称量方法一般有直接称量法、固定质量称量法和差减称量法三种。

1. 直接称量法

该法一般用于称量某一不吸水、在空气中性质稳定的固体（如坩埚、金属、矿石等）的准确质量。称量时，将被称量物直接放入分析天平中，称出其准确质量。例如，准确称出一个称量瓶的质量。

2. 固定质量称量法

该法一般用于称取某一固定质量的试样（一般为液体或固体的极细粉末且不吸水，在空气中性质稳定）。称量时，先在分析天平上称出干净且干燥的器皿（一般为烧杯、坩埚、表面皿等）的准确质量，再将分析天平增加固定质量的砝码后，往天平的器皿中加入略少于固定质量的试样，再轻轻震动药匙，使试样慢慢撒入器皿中，直至其达到应称质量的平衡点为止，如图 7－14所示。

3. 差减称量法

该法多用于称取易吸水、易氧化或易与 CO_2反应的物质。要求称取物的质量不是一个固定质量，而只要符合一定的质量范围即可。称量时，首先在托盘天平上称出称量瓶的质量，再将适量的试样装入称量瓶中，在托盘天平上称出其质量，然后放入分析天平中称出其准确质量 m_1。取出称量瓶，移至小烧杯或锥形瓶上方，将称量瓶倾斜，用称量瓶盖轻敲瓶口上部，使试样慢慢落入容器中，图 7－15 所示。

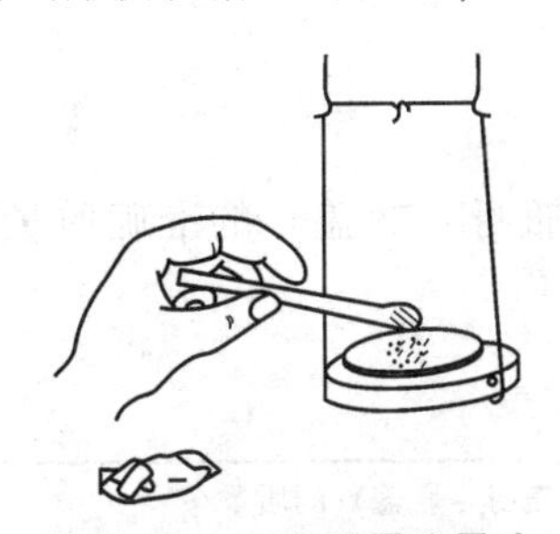

图 7－14　固定质量称量法

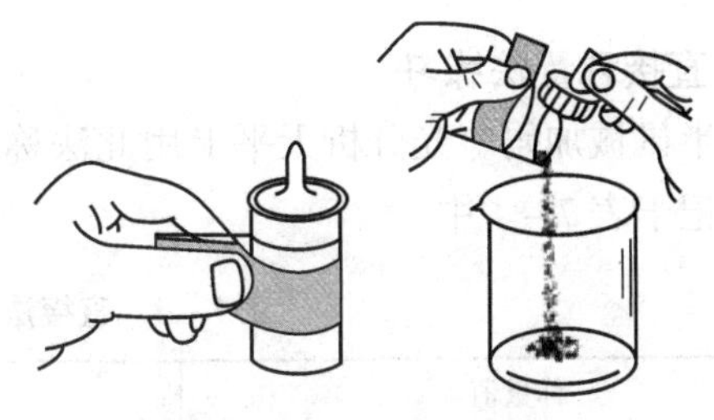

图 7－15　差减称量法

当倾出的试样已接近所需要的质量时，慢慢地将瓶竖起，再用称量瓶盖轻敲瓶口上部，使粘在瓶口的试样落在称量瓶中，然后盖好瓶盖，将称量瓶放回天平盘上，称出其质量。如果这时倾出的试样质量不足，则继续按上法倾出，直至合适为止，称得其质量 m_2。如此继续进行，可称取试样。两次质量之差即为倾出的试样质量。

第一份试样质量 $= m_1 - m_2$

第二份试样质量 $= m_2 - m_3$

…

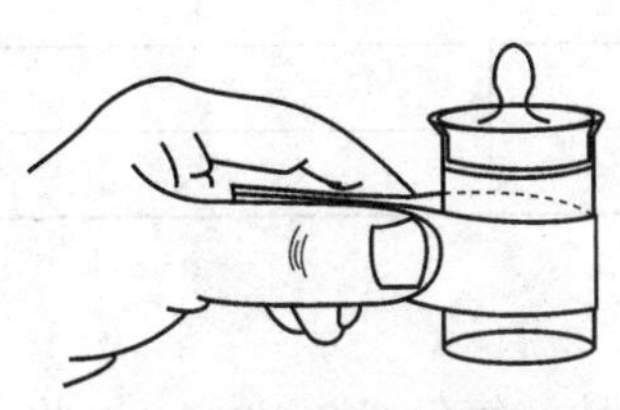

图 7－16　拿取称量瓶的方法

注意：

①不管是用哪一种称量方法，都不许用手直接拿称量瓶或试样，可用一干净纸条或塑料薄膜等套住拿取，如图 7－16 所示。取放称量瓶瓶盖也要用小纸片垫着拿取。

②每次称量时，一般先将被称量物在托盘天平上称出其大约质量，再移到分析天平上精确称量。这样既可节省称量时间，又不易损坏天平。

4. 分析天平的使用规则

①天平盒内应保持清洁，视情况随时更换干燥剂（变色硅胶）。

②称量前应检查天平是否正常，是否处于水平位置，并调整水平及零点。

③使用天平时，要特别注意保护玛瑙刀口。起落升降旋钮应缓慢，不得使天平剧烈震动。取放物体、加减砝码和圈码时，都必须关闭升降旋钮，把天平横梁托起，以免损坏刀口。

④天平的前门不得随意打开，它主要供装卸、调试和维修用。称量时取放物体、加减砝码时，只能打开左、右边门。称量物和砝码要放在天平盘的中央，以防天平盘摆动。化学试剂和试样不得直接放在盘上，必须盛在干净的容器中称量。

⑤取放砝码必须用镊子夹取，严禁用手拿取，以免沾污。砝码由大到小逐一取放在天平盘上，用完后要及时放回盒内。不准借用其他天平的砝码。加减圈码时，应慢慢旋转圈码指数盘，防止圈码跳落、变位。

⑥称量数据及时写在记录本上，不能随意记在纸条或其他地方，以免丢失。

⑦所称样品质量绝不允许超过天平最大量程（200 g）。同一次实验中，应使用同一台天平。

⑧称量完毕后，应关闭天平，取出被称物和砝码，关好天平门，还原指数盘，切断电源，盖上防尘罩。

【实验数据及处理】

1. 直接称量法练习

在半机械加码电光分析天平上用此法称出空称量瓶（瓶身＋瓶盖）的准确质量，将称量结果记于表7－4中。

表7－4　直接法称量法练习结果记录

称量值	空称量瓶（瓶身＋瓶盖）的质量/g
托盘天平称量值	
分析天平称量值	

2. 固定质量称量法练习

在半机械加码电光分析天平上用此法称出3份$K_2Cr_2O_7$样品，每份（0.500 0 ±0.000 1）g，将称量结果记于表7－5中。

表7－5　固定质量称量法练习结果记录

记录项目	1	2	3
称量盘质量＋试样质量（m_1）/g			
试样质量（m）/g			

3. 差减称量法练习

在半机械加码电光分析天平上用此法称出3份$K_2Cr_2O_7$样品，每份0.3～0.4 g，将称量结果记于表7－6中。

表7－6　差减称量法练习结果记录

称量瓶和试样的质量/g	试样序号	试样质量/g
m_1 =		
m_2 =	1	$m_1 - m_2$ =
m_3 =	2	$m_2 - m_3$ =
m_4 =	3	$m_3 - m_4$ =

【思考与讨论】

1. 使电光分析天平时，取放称量物时一定要在全开状态下读数，为什么？

2. 分析天平的使用规则有哪些？

实验3 溶液的配制

【实验目的】

通过计算，把化学物品和溶剂（一般是水）配制成实验需要浓度的溶液。

【实验仪器与材料】

仪器：天平，烧杯，容量瓶，量筒，胶头滴管，药匙，玻璃棒，试剂瓶，标签纸。

材料：NaOH，浓硫酸，浓 HCl，NaCl，$K_2Cr_2O_7$。

【实验原理】

浓度计算见式（7－1）：

$$c = n/V \tag{7-1}$$

式中，c——物质的量浓度，$mol \cdot L^{-1}$；

n——物质的量，mol；

V——溶液体积，L。

1. 用液体试剂配制

根据稀释前后溶质质量相等原理得式（7－2）：

$$w_1\rho_1 V_1 = w_2\rho_2 V_2 \tag{7-2}$$

式中，w_1、w_2——稀释前、后溶液的质量分数,%；

ρ_1、ρ_2——稀释前、后溶液的密度，$g \cdot mL^{-1}$；

V_1、V_2——稀释前、后溶液的体积，L。

例如，要配制20%的硫酸溶液1 000 mL，需要96%的浓硫酸多少毫升？

查表知，20%的硫酸的密度 $\rho_1 = 1.139\ g \cdot mL^{-1}$；96%的硫酸的密度 $\rho_2 = 1.836\ g \cdot mL^{-1}$，代入式(7－2)得：

$$20\% \times 1.139 \times 1\,000 = 96\% \times 1.836 \times V_2$$

$$V_2 = 0.2 \times 1.139 \times 1\,000/0.96 \times 1.836 = 129(mL)$$

2. 物质的量浓度溶液的配制

（1）计算公式

根据稀释前后溶质物质的量相等原则得式（7－3）：

$$c_1 V_1 = c_2 V_2 \tag{7-3}$$

式中，c_1、c_2——稀释前、后溶液的物质的量浓度，$mol \cdot L^{-1}$；

V_1、V_2——稀释前、后溶液的体积，L。

例如，用18 $mol \cdot L^{-1}$的浓硫酸配制500 mL 3 $mol \cdot L^{-1}$的稀硫酸，需要浓硫酸多少毫升？

代入式（7－3）得：

$$c_1 V_1 = c_2 V_2$$

$$18 \times V_1 = 3 \times 500$$

$$V_1 = 3 \times 500/18 = 83.3(mL)$$

取83.3 mL 18 mol/L的硫酸，在不断搅拌下倒入适量水中，冷却后稀释至500 mL。

（2）用固体试剂配制

用固体试剂配制溶液时，浓度按照式（7－4）进行计算：

$$m = cVM/1\,000 \tag{7-4}$$

式中，c——溶液的物质的量浓度，mol/L；

V——溶液的体积，mL；

m——需称取的溶质质量，g；

M——溶质摩尔质量，$g \cdot mol^{-1}$。

例如，欲配制 0.5 mol/L 的碳酸钠溶液 500 mL，该称取 Na_2CO_3 多少克？

已知：$M(Na_2CO_3) = 106\ g \cdot mol^{-1}$

代入式（7－4）得

$$\begin{aligned} m &= cVM/1\,000 \\ &= 0.5 \times 500 \times 106/1\,000 = 26.5(g) \end{aligned}$$

称取 26.5 g 碳酸钠溶于水中并稀释至 500 mL。

（3）用液体试剂配制

用液体试剂配制溶液时，浓度按照式（7－5）进行计算：

$$V_1 \rho w = cV_2M/1\,000 \tag{7-5}$$

式中，w——稀释前溶液的质量分数，%；

ρ——稀释前溶液的密度，$g \cdot mL^{-1}$；

V_1——稀释前溶液的体积，L；

V_2——欲配制溶液的体积，L；

c——溶液的物质的量浓度，$mol \cdot L^{-1}$；

M——溶质摩尔质量，$g \cdot mol^{-1}$。

例如，欲配制 2.0 $mol \cdot L^{-1}$ 的硫酸溶液 500 mL，应量取质量分数为 98%，$\rho = 1.84\ g \cdot mL^{-1}$ 的硫酸多少毫升？

已知：$M(硫酸) = 98.07\ g \cdot mol^{-1}$

代入式（7－5）得

$$V_1 \rho w = cV_2M/1\,000$$

$$V_1 \times 1.84 \times 98\% = 2.0 \times 500 \times 98.07/1\,000$$

$$V_1 = 2.0 \times 500 \times 98.07/1\,000/1.84 \times 98\% = 54(mL)$$

【实验方法与步骤】

1. 计算

根据需要进行相应计算，主要计算公式见式(7－6)～式(7－8)。

$$n = \frac{m}{M} \tag{7-6}$$

$$c = \frac{n}{V} \tag{7-7}$$

$$\rho = \frac{m}{V} \tag{7-8}$$

例如，实验室用密度为 1.18 $g \cdot mL^{-1}$，质量分数为 36.5% 的浓盐酸配制 250 mL 0.3 $mol \cdot L^{-1}$ 的盐酸溶液，需要浓盐酸体积多少毫升？

$$V=\frac{m}{\rho}=\frac{0.25\times0.3\times36.5}{36.5\%\times1.18}=6.36(\text{mL})$$

2. 称量或量取

固体样品用分析天平或电子天平（为了与容量瓶的精度相匹配）称量，液体试剂用量筒。

3. 容量瓶的准备

准备满足要求规格、型号的容量瓶，进行检漏、洗涤。

4. 溶解

将称量好的固体放入烧杯，用适量（20～30 mL）蒸馏水溶解，配制溶液。

5. 复温

待溶液冷却后，用玻璃棒引流移入容量瓶。

6. 转移（移液）

由于容量瓶的瓶颈较细，为了避免液体洒在外面，用玻璃棒引流，玻璃棒不能紧贴容量瓶瓶口，棒底应靠在容量瓶瓶壁刻度线下。

7. 洗涤

用少量蒸馏水洗涤烧杯内壁2～3次，洗涤液全部转入容量瓶中。

8. 初混

轻轻摇动容量瓶，使溶液混合均匀。

9. 定容

向容量瓶中加入蒸馏水，液面离容量瓶瓶颈刻度线下1～2 cm时，改用胶头滴管滴加蒸馏水至液面与刻度线相切。

10. 摇匀

盖好瓶塞，反复上下颠倒，摇匀，即使液面下降，也不可再加水定容。

11. 储存

由于容量瓶不能长时间盛装溶液，故将配得的溶液转移至试剂瓶中，贴好标签。操作流程如图7－17所示。

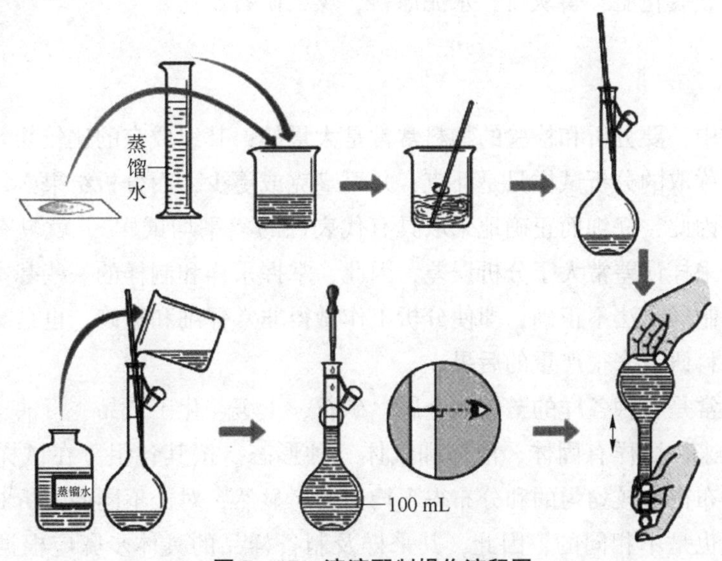

图7－17 溶液配制操作流程图

【实验数据及处理】

依据具体溶液配制实验内容，记录各实验步骤相应数据，如称量（或量取）溶质质量(体积)、溶剂用量、溶液体积，最后计算所配制溶液的浓度。

【思考与讨论】

1. 使用酸性、碱性化学物质时有何注意事项？一旦不慎将氢氧化钠溅到手上和身上，应如何处置？

2. 简述稀释浓硫酸的基本操作方法。

3. 应如何保存配好的溶液？

实验 4　样品的取样操作

【实验目的】

1. 正确使用固体采样工具。

2. 熟练掌握均匀固体样品的采集方法，并在 1 h 内完成样品的采集工作。

3. 正确使用标准筛和分样器。

4. 熟练掌握不均匀固体样品的采集方法，并在 2 h 内完成样品的采集工作。

【实验仪器与材料】

仪器：舌形铁铲，取样钻，双套取样管，样品瓶，破碎机，标准筛，掺和器，分样器，盛样桶，样品瓶（500 mL 磨口玻璃塞的广口瓶）。

样品材料：袋装化肥，磷灰石，水泥原料，煤，矿石。

【实验原理】

在实际工作中，要分析和检验的物料常常是大量的，其组成有的比较均匀，有的很不均匀。检验时，所称取的分析试样只是几克、几百毫克或更少，而分析结果必须能代表全部物料的平均组成，因此，仔细而正确地采取具有代表性的“平均试样”，就具有极其重要的意义。一般来说，采样误差常大于分析误差，因此，掌握采样和制样的一些基本知识是很重要的。如果采样和制样方法不正确，即使分析工作做得非常仔细和正确，也是毫无意义的，有时甚至给生产和科研带来很严重的后果。

分析对象通常是各种各样的，例如金属、矿石、土壤、化工产品、石油、工业用水、天然气等。归结起来，试样有固体、液体和气体三种形态。按其各组分在试样中的分布情况看，不外乎有分布得比较均匀的和分布得不均匀的。显然，对于不同的分析对象，分析前试样的采取及制备也是不相同的，因此，其采样及制备样品的具体步骤应根据分析试样的性质、均匀程度、数量等来决定。

【实验方法与步骤】

1. 均匀固体样品的采集

（1）静止物料的采样

①根据所采集物料的性质确定采样的工具。

②按表 7－7 确定批量袋装化肥应采取的采样单元数。

表 7－7　采样单元数的选取

总体物料的单元数	选取的最少单元数	总体物料的单元数	选取的最少单元数
1～10	全部单元	182～216	18
11～49	11	217～254	19
50～64	12	255～296	20
65～81	13	297～343	21
82～101	14	344～394	22
102～125	15	395～450	23
126～151	16	451～512	24
152～181	17		

③在批量化肥中确定每个采样单元。

④将取样钻由袋口一角沿对角线方向插入袋内 1/3 处。

完成以上工作后，应及时检查，以便纠正错误。

⑤将取样钻旋转 180°后抽出。

⑥刮出钻槽中的物料到样品瓶中。

⑦瓶外贴好标签，注明样品名称、来源、采样日期。

（2）流动物料的采样

①根据物料流动的情况确定间隔时间和采样部位。

②用舌形铁铲一次横切物料流的断面，采取一个子样。采样铲必须紧贴传送带，不得悬空铲取样品。

完成以上工作后，应及时检查，以便纠正错误。

③将所采取的子样混合均匀后放入样品中。

④瓶外贴好标签，注明样品名称、来源、采样日期。

2. 非均匀固体样品的采集和处理

①根据物料堆的大小，按规定方法确定采取子样数。

②根据所采集的不均匀固体物料的形状，将子样数目均匀分布在物料堆的上、中、下三个部位。

③按规定确定每个子样的最小质量。

④在每个取样点除去 0.2 m 的表层，沿着物料堆垂直的方向采取一个子样，置于盛样桶中。最下层采样部位应距地面 0.5 m。

完成以上工作后，应及时检查，以便纠正错误。

⑤将所有的样合并成一个总样。

⑥用破碎机将样品破碎。

⑦用适当的标准筛对样品进行分选。

⑧用掺和器将样品掺和。

完成以上工作后，应及时检查，以便纠正错误。

⑨将分样器的簸箕向一侧倾斜，将样品加入分样器中。

⑩将分样器沿着二分器的整个长度往复摆动，使样品均匀地通过二分器。

⑪取任意一边的样品，再缩分至达到规定的取样量。也可用四分法将样品缩分。

⑫将处理好的样品装入样品瓶中。样品的装入量一般不超过样品瓶容积的3/4。

⑬瓶外贴好标签，注明样品名称、来源及采样日期。

【实验数据及处理】

无。

【思考与讨论】

1. 流动物料采样时，如何确定采样时间间隔和采样部位?

2. 非均匀样品如何选取采样点?

实验5　标准溶液的配制与标定

【实验目的】

1. 掌握标准溶液配制的操作和方法。

2. 掌握NaOH、HCl、EDTA、$KMnO_4$、I_2、$Na_2S_2O_3$、$AgNO_3$和NH_4SCN标准溶液等常用标液的配制，以及标定实验原理与操作方法。

3. 掌握相关指示剂的使用及判断滴定终点的方法。

4. 进一步熟练移液和滴定操作。

【实验仪器与材料】

仪器：分析天平，高温炉，干燥器，坩埚钳，称量瓶，1 000 mL烧杯1个，1 000 mL试剂瓶1个，250 mL锥形瓶2个，50 mL酸式滴定管1支，分析天平，烘箱，称量瓶（扁形），1 000 mL烧杯1个，1 000 mL试剂瓶一个（配橡胶塞）。

试剂：浓盐酸，无水碳酸钠（固体，基准试剂），质量分数为0.1%的甲基橙指示液，溴甲酚绿－甲基红混合指示剂（质量分数为0.1%的溴甲酚绿酒精溶液与质量分数为0.2%的甲基红酒精溶液以体积比3∶1混合），基准物质邻苯二甲酸氢钾，0.1 mol·L^{-1}盐酸标准滴定溶液。

【实验原理】

标准溶液是指已知准确浓度的溶液，它是滴定分析中进行定量计算的依据之一。能用于直接配制标准溶液的物质，称为基准物质或基准试剂，它是用来确定某一溶液准确浓度的标准物质。标准溶液配制与标定的一般规定为：

①配制及分析中所用的水及稀释液，在没有注明其他要求时，是指其纯度满足分析要求的蒸馏水或离子交换水。

②工作中使用的分析天平、滴定管及移液管等均需校正。

③标准溶液规定为以 20 ℃时标定的浓度为准（否则应进行换算）。

④在标准溶液的配制中，规定用“标定”和“比较”两种方法测定时，不要略去其中任何一种，且两种方法测得的浓度值的相对误差不得大于0.2%，以标定所得数字为准。

⑤标定时，所用基准试剂应符合要求，含量为99.95%～100.05%。换批号时，应做对照后再使用。

⑥配制标准溶液所用药品应为化学试剂分析纯级别。

⑦配制0.02 $mol \cdot L^{-1}$或更稀的标准溶液时，应于临用前将浓度较高的标准溶液用煮沸并冷却的水稀释。

⑧碘量法的反应温度为15～20 ℃。

1. 直接配制法

用分析天平准确称取一定量的物质，溶解于适量水后定量转移入容量瓶中，稀释至刻度，定容摇匀。根据溶质的质量和容量瓶的体积计算该溶液的准确浓度。例如NaCl、葡萄糖、$K_2Cr_2O_7$等。很多仪器分析中用到的标准物质配制的标准溶液，如三聚氰胺、苯甲酸、维生素类等，都是通过直接配制法制备相应的标准溶液的。

2. 间接配制法（标定法）

需要用于配制标准溶液的许多试剂不能完全符合基准物质必备的条件。例如，NaOH极易吸收空气中的CO_2和水分，纯度不高；市售盐酸中的HCl的准确含量难以确定，且易挥发；$KMnO_4$和$Na_2S_2O_3$等均不易提纯，且见光分解，在空气中不稳定等。因此，这类试剂不能用直接配制法配制标准溶液，只能用间接法配制，即先配制成接近于所需浓度的溶液，然后用基准物质（或另一种物质的标准溶液）来测定其准确浓度，这种确定其准确浓度的操作称为标定。

在常量组分的测定中，标准溶液的浓度大致范围为0.01～1 $mol \cdot L^{-1}$，通常根据待测组分含量的高低来选择标准溶液浓度的大小。

【实验方法与步骤】

1. NaOH标准溶液的配制和标定

（1）配制

称取110 g氢氧化钠，溶于100 mL无二氧化碳的水中，摇匀，注入聚乙烯容器中密封放置至溶液清亮。按表7－8的规定，用塑料管量取上层清液，用无二氧化碳的水稀释至1 000 mL，摇匀。

表7－8　NaOH溶液的浓度和体积

NaOH标准滴定溶液的浓度/($mol \cdot L^{-1}$)	NaOH溶液的体积/mL
1	54
0.5	27
0.1	5.4

（2）标定

按表7－9的规定，称取于105～110 ℃烘至恒重的工作基准试剂邻苯二甲酸氢钾，加入无二氧化碳的水溶解，加入2滴酚酞指示剂（10 g·L^{-1}），用配制好的氢氧化钠溶液滴定至溶液呈粉红色，并保持30 s。同时做空白实验。

表7－9　邻苯二甲酸氢钾的质量、氢氧化钠溶液的浓度及无二氧化碳水的体积

氢氧化钠标准滴定溶液的浓度/(mol·L^{-1})	工作基准试剂邻苯二甲酸氢钾的质量/g	无二氧化碳水的体积/mL
1	7.5	80
0.5	3.6	80
0.1	0.75	50

2. HCl标准溶液的配制和标定

（1）配制

按表7－10的规定量取盐酸，注入1 000 mL水中，摇匀。

表7－10　盐酸溶液浓度和体积

盐酸标准滴定溶液的浓度/(mol·L^{-1})	盐酸的体积/mL
1	90
0.5	45
0.1	9

（2）标定

按表7－11的规定称取于270～300 ℃灼烧至恒重的工作基准试剂无水碳酸钠，溶于50 mL水中，加10滴溴甲酚绿－甲基红指示液，用配制好的盐酸溶液滴定至溶液由绿色变为暗红色，煮沸2 min，冷却后继续滴定至溶液再呈暗红色。同时做空白实验。

表7－11　无水碳酸钠的质量和盐酸溶液的浓度

盐酸标准滴定溶液的浓度/(mol·L^{-1})	工作基准试剂无水碳酸钠的质量/g
1	1.9
0.5	0.95
0.1	0.2

3. EDTA标准溶液的配制和标定

（1）配制

按表7－12规定的量称取乙二胺四乙酸二钠，加1 000 mL水，加热溶解，冷却，摇匀。

表7－12　乙二胺四乙酸二钠的质量和溶液的浓度

乙二胺四乙酸二钠标准滴定溶液的浓度/(mol·L^{-1})	乙二胺四乙酸二钠的质量/g
0.1	40
0.05	20
0.02	8

(2) 标定

按表7－13规定的量称取于(800±50)℃的高温炉中灼烧至恒重的工作基准试剂氧化锌，用少量水湿润，加2 mL盐酸溶液($w=20\%$)溶解，加100 mL水，用氨水溶液(10%)调节溶液pH至7～8，加10 mL氨－氯化铵缓冲溶液(pH≈10)及5滴铬黑T指示液($5\ g\cdot L^{-1}$)，用配制好的乙二胺四酸二钠溶液滴定至溶液由紫色变为纯蓝色。同时做空白实验。

表7－13　氧化锌的质量和乙二胺四酸二钠溶液的浓度

乙二胺四酸二钠标准滴定溶液的浓度 $/(mol\cdot L^{-1})$	工作基准试剂氧化锌的质量/g
0.1	0.3
0.05	0.15

4. $KMnO_4$标准溶液的配制和标定

(1) $c\left(\frac{1}{5}KMnO_4\right)=0.1\ mol\cdot L^{-1}$标准溶液的配制

称取3.3 g高锰酸钾，溶于1 050 mL水中，缓缓煮沸15 min，冷却，于暗处放置两周，用已处理过的4号玻璃滤埚过滤，储存于棕色瓶中。

玻璃滤埚的处理是将玻璃滤埚在同样浓度的高锰酸钾溶液中缓缓煮沸5 min。

(2) 标定

称取0.25 g于105～110 ℃电烘箱中干燥至恒重的工作基准试剂草酸钠，溶于100 mL硫酸溶液(8+92)中，用配制好的高锰酸钾溶液滴定，近终点时加热至65 ℃，继续滴定至溶液呈粉红色，并保持30 s。同时做空白实验。

5. I_2标准溶液的配制和标定

(1) 配制

用升华法制得的纯碘可直接配制成标准溶液。但通常是用市售的碘先配成近似浓度的碘溶液，然后用基准试剂或已知准确浓度的$Na_2S_2O_3$标准溶液来标定碘溶液。由于碘几乎不溶于水，易溶于KI溶液，故配制时应将I_2、KI与少量水一起研磨后再用水稀释，并保存在棕色试剂瓶中待标定。

(2) 标定

标定I_2溶液可用As_2O_3基准试剂。将As_2O_3溶于NaOH溶液，使之生成亚砷酸钠，再用I_2溶液滴定AsO_3^{3-}。

$$As_2O_3+6NaOH=2Na_3AsO_3+3H_2O$$

$$AsO_3^{3-}+H_2O+I_2=AsO_4^{3-}+2I^-+2H^+$$

(3) 操作步骤

称取0.15 g预先在硫酸干燥器中干燥至恒量的基准三氧化二砷，称准至0.000 1 g置于碘量瓶中，加4 mL 1 $mol\cdot L^{-1}$的氢氧化钠溶液，加50 mL水和2滴酚酞指示液($10\ g\cdot L^{-1}$)，用$c(1/2H_2SO_4)=1\ mol\cdot L^{-1}$硫酸溶液中和，加3 g碳酸氢钠及3 mL淀粉指示剂($5\ g\cdot L^{-1}$)，用配好的碘溶液［$c(1/2I_2)$ = 0.1 mol·L^{-1}］滴定至溶液呈浅蓝色，同时做一空白实验。

6. $Na_2S_2O_3$标准溶液的配制和标定

（1）配制

市售硫代硫酸钠（$Na_2S_2O_3 \cdot 5H_2O$）一般含有少量杂质，且在空气中不稳定，因此不能用直接法配制。配制方法：称取一定量$Na_2S_2O_3 \cdot 5H_2O$溶于无二氧化碳的蒸馏水中，煮沸，冷至室温，储存于棕色瓶中。放置两周后过滤，再标定。

（2）标定

标定$Na_2S_2O_3$溶液的基准物质有$K_2Cr_2O_7$、KIO_3、$KBrO_3$及升华I_2等。除I_2外，其他物质都需在酸性溶液中与KI作用析出I_2后，再用配制的$Na_2S_2O_3$溶液滴定。现以$K_2Cr_2O_7$作基准物为例加以讨论。

（3）操作步骤

称取0.15 g于120 ℃烘至恒量的基准重铬酸钾，称准至0.000 1 g，置于碘量瓶中，溶于25 mL水，加2 g碘化钾及20 mL硫酸溶液（200 g·L^{-1}），摇匀，于暗处放置10 min。加150 mL水，用配制好的硫代硫酸钠溶液［$c(Na_2S_2O_3)$ = 0.1 mol·L^{-1}］滴定。临近终点时加3 mL淀粉指示液（5 g·L^{-1}），继续滴定至溶液由蓝色变为亮绿色。同时做一空白实验。

其反应式为

$$Cr_2O_7^{2-} + 6I^- + 14H^+ = 2Cr^{3+} + 3I_2 + 7H_2O$$

$$I_2 + 2S_2O_3^{2-} = 2I^- + S_4O_6^{2-}$$

7. $AgNO_3$标准溶液的配制和标定

（1）配制

$AgNO_3$标准滴定溶液可以用符合基准试剂要求的$AgNO_3$直接配制。但市售的$AgNO_3$常含有杂质，如Ag、AgO、游离硝酸和亚硝酸等。因此，一般情况下都是间接配制，然后用基准NaCl来标定。

配制$AgNO_3$溶液所用的蒸馏水应不含Cl^-，配好的$AgNO_3$溶液应存放在棕色试剂瓶中，置于暗处，以避免日光照射。

（2）标定

$AgNO_3$标准滴定溶液可用莫尔法标定，基准物质为NaCl，以K_2CrO_4为指示剂，溶液呈现砖红色即为终点。其标定反应式为

$$Cl^- + Ag^+ = AgCl\downarrow$$

$$CrO_4^{2-} + 2Ag^+ = Ag_2CrO_4\downarrow$$

（砖红色）

（3）操作步骤

常用的硝酸银标准溶液浓度为0.1 mol·L^{-1}。配制近似0.1 mol·L^{-1}硝酸银标准溶液1 L，可称取硝酸银约17 g，加蒸馏水溶解稀释成1 L，摇匀，置于具塞玻璃的棕色瓶中，密闭保存。硝酸银标准溶液常用氯化钠进行标定。氯化钠容易吸湿，使用前应将它放在坩埚内，在500~600 ℃时灼烧至恒量，然后转到干燥器内保存。称取2份0.150 0 g基准氯化钠，分别置于锥形瓶中，各加蒸馏水50 mL使之溶解，再加50 g·L^{-1}的铬酸钾溶液1 mL，用力摇，用0.1 mol·L^{-1}的硝酸银溶液滴定至刚好出现砖红色沉淀即为终点。

8. 硫氰酸铵标准溶液的配制与标定

固体的硫氰酸铵和硫氰酸钾都具有吸湿性，很难得到纯品，因此，只能先配制近似浓度的溶液，然后进行标定。要配制0.1 g·mol^{-1}硫氰酸铵溶液1 L，可称取硫氰酸铵约8 g，加适量的蒸馏水溶解后稀释成1 L，摇匀。硫氰酸铵溶液的浓度可用硝酸银基准物质或硝酸银标准溶液进行标定。用硝酸银标准溶液进行标定时，可量取2份0.1 mol·L^{-1}硝酸银溶液25.00 mL，分别置于锥形瓶中，各加蒸馏水50 mL、新煮沸并冷却的硝酸2 mL、铁铵矾指示剂2 mL，在充分振摇下用0.1 mol·L^{-1}硫氰酸铵溶液滴定至溶液呈淡红色，并经剧烈振摇仍不褪色时即为终点。

【实验数据及处理】

1. NaOH标准溶液的配制和标定

（1）以邻苯二甲酸氢钾标定

氢氧化钠标准滴定溶液的浓度按式（7-9）计算：

$$c(\mathrm{NaOH})=\frac{1\,000m}{(V_1-V_2)M} \tag{7-9}$$

式中，$c(\mathrm{NaOH})$——氢氧化钠标准溶液的物质的量浓度，mol·L^{-1}；

m——邻苯二甲酸氢钾的质量，g；

V_1——氢氧化钠溶液的用量，mL；

V_2——空白实验氢氧化钠溶液的用量，mL；

M——邻苯二甲酸氢钾的摩尔质量，204.22 g·mol^{-1}。

（2）用HCl标准滴定溶液标定

氢氧化钠标准滴定溶液的浓度按式（7-10）计算：

$$c(\mathrm{NaOH})=c(\mathrm{HCl})\frac{V(\mathrm{HCl})}{V(\mathrm{NaOH})} \tag{7-10}$$

式中，$c(\mathrm{NaOH})$——NaOH标准滴定溶液的物质的量浓度，mol·L^{-1}；

$c(\mathrm{HCl})$——HCl标准滴定溶液的物质的量浓度，mol·L^{-1}；

$V(\mathrm{NaOH})$——滴定时消耗NaOH标准滴定溶液的体积，L；

$V(\mathrm{HCl})$——滴定时消耗HCl标准滴定溶液的体积，L。

2. HCl标准溶液的配制和标定

盐酸标准滴定溶液的浓度按式（7-11）计算：

$$c(\mathrm{HCl})=\frac{1\,000m}{(V_1-V_2)M} \tag{7-11}$$

式中，$c(\mathrm{HCl})$——盐酸标准溶液的物质的量浓度，mol·L^{-1}；

m——无水碳酸钠的质量，g；

V_1——盐酸溶液的用量，mL；

V_2——空白实验盐酸溶液的用量，mL；

M——无水碳酸钠的摩尔质量，g·mol^{-1}。

3. EDTA 标准溶液的配制和标定

乙二胺四酸二钠标准滴定溶液的浓度按式（7－12）计算：

$$c(\mathrm{EDTA})=\frac{1\,000m}{(V_1-V_2)M} \tag{7-12}$$

式中，$c(\mathrm{EDTA})$——乙二胺四酸二钠标准滴定溶液的物质的量浓度，$\mathrm{mol \cdot L^{-1}}$；

m——氧化锌的质量，g；

V_1——乙二胺四酸二钠溶液的用量，mL；

V_2——空白实验乙二胺四酸二钠溶液的用量，mL；

M——氧化锌的摩尔质量，$\mathrm{g \cdot mol^{-1}}$。

4. $KMnO_4$标准溶液的配制和标定

高锰酸钾标准滴定溶液的浓度按式（7－13）计算：

$$c\left(\frac{1}{5}\mathrm{KMnO_4}\right)=\frac{1\,000m}{(V_1-V_2)M} \tag{7-13}$$

式中，$c(1/5\mathrm{KMnO_4})$——高锰酸钾标准溶液的物质的量浓度，$\mathrm{mol \cdot L^{-1}}$；

m——草酸钠的质量，g；

V_1——高锰酸钾溶液的用量，mL；

V_2——空白实验高锰酸钾溶液的用量，mL；

M——草酸钠的摩尔质量，$\mathrm{g \cdot mol^{-1}}$。

5. I_2标准溶液的配制和标定

I_2标准滴定溶液的浓度按式（7－14）计算：

$$c\left(\frac{1}{2}\mathrm{I_2}\right)=\frac{1\,000m}{(V_1-V_2)M} \tag{7-14}$$

式中，$c(1/2\mathrm{I_2})$——I_2标准溶液的物质的量浓度，$\mathrm{mol \cdot L^{-1}}$；

m——As_2O_3的质量，g；

V_1——I_2溶液的用量，mL；

V_2——空白实验 I_2溶液的用量，mL；

M——As_2O_3的摩尔质量，$\mathrm{kg \cdot mol^{-1}}$。

6. $Na_2S_2O_3$标准溶液的配制和标定

$Na_2S_2O_3$标准滴定溶液的浓度按式（7－15）计算：

$$c(\mathrm{Na_2S_2O_3})=\frac{m}{49.03(V_1-V_0)} \tag{7-15}$$

式中，$c(\mathrm{Na_2S_2O_3})$——硫代硫酸钠标准滴定溶液的物质的量浓度，$\mathrm{mol \cdot L^{-1}}$；

m——重铬酸钾的质量，g；

V_1——硫代硫酸钠标准溶液的用量，mL；

V_0——空白实验用硫代硫酸钠标准溶液的用量，mL；

49.03——重铬酸钾的摩尔质量，$\mathrm{g \cdot mol^{-1}}$。

7. $AgNO_3$标准溶液的配制和标定

$AgNO_3$标准滴定溶液的浓度按式（7－16）计算：

$$c(AgNO_3)=\frac{m}{1\ 000VM} \tag{7-16}$$

式中，$c(AgNO_3)$——硝酸银标准滴定溶液的物质的量浓度，$mol \cdot L^{-1}$；

m——氯化钠的质量，g；

V——滴定时硝酸银溶液的消耗量，mL；

M——氯化钠的摩尔质量，$g \cdot mol^{-1}$。

8. 硫氰酸铵标准溶液的配制与标定

按式（7 - 17）计算硫氰酸铵溶液的浓度：

$$c(NH_4SCN)=\frac{c(AgNO_3)V(AgNO_3)}{V(NH_4SCN)} \tag{7-17}$$

【思考与讨论】

1. 标定 NaOH 的常用基准物质有哪些？
2. 用无水碳酸钠标定盐酸时，中途为什么要煮沸后继续滴定？
3. EDTA 标定常用基准物质有哪些？滴定过程中为什么要控制 pH 在一定范围？

7.2 化学分析技能实训项目

实验 6 酸碱滴定

【实验目的】

1. 培养“通过实验手段用已知测未知”的实验思想。
2. 学习锥形瓶、移液管、滴定管等玻璃仪器的洗涤和使用方法，掌握酸碱滴定的原理。
3. 掌握酸碱滴定操作和滴定终点的判断，实现学习与实践相结合。

【实验仪器与材料】

仪器：滴定台一套，50 mL 酸、碱滴定管各一支，10 mL 移液管一支，250 mL 锥形瓶两个。

材料：0.1 $mol \cdot L^{-1}$ NaOH 溶液，0.1 $mol \cdot L^{-1}$ 盐酸，0.05 $mol \cdot L^{-1}$ 草酸，酚酞试剂，甲基橙试剂。

【实验原理】

中和反应是酸与碱相互作用生成盐和水的反应，通过实验手段，用已知测未知。即用已知浓度的酸（碱）溶液完全中和未知浓度的碱（酸）溶液，测出二者的体积，然后根据化学方程式中二者的化学计量数求出未知溶液的浓度。酸碱滴定通常用盐酸溶液和氢氧化钠溶液做标准溶液，但是，由于浓盐酸易挥发，氢氧化钠易吸收空气中的水和二氧化碳，故不能直接配制成准确浓度的溶液，一般先配制成近似浓度溶液，再用基准物标定。本实验用草酸（二水草酸）作基准物。

（1）氢氧化钠溶液标定

$$H_2C_2O_4 + 2NaOH = Na_2C_2O_4 + 2H_2O$$

反应达到终点时，溶液呈弱碱性，用酚酞作指示剂，平行滴定两次。

（2）盐酸溶液标定

$$HCl + NaOH = NaCl + H_2O$$

反应达到终点时，溶液呈弱酸性，用甲基橙作指示剂，平行滴定两次。

【实验方法与步骤】

进行酸碱滴定实验的步骤为以下几步。

①仪器检漏。对酸（碱）滴定管进行检漏。

②仪器洗涤。按要求洗涤滴定管及锥形瓶，并对滴定管进行润洗。

③用移液管向两个锥形瓶中分别加入 10.00 mL 草酸（二水草酸），再分别滴入两滴酚酞，向碱式滴定管中加入 NaOH 标准溶液至零刻线以上，排尽气泡，调整液面至零刻线，记录读数。

④用氢氧化钠溶液滴定草酸（二水草酸）溶液，沿同一个方向按圆周摇动锥形瓶，待溶液由无色变成粉红色，保持 30 s 不褪色，即可认为达到终点，记录读数。

⑤用移液管分别向清洗过的两个锥形瓶中加入 10.00 mL 氢氧化钠溶液，再分别滴入两滴甲基橙。向酸式滴定管中加入盐酸溶液至零刻线以上 2 ~ 3 cm，排尽气泡，调整液面至零刻线，记录读数。

⑥用盐酸溶液滴定氢氧化钠溶液，待锥形瓶中溶液由黄色变为橙色，并保持 30 s 不变色，即可认为达到滴定终点，记录读数。

⑦清洗并整理实验仪器，清洗实验台。

【实验数据及处理】

实验结果记于表 7 - 14 和表 7 - 15 中。

表 7 - 14　氢氧化钠溶液浓度的标定

实验序号	1			2			3		
标准草酸（二水草酸）用量/mL									
	始读数	终读数	用量	始读数	终读数	用量	始读数	终读数	用量
被测 NaOH 溶液用量/mL									
测得 NaOH 溶液浓度/$(mol \cdot L^{-1})$									
NaOH 溶液平均浓度/$(mol \cdot L^{-1})$									

表 7-15　盐酸溶液浓度的标定

实验序号	1			2			3		
已标定浓度的 NaOH 溶液用量/mL									
	始读数	终读数	用量	始读数	终读数	用量	始读数	终读数	用量
被测 HCl 溶液用量/mL									
测得 HCl 溶液浓度/($mol \cdot L^{-1}$)									
HCl 溶液平均浓度/($mol \cdot L^{-1}$)									

【思考与讨论】

1. 为何滴定管必须用相应待测液润洗而锥形瓶不可以润洗？滴定前滴定管尖端有气泡，该怎么办？

2. 如何确保终点时滴定管尖嘴能够有液滴？滴定时如何把握滴定速度？

3. 接近终点时，如何控制半滴？

4. 对滴定管读数时，应如何操作？

实验 7　硫酸铜中铜含量的分析

【实验目的】

掌握用碘量法测定硫酸铜中铜含量的原理和方法。

【实验仪器与材料】

仪器：分析天平，电热板，碘量瓶，量筒，移液管，烧杯，容量瓶。

材料：纯铜，0.050 00 $mol \cdot L^{-1}$ $Na_2S_2O_3$标准溶液，1 $mol \cdot L^{-1}$ H_2SO_4溶液，10% KSCN 溶液，10% KI 溶液，1%淀粉溶液。

【实验原理】

二价铜盐与碘化物发生下列反应：

$$2Cu^{2+} + 4I^- = 2CuI \downarrow + I_2$$

$$I_2 + I^- = I_3^-$$

$$I_2 + 2S_2O_3^{2-} = 2I^- + S_4O_6^{2-}$$

析出的 I_2 再用 $Na_2S_2O_3$ 标准溶液滴定，由此可以计算出铜的含量。

Cu^{2+} 与 I^- 的反应是可逆的，为了促使反应实际上能趋于完全，必须加入过量的 KI。但是由于 CuI 沉淀强烈地吸附 I_3^-，会使测定结果偏低。

如果加入 KSCN，使 CuI（$K_{sp}=5.06\times10^{-12}$）转化为溶解度更小的 CuSCN（$K_{sp}=4.8\times10^{-15}$）：

$$CuI + SCN^- = CuSCN\downarrow + I^-$$

这样不但可以释放出被吸附的 I_3^-，而且反应时再生出来的 I^- 可与未反应的 Cu^{2+} 发生作用。在这种情况下，使用较少的 KI 即可使反应进行得更完全。

但是 KSCN 只能在接近终点时加入，否则因为 I_2 的量较多，会明显地被 KSCN 还原，从而使结果偏低：

$$SCN^- + 4I_2 + 4H_2O = SO_4^{2-} + 7I^- + ICN + 8H^+$$

为了防止铜盐水解，反应必须在酸性溶液中进行。酸度过低，Cu^{2+} 氧化 I^- 的反应进行不完全，结果偏低，并且反应速度慢，终点拖长；酸度过高，则 I^- 被空气氧化为 I_2 的反应为 Cu^{2+} 所催化，使结果偏高。

大量 Cl^- 能与 Cu^{2+} 络合，I^- 不易从 Cu（Ⅱ）的氯络合物中将 Cu（Ⅱ）定量地还原，因此最好用硫酸而不用盐酸（少量盐酸不干扰）。

矿石或合金中的铜也可以用碘法测定，但必须设法防止其他能氧化 I^- 的物质（如 NO_3^-、Fe^{3+} 等）的干扰。防止的方法是加入掩蔽剂，以掩蔽干扰离子（例如，使 Fe^{3+} 生成 FeF_6^{3-} 络离子而掩蔽），或在测定前将它们分离除去。若有 As（Ⅴ）、Sb（Ⅴ）存在，应将 pH 调至 4，以免它们氧化 I^-。

间接碘量法以硫代硫酸钠作滴定剂，硫代硫酸钠（$Na_2S_2O_3\cdot5H_2O$）一般含有少量杂质，比如 S、Na_2SO_3、Na_2SO_4、Na_2CO_3 及 NaCl 等，同时还容易风化和潮解，因此不能直接配制准确浓度的溶液。

$Na_2S_2O_3$ 溶液易受微生物、空气中的氧气及溶解在水中的 CO_2 的影响而分解。

$$Na_2S_2O_3 \rightarrow Na_2SO_3 + S\downarrow$$

$$S_2O_3^{2-} + CO_2 + H_2O \rightarrow HSO_3^- + HCO_3^- + S\downarrow$$

$$2S_2O_3^{2-} + O_2 \rightarrow 2SO_4^{2-} + 2S\downarrow$$

为了减少上述副反应的发生，配制 $Na_2S_2O_3$ 溶液时，应用新煮沸后冷却的蒸馏水，并加入少量 Na_2CO_3（约 0.02%）使溶液成微碱性，也可加入少量 HgI_2（10 mg · L^{-1}）作杀菌剂。配制好的 $Na_2S_2O_3$ 溶液应放置 1～2 周，待其浓度稳定后再标定。溶液应避光和热，存放在棕色试剂瓶中，置于暗处。

选择碘量法测定铜的含量，其中可以作为基准物质的有重铬酸钾、碘酸钾、溴酸钾和纯铜，本实验以纯铜为基准物质。

【实验方法与步骤】

进行硫酸铜中铜含量分析实验的步骤为以下几步。

①$Na_2S_2O_3$ 溶液的配制：称取 12.5 g $Na_2S_2O_3\cdot5H_2O$ 于烧杯中，加入约 300 mL 新煮沸后冷却的蒸馏水溶解，加入约 0.2 g Na_2CO_3 固体，然后用新煮沸且冷却的蒸馏水稀释至 1 L，储于棕色试剂瓶中，在暗处放置 1～2 周后再标定。

②Cu^{2+} 标准溶液的配制：准确称取 0.2 g 左右的纯铜，置于 250 mL 烧杯中。（以下操作

在通风橱中进行）加入约3 mL 6 mol · L^{-1} HNO_3，盖上表面皿，放在电热板上微热。待铜完全分解后，慢慢升温蒸发至干。冷却后再加入 H_2SO_4（1+1）2 mL 蒸发至冒白烟、近干（切记蒸干），冷却，定量转入500 mL容量瓶中，加水稀释至刻度，摇匀，从而制得 Cu^{2+} 标准溶液。

③$Na_2S_2O_3$溶液的标定：准确移取25.00 mL Cu^{2+}标准溶液于250 mL锥形瓶中（最好是碘量瓶），加水25 mL，混匀。加入7 mL 100 g · L^{-1} KI溶液，立即用待标定的$Na_2S_2O_3$溶液滴定至呈淡黄色。然后加入 10 g · L^{-1} 淀粉溶液，继续滴定至浅蓝色。再加入5 mL 100 g · L^{-1} KSCN溶液，摇匀后溶液蓝色转深，再继续滴定至蓝色恰好消失为终点（此时溶液为米色CuSCN悬溶液）。计算 $c(Na_2S_2O_3)$。

④测定硫酸铜中铜含量：精确称取硫酸铜试样（每份相当于20~30 mL $Na_2S_2O_3$标准溶液）于250 mL碘量瓶中，加入3 mL 1 mol · L^{-1} H_2SO_4溶液和30 mL水，溶解试样。以下操作同标定。滴定结束后，记录下消耗的 $Na_2S_2O_3$ 标准溶液的体积，计算试样中铜的质量分数。

【实验数据及处理】

无。

【思考与讨论】

1. 硫酸铜易溶于水，为什么溶解时要加硫酸？

2. 用碘法测定铜含量时，为什么要加入KSCN溶液？如果在酸化后立即加入KSCN溶液，会产生什么影响？

3. 已知 $\varphi^{\theta}(Cu^{2+}/Cu^{+}) = 0.158$ V，$\varphi^{\theta}(I_2/I^{-}) = 0.54$ V，为什么本法中 Cu^{2+} 却能使 I^- 氧化为 I_2？

4. 测定反应为什么一定要在弱酸性溶液中进行？

5. 如果分析矿石或合金中的铜，应怎样分解试样？试液中含有的干扰性杂质如 NO_3^-、Fe^{3+} 等离子，应如何消除它们的干扰？

6. 如果用 $Na_2S_2O_3$ 标准溶液测定铜矿或铜合金中的铜，用什么基准物标定 $Na_2S_2O_3$ 溶液的浓度最好？

实验8　五水硫酸铜中硫酸根含量的测定

【实验目的】

1. 掌握重量分析法的基本原理和基本方法。

2. 掌握晶形沉淀的条件和操作要领。

3. 掌握过滤器的准备方法及沉淀的过滤、洗涤的操作要领。

4. 掌握沉淀的烘干、炭化、灰化及沉淀的灼烧、恒重的原理和操作技术。

【主要仪器及试剂】

仪器：称量瓶，电子天平，烧杯，瓷坩埚，干锅叉，玻璃棒，电炉，长颈漏斗，定量滤纸，表面皿，洗瓶，尖嘴滴管（15 mm），泥三角，干燥器，马弗炉（1 000 ℃）。

材料：五水硫酸铜，2 $mol \cdot L^{-1}$盐酸，6%氯化钡，0.1 $mol \cdot L^{-1}$硝酸银，2 $mol \cdot L^{-1}$硝酸，去离子水。

【实验原理】

利用沉淀反应，使待测物质转化为称量形式后，测定物质含量，这是分析化学中重要的经典的分析方法。试样经溶解、沉淀、陈化、过滤、洗涤、烘干、炭化、灰化、灼烧、恒重、称量，计算出物质含量。

将可溶性硫酸盐试样溶于水中，用稀盐酸酸化，加热近沸，在不断搅拌条件下缓慢滴加热的$BaCl_2$稀溶液，生成难溶性硫酸钡沉淀。

$$Ba^{2+} + SO_4^{2-} = BaSO_4 \downarrow (白)$$

硫酸钡是典型的晶形沉淀，因此应完全按照晶形沉淀的处理方法，将所得沉淀经陈化后，过滤、洗涤、干燥和灼烧，最后以硫酸钡沉淀形式称量，求得试样中硫酸根的含量。

1. 硫酸钡符合定量分析的要求

①硫酸钡的溶解度小，在常温下为1×10^{-5} $mol \cdot L^{-1}$，在100 ℃时为1.3×10^{-5} $mol \cdot L^{-1}$，所以，在常温和100 ℃时，每100 mL硫酸钡溶液中仅溶解0.23～0.3 mg，不超出误差范围，可以忽略不计。

②硫酸钡沉淀的组成精确地与其化学式相符合，化学性质非常稳定，因此，凡含硫的化合物，将其氧化成硫酸根及钡盐中的钡离子都可用硫酸钡的形式来测定。

2. 盐酸的作用

①利用盐酸提高硫酸钡沉淀的溶解度，以得到较大晶粒的沉淀，利于过滤沉淀。由实验得知，在常温下，$BaSO_4$的溶解度与盐酸浓度有关，所以，在沉淀硫酸钡时，不要使酸度过高，最适宜在0.1 $mol \cdot L^{-1}$以下（约0.05 $mol \cdot L^{-1}$）的盐酸溶液中进行，硫酸钡的溶解量可忽略不计。

②在0.05 $mol \cdot L^{-1}$盐酸浓度下，溶液中若含有草酸根、磷酸根、碳酸根，与钡离子不能产生沉淀，因此不会发生干扰。

③可防止盐类的水解作用，如有微量铁、铝等离子存在，在中性溶液中将因水解而生成碱式硫酸盐胶体微粒与硫酸钡一同沉出。实验证明，溶液的酸度增大，三价离子共沉淀作用显著减小。

3. 沉淀条件

稀（溶液）、热（溶液）、慢（沉淀速度）、搅（搅拌）、陈化（晶体大、全）。

4. 硫酸钡沉淀的灼烧

硫酸钡沉淀不能立即高温灼烧，因为滤纸炭化后对硫酸钡沉淀有还原作用：

$$BaSO_4 + 4C = BaS\downarrow + 4CO\uparrow$$

$$BaSO_4 + 4CO = BaS\downarrow + 4CO_2\uparrow$$

所以，应先以小火使带有沉淀的滤纸慢慢烘干、炭化变黑，而绝不可着火，如不慎着火，应立即盖上坩埚盖使其熄灭，否则，除发生反应外，热空气流还吹走沉淀，必须特别注意。如已发生还原作用，微量的硫化钡在充足空气中可能氧化而重新成为硫酸钡：

$$BaS + 2O_2 = BaSO_4\downarrow$$

沉淀若能灼烧达到恒重，则表明上述氧化作用已告结束，沉淀已不含硫化钡。另外，灼烧沉淀的温度应不超过 900 ℃，且时间不宜太长，以免发生下列反应：

$$BaSO_4 = BaO + SO_3\uparrow$$

从而引起误差，使结果偏低。

【实验方法与步骤】

实验的步骤如下。

1. 空坩埚灼烧

洗净→烘干→编号（已编）→灼烧（800 ℃，40 min）→恒重（800 ℃，20 min）→冷却（30 min）→称量→记录（干燥器、坩埚钳二人合用）。

2. 称样

准确称取硫酸铜产物 0.5 ~0.6 g（两份）。

3. 溶样

将硫酸铜产物分别置于250 mL 烧杯中，加水 100 mL，加入 6 mL 2 mol · L^{-1}盐酸（整个沉淀过程，玻璃棒不离烧杯），溶解，用水稀释到约 200 mL，盖上表面皿。

4. 沉淀剂

称取 6% 氯化钡溶液 10 mL 两份，分别置于 100 mL 烧杯中，加水 40 mL。

5. 沉淀

试样溶液与沉淀剂同时加热至近沸，在不断搅拌下（右手搅棒，左手滴），趁热用滴管吸取沉淀剂，逐滴加入试液中（留几滴稀氯化钡溶液）。沉淀完毕后，静置 2 min，待硫酸钡下沉后，于上层清液中沿烧杯壁加 1 ~2 滴氯化钡溶液，仔细观察有无浑浊出现（检验沉淀是否完全）。盖上表面皿，静置过夜（或微沸 10 min，在室温下陈化 12 h），以使试液上面悬浮的微小晶粒完全沉下，溶液澄清。

6. 过滤

取中速（或慢速）定量滤纸两张，按漏斗的大小折好（四折法）滤纸，使其与漏斗很好地贴合（三层对漏斗出口短的一边，撕一角放入洁净表面皿，备用），以去离子水润湿，并使漏斗颈内留有水柱，将漏斗置于漏斗架上，漏斗下面各放一只清洁的烧杯，利用倾泻法（过滤过程玻璃棒不离烧杯）小心地把上层清液沿玻璃棒（靠近滤纸三层的一边）慢慢倾入已准备好的漏斗中（过滤过程中随时查看滤液是否浑浊，若发现穿滤，应重新过滤滤液），尽可能不让沉淀倒在漏斗滤纸上，以免妨碍过滤和洗涤。

7. 初洗

当烧杯中清液已经倾注完后，用热水洗涤沉淀 4 次（搅浑、澄清、倾泻法，10 mL/次）。

8. 沉淀的转移

往烧杯中加入 10 mL 纯水，搅浑，将沉淀定量（冲洗，滤纸角擦烧杯、玻璃棒）转移到滤纸上，再用热水洗涤 7 ~ 8 次（螺旋式洗涤，“少量多次”，使沉淀集中于滤纸尖部），用硝酸银检验滤液不显浑浊（表示无氯离子）为止。

9. 烘干、炭化、灰化

沉淀洗净后，将盛有沉淀的滤纸折叠成小包，移入已在 800 ℃灼烧至恒重的瓷坩埚中（以下操作过程注意转动坩埚，使受热均匀），烘干（小火）、炭化（中火，若滤纸着火，用坩埚盖，以防沉淀随灰飞失）、灰化（大火，需充足空气，否则 C 或 CO 还原 $BaSO_4$；温度低于 900 ℃，以防分解）。

10. 灼烧

把灰化后的坩埚置于 800 ℃的马弗炉中灼烧 40 min（坩埚斜盖），取出并置于干燥器内冷却 30 min，至室温，称量。再灼烧至恒重。根据所得硫酸钡量，计算试样中 SO_4^{2-} 含量。

11. 仪器处理

清洗仪器，放回原处。

12. 注意事项

①沉淀剂过量（同离子效应，使沉淀完全。测 Ba^{2+} 含量，因 H_2SO_4 可灼烧除去，沉淀剂可过量 50% ~100%；测 SO_4^{2-} 含量，因 $BaCl_2$ 不易除去，沉淀剂只能过量 20% ~30%）。

②盐酸性（增大 $BaSO_4$ 溶解度；防共沉淀；防金属离子水解）。

③降低相对的过饱和度，获得好的晶型。

④重量分析法所用滤纸为慢速（或中速）定量滤纸（无灰滤纸）。

⑤过滤漏斗为标准漏斗（60°，颈长 15 ~20 cm，颈直径 3 ~5 mm）。

⑥倾泻法过滤。

⑦沉淀洗涤遵从“少量多次”原则。

⑧烘干用小火、炭化用中火（防滤纸燃烧）、灰化用大火（空气要充足，防还原；小于 900 ℃，防分解）。

【实验数据及处理】

将实验数据记于表 7 –16 中。

表 7 –16　五水硫酸铜中硫酸根含量的测定实验记录表

实验温度：＿＿＿＿，湿度＿＿＿＿＿＿，气压＿＿＿＿＿＿

标样校准	检测时间	标准物质（样品）名称	标识记号	自编号	校准项目	称取试样质量/g	分取试样量/g(或 mL)	恒重/g				测定值/%	测定结果/%	标准值/%	校准结论
								第一次	第二次	第三次	差值				

续表

试样检测	检测时间	试样名称	实验室编号	自编号	检测项目	称取试样质量/g	分取试样量/g(或mL)	恒重/g				相关计算系数	测定值/%	平均值/%	测定结果/%
								第一次	第二次	第三次	差值				

实验记事

检测方法标准号：

计算公式：

测定范围/%	允许差/%

其他备注：

检测员：　　　　核验员：

【思考与讨论】

1. 沉淀硫酸钡时，为什么要在稀溶液、稀盐酸介质中进行？搅拌的目的是什么？
2. 为什么沉淀硫酸钡要在热溶液中进行，而在冷却后过滤？沉淀后为什么要陈化？
3. 用倾泻法过滤有什么优点？

实验9　EDTA标准溶液的配制与标定

【实验目的】

1. 掌握配制 Zn^{2+} 标准溶液、EDTA标准溶液及配位滴定原理。
2. 学会以ZnO为工作基准试剂、铬黑T为指示剂标定EDTA标准溶液。
3. 练习直接称量、配制溶液、移取溶液及滴定的基本操作。

【实验仪器与材料】

仪器：称量瓶，分析天平，烧杯，量筒，容量瓶，酸式滴定管，玻璃棒，锥形瓶，定性滤纸，表面皿，洗瓶，pH试纸。

材料：EDTA二钠盐，基准ZnO，盐酸（1+1），氨水（1+1），NH_3-NH_4Cl 缓冲溶液，铬黑T指示剂，去离子水。

【实验原理】

EDTA是一种很好的氨羧配位剂，它能和许多种金属离子生成很稳定的配合物，所以广泛用于无机物的定量分析滴定金属离子。EDTA 难溶于水，实验用的是它的二钠盐（Na_2EDTA）配制标准滴定溶液，常用金属锌、氧化锌、碳酸钙和氧化镁等基准物。EDTA 标准溶液的配制与标定是分析化学实验课的基本操作型实验项目，通过本实验可以使学生深入理解配位滴定基本理论知识，熟悉溶液配制和滴定基本操作技能。

1. 用 EDTA 二钠盐配制 EDTA 标准溶液的原因

EDTA 是四元酸，常用 H_4Y 表示，是一种白色晶体粉末，在水中的溶解度很小，室温溶解度为 0.02 g/(100 g H_2O)。因此，实际工作中常用它的二钠盐 $Na_2H_2Y \cdot 2H_2O$，其溶解度稍大，在 22 ℃（295 K）时，每 100 g 水中可溶解 11.1 g。

2. 标定 EDTA 标准溶液的工作基准试剂

实验中以 ZnO 为工作基准试剂，在 800 ℃灼烧至恒重作为基准试剂，冷却后称量。

3. 滴定用指示剂的作用原理

实验中以铬黑 T 作为指示剂。作用原理：在 pH = 10 的条件下，滴定前，Zn^{2+} 与指示剂反应：

$$\underset{\text{纯蓝色}}{HIn^{2-}} + Zn^{2+} \rightleftharpoons \underset{\text{酒红色}}{ZnIn^{-}} + H^{+}$$

用 EDTA 标准溶液滴定至终点时，反应为：

$$\underset{\text{酒红色}}{ZnIn^{-}} + H_2Y^{2-} \rightleftharpoons \underset{\text{纯蓝色}}{HIn^{2-}} + ZnY^{2-} + H^{+}$$

此时，溶液从酒红色变为纯蓝色，变色敏锐。

4. 缓冲溶液

实验以 $NH_3 \cdot H_2O - NH_4Cl$ 为缓冲溶液。原因是实验中所用的指示剂是铬黑 T。

$$\underset{\text{紫红}}{H_2In^{-}} \xrightleftharpoons{pK_{a2}=6.3} \underset{\text{蓝}}{HIn^{2-}} \xrightleftharpoons{pK_{a3}=11.55} \underset{\text{橙}}{In^{3-}}$$

若 pH < 6.3 或 pH > 11.5，由于指示剂本身接近于红色而不能使用。根据实验结果，使用铬黑 T 的最适宜酸度是 pH = 9 ~ 10.5，pH = 10 的缓冲液符合要求。

【实验方法与步骤】

1. 配制 0.02 mol · L^{-1} EDTA 标准溶液

称取分析纯 $Na_2H_2Y \cdot 2H_2O$ 3.7 g，溶于 300 mL 水中，加热溶解，冷却后转移至试剂瓶中，然后稀释至 500 mL，充分摇匀，待标定。

2. 配制 0.02 mol · L^{-1} Zn^{2+} 标准溶液

准确称取在 800 ℃灼烧至恒重的基准 ZnO 试剂 0.4 g，先用少量水润湿，加（1 + 1）盐酸 10 mL，盖上表面皿，使其溶解。待溶液完全溶解后，吹洗表面皿，将溶液转移至 250 mL 容量瓶中，用水稀释至刻度，充分摇匀。

3. EDTA 标准溶液的标定

用移液管移取 25.00 mL Zn^{2+} 标准溶液于 250 mL 锥形瓶中，加 20 mL 蒸馏水，滴加（1 + 1）氨水至刚出现浑浊[$Zn(OH)_2\downarrow$]，此时溶液 pH 为 8，然后再加入 10 mL $NH_3 - NH_4Cl$ 缓冲溶液，摇匀，加入铬黑 T 指示剂 4 滴，用 EDTA 标准溶液滴定至溶液由紫红色变为纯蓝色即为终点。根据滴定用去的EDTA体积和ZnO质量计算EDTA标准溶液准确浓度。

4. 注意事项

①配制Zn^{2+}标准溶液时，溶液要完全转移并洗涤容器，保证Zn^{2+}不能有损失。

②在加入氨性缓冲溶液前，先用（1+1）氨水调节pH，注意观察溶液变化。

③配位滴定反应进行较慢，因此滴定速度不宜太快，尤其是临近终点时更应缓慢滴定，并充分摇动。

④实验前应认真预习相关理论知识，熟悉实验原理和操作步骤。

⑤及时、准确记录实验现象和实验数据。

⑥实验中保持台面的规范、有序，实验完成后，关闭所用仪器等电源开关、调整复原，洗净所用玻璃器皿，归还所借用物品，整理好工作台面桌面，搞好地面卫生。

【实验数据及处理】

将实验数据记于表7-17中。

表7-17 EDTA标准溶液的配制与标定实验数据记录表

实验序号	1	2	3
$m(ZnO)/g$			
$V(EDTA)$ 初读数/mL			
$V(EDTA)$ 末读数/mL			
$V(EDTA)/mL$			
$c(EDTA)/(mol \cdot L^{-1})$			
平均 $c(EDTA)/(mol \cdot L^{-1})$			
标准偏差 s			

结果按照式（7-18）进行计算：

$$c(EDTA)=\frac{m(ZnO)\times V(ZnO)}{0.25\times M(ZnO)\times V(EDTA)} \tag{7-18}$$

式中，$c(EDTA)$——EDTA标准溶液的浓度，$mol \cdot L^{-1}$；

$V(ZnO)$——滴定时移取ZnO溶液的体积，L；

$V(EDTA)$——滴定时消耗EDTA标准溶液的体积，L；

$m(ZnO)$——滴定时ZnO基准物质的质量，g；

$M(ZnO)$——ZnO基准物质的摩尔质量，$g \cdot mol^{-1}$。

【思考与讨论】

1. 能否直接称取EDTA二钠盐配制EDTA标液？标定EDTA标液的基准试剂有哪些？
2. 如何配制EDTA标准溶液？
3. 配位滴定中，为什么要用缓冲溶液？
4. 说明铬黑T指示剂的作用原理。
5. 为什么要在pH=10的缓冲溶液中使用铬黑T？
6. 如何调节溶液的pH为10？

7. 为什么要先用（1+1）氨水调节，然后加 pH=10 的氨性缓冲溶液？

8. 怎样掌握好终点？

实验 10　EDTA 滴定法测定天然水总硬度

【实验目的】

1. 了解水的硬度的概念及其表示方法。

2. 掌握 EDTA 配位法测定水的硬度的基本原理、方法和计算，学会判断配位滴定的终点。

3. 掌握铬黑 T、钙指示剂的使用条件和终点变化。

4. 掌握容量瓶、移液管和滴定管的正确使用。

【主要仪器及试剂】

仪器：称量瓶，分析天平，烧杯，量筒，移液管，洗耳球，容量瓶，酸式滴定管，玻璃棒，锥形瓶，定性滤纸，表面皿，洗瓶，pH 试纸。

材料：EDTA 二钠盐，基准 ZnO，盐酸（1+1），氨水（1+1），NH_3-NH_4Cl 缓冲溶液，三乙醇胺，1 $mol \cdot L^{-1}$ NaOH 溶液，铬黑 T 指示剂，去离子水。

【实验原理】

水总硬度是否符合标准是自来水的一个重要参考数据，它主要描述钙离子和镁离子的含量。水总硬度根据不同的标准可以进行不同的分类。不同国家的换算单位也有不同的标准。水硬度是水质的一个重要监测指标，通过监测可以知道其是否可以用于工业生产及日常生活。如硬度高的水可使肥皂沉淀，使洗涤剂的效用大大降低；纺织工业上硬度过大的水使纺织物粗糙且难以染色；烧锅炉时易堵塞管道，引起锅炉爆炸事故；高硬度的水难喝、有苦涩味，饮用后甚至影响胃肠功能等；喂牲畜可引起孕畜流产等。因此，水硬度的测定方法研究是不容忽视的。目前的分析测定方法很多，主要可分为化学分析法和仪器分析法。水的总硬度指水中 Ca^{2+}、Mg^{2+} 的总浓度，其中包括碳酸盐硬度（即通过加热能以碳酸盐形式沉淀下来的钙、镁离子，故又叫暂时硬度）和非碳酸盐硬度（即加热后不能沉淀下来的那部分钙、镁离子，又称永久硬度）。

水的硬度的表示方法尚未统一，世界各国有不同的表示水的硬度的方法。以下为不同国家的表示方法：

德国度（°dH）：1 个德国度（1°dH）相当于 1 L 水中含有 10 mg 的 CaO；

英国度（°eH）：1 个英国度（1°eH）相当于 0.7 L 水中含有 10 mg 的 $CaCO_3$；

法国度（°fH）：1 个法国度（1°fH）相当于 1 L 水中含有 10 mg 的 $CaCO_3$；

美国度（mg/L）：1 个美国度相当于 1 L 水中含有 1 mg 的 $CaCO_3$。

我国水硬度使用较多的表示方法有两种：一种是将所测得的钙、镁折算成 CaO 的质量，即每升水中含有 CaO 的毫克数，单位为 $mg \cdot L^{-1}$；另一种以度计，即 1 硬度单位表示 10 万份水中含1份CaO（即每升水中含10 mg CaO），1度=10 ppm CaO。水的硬度通用单位为$mmol \cdot L^{-1}$，也可用德国度（°dH）表示，这是我国目前最普遍使用的一种水的硬度表示方法。其换算关系为：1 $mmol \cdot L^{-1}$ = 2.804德国度（°dH）。国家《生活饮用水卫生标准》规定，总硬度（以$CaCO_3$计）限值为450 $mg \cdot L^{-1}$。

水的硬度的测定可以分为水的总硬度测定和钙镁硬度测定两种，前者测定Ca、Mg总量，以钙化合物含量表示，后者分别测定Ca和Mg的含量。

水硬度是表示水质的一个重要指标，水硬度检测分析是水质分析的一项重要工作，为确定用水质量和进行水处理提供依据，与工业用水关系很大，影响到了公共生产、生活安全。EDTA配位滴定法是一种普遍使用的测定水的硬度的化学分析方法。

水的总硬度测定一般采用配位滴定法，在pH≈10的氨性缓冲溶液中，以铬黑T（EBT）为指示剂，用EDTA标准溶液直接测定Ca^{2+}、Mg^{2+}总量。由于$K(CaY) > K(MgY) > K(Mg \cdot EBT) > K(Ca \cdot EBT)$，铬黑T先与Mg配位形成Mg·EBT（红色）。当EDTA滴入，EDTA与Ca^{2+}、Mg^{2+}配位时，在化学计量点时，EDTA从Mg·EBT中夺取Mg^{2+}，从而使铬黑T指示剂游离出来，溶液由红色转变为纯蓝色，即为滴定终点。测定水中钙硬时，另取等量水样加NaOH调节溶液pH=12～13，使Mg^{2+}生成$Mg(OH)_2$沉淀，加入钙指示剂，用EDTA滴定，测定水中的Ca^{2+}含量。已知Ca^{2+}、Mg^{2+}的总量及Ca^{2+}的含量，即可算出水中Mg^{2+}的含量即镁硬。滴定时，Fe^{3+}、Al^{3+}等干扰离子可用三乙醇胺予以掩蔽；Cu^{2+}、Pb^{2+}、Zn^{2+}等重属离子可用KCN、Na_2S或巯基乙酸予以掩蔽。

水的总硬度可由EDTA标准溶液的浓度$c(EDTA)$和消耗体积$V(mL)$来计算。以CaO计，单位为$mg \cdot L^{-1}$。

当水样中Mg^{2+}极少时，由于Ca-EBT比Mg-EBT的显色灵敏度要差很多，往往得不到敏锐的终点。为了提高终点变色的敏锐性，可在EDTA标准溶液中加入适量的Mg^{2+}（在EDTA标定前加入，这样就不影响EDTA与被测离子之间的滴定定量关系），或在缓冲溶液中加入一定量的Mg-EDTA盐。

结果按式（7-19）进行计算：

$$\text{水的总硬度}(mg \cdot L^{-1}) = \frac{c(EDTA)V(EDTA)M(CaO)}{V_{\text{水样}}} \quad (7-19)$$

式中，$c(EDTA)$——EDTA标准溶液的浓度，$mol \cdot L^{-1}$；

$V(EDTA)$——滴定时消耗EDTA标准溶液的体积，mL；

$M(CaO)$——CaO的摩尔质量，$g \cdot mol^{-1}$。

$V_{\text{水样}}$——滴定时所取水样体积，L。

【实验方法与步骤】

1. 0.02 $mol \cdot L^{-1}$ EDTA标准溶液的配制与标定

（1）EDTA标液配制

称取分析纯$Na_2H_2Y \cdot 2H_2O$ 3.7 g，溶于300 mL水中，加热溶解，冷却后转移至试剂瓶中，然后稀释至500 mL，充分摇匀，待标定。

（2）配制0.02 $mol \cdot L^{-1}$ Zn^{2+}标准溶液

准确称取在800 ℃灼烧至恒重的基准ZnO试剂0.4 g，先用少量水润湿，加（1+1）盐酸10 mL，盖上表面皿，使其溶解。待溶液完全溶解后，吹洗表面皿，将溶液转移至250 mL容量瓶中，用水稀释至刻度，充分摇匀。

（3）EDTA标溶的标定

用移液管移取25.00 mL Zn^{2+}标准溶液于250 mL锥形瓶中，加20 mL蒸馏水，滴加(1+1)氨水至刚出现浑浊[$Zn(OH)_2\downarrow$]，此时溶液pH为8，然后再加入10 mL NH_3-NH_4Cl缓冲溶液，摇匀，加入铬黑T指示剂4滴，用EDTA标准溶液滴定至溶液由紫红色变为纯蓝色即为终点。根据滴定用去的EDTA体积和ZnO质量，计算EDTA标准溶液准确浓度。

2. 水的总硬度测定

用100 mL移液管移取100.00 mL水样于250 mL锥形瓶中，加入5 mL氨性缓冲溶液和3 mL三乙醇胺溶液作隐蔽剂，加入4滴EBT指示剂，用EDTA标准溶液滴定至溶液由酒红色变为纯蓝色即为终点，记录所消耗EDTA的体积V_1(mL)。平行测定3次。

3. 钙硬度的测定

取与步骤2等量的水于250 mL锥形瓶中，加5 mL 1 mol/L NaOH，加入4滴钙指示剂，用EDTA标准溶液滴定至溶液由酒红色变为蓝色即为终点，记录所消耗EDTA的体积V_2(mL)。平行测定3次。

4. 注意事项

①测定总硬度时，用氨性缓冲溶液调节pH。

②注意加入掩蔽剂掩蔽干扰离子，掩蔽剂要在指示剂之前加入。

③在分析样品时，如水样的总碱度很高，滴定至终点后，蓝色很快又返回至紫红色，此现象是由钙、镁盐类的悬浮性颗粒所致，影响测定结果。可将水样用盐酸酸化、煮沸，除去碱度。冷却后用氢氧化钠溶液中和，再加入缓冲溶液和指示剂滴定，终点会更加敏锐。

④由于指示剂铬黑T易被氧化，加铬黑T后应尽快完成滴定，但临终点时最好每隔2~3 s滴一滴并充分振摇；并且在缓冲溶液中适量加入等当量EDTA-Mg盐，使终点明显；滴定时，水样的温度应以20~30 ℃为宜。

⑤因配位反应速度较中和反应要慢一些。配位滴定速度不能太快，测定总硬度时，在临近终点时要逐滴加入，并充分摇动。

⑥在配位滴定中加入金属指示剂的量是否合适对终点观察十分重要，应在实践中细心体会。

⑦配位滴定法对去离子水质量的要求较高，不能含有Fe^{3+}、Al^{3+}、Cu^{2+}、Mg^{2+}等离子。

⑧自来水样较纯、杂质少，可省去水样酸化、煮沸及加Na_2S掩蔽剂等步骤。

⑨如果EBT指示剂在水样中变色缓慢，则可能是由于Ca^{2+}含量低，这时应在滴定前加入少量Ca^{2+}溶液。开始滴定时滴定速度宜加快，接近终点时滴定速度宜慢。每加一滴EDTA溶液后，都要充分摇匀。

【实验数据及处理】

将实验数据记于表7-18中。

表7-18 水总硬度测定实验数据记录表

实验序号		1	2	3
EDTA标液标定	$m(ZnO)/g$			
	EDTA 初读数/mL			
	EDTA 末读数/mL			
	V_0/mL			
	V_0平均值/mL			
	$c(EDTA)/(mol \cdot L^{-1})$			
总硬度测定	$V(H_2O)$/mL			
	EDTA 初读数/mL			
	EDTA 末读数/mL			
	V_1/mL			
	V_1平均值/mL			
钙硬度测定	EDTA 初读数/mL			
	EDTA 末读数/mL			
	V_2/mL			
	V_2平均值/mL			
测定结果	Ca^{2+}含量/$(mg \cdot L^{-1})$			
	Ca^{2+}含量相对平均偏差/%			
	Mg^{2+}含量/$(mg \cdot L^{-1})$			
	总硬度/$(mg \cdot L^{-1})$			
	总硬度相对平均偏差/%			

【思考与讨论】

1. 用铬黑T作指示剂时，为什么要控制 pH≈10？
2. 配位滴定法与酸碱滴定法相比，有哪些不同？操作中应注意哪些问题？
3. 用 EDTA 滴定 Ca^{2+}、Mg^{2+}时，为什么要加氨性缓冲溶液？
4. 测定总硬度时，需要对水样进行酸化、煮沸处理，有何目的？
5. 已知水质分类是：0~4 °dH 为很软的水，4~8 °dH 为软水，8~16 °dH 为中等硬度水，16~30 °dH 为硬水。你测定的结果属于何种类型？

实验11 工业醋酸含量的测定

【实验目的】

1. 了解用强碱测定醋酸含量的原理与方法。
2. 进一步熟练滴定分析操作技术和容量瓶、移液管的使用方法。

【实验仪器与材料】

仪器：50 mL 碱式滴定管 1 支，25 mL 移液管 1 支，5 mL 吸量管 1 支，100 mL 容量瓶 1 个，250 mL 锥形瓶 3 个，50 mL 烧杯 1 个。

试剂：0.1 $mol \cdot L^{-1}$ NaOH 标准滴定溶液；酚酞指示剂：1 $g \cdot L^{-1}$乙醇溶液。

【实验原理】

测定 HAc 含量，可用 NaOH 标准滴定溶液直接滴定样品溶液，用酚酞作指示剂，溶液由无色变为浅粉红色即为终点。

【实验方法与步骤】

①准确吸取 1 mL 醋酸样品，注入 100 mL 容量瓶中，用蒸馏水稀释至刻度，摇匀。

②吸取 25 mL 步骤①所得溶液，注入 250 mL 锥形瓶中，再加上两滴酚酞指示剂，然后用0.1 $mol \cdot L^{-1}$ NaOH 标准滴定溶液滴定至溶液由无色变为浅粉红色，且 30 s 不褪色即为终点，记下所消耗 NaOH 标准滴定溶液的体积。

③平行测定 3 次。

【实验数据及处理】

将实验数据记于表 7－19 中。

表 7－19　实验数据记录表

记录项目	编号		
NaOH 溶液终读数/mL	1	2	3
NaOH 溶液初读数/mL			
V(NaOH)/mL			
所消耗 NaOH 溶液的平均体积/mL			

HAc 含量的计算结果以质量浓度 ρ(HAc)（$g \cdot L^{-1}$）来表示，按照式（7－20）进行计算。

$$\rho(\mathrm{HAc})=\frac{c(\mathrm{NaOH})\times V(\mathrm{NaOH})\times 60.05}{1\times\dfrac{25.00}{10.00}} \tag{7-20}$$

式中，c(NaOH)——NaOH 标准滴定溶液的浓度，$mol \cdot L^{-1}$；

V(NaOH)——滴定消耗 NaOH 标准滴定溶液的体积，mL；

60.05——HAc 的摩尔质量，$g \cdot mol^{-1}$。

【思考与讨论】

HAc 含量测定方法有哪些？

实验12 全脂乳粉中水分含量的测定

【实验目的】

1. 熟练掌握烘箱的使用、天平称量等基本操作。
2. 学习和领会常压干燥法测定水分的原理及操作要点。
3. 掌握常压干燥法测定全脂乳粉中水分的方法和操作技能。

【实验仪器与材料】

称量瓶，干燥器，恒温干燥箱，分析天平，全脂乳粉。

【实验原理】

本实验基于食品中的水分受热以后，产生的蒸气压高于在电热干燥箱中的空气分压，从而使食品中的水分被蒸发出来。食品干燥的速度取决于这个压差的大小。同时，由于不断地供给热能及不断地排走水蒸气，从而达到完全干燥的目的。食品中的水分一般是指在(100±5)℃直接干燥的情况下所失去物质的总量。此法适用于在95～105 ℃下不含或含其他挥发性物质甚微的食品。

【实验方法与步骤】

1. 称量瓶恒温称重

取洁净称量瓶，置于（100±5)℃干燥箱中，瓶盖斜支于瓶边，加热0.5～1.0 h，取出，盖好，置于干燥器内冷却0.5 h，称量，并重复干燥至恒量。

2. 称量瓶加奶粉恒温称重

称2.0～10.0 g奶粉样品放入此称量瓶中，样品厚度约5 mm。加盖，精密称量后，置于(100±5)℃干燥箱中，瓶盖斜支于瓶边，干燥2～4 h后盖好取出，放入干燥器内冷却0.5 h后，称量。然后再放回干燥箱中干燥1 h左右，取出，冷却0.5 h，再称量，至前后两次质量差不超过2 mg，即为恒量。

【实验数据及处理】

将实验结果记于表7－20中。

表7－20 全脂乳粉中水分含量的测定实验记录表

称量瓶的质量/g	称量瓶和奶粉的质量/g	称量瓶和奶粉干燥后的质量/g

全脂乳粉中水分含量按照式（7－21）进行计算：

$$w(H_2O) = \frac{m_1 - m_2}{m_1 - m_3} \times 100\% \qquad (7-21)$$

式中，$w(H_2O)$——样品中水分的含量，%；

m_1——称量瓶和奶粉的质量，g；

m_2——称量瓶和奶粉干燥后的质量，g；

m_3——称量瓶的质量，g。

【思考与讨论】

1. 什么是恒重？实验中如何判断？
2. 本实验方法测得的水分中含哪些成分？

实验13　水泥中三氧化二铁的测定

【实验目的】

1. 理解硅酸盐中三氧化二铁含量的测定原理。
2. 掌握水泥中三氧化二铁含量测定操作与方法。

【实验仪器与材料】

仪器：分析天平，马弗炉，温度计，烧杯，容量瓶，移液管，滴定管，精确 pH 试纸。

试剂：

（1）100 $g \cdot L^{-1}$磺基水杨酸钠指示剂溶液

将 10 g 磺基水杨酸钠溶于水中，加水稀释至 100 mL。

（2）0.024 $mol \cdot L^{-1}$ $CaCO_3$标准溶液

称取 0.6 g（m_1）于 105～110 ℃烘干 2 h 的 $CaCO_3$，精确至 0.000 1 g，置于 400 mL 烧杯中，加入约 100 mL 水，盖上表面皿，沿杯口滴加盐酸（1＋1）至碳酸钙全部溶解，加热煮沸数分钟。将溶液冷至室温，移入 250 mL 容量瓶中，加水稀释至标线，摇匀。

（3）200 $g \cdot L^{-1}$ KOH 溶液

将 200 g KOH 溶于水中，加水稀释至 1 L，储存于塑料瓶中。

（4）钙黄绿素－甲基百里香酚蓝－酚酞混合指示剂（简称 CMP 混合指示剂）

称取 1.000 g 钙黄绿素、1.000 g 甲基百里香酚蓝、0.200 g 酚酞，与 50 g 已在 105 ℃烘干过的硝酸钾（KNO_3）混合研细，保存在磨口瓶中。

（5）0.015 $mol \cdot L^{-1}$ EDTA 标准溶液

①EDTA 标液配制：称取约 5.6 g EDTA（乙二胺四乙酸二钠盐）置于烧杯中，加约 200 mL 水，加热溶解，过滤，用水稀释至 1 L。

②EDTA 浓度标定：吸取 25.00 mL 碳酸钙标准溶液（0.024 $mol \cdot L^{-1}$）于 400 mL 烧杯中，加水稀释至约 200 mL，加入适量的 CMP 混合指示剂，在搅拌下加入 KOH 溶液（200 $g \cdot L^{-1}$）至出现绿色荧光后再过量 2～3 mL，以 EDTA 标准滴定溶液滴定至绿色荧光消失并呈现红色。

EDTA 标准滴定溶液的浓度按式（7－22）计算：

$$c(\text{EDTA}) = \frac{m_1 \times 25 \times 1\,000}{250 \times V_1 \times 100.09} = \frac{m_1}{V_1} \times \frac{1}{1.000\,9} \qquad (7-22)$$

式中，c(EDTA)——标准滴定溶液的浓度，$mol \cdot L^{-1}$；

V_1——滴定时消耗 EDTA 标准滴定溶液的体积，mL；

m_1——碳酸钙标准溶液的质量，g；

100.09——$CaCO_3$的摩尔质量，$g \cdot mol^{-1}$。

③EDTA 标准滴定溶液对三氧化二铁滴定度的计算。

EDTA 标准滴定溶液对三氧化二铁的滴定度按下式计算：

$$T(Fe_2O_3) = c(EDTA) \times 79.84$$

式中，$T(Fe_2O_3)$——每毫升 EDTA 标准滴定溶液相当于三氧化二铁的质量，$mg \cdot mL^{-1}$；

79.84——$1/2Fe_2O_3$的摩尔质量，$g \cdot mol^{-1}$。

【实验原理】

水泥试样用无水碳酸钠烧结或用氢氧化钠熔融，然后用水浸取，加盐酸分解，制成溶液。在 pH = 1.8 ~ 2.0、温度为 60 ~ 70 ℃的条件下，以磺基水杨酸钠为指示剂，Fe^{3+}与磺基水杨酸钠反应形成一种紫红色配合物，用 EDTA 标准滴定溶液滴定。当加入 EDTA 后，EDTA 夺取了与磺基水杨酸钠反应的Fe^{3+}，形成了另一种更稳定的配合物。

【实验方法与步骤】

1. 试样制备

采用四分法缩分至约 100 g，经 0.080 mm 方孔筛筛分，用磁铁吸去筛余物中的金属铁，将筛余物研磨后，使其全部通过 0.080 mm 方孔筛。将样品充分混匀后，装入带有磨口塞的瓶中并密封。

2. 操作步骤

（1）空白实验

与试样同步操作，做空白实验。

（2）称样

称取约 0.5 g 试样，精确至 0.000 1 g。

（3）试样分解

将称取的试样置于银坩埚中，加入 6 ~ 7 g 氢氧化钠在 650 ~ 700 ℃的高温下熔融 20 min。取出冷却，将坩埚放入已盛有 100 mL 近沸腾的水的烧杯中，盖上表面皿，于电热板上适当加热，待熔块完全浸出后，取出坩埚，用水冲洗坩埚和盖，在搅拌下一次加入 25 ~ 30 mL 盐酸，再加入 1 mL 硝酸。用热盐酸（1 + 5）洗净坩埚和盖，将溶液加热至沸，冷却，然后移入 250 mL 容量瓶中，用水稀释至标线，摇匀。

（4）三氧化二铁的测定

吸取 25.00 mL 溶液放入 300 mL 烧杯中，加水稀释至约 100 mL，用氨水（1 + 1）和盐酸（1 + 1）调节溶液 pH 在 1.8 ~ 2.0 之间（用精确 pH 试纸检验）。将溶液加热至 70 ℃，加 10 滴磺基水杨酸钠指示剂溶液（$100\ g \cdot L^{-1}$），用 EDTA 标准滴定溶液（$0.015\ mol \cdot L^{-1}$）缓慢地滴定至亮黄色（终点时溶液温度应不低于 60 ℃）。

【实验数据及处理】

三氧化二铁的含量按式（7-23）计算：

$$w(Fe_2O_3)=\frac{T(Fe_2O_3)\times V_2}{m}\times 100\% \quad (7-23)$$

式中，$w(Fe_2O_3)$ ——三氧化二铁的质量分数,%；

$T(Fe_2O_3)$——每毫升 EDTA 标准滴定溶液相当于三氧化二铁的质量，$mg\cdot mL^{-1}$；

V_2——滴定时消耗 EDTA 标准滴定溶液的体积，mL；

m——试样的质量，g。

【思考与讨论】

1. 在 EDTA 的标定过程中，为什么加入了指示剂后，还要在搅拌下加入 KOH 且过量？
2. 为什么钙标定 EDTA 时，钙标准溶液的体积须稀释到 200 mL，而滴定待测液时，待测液需要稀释到 100 mL？

实验 14　高岭土中铝、铁含量的连续测定

【实验目的】

1. 理解高岭土中铝、铁含量的连续测定的原理。
2. 掌握高岭土中铝、铁含量的连续测定的操作与方法。

【实验仪器与材料】

$HgNO_3$标准溶液：0.001 6 $mol\cdot L^{-1}$；ZnO 标准溶液：0.019 7 $mol\cdot L^{-1}$；$ZnCl_2$标准溶液：0.058 8 $mol\cdot L^{-1}$；EDTA 溶液：0.06 $mol\cdot L^{-1}$；六次甲基四胺－醋酸缓冲溶液：pH＝6.2～6.4；5－Br－PADAP 溶液：2 $g\cdot L^{-1}$；KCNS 溶液：200 $g\cdot L^{-1}$；甲基橙溶液：1 $g\cdot L^{-1}$；氟化钠溶液：饱和；硝酸溶液：8 $mol\cdot L^{-1}$；氨水：7 $mol\cdot L^{-1}$；蒸馏水。

【实验原理】

质纯的高岭土具有白度高、质软、易分散悬浮于水中、良好的可塑性和高的黏结性、优良的电绝缘性能、良好的抗酸溶性、很低的阳离子交换量、较好的耐火性等理化性质，因此，高岭土已成为造纸、陶瓷、橡胶、化工、涂料、医药和国防等几十个行业所必需的矿物原料。特别是现代科学技术飞速发展，使得高岭土的应用领域更加广泛，一些高新技术领域开始大量运用高岭土作为新材料，甚至原子反应堆、航天飞机和宇宙飞船的耐高温瓷器部件也用高岭土制成。因此，准确、快速测定高岭土中的铝含量及其杂质，对于指导生产和其他科学研究极为重要。

在高岭土中测定铝的经典方法主要有酸碱滴定法和 EDTA 滴定法。其中，在 EDTA 滴定

法中，指示剂主要采用1－(2－吡啶偶氮)－2－萘酚和二甲酚橙，滴定剂多采用锌盐和铜盐。在采用锌盐作滴定剂、PAN作指示剂的测定体系中，必须加入无水乙醇使滴定终点敏化，并且无水乙醇的用量会对滴定终点有一定的影响，在该体系中，也有用二甲酚橙作指示剂的，无须加无水乙醇，但滴定终点突跃不明显。采用$HgNO_3$作滴定剂时，用KCNS作指示剂测定高岭土中的铁；在滴定铁后的溶液中，根据2－(5－溴－2－吡啶偶氮)5－二乙氨基苯酚(5－Br－PADAP)对锌的灵敏显色反应，在六次甲基四胺－醋酸缓冲溶液体系中，在不加无水乙醇的条件下测定高岭土中的铝。

【实验方法与步骤】

1. 样品处理

称取0.1～0.2 g试样于银坩埚中，加入4 g NaOH，加热除去水分，取下冷却，加0.5 g Na_2O_2，置于700 ℃高温炉中熔融15 min。取下冷却后，放入250 mL烧杯中，热水浸取，洗出坩埚，于电热板上加热煮沸3～5 min，取下冷至室温，转入100 mL容量瓶中，用水稀释至刻度，过滤，滤液用于测试。

2. 铁的测定

移取上述滤液50 mL于250 mL锥形瓶中，加蒸馏水20 mL、8 mol·L^{-1}的硝酸0.5 mL，煮沸3～5 min，流水冷却，加200 g·L^{-1} KCNS溶液3～4滴，用$HgNO_3$标准溶液滴定至红色消失即为终点。

3. 铝的测定

在滴定铁后的溶液中加入0.06 mol·L^{-1} EDTA溶液20 mL、1 g·L^{-1}甲基橙溶液1滴，用7 mol·L^{-1}的氨水中和至刚变黄时，立即加入pH＝6.2～6.4六次甲基四胺－醋酸缓冲溶液5 mL，煮沸3～5 min，流水冷却，加2 g·L^{-1} 5－Br－PADAP溶液3～4滴，用ZnO标准溶液滴定至稳定的紫红色，此滴定体积不记，立即加入饱和氟化钠溶液20 mL，煮沸3～5 min，流水冷却，补加pH＝6.2～6.4六次甲基四胺－醋酸缓冲溶液5 mL，用ZnO标准溶液滴定至稳定的紫红色即为终点。

【实验数据及处理】

Fe_2O_3含量按式(7－24)计算：

$$w(Fe_2O_3)=\frac{c\times V\times V_s\times 159.70}{m_s\times V_1\times 1\,000}\times 100\% \tag{7-24}$$

式中，c——$HgNO_3$标准溶液浓度，mol·L^{-1}；

V——$HgNO_3$标准溶液滴定体积，mL；

V_s——试样溶液总体积，mL；

V_1——试样分取体积，mL；

m_s——试样质量，g；

159.70——Fe_2O_3的摩尔质量，g·mol^{-1}。

Al_2O_3含量按式(7－25)计算：

$$w(Al_2O_3)=\frac{c\times V\times V_s\times 101.93}{m_s\times V_1\times 1\,000}\times 100\%-w(TiO_2) \qquad (7-25)$$

式中，c——ZnO 标准溶液浓度，$mol\cdot L^{-1}$；

V——ZnO 标准溶液滴定体积，mL；

V_s——试样溶液总体积，mL；

V_1——试样分取体积，mL；

m_s——试样质量，g；

101.93——ZnO 的摩尔质量，$g\cdot mol^{-1}$。

其中，TiO_2 含量按照 GB/T 3257.6—1999《铝土矿化学分析方法——二安替比林甲烷光度法测定二氧化钛》进行测试。

【思考与讨论】

1. 测定过程中，酸度应如何控制？其对实验结果有何影响？
2. 在 PAN 作指示剂的测定体系中，加入无水乙醇的目的是什么？
3. 在测定体系中，若存在下列共存离子：Hg^{2+}（10 mg）、CNS^-（10 mg）、Ti^{4+}（10 mg）、Ni^{2+}（10 mg）、$H_2PO_4^-$（10 mg）、Co^{2+}（10 mg）、Ca^{2+}（1%）、Mn^{2+}（10 mg）、Cd^{2+}（10 mg）、V^{5+}（10 mg）、Cr^{3+}（10 mg）、Sn^{4+}（10 mg），对结果有干扰吗？为什么？

实验 15　铅铋合金中 Pb^{2+}、Bi^{3+} 含量的连续测定

【实验目的】

1. 理解铅铋合金中 Pb^{2+}、Bi^{3+} 含量的连续测定的实验原理。
2. 掌握铅铋合金中 Pb^{2+}、Bi^{3+} 含量的连续测定的实验操作和方法。

【实验仪器与材料】

仪器：酸式滴定管，碱式滴定管，锥形瓶，烧杯，试剂瓶，容量瓶，玻璃棒，酒精灯，移液管，滴管，电子天平。

试剂：0.025 $mol\cdot L^{-1}$ EDTA 标准溶液；0.10 $mol\cdot L^{-1}$ HNO_3溶液；200 $g\cdot L^{-1}$六次甲基四胺溶液；Bi^{3+}、Pb^{2+}混合液，含 Bi^{3+}、Pb^{2+}各约为 0.010 $mol\cdot L^{-1}$，含 HNO_3 0.15 $mol\cdot L^{-1}$；2 $g\cdot L^{-1}$二甲酚橙水溶液；0.5 $mol\cdot L^{-1}$ NaOH；(1+1) 盐酸；(1+1) 氨水。

【实验原理】

EDTA（乙二胺四乙酸，H_4Y）本身是四元酸，由于在水中的溶解度很小，通常把它制成二钠盐（$Na_2H_2Y\cdot 2H_2O$），也称为 EDTA 或 EDTA 二钠盐。EDTA 相当于六元酸，在水中有六级离解平衡。与金属离子形成螯合物时，络合比皆为 1:1。EDTA 因常吸附 0.3% 的水分且其中含有少量杂质而不能直接配制标准溶液，通常采用标定法制备 EDTA

标准溶液。标定 EDTA 的基准物质有：纯的金属，如 Cu、Zn、Ni、Pb，以及它们的氧化物；某些盐类，如 $CaCO_3$、$ZnSO_4 \cdot 7H_2O$、$MgSO_4 \cdot 7H_2O$。Bi^{3+}、Pb^{2+}均能和 EDTA 形成稳定的1∶1 络合物，其 $\lg K$ 值分别为 27.94 和 18.04，两者稳定性相差很大，$\Delta pK = 9.90 > 6$。因此，可以用控制酸度的方法在一份试液中连续滴定 Bi^{3+}和 Pb^{2+}。在测定中，均以二甲酚橙（XO）作指示剂，XO 在 $pH < 6$ 时呈黄色，在 $pH > 6.3$ 时呈红色；而它与 Bi^{3+}、Pb^{2+}所形成的络合物呈紫红色，它们的稳定性与 Bi^{3+}、Pb^{2+}和 EDTA 所形成的络合物相比要低；$K_{Bi-XO} > K_{Pb-XO}$。

测定时，先用 HNO_3调节溶液 $pH = 1.0$，用 EDTA 标准溶液滴定，溶液由紫红色突变为亮黄色，即为滴定 Bi^{3+}的终点。然后加入六次甲基四胺铵，使溶液 pH 为 5～6，此时 Pb^{2+}与 XO 形成紫红色络合物，继续用 EDTA 标准溶液滴定至溶液由紫红色突变为亮黄色，即为滴定 Pb^{2+}的终点。

【实验方法与步骤】

1. 试样溶解

称取0.5～0.6 g 铅铋合金试样于小烧杯中，加入（1+1）HNO_3溶液 7 mL，盖上表面皿，微沸溶解，然后用洗瓶吹洗表面皿与杯壁，将溶液转入 100 mL 容量瓶中，用0.1 $mol \cdot L^{-1}$ HNO_3溶液稀释至刻度，摇匀。

2. EDTA 的配制

在电子天平上称 4.653 8 g 乙二胺四乙酸二钠，溶解在 200 mL 温水中，转移到试剂瓶中，再加 300 mL 蒸馏水摇匀。

3. Zn 标准溶液的配制与标定

配制：在电子天平上称 0.5～0.6 g ZnO 于烧杯中，用少量的 HCl 使其溶解，转移到 250 mL 容量瓶中，稀释定容。

标定：用移液管移取 25 mL 锌的标准液于锥形瓶中，加 2～3 滴二甲基酚橙，再加氨水，使溶液由黄色刚变为橙色，然后加六亚甲基四胺至稳定的紫色，再多加 3 mL，用 EDTA 标定，由紫红变为亮黄。平行滴定 6 次，记录数据，计算浓度。

4. Pb^{2+}、Bi^{3+}含量的连续测定

Bi^{3+}的滴定：用移液管移取 25 mL 试液 4 份，分别置于锥形瓶中，取一份做初步实验。先以 pH 为 0.5～5 的精密试纸测试试液的酸度，用 NaOH 调节 $pH = 1$，记下用量，再加 20 mL 0.1 $mol \cdot L^{-1}$ HNO_3溶液，滴 2～3 滴二甲基酚橙，用 EDTA 滴定，由紫红到棕红，再加一滴，突变为亮黄，然后正式滴定。

Pb^{2+}的滴定：在 Bi^{3+}滴定后，滴加六亚甲基四胺至紫红，再过量 5 mL，用 EDTA 滴定，试液由紫红突变亮黄。

【实验数据及处理】

将实验结果记于表 7－21～表 7－23 中。

表 7－21 EDTA 的浓度标定数据记录表

数据	1	2	3	4	5	6
EDTA 初读数/mL						
EDTA 终读数/mL						
EDTA 体积/mL						
EDTA 浓度/mL						
EDTA 平均浓度/（mol·L^{-1}）						
偏差						
平均偏差						
相对平均偏差						
标准偏差						

表 7－22 Bi^{3+} 的浓度测定数据记录表

数据	1	2	3	4
EDTA 初读数/mL				
EDTA 终读数/mL				
EDTA 体积/mL				
浓度/(mol·L^{-1})				
平均浓度/(mol·L^{-1})				
偏差				
平均偏差				
相对平均偏差				
标准偏差				

表 7－23 Pb^{2+} 的浓度测定数据记录表

数据	1	2	3	4
EDTA 初读数/mL				
EDTA 终读数/mL				
EDTA 体积/mL				
浓度/（mol·L^{-1}）				
平均浓度/（mol·L^{-1}）				
绝对偏差				
绝对平均偏差				
相对平均偏差				
标准偏差				

【思考与讨论】

1. 用纯 Zn 标定 EDTA 时，为什么要加入六次甲基四胺？

2. 本实验中，能否先在 pH = 5 ~ 6 的溶液中测定 Bi^{3+}、Pb^{2+} 的含量，再在调整时测定 Bi^{3+} 的含量？

3. 本实验为什么不用氨或碱调节 pH = 5 ~ 6，而用六次甲基四胺调节溶液 pH 呢？用 HAc 缓冲溶液代替六次甲基四胺，行吗？

4. 分析本实验中金属指示剂由滴定 Bi^{3+} 到调节 pH = 5 ~ 6，再到滴定 Pb^{2+} 后终点颜色变化的过程和原因。

实验16 氯化物中氯含量测定

【实验目的】

1. 学习 $AgNO_3$ 标准溶液的配制和标定方法。

2. 掌握沉淀滴定中以 K_2CrO_4 为指示剂测定氯离子的方法和原理。

【实验仪器与材料】

仪器：分析天平，烧杯，洗瓶，容量瓶，移液管，锥形瓶，吸量管，滴定管。

材料：$AgNO_3$（C. P. 或 A. R.）、NaCl 基准物、5% K_2CrO_4 溶液、氯化物试样。

【实验原理】

可溶性氯化物中氯含量的测定常用莫尔法。

滴定条件：中性或弱碱性溶液（pH = 6.5 ~ 10.5）。酸度过高，不产生 Ag_2CrO_4；酸度过低，有 Ag_2O 生成。指示剂用 K_2CrO_4，标准溶液为 $AgNO_3$。

反应如下：

$$Ag^+ + Cl^- = AgCl\text{（白色）} \quad (K_{sp} = 1.8 \times 10^{-10})$$

$$2Ag^+ + CrO_4^{2-} = Ag_2CrO_4 \quad (K_{sp} = 2.0 \times 10^{-12})$$

AgCl 的溶解度小于 Ag_2CrO_4 的溶解度，因此，溶液中先析出 AgCl 沉淀，当氯离子定量转化为 AgCl 沉淀后，过量的 $AgNO_3$ 溶液就与溶液中的 CrO_4^{2-} 反应，生成砖红色的 Ag_2CrO_4 沉淀，指示终点到达。

【实验方法与步骤】

1. $AgNO_3$ 标准溶液的标定

准确称取 0.6 ~ 0.7 g 基准 NaCl 于小烧杯中，用去离子水溶解后，转入 250 mL 容量瓶中，稀释至刻度，摇匀。用移液管移取 25.00 mL NaCl 溶液注入 250 mL 锥形瓶中，用吸量管加入 1 mL 5% K_2CrO_4 溶液，在不断搅拌下，用 $AgNO_3$ 标准溶液滴定至砖红色即为终点，计算 $AgNO_3$ 溶液浓度。

2. 称量

准确称量 0.1 ~ 0.2 g 氯化物试样于烧杯中。

3. 配制溶液

用纯水溶解后，定量转移入 250 mL 容量瓶中，转移时玻璃棒下端靠住容量瓶颈内壁，烧杯口靠住玻璃棒，转移过程中不能有液体洒在外面，并配制成 250 mL 溶液。

4. 试样分析

用移液管吸取该试液25.00 mL于锥形瓶中，加25 mL水稀释，加入1 mL 5%的K_2CrO_4指示剂，在不断摇动下用$AgNO_3$标液滴定至溶液转变为砖红色即为终点。平行测定3次。

【实验数据及处理】

将实验结果记于表7－24中。

表7－24　氯含量测定实验记录表

项目		实验次数		
		1	2	3
$AgNO_3$标准溶液的浓度/（$mol \cdot L^{-1}$）				
氯化物试样的质量/g				
氯化物试样的体积/mL				
5% K_2CrO_4的体积/mL				
$AgNO_3$标准溶液初读数V_2/mL				
$AgNO_3$标准溶液终读数V_1/mL				
$AgNO_3$标准溶液的体积（V_2-V_1）/mL				
试样中氯含量/%	测量值			
	平均值			

【思考与讨论】

1. 配制好的$AgNO_3$溶液要储于棕色瓶中，并置于暗处，为什么？
2. 空白测定有何意义？K_2CrO_4溶液的浓度大小或用量多少对测定结果有何影响？
3. 能否用莫尔法以NaCl标准溶液直接滴定Ag^+？为什么？

实验17　滴定法测量四氯化钛中氯含量

【实验目的】

1. 学习四氯化钛中氯含量的测定原理。
2. 掌握滴定法测定四氯化钛中氯含量的基本操作和方法。

【实验仪器与材料】

仪器：自动滴定仪，10 mL滴定管，2 mL移液管，250 mL锥形瓶。

材料：碘化钾溶液5%（质量分数），现配制的0.5%（质量分数）易溶淀粉溶液，0.1 $mol \cdot L^{-1}$硫代硫酸钠（$Na_2S_2O_3$）溶液，蒸馏水，氟化铵，重铬酸钾（基准试剂），硫酸20%（质量分数），淀粉。实验所用水应符合GB/T 6682中三级水要求。所列试剂除特殊规定外，均指分析纯试剂。

【实验原理】

量取2 mL四氯化钛，用硫酸和氟化铵吸收四氯化钛，再用碘化钾吸收，形成化合物并释放单质碘，再用硫代硫酸钠进行滴定。通过消耗硫代硫酸钠的量，计算得到碘的量即为四氯化钛中的氯含量。

【实验方法与步骤】

1. $Na_2S_2O_3$溶液的配制和标定

（1）配制

称取26 g硫代硫酸钠（$Na_2S_2O_3 \cdot 5H_2O$）（或16 g无水硫代硫酸钠）溶于1 000 mL水中，缓缓煮沸10 min，冷却。放置两周后过滤备用。

（2）标定

称取0.15 g于120 ℃烘至恒温的基准重铬酸钾，称准至0.000 1 g。置于碘量瓶中，溶于25 mL水，加2 g碘化钾及20 mL硫酸溶液（20%），摇匀，于暗处放置10 min。加150 mL水，用配制好的硫代硫酸钠溶液[$c(Na_2S_2O_3) = 0.1\ mol \cdot L^{-1}$]滴定。近终点时加3 mL淀粉指示液（$5\ g \cdot L^{-1}$），继续滴定至溶液由蓝色变为亮绿色。同时做空白实验。

（3）浓度计算

$Na_2S_2O_3$溶液浓度按式（7-26）计算：

$$c(Na_2S_2O_3) = \frac{m}{(V_1 - V_2) \times 0.049\ 03} \tag{7-26}$$

式中，$c(Na_2S_2O_3)$——硫代硫酸钠标准溶液的物质的量浓度，$mol \cdot L^{-1}$；

m——$K_2Cr_2O_7$的质量，g；

V_1——$Na_2S_2O_3$标准溶液的用量，mL；

V_2——空白实验中$Na_2S_2O_3$标准溶液的用量，mL；

0.049 03——与1.00 mL $Na_2S_2O_3$（$c = 1.000\ mol \cdot L^{-1}$）相当的，以g表示的$K_2Cr_2O_7$质量。

2. 去除铁离子

用等量的碘除去样品中的钒杂质，将钛保持在溶液中，加入氟化氨溶液去除铁离子影响。

3. 综合反应

用移液管取2 mL四氯化钛，并立即倒入预先装有15 mL（1+4）的硫酸溶液和50 mL碘化钾溶液的250 mL锥形瓶中，加入2 g氟化氨，立即塞紧锥形瓶并摇匀，直到液体中的白色汽化物完全消失。

4. 置换碘离子

取摩尔浓度为$0.01\ mol \cdot L^{-1}$的$Na_2S_2O_3$溶液滴定置换出的黄色碘离子，然后加入4 mL淀粉溶液继续滴定，直到蓝色消失。

5. 空白溶液配制

用移液管取2 mL蒸馏水，并倒入预先装有15 mL的硫酸（1+4）溶液和50 mL碘化钾溶液的250 mL锥形瓶中，加入2 g氟化氨，摇匀。

6. 观察溶液

加入4 mL淀粉溶液，观察溶液是否变蓝，如无，则空白为零，如有，取摩尔浓度为0.01 mol·L^{-1}的$Na_2S_2O_3$溶液滴定至无色。

【实验数据及处理】

$TiCl_4$中氯的质量分数按式（7-27）计算：

$$X=\frac{m\times(V_1-V_2)}{V\times\rho}\times 100\% \tag{7-27}$$

式中，X——氯质量分数，%；

m——氯质量，与1.0 mL质量浓度为0.1 mol·L^{-1}的$Na_2S_2O_3$相应，0.003 545 g·mL^{-1}；

V_1——用于滴定试样时$Na_2S_2O_3$所消耗的体积，mL；

V_2——用于滴定空白试样时$Na_2S_2O_3$所消耗的体积，mL；

V——用于滴定的样品体积，mL；

ρ——$TiCl_4$正常条件下的密度，1.726 g·mL^{-1}。

【思考与讨论】

1. 使用基准重铬酸钾时须烘干至恒重，为什么？
2. 如何去除试样中的钒、铁离子杂质？

实验18　硅酸盐中SiO_2含量的测定

【实验目的】

1. 学习硅酸盐中SiO_2含量测定的基本原理。
2. 掌握重量分析法测定硅酸盐中SiO_2含量的基本操作和方法。

【实验仪器与材料】

仪器：镍坩埚，马弗炉，分析天平，电热板，水浴装置，容量瓶，表面皿，烧杯。

材料：乙醇，氢氧化钠，过氧化钠，盐酸，定量滤纸，动物胶溶液。

【实验原理】

在强酸性溶液中，硅酸较易变成胶凝体。为使硅酸完全析出，可用蒸发和在105～110 ℃烘干脱水或用动物胶凝聚的方法。动物胶凝聚方法比较简单、快速，应用较为普遍，但结果稍偏低（硅酸在溶液中可达0.2%或更高些）。

【实验方法与步骤】

①称取1 g试样，置于干燥的镍坩埚（或银坩埚）中，以数滴乙醇润湿，加4～6 g氢氧

化钠及 1 g 试样，搅匀，再覆盖 0.5 g 过氧化钠。

②先低温加热，使 NaOH 熔融后放入高温炉中，在 650 ~ 700 ℃熔融 8 ~ 10 min。取出冷却，将坩埚放入 250 mL 烧杯中，盖上表面皿，加热水 50 ~ 60 mL，浸出熔融物，洗净坩埚。

③立即加入盐酸 20 ~ 25 mL 使溶液酸化，置于电热板上低温蒸至湿盐状（勿蒸干涸）。加浓盐酸 15 mL，搅拌均匀。置于水浴中，控制在 70 ℃左右，加 1% 动物胶溶液 10 mL，搅拌 1 ~ 2 min，再保温 10 min，取下，加热水 40 ~ 50 mL，搅拌使盐类溶解，稍冷。

④用中密定量滤纸过滤，2% 盐酸洗涤沉淀 4 ~ 5 次，仔细擦净烧杯，再用热水洗沉淀 8 ~ 10 次。滤液装入 250 mL 容量瓶进行定容，以备其他实验之用。

⑤将沉淀连同滤纸移入铂坩埚中，烘干，低温灰化。放入高温炉中于 1 000 ℃灼烧 1 h，取出冷却，称重。重复灼烧至恒重。

⑥于沉淀中加 1∶1 硫酸 10 滴、氢氟酸 8 ~ 10 mL，在铺有耐火板的电炉上低温蒸干，并冒尽白烟。再放入高温炉中于 1 000 ℃灼烧 30 min，取出冷却，称重，并灼烧至恒重。

⑦按两次质量差计算二氧化硅含量。

【实验数据及处理】

二氧化硅含量按式（7 - 28）进行计算：

$$w(SiO_2) = (m_1 - m_2)/m \times 100\% \tag{7-28}$$

式中，m_1——坩埚加沉淀质量，g；

m_2——空坩埚质量，g；

m——试样质量，g。

【思考与讨论】

1. 试样为什么要用乙醇润湿？
2. 实验中加入动物胶溶液的目的是什么？

7.3　仪器分析技能实训项目

实验 19　pH 计的使用

【实验目的】

1. 熟悉 pH 计的构造和测定原理。
2. 掌握用 pH 计测定溶液 pH 的步骤。

【实验仪器和材料】

仪器：pH 计一台；烧杯（500 mL 1 只、100 mL 3 只、50 mL 3 只）；容量瓶（250 mL）3 只；滤纸若干。

试剂：pH 工作基准试剂；待测溶液；3 mol · L^{-1} KCl 溶液。

【实验原理】

离子活度是指电解质溶液中参与电化学反应的离子的有效浓度。离子活度（α）和浓度（c）之间存在定量的关系，其表达式为：$\alpha = \gamma c$。式中，α 为离子的活度；γ 为离子的活度系数；c 为离子的浓度。γ 通常小于 1，在溶液无限稀时，离子间相互作用趋于零，此时活度系数趋于 1，活度等于溶液的实际浓度。一般在水溶液中，H^+ 的浓度非常小，所以 H^+ 的活度基本和其浓度相等。根据能斯特方程，离子活度与电极电位成正比，因此可对溶液建立起电极电位与活度的关系曲线，此时测定了电位，即可确定离子活度，所以，实际上是通过测量电位来计算 H^+ 的浓度的。根据 2.1 节推导知道：

$$pH_x = pH_s + \frac{E_x - E_s}{2.303RT/F} \tag{7-29}$$

即 pH 的操作定义。可见看出：①待测溶液的 pH_x 与其电位值 E_x 呈线性关系，这种测定方法实际上是一种标准曲线方法；②标定仪器的过程实际上是用标准缓冲溶液校准标准曲线的截距；③温度校准是调整曲线的斜率；④校准后的 pH 刻度符合标准曲线要求，可以测定，pH_x 可以由 pH 直接读出。

【实验方法与步骤】

1. 校准

一般校准 pH 计，常用“两点校准法”，即选择两种标准缓冲溶液：pH = 6.86 和 pH = 4.00 或 pH = 9.18。

对于精密级的 pH 计，除了设有“定位”和“温度补偿”调节外，还设有电极“斜率”调节。先用 pH = 6.86 进行“定位”校准，然后根据测试溶液的酸碱情况，选用 pH = 4.00（酸性）或 pH = 9.18（碱性）缓冲溶液进行“斜率”校正。具体操作步骤为：

①校正时，将仪器斜率调节器调节在 100% 的位置；根据被测溶液的温度，调节温度调节器到该溶液的温度值。

②把电极洗净并甩干，浸入 pH = 6.86 标准溶液中，待示值稳定后，调节定位旋钮，使仪器示值为标准溶液的 pH 为 6.86。

③取出电极，在蒸馏水中洗净甩干，浸入第二种标准溶液中。待示值稳定后，调节仪器斜率旋钮，使仪器示值为第二种标准溶液的 pH。

④取出电极洗净并甩干，再浸入 pH = 6.86 缓冲溶液中。如果误差超过 0.02pH，则重复第②、③步骤，直至在两种标准溶液中不需要调节旋钮都能显示正确的 pH。

⑤取出电极并甩干，将 pH 温度补偿旋钮调节至样品溶液温度，将电极浸入样品溶液，晃动后静止放置，显示稳定后的读数。

2. 测量

打开电源开关，将仪器预热 15 min，①用温度计测量待测溶液的温度，②调节仪器面板上的温度旋钮，使旋钮上的刻度线对准待测溶液的温度值，③将电极置于待测溶液中，稍稍晃动，待数字显示稳定，读其 pH，测量完毕并做好记录。

【实验数据及处理】

记录样品溶液的 pH 测量值，取同一样品平行测定值的平均值作为样品溶液的 pH。

【思考与讨论】

1. 初次使用pH计时，由于电极探头比较干燥，会影响仪器的测量精度，应对电极进行怎样处理？

2. 为什么pH电极需要每年更换？

3. 仪器的电极接口必须保持干燥、清洁，为什么？

4. pH复合电极使用后应如何保存？

实验20 分光光度计的使用

【实验目的】

1. 了解722型分光光度计的性能。

2. 熟悉仪器的技术指标及一般检查方法。

3. 掌握仪器的正确使用方法。

【实验仪器与材料】

仪器：比色皿4只、10 mL比色管10支、2 mL移液管1支和10 mL移液管4支。

材料：$K_2Cr_2O_7$标准溶液：1 mg · mL^{-1}；$CoCl_2$标准溶液：10 mg · mL^{-1}；$CuSO_4$标准溶液：10 mg · mL^{-1}。

【实验原理】

722型分光光度计是采用单光束自准式光路，色散元件为衍射光栅，能在近紫外、可见光谱内对样品进行分析，根据被测物质在可见光区范围内（360 ~ 800 nm）的吸收特性及吸光的程度（吸光定律：$A = -\lg T = \varepsilon bc$）对物质进行定性和定量测定的仪器。

【实验方法与步骤】

为保证分析的灵敏度和准确性，国家计量局规定：对仪器应定期进行检查，检查周期为一年。

检查的主要技术项目有：仪器外观、波长精密度和重现性、分辨率、吸收值精密和仪器的线性范围。对于符合比耳定律的溶液，测量时溶液的浓度与吸光度之间有良好的线性、一套比色皿之间应互相匹配、仪器绝缘等。上述各项性能应符合仪器所规定的技术指标（见操作步骤），本实验采用规定方法对上述各项目进行检查。

1. 仪器外观检查

仪器所有紧固件应紧固良好；各调节器能正常工作；仪器在平稳工作台上操作时不得有摆动现象，比色皿座应推动自如，无松动、卡住的现象；光束透过各透光孔应畅通无阻；仪器所配比色皿的透光面应光洁，无表面刮痕、擦毛和斑点，任何一面不得有裂纹。

2. 波长精度的检查

波长标度值误差应符合以下规定：

波长范围　420～500 nm　　510～600 nm　　610～700 nm

允许误差　±3 nm 以内　　±5 nm 以内　　±6 nm 以内

检查方法：使用仪器配备的镨钕玻璃片，该片对不同波长的光的透光率不同。在分光光度计上测定其透光率－波长曲线，从曲线上找出镨钕玻璃片的透光率峰值，则该仪器的波长误差 $\Delta\lambda=\lambda-\lambda_0$。$\Delta\lambda=\pm 2$ nm，λ_0 等于 529 nm（或 808 nm）。

3. 线性误差的检查

在吸光度为 0.1～0.8（透光率为 80%～16%）的范围内，对符合比耳定律的溶液进行测定，在不同的吸光度值范围测量溶液浓度的线性误差应符合以下规定：

吸光度范围　0.1～0.3　　0.3～0.6　　0.6～0.8

线性误差　±6% 以内　　±3% 以内　　±4% 以内

检查方法：配制 $K_2Cr_2O_7$、$CoCl_2$、$CuSO_4$ 溶液，每种溶液配置 3 种浓度，见表 7－25。

表 7－25　标准溶液配制表

溶液名称	溶液浓度/($\times10^3$ μg·mL^{-1})			测定波长/nm	备注
$K_2Cr_2O_7$	0.030 0	0.090 0	0.150	440	浓度以 Cr 计量
$CoCl_2$	2.00	6.00	10.00	510	浓度以 Co 计量
$CuSO_4$	2.00	6.00	10.00	690	浓度以 Cu 计量

以重蒸馏水为空白试样，用仪器分别测量以上各个溶液的吸光度，每一浓度的溶液必须重复测量 3 次，取其平均值。将记录的吸光度与对应浓度按式（7－30）计算各点的线性误差。

$$K=\frac{A_1+A_2+A_3}{c_1+c_2+c_3} \tag{7-30}$$

$$c_1K=A_1';\ c_2K=A_2';\ c_3K=A_3'$$

$$A_1\text{ 的线性误差}=\frac{A_1-A_1'}{A_1'}\times100\%$$

$$A_2\text{ 的线性误差}=\frac{A_2-A_2'}{A_2'}\times100\%$$

$$A_3\text{ 的线性误差}=\frac{A_3-A_3'}{A_3'}\times100\%$$

式中，c_1、c_2、c_3 是同一种溶液的 3 个浓度；A_1、A_2、A_3 是测得的相应的吸光度；A_1'、A_2'、A_3' 分别为浓度为 c_1、c_2、c_3 的理想直线上的吸光度。

4. 灵敏度的检查

仪器的灵敏度是吸光度变化值与相应溶液浓度变化值之比，其比值应符合表 7－26 中的规定。

表 7－26　仪器灵敏度限值

溶液名称	灵敏度 A/(μg·mL^{-1})	测定波长/nm
$K_2Cr_2O_7$	≥0.012/3	440
$CoCl_2$	≥0.014/200	510
$CuSO_4$	≥0.014/200	690

检查方法：配制表7－27中所示浓度的溶液，在指定波长下分别测量各溶液吸光度，设每种溶液的两个浓度间变化值为Δc，测得相应的吸光度为ΔA，则灵敏度$S=\Delta A/\Delta c$。

表7－27　仪器灵敏度检查溶液配制表

溶液名称	溶液浓度/($\times 10^3$ μg·mL^{-1})	测定波长/nm	备注
$K_2Cr_2O_7$	0.030 0与0.033 0	440	浓度以Cr计量
$CoCl_2$	2.00与2.20	510	浓度以Co计量
$CuSO_4$	2.00与2.20	690	浓度以Cu计量

5. 重现性检查

仪器在同一工作条件下，用同一种溶液连续重复测定7次，其吸光度最大读数与最小读数之差不应大于0.5%。

检查方法：将波长固定在690 nm，将含Cu 2.00×10^3 μg·mL^{-1}的硫酸铜溶液连续测定7次，计算其吸光度最大读数与最小读数之差。

6. 吸收池（比色皿）匹配性的检查

在同一波长下，配套使用的吸收池之间的透光率之差要求不大于0.5%。

检查方法：将波长固定在440 nm，含Cr 0.030 0×10^3 μg·mL^{-1}的$K_2Cr_2O_7$溶液分别注入一套吸收池，将其中一个吸收池推入光路中，调节至95%（T值可选小于100%而又尽量大的任一值），然后将各吸收池一一推入光路，记录各吸收池同第一只吸收池之间的透光率差值，差值不大于0.5%即可配对或配套使用。

7. 仪器操作方法

（1）722型分光光度计仪器外形（图7－18）

图7－18　722型分光光度计

（2）使用方法

①将灵敏度旋转至“1”挡（放大倍数最小）。

②开启电源，指示灯亮，仪器预热20 min，选择开关置于“T”。

③打开试样室盖（光门自动关闭），调节“0% T”旋钮，使数字显示为“00.0”。

④将装有溶液的比色皿放置于比色架中。

⑤旋动仪器的波长手轮，把测试所需的波长调节至刻度线处。

⑥盖上样品室盖，将参比溶液比色皿置于光路，调节通过率“100% T”旋钮，使数字

显示为“100.0T”（如果显示不到“100.0T”，则可适当增加灵敏度的挡数，同时应重复③调整仪器的“00.0”）。

⑦将被测溶液置于光路中，从数字表上直接读出被测溶液通过率 T。

⑧吸光度的测量，按照③、⑥调整仪器的“00.0”和“100.0”，将选择开关置于“A”，旋动吸光度调零旋钮，使数字显示为“000”，然后移入被测溶液，显示值即为试样的吸光度 A。

⑨浓度 c 的测量：选择开关由 A 旋至 C，将已标定浓度的溶液移入光路，调节浓度旋钮，使数字显示为标定值，将被测溶液移入光路，可读出相应的浓度值。

⑩如果大幅度改变测试波长，在调整“00.0”和“100”后稍等片刻（因光能量变化急剧，光电管受光后响应缓慢，需一段光响应平衡时间），当稳定后，重新调整“0.00”和“100”即可工作。

【思考与讨论】

1. 同组比色皿透光性的差异对比色有何影响？
2. 检查分光光度计的下列性能，并说明有什么实际意义：
波长精度、稳定度、灵敏度、重现性、线性
3. 分光光度计左侧下角有一只干燥剂筒，为什么？发现干燥剂变色，应如何处理？
4. 每台仪器所配套的比色皿能否与其他仪器上的比色皿单个调换使用？
5. 如果大幅度改变测试波长，须等数分钟后才能正常工作，为什么？

实验 21　邻二氮杂菲分光光度法测定铁

【实验目的】

1. 了解分光光度法测定物质含量的一般条件及其选定方法。
2. 掌握邻二氮杂菲分光光度法测定铁的方法。
3. 了解 722 型分光光度计的构造和使用方法。

【实验仪器与材料】

分光光度计、容量瓶、移液管、洗瓶。

【实验原理】

光度法测定的条件：用分光光度法测定物质含量时，应注意的条件主要是显色反应的条件和测量吸光度的条件。显色反应的条件有显色剂用量、介质的酸度、显色时溶液温度、显色时间及干扰物质的消除方法等；测量吸光度的条件包括应选择的入射光波长、吸光度范围和参比溶液等。

在 pH = 2 ~ 9 的条件下，Fe^{2+} 与邻二氮杂菲生成极稳定的橘红色配合物，反应式如下：

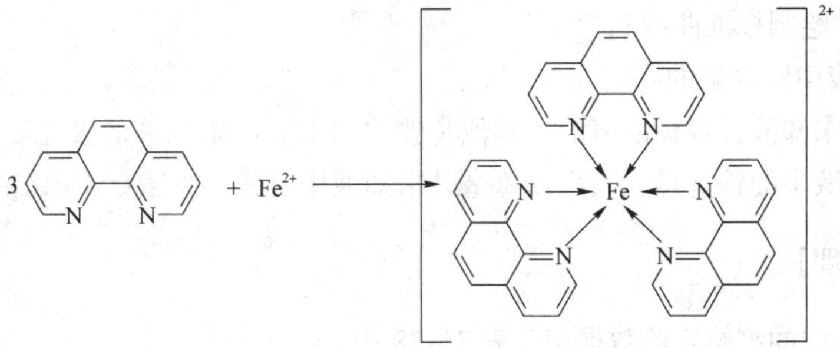

此配合物的 $\lg K_{稳}=21.3$，摩尔吸收系数 $\varepsilon_{510}=1.1\times10^{4}$，在显色前，首先用盐酸羟胺把 Fe^{2+} 还原成 Fe^{3+}，其反应式如下：

$$2Fe^{3+}+2NH_2OH\cdot HCl=2Fe^{2+}+N_2\uparrow+2H_2O+4H^{+}+2Cl^{-}$$

测定时，控制溶液酸度在 pH = 5 左右较为适宜。酸度过高，反应进行较慢；酸度太低，则 Fe^{2+} 水解，影响显色。

【实方法与验步骤】

1. 条件实验

（1）吸收曲线的测绘

准确吸取 20 μg · mL^{-1} 铁标准溶液 5 mL 于 50 mL 容量瓶中，加入 5% 盐酸羟胺溶液 1 mL，摇匀，加入 1 mol · L^{-1} NaOAc 溶液 5 mL 和 0.1% 邻二氮杂菲溶液 3 mL。以水稀释至刻度，摇匀。放置 10 min，在 722 型分光光度计上，用 1 cm 比色皿，以水为参比溶液，波长从 570 nm 到 430 nm 为止，每隔 10 nm 测定一次吸光度。其最大吸收波长为 510 nm，故该实验选择测定波长为 510 nm。

（2）邻二氮杂菲 - 亚铁配合物的稳定性

用上面溶液继续进行测定，其方法是在最大吸收波长 510 nm 处，每隔一定时间测定其吸光度，加入显色剂后立即再测定一次吸光度，经 10 min、20 min、30 min、120 min 后，再各测一次吸光度。

（3）显色剂浓度实验

取 50 mL 容量瓶 7 只，编号。每只容量瓶中准确加入 20 μg · mL^{-1} 铁标准溶液 5 mL 及 1 mL 5% 盐酸羟胺溶液，经 2 min 后，再加入 5 mL 1 mol · L^{-1} NaOAc 溶液，然后分别加入 0.1% 邻二氮杂菲溶液 0.3 mL、0.6 mL、1.0 mL、1.5 mL、2.0 mL、3.0 mL 和 4.0 mL，用水稀释至刻度，摇匀，在分光光度计上，用最大吸收波长 510 nm、1 cm 比色皿，以水为参比，测定上述溶液的吸光度。

2. 铁含量的测定

（1）标准曲线的绘制

取 50 mL 容量瓶 6 只，编号。分别吸取 20 μg · mL^{-1} 铁标准溶液 2.0 mL、4.0 mL、6.0 mL、8.0 mL 和 10.0 mL 于 5 只容量瓶中，另一只容量瓶中不加标准溶液（配制空白溶液，作参比）。然后各加 5% 盐酸羟胺溶液，摇匀。经 2 min 后，再各加 5 mL 1 mol · L^{-1} NaAc 溶液及 3 mL 1 g · L^{-1} 邻二氮杂菲溶液，以水稀释至刻度线，摇匀。放置 10 min，在分光光度计上，用 1 cm 比色皿，在 510 nm 处，测定各溶液的吸光度。以铁含量为横坐标，吸光度为纵坐标，绘制标准曲线。

（2）未知液中铁含量的测定

吸取 5 mL 未知液代替标准溶液，其他步骤均同上。由未知液的吸光度，在标准曲线上查出 5 mL 未知液中的铁含量，然后以每毫升未知液中含铁多少微克表示结果。

【实验数据及处理】

①将吸收曲线的测绘实验数据记于表 7－28 中。

表 7－28　吸收曲线测绘实验数据记录

波长 λ/nm	吸光度 A	波长 λ/nm	吸光度 A
570		500	
550		490	
530		470	
520		450	
510		430	

讨论：利用数据绘制出波长－吸光度曲线图，找出最适宜波长。

②将邻二氮杂菲亚铁配合物的稳定性实验数据记于表 7－29 中。

表 7－29　稳定性实验数据记录表

放置时间 t/min	0	5	10	15	20
稳定性					

讨论：作出放置时间－稳定性曲线图，找出最稳定条件。

③将显色剂用量测定实验数据记于表 7－30 中。

表 7－30　显色剂用量实验数据记录

容量瓶号	显色剂量/mL	吸光度 A
1	0.3	
2	0.6	
3	1.0	
4	1.5	
5	2.0	
6	3.0	
7	4.0	

讨论：作出显色剂量－吸光度变化图，找出最适宜显色剂量。

④将标准曲线的测绘与铁含量的测定实验数据记于表 7－31 中。

表 7-31　标准曲线的测绘与铁含量的测定实验数据记录

试液编号	标准溶液的量 V/mL	总含铁量 m/μg	吸光度 A
1	0	0	
2	2.0	40	
3	4.0	80	
4	6.0	120	
5	8.0	180	
6	10.0	200	
未知液	5.0		

讨论：根据含铁量-吸光度直线图，计算出未知液体的含铁量。

【思考与讨论】

1. 如用配置已久的盐酸羟胺溶液，将对分析结果带来什么影响？
2. 邻二氮杂菲分光光度法测定铁的适宜条件是什么？
3. 为什么要用邻二氮菲显色后再测定？

第 8 章　物理性能检测技能实训

实验 22　密度的测定

【实验目的】

1. 了解密度瓶法、韦氏天平法、密度计法测定液体密度的原理，掌握测定液体密度的操作方法。

2. 学会正确使用分析天平、韦氏天平。

【实验仪器与材料】

仪器：密度瓶（25 ~ 50 mL）、电吹风、恒温水浴、分析天平、韦氏天平（液体密度天平）PZ - 5 型、密度计 1 套、玻璃圆筒（可用 500 mL 或 1 000 mL 量筒代替）、烧杯、温度计、天平盘跨架（尺寸应适合放置在天平盘和吊篮的空当中）。

试剂：乙醇、乙醚（洗涤用）、丙三醇或乙二醇、丙酮。

1. 密度瓶

通常密度瓶容量有 5 mL、10 mL、25 mL，一般为球形，比较标准的是附有特制温度计、带磨口帽的小支管的密度瓶，如图 8 - 1 所示。使用密度瓶时，必须洗净并干燥。装入液体时，必须使瓶中充满液体，不要有气泡留在瓶内。称量需迅速进行，特别是室温过高时，否则液体会从毛细管中溢出，并且会有水汽在瓶壁凝结，导致称量不准确。密度瓶使用后，须洗净再保存。

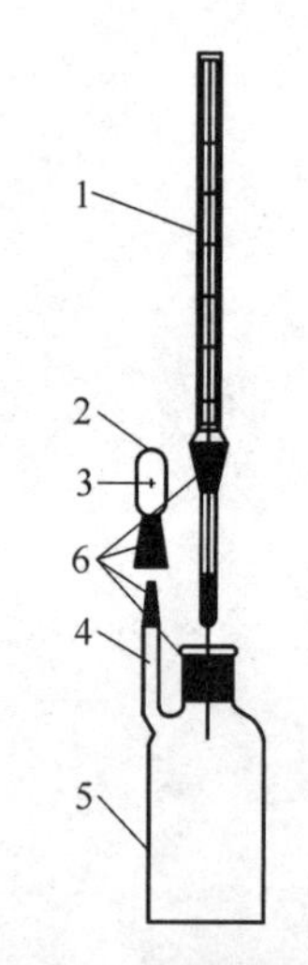

图 8 - 1　精密密度瓶

1—温度计；2—侧孔罩；3—侧孔；4—侧管；5—密度瓶主体；6—玻璃磨口

2. 韦氏天平

韦氏天平的构造如图 3 - 7 所示。每台天平有两组骑码，每组有大小不同的四个骑码，与天平配套使用。最大骑码的质量等于玻璃浮锤在 20 ℃水中所排开水的质量，其他骑码各为最大骑码的 1/10、1/100、1/1 000。

韦氏天平应安装在温度正常的室内（约 20 ℃），不能在一个方向受热或受冷，同时免受气流、震动、强磁源的影响，并安装在牢固工作台上，用干净的绒布条擦净韦氏天平的各个部件（玻璃浮锤、弯头温度计、玻璃筒要用酒精拭净）。旋松支柱紧固螺钉，托架升至适当高度后旋紧螺钉。将天平横梁置于玛瑙刀座上，钩环置于天平横梁右端刀口上，用等重砝码挂于钩环上，旋动水平调整脚，使横梁指针间与托架指针尖呈水平线，以示平衡。若无法调节平衡，则用螺丝刀将平衡调节器的定位小螺钉松开，微微转动平衡调节器，直至平衡，旋紧螺钉，严防松动。取下等重砝码，换上玻璃浮锤，此时天平仍应保持平衡，但允许有 ±0.000 5 的误差存在。如果天平灵敏度高，则将重心旋低，反之旋高。天平安装后，应检查各部件位置是否正确，待横梁正常摆动后，方可认为安装完毕。

天平应调整平衡后方可使用。测定完毕，应将横梁 V 形槽和小钩上的骑码全部取下，不可留置在横梁 V 形槽和小钩上。当天平要移动位置时，应把易于分离的零件、部件及横梁等拆卸分离，以免损坏刀口。根据使用的频繁程度，要定期进行清洁工作和计量性能检定，当发现天平失真或有疑问时，在未清除障碍前，应停止使用，待修理检定合格后，方可使用。

3. 密度计

密度计是一支中空的玻璃浮柱，上部有标线，下部为一重锤，内装铅粒。将试样倾入清洁干燥的玻璃圆筒中，然后将密度计轻轻插入，勿使试样产生气泡，密度计不能碰壁、碰底。待密度计摆动停止后，视线从水平位置观察试样弯月面下缘进行读数。

【实验原理】

密度是液体的一种常用的物理常数，通过测定试样的密度，能够鉴别未知样品，鉴定液体化合物的纯度，并测定其含量。物质的密度是指在规定温度下，单位体积物质的质量。通常以 ρ 表示，单位为 $g \cdot cm^{-3}$ 或 $g \cdot mL^{-1}$。

$$\rho = m/V$$

物质的密度随着温度的变化而改变。其原因是物质的热胀冷缩，其体积随着温度的变化而改变。故同一物质在不同温度下有不同的密度值，因此，密度的表示必须注明温度。在一般情况下，常以 20 ℃为准。如国家标准规定化学试剂的密度是指在 20 ℃时单位体积物质的质量，用 ρ 表示；在其他温度时，则必须在 ρ 的右下角注明温度。

1. 密度瓶法测定密度的原理

在 20 ℃时，分别测定密度瓶和充满水及试样的同一密度瓶的质量，由此可得到充满同一密度瓶水及试样的质量，再由水的质量和密度确定密度瓶的容积即试样的体积，根据试样的质量及体积即可计算其密度。

2. 韦氏天平法测定密度的原理

韦氏天平法测定密度的基本依据是阿基米德原理。在 20 ℃时，分别测量同一物体（韦氏天平中的支离浮锤）在水及试样中的浮力。由于浮锤所排开的水的体积与排开的试样的体积相同，所以根据水的密度及浮锤在水及试样中的浮力即可计算出样品的密度。

浮锤排开水或试样的体积：

$$V = \frac{m_{水}}{\rho_0} = \frac{m_{样}}{\rho} \tag{8-1}$$

根据密度的定义，可推算出试样的密度：

$$\rho = \frac{m_{样}}{V} = \frac{m_{样}}{m_{水}}\rho_0 \tag{8-2}$$

式中，ρ——试样在 20 ℃时的密度，$g \cdot mL^{-1}$；

$m_{水}$——浮锤浸于水中时的浮力（骑码）读数，g；

$m_{样}$——浮锤浸于试样中时的浮力（骑码）读数，g；

ρ_0——20 ℃蒸馏水的密度，$\rho_0 = 0.982\ 0\ g \cdot mL^{-1}$。

3. 密度计法测定密度的原理

密度计法是测定液体密度最迅速、简便的方法，适用于精确度要求不太高的试样。它也是根据阿基米德定律设计的。

【实验方法与步骤】

1. 密度瓶法测定密度

1）实验准备。开启恒温水浴，使温度恒定在（20.0 ±0.1）℃，将密度瓶洗净并干燥。

2）密度瓶称量：将带有温度计及侧孔罩的洗净并干燥的密度瓶在天平上称取精确质量 m_0，单位 g。

3）蒸馏水称量准备：取下温度计及侧孔罩，用新煮沸并冷却至约 20 ℃的蒸馏水充满密度瓶，不得带入气泡，插入温度计，将密度瓶置于（20.0 ±0.1）℃的恒温水浴中，恒温约 20 min。至密度瓶温度达到 20.0 ℃，并使侧管中的液面与侧管管口齐平，立即塞上侧孔罩。

4）蒸馏水称量：取出密度瓶，用吸水纸擦干，称得此密度瓶精确质量 m_1，单位为 g。

5）丙三醇称量准备：用丙三醇洗涤密度瓶 3 次（或在装入丙三醇试剂前将密度瓶洗净干燥），然后注满丙三醇，塞上磨口塞，恒温 20 min。

6）丙三醇称量：取出密度瓶，将瓶擦干，称取此密度瓶质量 m_2，单位为 g。

以试样代替蒸馏水重复上述操作。

7）注意事项。

①称量操作必须迅速，因为水和试样都有一定的挥发性，否则会影响测定结果的准确度。

②注满样品的密度瓶在恒温水浴中的保温时间控制在 15 min，使密度瓶及其内部试样温度达到 20 ℃，保证测定温度准确。

③在密度瓶称重以前，需要将瓶体上的样品及水擦干，此时不能用手将整个密度瓶体握住来擦，因为密度瓶宜恒温，手直接握瓶会加热瓶体，致使测定结果不准。

④整个装样和测定过程中不得有气泡。

2. 韦氏天平法测定密度

1）检查仪器各部件是否完整无损。用清洁的细布擦净金属部分，用乙醇擦净玻璃筒、温度计、玻璃浮锤，并干燥。

2）将仪器置于稳定的平台上，旋松支柱紧固螺钉，使其调整至适当高度，旋紧螺钉。将天平横梁置于玛瑙刀座上，钩环置于天平横梁右端刀口上，将等重砝码挂于钩环上，调整水平调节螺钉，使天平横梁左端指针水平对齐，以示平衡。在测定过程中，不得再变动水平调节螺钉。若无法调节平衡，则可用螺丝刀将平衡调节器上的定位小螺钉松开，微微转动平衡调节器，使天平平衡，旋紧平衡调节器上定位小螺钉，在测定中严防松动。

3）取下等重砝码，换上玻璃浮锤，此时天平仍应保持平衡。允许有 ±0.000 5 的误差。

4）向玻璃筒内缓慢注入预先煮沸并冷却至约 20 ℃的蒸馏水，将浮锤全部浸入水中，不得带入气泡，浮锤不得与筒壁或筒底接触，玻璃筒置于（20.0 ±0.1）℃的恒温浴中，恒温 20 min，然后由大到小把骑码加在横梁的 V 形槽上，使指针重新水平对齐，记录骑码的读数。

5）将玻璃浮锤取出，倒出玻璃筒内的水，玻璃筒及浮锤用乙醇洗涤后干燥。

6）以试样代替水，重复 4）的操作。

7）注意事项。

①测定过程中，必须注意严格控制温度。取用玻璃浮锤时必须十分小心，轻取轻放，一般最好是右手用镊子夹住钓钩，左手垫绸布或清洁滤纸托住玻璃浮锤，以免损坏。

②当要移动天平位置时，应把易于分离的零件、部件及横梁等拆卸分离，以免损坏支点刀。

③根据使用的频繁程度，定期进行清洁工作和计量性能检定。当发现天平失真或有疑问时，在未清除故障前，应停止使用，待修理检定合格后方可使用。

3. 密度计法测定密度

1）根据试样的密度选择适当的密度计。

2）将待测定的试样小心倾入清洁、干燥的玻璃圆筒中，然后把密度计擦干净，用手拿住其上端，轻轻地插入玻璃筒内，试样中不得有气泡，容度计不得接触筒壁及筒底。用手扶住，使其缓缓上升。

3）待密度计停止摆动后，水平观察，读取待测液弯月面上缘的读数，同时测量试样的温度。

4）注意事项。

①所用的玻璃筒应较密度计高大些，装入的液体不得太满，但应能将密度计浮起。

②密度计不可突然放入液体内，以防密度计与筒底相碰而受损。

③读数时，眼睛视线应与液面在同一水平位置上，注意视线要与弯月面上缘平行。

4. 固体密度的测定

（1）对试样的要求

粉、粒状试样取 2 ~ 5 g；板、棒管状试样取 1 ~ 3 g。成型试样应清洁、无裂缝、气泡等缺陷。试样需要进行干燥处理时，处理条件要严格按产品标准规定进行。试样在实验前，应在规定室温下放置不少于 2 h，当试样温度与室温相差大时，应延长放置时间，以达到温度平衡。试样在存放期间，应避免阳光照射，远离热源。

（2）密度瓶法

把试样放进已知体积的密度瓶中，加入测定介质，试样的体积可由密度瓶体积减去测定介质的体积求得，则试样密度为试样质量与其体积之比。实验条件：

①测定介质应纯净并且不能使试样溶解、溶胀及起反应，但试样表面必须被介质润湿。

②测定介质一般用蒸馏水，也可选用其他介质（二甲苯、煤油等）。

密度瓶法操作步骤：

①称空密度瓶的质量，再加入试样称量，然后注入部分测定介质，轻微振荡，试样充分

湿润后，继续将密度瓶注满，试样表面和介质中不得有气泡。当以蒸馏水为测定介质时，若有悬浮或湿润不好的现象，可加 0.5 ~1 滴湿润剂（如磺化油等）。

②将装满测定介质和试样的密度瓶盖严瓶盖，放入（23 ±0.5）℃水浴中，恒温30 min以上，取出擦干，立即称量。

③将密度瓶清洗、干燥，充满测定介质，放入恒温水浴后重复上述操作。

（3）天平法

用天平分别称量固体试样在空气中和在测定介质中的质量，当试样质量浸没于测定介质中时，其质量小于在空气中的质量，减少值为试样排开同体积测定介质的质量，试样的体积等于排开测定介质的体积。

天平法操作步骤：

①称量试样在空气中的质量。

②把跨架置于天平盘和吊篮的空当中，彼此不能有任何接触。

③把盛有测定介质的烧环置于跨架上。

④将所有的毛发丝挂在天平钩上，称其在介质中的质量。

⑤将已知质量的试样，先用测定介质完全湿润其表面，然后用毛发丝将试样套好，放入温度为（23 ±0.5）℃的测定介质中，不得有气泡，试样的任何部位不得与烧杯接触，待试样与测定介质温度一致时，称其在测定介质中的质量。

⑥当固体的密度小于 1 g · mL^{-1}时，则在毛发丝上另挂一个坠子，把试样坠入测定介质中进行称量，但应测定坠子及毛发丝在测定介质中的质量。

【实验数据及处理】

1. 密度瓶法测定液体密度

将密度瓶法测定液体密度的实验数据记于表 8 – 1 中。

表 8 – 1 密度测定实验数据记录

试样	m_0/g	m_1/g	m_2/g

按式（8 – 3）和式（8 – 4）计算丙三醇的密度（或相对密度）：

$$\rho = \frac{m_1 + A}{m_2 + A}\rho_0 \qquad (8-3)$$

$$A = \rho_\alpha \frac{m_2}{0.997\ 0} \qquad (8-4)$$

式中，m_1——20 ℃时充满密度瓶的试样质量，g；

m_2——20 ℃时充满密度瓶的蒸馏水质量，g；

ρ_0——20 ℃时蒸馏水的密度，$\rho_0 = 0.998\ 2$ g · mL^{-1}；

A——空气浮力校正值，g；

ρ_α——干燥空气在 20 ℃，1 013.25 hPa 时的密度，$\rho_\alpha = 0.001\ 2$ g · mL^{-1}；

0.997 0——$\rho_0-\rho_\alpha$，$g\cdot mL^{-1}$。

通常情况下，A 值的影响很小，可忽略不计。

2. 密度瓶法测定固体密度

密度瓶法结果计算：

（1）密度瓶的体积

$$V(cm^3)=(m_1-m)/\rho_0 \tag{8-5}$$

式中，m——空密度瓶的质量，g；

m_1——充满测定介质的密度瓶的质量，g；

ρ_0——测定温度下测定介质的密度，$g\cdot mL^{-1}$。

（2）密度瓶里测定介质的体积

$$V(cm^3)=(m_2-m_3)/\rho_0 \tag{8-6}$$

式中，m_2——放入适量试样并充满测定介质的密度瓶的质量，g；

m_3——放入适量试样的密度瓶的质量，g。

（3）试样的密度

$$\rho(g\cdot mL^{-1})=\frac{m_3-m}{V-V_1} \tag{8-7}$$

3. 天平法测定固体密度

天平法结果计算：

试样在实验温度下的密度计算：

$$\rho(g\cdot mL^{-1})=\frac{m_1\rho_0}{m_1-m_2} \tag{8-8}$$

式中，m_1——试样在空气中的质量，g；

m_2——试样在测定介质中的质量，g；

ρ_0——测定介质在实验温度下的密度，$g\cdot mL^{-1}$，

当使用坠子时，密度计算公式为：

$$\rho\ (g\cdot mL^{-1})=\frac{m_1\rho_0}{m_1+m_3-m_4} \tag{8-9}$$

式中，m_1——试样在空气中的质量，g；

m_2——坠子在测定介质中的质量，g；

m_4——试样和坠子在测定介质中的质量，g；

ρ_0——测定介质在实验温度下的密度，$g\cdot mL^{-1}$。

当用蒸馏水为测定介质时，可以实测水的温度，然后根据不同温度下的密度相关文献查得该温度下的实际密度，代入公式计算。

【思考与讨论】

1. 液体密度的测定方法有几种？简述各种测定方法的原理。

2. 是否可以将注满样品的密度瓶在恒温水浴中的恒湿时间控制在 5 min？为什么？

3. 在密度瓶称量以前，需要将瓶体上的样品及水擦干，此时用手将整个密度瓶握住擦拭，是否正确？为什么？

4. 密度瓶中有气泡，将会使测定结果偏低还是偏高？为什么？

实验 23 熔点的测定

【实验目的】

1. 了解测定熔点的意义。
2. 学会组装和使用毛细管测定熔点的装置，掌握毛细管法测定熔点的操作方法。
3. 掌握温度计外露段的校正方法。

【实验仪器与材料】

1. 仪器与试剂

圆底烧瓶（250 mL）1 只；酒精灯或煤气灯 1 个；精密温度计（100 ~ 150 ℃，分度值 0.1 ℃）1 支；玻璃钉 1 根；试管（口径 30 mm，长度 100 mm）1 支；辅助温度计（0 ~ 100 ℃）1 支；熔点管 10 支；表面皿 4 块；甘油或液体石蜡（CP）约 170 mL；尿素（AR，m. p. =135 ℃）少量；苯甲酸（AR，m. p. =122.4 ℃）少量；未知样少量。

2. 测定装置

常用的毛细管熔点测定装置有双浴式和提勒管式两种，如图 3 – 1 所示。毛细管（熔点管）用中性硬质玻璃制成，端熔封，内径 0.9 ~ 1.1 mm，壁厚 0.10 ~ 0.15 mm，长度约为 100 mm。测量温度计（主温度计）为单球内标式，分度值为 0.1 ℃，并具有适当的量程。辅助温度计分度值为 1 ℃，并具有适当的量程。提勒管热浴时，提勒管的支管有利于载热体受热时在支管内产生对流循环，使整个管内的载热体能保持相当均匀的温度分布。双浴式热浴则采用双载热体加热，具有加热均匀、容易控制加热速度的优点，是目前一般实验室测定熔点常用的装置。

【实验原理】

熔点是晶体物质的重要物理常数之一。晶体物质又分为晶体有机物和晶体无机物。根据样品性质，可分为不带结晶水的、带结晶水的、易升华的晶体物质；根据稳定性，又可分为在空气中稳定的与不稳定的两种。通过测定化合物的熔点，可以定性检验化合物，了解其分子结构的特征，也可以初步判断化合物的纯度。

熔点是固液两相在 101.325 kPa 下平衡共存时的温度。物质开始熔化至全部熔化的温度范围，叫作熔点范围或熔程。纯物质固、液两态之间的变化是非常敏感的，自初熔至全熔，温度变化不超过 0.5 ~ 1 ℃。混有杂质时，熔点一般会下降，熔程显著增大。

测定熔点常用的方法有毛细管法和显微熔点法等。毛细管熔点测定法是最常用的基本方法。它具有操作方便、装置简单的特点，目前实验室较常用此法。

以加热的方式，使熔点管中的样品从低于其初熔时的温度逐渐升温至其终熔时的温度，通过目视观察毛细管中试样的熔化情况，试样出现明显的局部液化现象时的温度为初熔点，试样全部熔化时的温度为终熔点。以初、终熔温度确定样品的熔点范围。

【实验方法与步骤】

1. 测定方法

加热升温，使载热体温度上升，通过载热体将热量传递给试样，当温度上升至接近试样熔点时，控制升温速率，观察试样的熔化情况。当试样开始熔化时，记录初熔温度；当试样完全熔化时，记录终熔温度。

2. 测定实训操作步骤

1）安装测定装置。将烧瓶、试管及温度计用橡皮塞连接，并将其固定于铁架台上。烧瓶中注入约 3/4 的甘油，并向试管注入适量的甘油，使其液面在同一平面上。

2）装样。取干燥的尿素、苯甲酸和未知样各少量分别放在干净的表面皿上，用玻璃钉碾细。尿素和苯甲酸各装两支毛细管，未知样装三支毛细管，其余毛细管备用。将试样放入清洁、干燥、一端封口的毛细管中，将毛细管开口端插入粉末中，取一支长约 800 mm 的干燥玻璃管，直立于玻璃板上，将装有试样的熔点管在其中投入数次，直到熔点管内样品紧缩至 2 ~ 3 mm 高。图 3 – 1（c）所示毛细管固定测的是易分解或易脱水样品，应将熔点管另一端熔封。将装好样品的熔点管按图 3 – 1（c）所示附在内标式单球温度计上（使试样层面与内标式单球温度计的水银球中部在同一高度）。

3）预测定。用酒精灯或电炉加热圆底烧瓶，开始时升温可稍快，控制升温速度不超过 5 ℃ · min^{-1}，观察毛细管中试样的熔化情况，记录试样完全熔化时的温度，作为试样的粗熔点。

4）另取一支毛细管，按上述方法填装好试样，待热浴冷却至初熔点下 20 ℃时，放于测定装置中。将辅助温度计附于内标式温度计上，使其水银球位于内标式温度计水银柱外露段的中部。

5）加热升温，当液体温度升至比样品熔点低 10 ℃时，停止加热。将装有样品的毛细管缚在温度计上并插入试管中。继续加热，控制升温速度（1.0 ± 0.1）℃ · min^{-1}。如所测的是易分解或易脱水样品，则升温速度应保持在 3 ℃ · min^{-1}。开始熔化前有“收缩”“长毛”等预兆，此时须严密注视样品熔化情况及温度计读数。试样出现明显的局部液化现象时的温度即为初熔温度，试样完全熔化时的温度即为全熔温度，记录初熔和全熔时的温度，一般纯物质的熔程应在 0.5 ~ 1.0 ℃以内。

测熔点时，每个样品至少测定 2 次，2 次数据的误差不应大于 0.3 ℃，否则应再测第 3 次。每次测定完后，应将传热液冷却至样品熔点 10 ℃以下，才能装入新的毛细管并开始操作。

测定未知样品时，第一次可快速升温，大致确定熔点温度，其后两次精确测定。

6）熔点的校正。

熔点测定值是通过温度计直接读取的，温度读数的准确与否，是影响熔点测定准确度的关键因素。在测定熔点时，必须对熔点测定值进行温度校正。

①温度计示值校正。

用于测定的温度计，使用前必须用标准温度计进行示值误差的校正。方法是：将测定温度计和标准温度计的水银球对齐并列放入同一热浴中，缓慢升温，每隔一定读数同时记录两种温度计的数值，作出升温校正曲线；然后缓慢降温，制得降温校正曲线。若两条曲线重合，说明校正过程正确，此曲线即为温度计校正曲线。校正曲线如图 8－2 所示，在此曲线上可以查得测定温度计的示值校正值 t_1，对温度计示值进行校正。

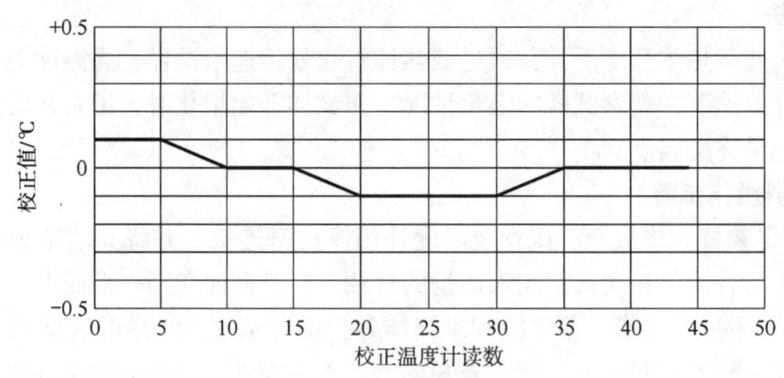

图 8－2　温度计校正曲线

②温度计水银柱外露段校正。

在测定熔点时，若使用的是全浸式温度计，那么露在载热体表面上的一段水银柱，由于受空气冷却影响，所示出的数值一定比实际上应该具有的数值低。这种误差在测定 100 ℃以下的熔点时是不大的，但是在测定 200 ℃以上的熔点时，可大到 3～6 ℃。对于这种由温度计水银柱外露段所引起的误差的校正值，可用式（8－10）来计算：

$$\Delta t_2 = 0.000\ 16(t_1 - t_2)h \tag{8-10}$$

式中，0.000 16——玻璃与水银膨胀系数的差值；

t_1——主温度计读数；

t_2——水银柱外露段的平均温度，由辅助温度计读出（辅助温度计的水银球应位于主温度计水银柱外露段的中部）；

h——主温度计水银柱外露段的高度（用摄氏度表示）。

校正后的熔点 t 应为：

$$t = t_1 + \Delta t_1 + \Delta t_2 \tag{8-11}$$

式中，t——试样的校正熔点，℃；

t_1——熔点的测定值，℃；

Δt_1——内标式温度计示值校正值，℃；

Δt_2——内标式温度计水银柱外露段校正值，℃。

3. 实验注意事项

①熔点测定装置中使用的胶塞，均须开有出气槽，严禁在密闭体系中加热。

②内浴试管距烧瓶底部距离 15 mm。

③装置中温度计水银球应位于 b 形管上、下两支管口的中部。

④b 形管中装入液体，高度达上支管处即可，不能加得过满，以免加热时溢出。

⑤观察仔细、认真；装样要均匀、密实；控制好升温速度。

⑥安全要求，水银温度计切忌破坏；正确使用有机载热体，安全使用易燃有机物；安全使用煤气。

⑦控制升温速度是本实验取得成功的关键因素。当温度接近熔点时，升温速度越慢，越能保证有充分的时间让热量由毛细管外传至管内，样品的熔化过程越明显，读数误差才越小。在

测定过程中要控制好升温速度，不宜过快或过慢，升温太快往往会使测出的熔点偏高；升温速度越慢，温度计读数越准确，但对于分解和易脱水的试样，升温速度太慢，会使熔点偏低。

⑧样品均匀性和研细的程度影响测定结果。装样前，试样一定要研细，装入试样量不能过多，否则熔距会增大或结果偏高；试样一定要装紧，疏松会使测定结果偏低；装好样品的毛细管要在升温中途距熔点 10 ℃时放入装置中，这时一定要注意温度是否还在上升，要防止温度过高而导致实验失败。

⑨熔点管（即毛细管）内装入试样的量，装入 2 mm 高度和 3 mm 高度结果可能有差距。2 mm 的初熔点低，但熔点范围窄；3 mm 的初熔点高，但熔点范围宽。

⑩升温速度 0.9 ℃ · min^{-1}，熔点范围窄；升温速度 1.1 ℃ · min^{-1}，熔点范围宽。

⑪在 70～150 ℃内，熔点范围测定较好掌握，因为这个条件下传热体散热慢，升温测定的速度较好控制；200 ℃以下（150 ℃以上）稍难控制升温的速度；在 250 ℃则难控制升温速度（由于传热液体散热快）。另外，传热液体容易生色，又会影响熔点管内试样的观测。

⑫测定用的毛细管内壁要清洁、干燥，否则测出的熔点会偏低，并使熔距变宽。在熔封毛细管时，应注意不要将底部熔结太厚，但要密封。不能用已测定过熔点的毛细管冷却后再测第二次。这是由于有机物容易受热分解，有些物质还会转变成具有不同熔点的其他晶型，所以用过的毛细管只能弃之。

⑬实验结束后，热的温度计不可立即用冷水冲洗，否则易破裂。

【实验数据及处理】

1. 数据记录

将各项实验数据记于表 8－2 中。

表 8－2 熔点测定实验数据记录

样品	测量温度计读数		平均值 t_1	辅助温度计读数	平均值 t_2	露颈 h
苯甲酸	第一次					
	第二次					
尿素	第一次					
	第二次					
未知样	第一次					
	第二次					

2. 数据处理

熔点校正，将结果记于表 8－3 中。

表 8－3 熔点校正实验数据记录

样品	实测熔点（平均）	校正温度	文献值
苯甲酸			
尿素			
未知样			

【思考与讨论】

1. 在测定熔点的过程中，为什么温度接近熔点，升温速度要慢？

2. 测定熔点范围要做哪些温度校正？

3. 从测定看，不同温度区测定熔点范围有什么不同？还有什么条件影响测定结果？

4. 用已测定过熔点的毛细管冷却后再次测定，可以节约时间和材料，这样做可以吗？

5. 用毛细管测定熔点时，下述情况将会导致什么结果？①升温太快；②样品未干燥或含有不熔杂质；③熔点管不洁净或太粗；④熔点管底部未完全封闭；⑤样品碾得不细或装得不紧。

实验 24　凝固点的测定

【实验目的】

1. 学习凝固点测定仪的使用方法。

2. 掌握凝固点测定的操作方法。

【实验仪器与材料】

凝固点测定仪 1 套，装置如图 3－3 所示；分析天平（分度值 0.1 mg）；贝克曼温度计 1 支；压片机；烧杯（500 mL）2 只；环己烷（AR，m. p. ＝6.54 ℃，M＝84 g・mol^{-1}，k_f＝20 K・kg・mol^{-1}）20 mL；普通温度计（0～50 ℃，分度值 1 ℃）1 支；萘（AR）；放大镜 1 个；碎冰。

【实验原理】

凝固点是物质的重要物理常数之一，通过测定试样的凝固点，判断化合物的纯度，以评价产品的质量。物质的凝固点是指液体在冷却过程中由液态转变为固态时的相变温度。凝固点是由物质结构决定的，不同的物质具有不同的凝固点。纯物质都有固定的凝固点，若含有杂质，凝固点就会降低。在工业分析中，测定凝固点主要用来了解产品的质量情况，确定产品等级，其数据可作为制定产品质量技术指标、制定生产工艺指标、指导配料比的依据。

将液态物质在常压下降温，开始时液体温度逐渐下降，当达到一定温度时，有结晶析出或凝固，此时试样温度保持一段时间，或温度回升并保持一段时间，这时的温度即为试样的凝固点，然后温度继续下降。

凝固点的确定方法：

①冷却曲线法。当试样被冷却，温度下降至高于凝固点温度 3 ℃时，开始搅拌，并启动秒表，记录时间和温度。以测定过程中记录的温度为纵坐标，时间为横坐标，绘制冷却曲线，曲线中的水平段所示的温度为试样的凝固点。

②观察法。在测定过程中可以不做温度和时间的记录，直接观察到温度最大值所保持的恒定阶段为试样的凝固点。

【实验方法与步骤】

1. 准备工作

按图 3－3 所示安装实验仪器，在天平上准确称取冷冻管的质量（带烧杯和橡皮塞），然后在干燥的冷冻管中加入环己烷 20 mL 左右，再次称量冷冻管的质量，计算出环己烷的质量 m，单位为 g。在冷冻管中插入温度计和搅拌器，使水银球至管底的距离约为 15 mm。

2. 温度计调节

调节贝克曼温度计，使环己烷的凝固点（6.5 ℃）位于贝克曼温度计的 4 ℃附近。在烧杯中加入冰块和水，当温度降至 0 ℃左右时，开始下一步操作。

3. 测定环己烷的凝固点

先测定近似凝固点。将冷冻管直接浸入冰水浴中，快速搅拌，当液体温度下降几乎停止时，取出冷冻管，用吸水纸将管壁上的水擦干，然后放入外套管内继续搅拌，记下最后稳定的温度值，即为近似凝固点。

取出冷冻管，用手握住管壁加热并不断搅拌，使结晶完全熔化。将冷冻管在冰水浴中略浸片刻后取出擦干，立即放入外套管内快速搅拌。当温度下降至凝固点以上 0.5 ℃时，停止搅拌，液温继续下降。过冷到凝固点以下 0.5 ℃时，迅速搅拌，不久结晶出现，立即停止搅拌，这时温度突然上升，到最高点后保持恒定，用放大镜读取最高温度，准确至 0.001 ℃，这个温度就是环己烷的凝固点（T_A）。

取出冷冻管，用手握住，使结晶熔化。再重复测定两次。一般三次凝固点的偏差不得超过 ±0.005 ℃。

4. 测定溶液的凝固点

用压片机制成 0.3 g 的萘片一块，精称质量至 0.001 g。

取出冷冻管，用手温热，并将萘片从加样口投入冷冻管中，边搅拌边加热，使萘片完全溶解。同上法先测定溶液的近似凝固点，再准确测定凝固点。必须强调的是，测定过程中过冷不得超过 0.2 ℃。

再重复测定两次，各次测定的偏差不应超过 ±0.005 ℃。取三次测定的平均值作为最终测定结果。

【实验数据及处理】

1. 数据记录

将各项数据记于表 8－4 中。

表 8－4　凝固点测定实验数据记录

样品	质量 m/g	凝固点/℃			
		第一次	第二次	第三次	平均值
环己烷	m_A =				
萘	m_B =				

2. 数据处理

$$\Delta T_f = T_A - T_B$$

$$K_f = 20\ K \cdot kg \cdot mol^{-1}$$

按式（8－12）计算萘的摩尔质量（g/mol）：

$$M_B = K_f(1\ 000 \times m_B)/(\Delta T_f m_A) \tag{8-12}$$

实验注意事项如下。

①实验结束后，试液须倒入回收瓶，严禁倒入下水道。

②为了防止溶剂大量挥发，称量时应将冷冻管口用橡皮塞塞住。测量时用另一个打孔的橡皮塞。这个橡皮塞上的两个孔不能大，应正好卡住温度计和搅拌器，否则由于溶剂的挥发，将会导致实验误差增大。

③凝固点降低法测定的是物质的表观摩尔质量。当溶质在溶液中有电离缔合、溶剂化和生成络合物等情况时，溶质在溶液中的表观摩尔质量将受到影响。

④高温高湿季节不宜做此实验，因为水蒸气易进入体系中，造成测定结果偏低。

【思考与讨论】

1. 测定装置中为什么要使用外套管？

2. 为什么测定纯溶剂的凝固点时，过冷程度大一些对测定结果影响不大，而测定溶液凝固点时，却必须尽量减小过冷程度？

实验 25　黏度的测定

【实验目的】

1. 掌握毛细管黏度计法、旋转黏度计测定黏度的方法。
2. 熟悉黏度测定原理及其在实际中的应用。
3. 会使用平氏黏度计。

【实验仪器与材料】

1. 毛细管黏度计

（1）仪器构造

毛细管黏度计的种类很多，结构如图 8－3 所示。以下各类黏度计测定的黏度范围在 $4 \times 10^{-4} \sim 16\ Pa \cdot s$ 之间。它们适用于测低黏度液体及高分子物质的黏度。其最大优点是结构简单，价格低廉，样品用量少，测定精度高。

毛细管内径分别为 0.4、0.6、0.8、1.0、1.2、1.5、2.0、2.5、3.0、3.5、4.0、5.0、6.0 mm，13 支为一组。

（2）选择原则

按试样运动黏度的值选用其中 1 支，使试液流出时间在 120～480 s 范围内。（在 0 ℃及更低温度下实验高黏度的润滑油时，流出时间可增至 900 s；在 20 ℃实验液体燃料时，流出时间可减少 60 s。）

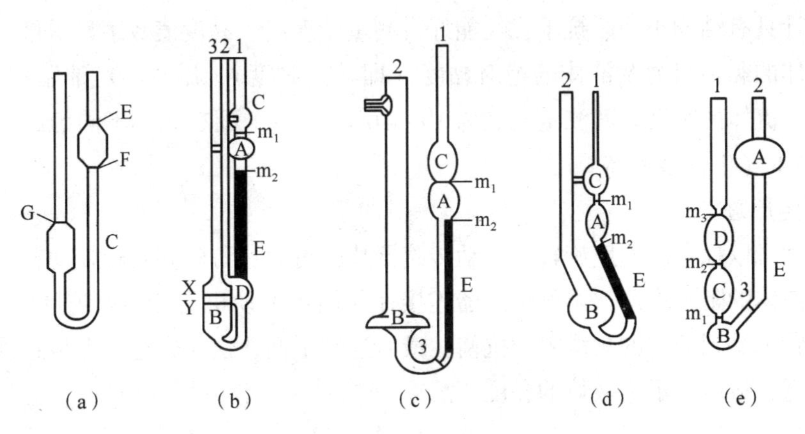

图8-3 毛细管黏度计

(a) 奥氏黏度计：G、E、F—刻线；C—毛细管；

(b) 乌氏黏度计：X、Y、m_1、m_2—刻线；E—毛细管；B、D-储器；A、C—球体；

(c) 平氏黏度计：m_1、m_2—刻线；A、C—球体；B—储器；E—毛细管；

(d) 芬氏黏度计：A、B、C—球体；m_1、m_2—刻线；E—毛细管；

(e) 逆流黏度计：m_1、m_2、m_3—刻线；A、B、C、D—球体；E—毛细管

(3) 恒温水浴

带有透明壁或观察孔，其高度不小于180 mm，容积不小于2 L。另附有自动搅拌器及自动控温仪。恒温浴液可按规定的温度不同而选用适当的液体。

2. 旋转黏度计

旋转黏度计有多种型号，主要分为指针式和数字式两大类，均可直接从仪器上读出黏度值。现以上海天平仪器厂生产的NDJ-5S型数字式黏度计为例，说明黏度计的测定原理。

(1) 性能及用途

NDJ-5S型数字式黏度计外形如图8-4所示。

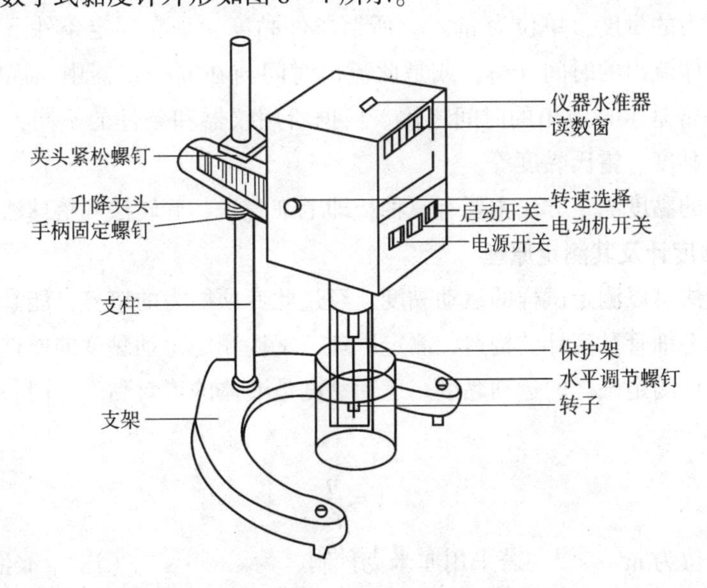

图8-4 NDJ-5S型数字式黏度计

该黏度计具有结构小巧、抗干扰性能好、测量精度高、黏度值数字显示稳定等特点，可用于测量液体的黏性阻力及液体的绝对黏度（即动力黏度），用于测定油脂、油漆、食品、胶黏剂等各种流体的黏度。其测量范围为 $10\sim10^5$ mPa · s，配有大小不同的四种转子，测量误差为 ±0.5%（牛顿型流体）。

（2）测定原理

同步电动机以稳定的速度旋转来带动传感器片，再通过游丝和转轴带动转子旋转。如果转子未受到液体的阻力作用，游丝传感器连接片与同步电动机的传感器连片将在同一位置；反之，如果转子受到液体的黏滞阻力抗衡，最后达到平衡，这时通过光电传感器并由单片机进行数据处理，最后显示出液体的黏度值。

【实验原理】

黏度是流体的重要物理性质之一，它的定义是流体内部产生的阻碍外力作用下的流动或运动的特性。黏度是液体的内摩擦，是一层液体对另一层液体做相对运动的阻力。黏度通常分为绝对黏度（动力黏度）、运动黏度和条件黏度。流体黏度产生的根本原因是，当流体受外力作用产生流动时，首先必须克服流体分子内部的分子间作用力，这种分子间作用力的方向与流体的流动方向相反，因此，它就相当于流体内部的一种摩擦力。黏度的数值就是流体分子间摩擦作用的量度。摩擦力越大，黏度越高。黏度的大小与流体的温度有关，液体的黏度随温度升高而减小，气体黏度随温度升高而增大。压力变化时，液体的黏度基本不变，气体的黏度随压力增加而增大得很少。因此，在一般情况下可以忽略压力对黏度的影响，只有在极高或极低的压力下，才需要考虑压力对气体黏度的影响。

所谓动力黏度（也称绝对黏度），是流体在一定的剪切应力作用下流动时内摩擦阻力的量度，是描述黏滞性质的一个物理常数，单位为 Pa · s。所谓运动黏度，是流体在重力作用下流动时内摩擦力的量度，单位为 m^2/s。所谓条件黏度，是在规定条件下，在特定的黏度计中，一定量液体流出的时间（s），或是此流出时间与在同一仪器中，规定温度下的另一种标准液体（通常是水）流出的时间之比。根据所用仪器和条件的不同，条件黏度通常有恩氏黏度、赛氏黏度、雷氏黏度等。

目前，常用的黏度测定方法主要有三种，即毛细管法、旋转法和落球法。

1. 毛细管黏度计及其测定原理

通过毛细管法可以测定试样的运动黏度。经过此专项能力的培养，能掌握黏度、运动黏度的定义，了解毛细管黏度计的构造、测定原理，掌握测定运动黏度的原理及方法，并学会使用毛细管黏度计测定试样的运动黏度。运动黏度是液体的绝对黏度与同一温度下的液体密度之比。

$$v=\frac{\eta}{\rho} \tag{8-13}$$

运动黏度单位为 $m^2\cdot s^{-1}$，若采用厘米克秒制，为 $cm^2\cdot s^{-1}$（沲），1 沲等于 100 厘沲。式（8-13）中，η 为绝对黏度；ρ 为液体密度。应用毛细管法可以测定试样的运动黏度。

在一定温度下，当液体在已被液体完全润湿的毛细管中流动时，其运动黏度与流动时间成正比。如用已知运动黏度 $v_t^{标}$ 的液体为标准，测其在毛细管中流动的时间 $\tau_t^{标}$，再用该黏度计测量样品在其中的流动时间 $\tau_t^{样}$，即可用式（8－14）计算样品的运动黏度 $v_t^{样}$。

$$v_t^{样}=\frac{v_t^{标}}{\tau_t^{标}}\tau_t^{样} \tag{8-14}$$

对某一毛细管黏度计来说，$\frac{v_t^{标}}{\tau_t^{标}}$ 值为一常数，称该黏度计的黏度计常数（一般在毛细管黏度计上都注明），测出在指定温度下试样流出毛细管体积 V 所需的时间 $\tau_t^{样}$，即可得到该试液的运动黏度。

通过旋转法可以测定试样的动力黏度。经过此专项能力的培养，能掌握黏度、动力黏度的定义，了解旋转黏度计的构造、测定原理，掌握测定动力黏度的原理及方法，并学会使用旋转黏度计测定试样的动力黏度。

2. 旋转黏度计及其测定原理

（1）绝对黏度

绝对黏度（又称动力黏度）是指当两个同步电动机在面积为 1 m^2，垂直距离为 1 m 的相邻液层，以 1 m/s 的速度做相对运动时所产生的内摩擦力，常用 η 表示。当内摩擦力为 1 N 时，则该液体的黏度为 1，其法定计量单位为 Pa · s（即 $N\cdot s\cdot m^{-3}$）。非法定计量单位为 P（泊）或 cP（厘泊）。它们之间的关系为：1.0 Pa · s = 10 P = 1 000 cP。

（2）旋转法测定黏度的原理

如图 8－5 所示，将特定的转子浸于被测液体中做恒速旋转运动，使液体接受转子与容器壁面之间的切应力，维持这种运动所需的扭力矩由指针显示读数。根据此读数 a 和系数 K 可求得试样的绝对黏度（动力黏度）：

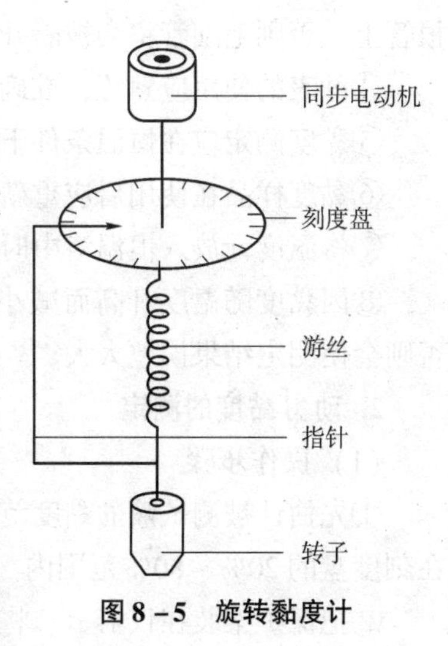

图 8－5　旋转黏度计

$$\eta = Ka$$

【实验方法与步骤】

1. 毛细管黏度计测定运动黏度

（1）操作步骤

①选取一支适当内径的平氏黏度计 ϕ0. 8 mn。

②在黏度计上套橡皮管，用胶塞塞住管口。

③倒转黏度计，将管身插入试样烧杯中，自橡皮管用洗耳球将液体吸至标线 b，然后捏紧橡皮管，取出黏度计，倒转过来。

④擦净管身外壁后，取下橡皮管，并将此橡皮管套在管身上。

⑤将黏度计直立放入恒温器中，调节管身使其下部浸入浴液，扩大部分必须浸入一半。

⑥在黏度计旁边放置温度计，使其水银泡与毛细管的中心在同一水平面上。

⑦温度调至 20 ℃，在此温度保持 10 min。

⑧用洗耳球将液体吸至标线 m_1 以上少许，取下洗耳球，使液体自动流下。注意观察液面，当液面至标线 m_1 时按动秒表，液面流至标线 m_2 时按停秒表。记录流动时间。

⑨秒表始数与末数的差值，即试样在毛细管内的流动时间。温度在全部实验时间内保持不变。

（2）注意事项

①黏度计用轻质油洗涤。若有污垢，用铬酸洗液然后用自来水、蒸馏水、乙醇依次洗涤、干燥，不能烘干或烤干。

②在测定过程中，毛细管黏度计内的试样不得产生气泡或者空隙，否则气泡会影响体积，并且进入毛细管黏度计后可能形成气塞，使流动时间拖长，造成误差。若实验作废，应重做。

③黏度计在取样或使用中注意一侧用力，不得两侧同时受力，必须使双手的力作用在一根管上，否则毛细管将会被断开。注意保护黏度计。

④秒表的使用应熟练，准确记录流动时间。应学会使用秒表。

⑤黏度测定应在恒温条件下进行，温度可用冰块或热水调节。

⑥黏度样品在使用后应重新回收。注意保护好黏度系数表。

⑦将温度计放入恒温浴中时，必须直立，才能保持静压力不变。

⑧因黏度随温度升高而减小，随温度下降而增大，所以要控制在 20 ℃恒温浴中进行，否则会使测定结果误差太大。

2. 动力黏度的测定

（1）操作步骤

①先估计被测试液的黏度范围，然后根据仪器的量程表选择适当的转子和转速，使读数在刻度盘的 20% ~80% 范围内。

②把保护架装在仪器上。将选好的洁净的转子旋入连接螺杆。旋转升降旋钮，使仪器缓慢下降，转子逐渐浸入被测试液中，直至转子液位标线和液面相平为止。

③将测试容器中的试样和转子恒温至（20 ±0.5）℃，并保持试样温度均匀。

④调整仪器水平，按下指针控制杆，开启电动机开关，转动转速选择旋钮，使所需的转速对准速度指示点，放松指针控制杆，让转子在被测液体中旋转。待指针趋于稳定，按下指针控制杆，使读数固定下来，再关闭电源，使指针停在读数窗内，读取读数。（若指针不停在读数窗内，可继续按住指针控制杆反复开启和关闭电源，使指针停于读数窗内，读取读数。）

⑤重复测定两次，取其平均值。根据所选的转子和转速，由仪器的系数表查得系数 K，由式（8 –15）计算试液的动力黏度：

$$\eta = Ka \tag{8-15}$$

式中，η——试液的动力黏度，mPa · s；

K——系数；

a——指针所指的读数。

（2）注意事项

①装卸转子时应小心操作，装拆时应将连接螺杆微微抬起进行操作，不要用力过大，不要使转子横向受力，以免转子弯曲。

②不得在未按下指针控制杆时开动电动机，一定要在电动机运转时变换转速。

③每次使用完毕应及时清洗转子（不要在仪器上清洗转子），清洁后要妥善安放于转子中。

【实验数据及处理】

将实验数据记于表8－5中。

表8－5　黏度测定实验数据记录表

黏度系数 K：　　　　溶液浓度 c：　　　　实验温度 T：

试样	1	2	3	平均值	黏度

【思考与讨论】

1. 什么是黏度？黏度测定主要用于哪类产品？
2. 黏度测定常采用几种方法？
3. 运动黏度与绝对黏度的关系是什么？简述毛细管黏度计法测定运动黏度的原理。

实验26　折射率的测定

【实验目的】

1. 熟悉阿贝折射仪的构造，掌握阿贝折射仪的使用和测定有机物折射率的操作方法。
2. 了解阿贝折射仪的维护和保养方法。
3. 了解工业背景和测定原理。

【实验仪器与材料】

阿贝折射仪1台，结构装置如图3－15所示；超级恒温水浴1台；乙醇（AR）（95%）；蔗糖溶液（10%）；镜头纸或医用棉；重蒸馏水；丙酮；蔗糖溶液（10%）；1,2－二氯乙烷（AR）。

【实验原理】

折射率（折光率）是一种常用的物理常数，通过测定试样的折射率，能够鉴定未知样品及其纯度。光线由一种透明介质进入另一种透明介质时，由于传播速度改变而使光线的传播方向发生改变，这种现象称为光的折射现象。其定义是，在钠光谱D线、20 ℃的条件下，空气中的光速与被测物中的光速的比值，或光自空气通过被测物时的入射角的正弦与折射角的正弦的比值。

$$n=\frac{v_1}{v_2}=\frac{\sin i}{\sin r} \tag{8-16}$$

式中，n——待测介质的折射率；

v_1——光在空气中的速度；

v_2——光在待测介质中的速度；

i——光的入射角；

r——光的折射角。

说明：某一特定介质的折射率随测定时的温度和入射光的波长不同而改变。随温度的升高，物质的折射率降低，一般温度升高1 ℃，折射率降低$4\times10^{-4}\sim5\times10^{-4}$。

当光从折射率为n的被测物质进入折射率为N的棱镜时，入射角为i，折射角为r，则

$$\frac{\sin i}{\sin r}=\frac{N}{n} \tag{8-17}$$

在阿贝折射仪中，入射角$i=90°$，代入式（8-17），得

$$\frac{1}{\sin r}=\frac{N}{n} \tag{8-18}$$

$$n=N\sin r$$

棱镜的折射率N为已知值，则通过测量折射角r即可求出被测物质的折射率n。

【实验方法与步骤】

1）将恒温槽与棱镜连接，调节恒温槽的温度，使棱镜温度保持在（20.0±0.1）℃。

2）用蒸馏水或标准玻璃块校正折射仪。

松开锁钮，开启下面棱镜，滴1~2滴丙酮或乙醇于镜面上。合上棱镜，过1~2 min后打开棱镜，用丝巾或擦镜纸轻轻擦洗镜面（注意：不能用滤纸擦）。待镜面干净后，用二级蒸馏水校正。

用重蒸馏水依上述方法清洗镜面2次，滴1~2滴重蒸馏水于镜面上，关紧棱镜，转动左手刻度盘，使读数镜内标尺读数等于重蒸馏水的折射率，调节反射镜，使测量望远镜中的视场最亮。调节测量镜，使视场最清晰。转动消色调节器，消除色散，使明暗交界和“×”字中心对齐，校正完毕。

3）配制样品。取7只滴瓶，贴上标号及浓度，以每瓶总量50 mL计，分别配制组成为0、20%、40%、60%、80%、100%的丙酮和1，2-二氯乙烷溶液（以丙酮的体积分数计），在第7只瓶中装入重蒸馏水。

4）在每次测定前都应清洗棱镜表面。如无特殊说明，可用适当的易挥发性溶剂清洗棱镜表面，再用镜头纸或药棉将溶剂吸干。

5）用滴管向棱镜表面滴加数滴20 ℃左右的样品，立即闭合棱镜并旋紧，应使样品均匀、无气泡，待棱镜温度计读数恢复到（20.0±0.1）℃。

6）调节反光镜，使视场中出现明暗分界线，调节色散手轮，使色散消失。再调节棱镜手轮，使明暗分界线与交叉中心重合。

7）读取折射率值，读至小数点后四位。

8）以同样的程序测定其他五个样品及蔗糖溶液（10%）。注意每个样品至少测定两次。最后取两次测定数值的平均值记入表格。

9）全部样品测定完成后，再用丙酮将镜面清洗干净，并用擦镜纸将镜面擦干。最后将金属套中的水放尽，拆下温度计，并放在纸套中，将仪器擦干净，放入盒中。

10）实验注意事项。

①样品注入棱镜时，切勿使滴管接触棱镜，以防划伤棱镜。

②装入样品时，滴加量要适合，太少会产生气泡，过多又会溢出沾污仪器。

③仪器使用完毕后，要立即清洗。

④折射率随介质的性质和密度、光线的波长、温度的不同而变化。

【实验数据及处理】

1. 数据记录

将实验测定的折射率数据记于表8-6中。

表8-6　折射率测定实验数据记录

测定温度______℃

溶液组成/%	0	20	40	60	80	100	未知物
折射率							

2. 作图

以已知组分溶液的组成为横坐标，以折射率为纵坐标，在作图纸上绘制折光曲线。

【思考与讨论】

1. 什么是折射率？折射率的数值与哪些条件有关？方法的测定范围是多少？
2. 通过本实验，总结一下折射率的测定可以有哪些应用。
3. 折射仪如何校正？
4. 测定折射率时，试样加入量和测定易挥发产品时，应各自注意什么？

实验27　比旋光度的测定

【实验目的】

1. 掌握旋光仪的使用方法和测定有机物比旋光度的操作。
2. 了解旋光仪的维护与保养方法。

【实验仪器与试剂】

旋光仪1台，旋光仪的构造和工作原理如图3-20和图3-21所示；秒表1块；烧杯

（100 mL）2 个；精密天平 1 台；容量瓶（100 mL）1 个。

试剂：葡萄糖（AR）2 g；氨水（液）（CP）。

试样：准确称量 2 g 葡萄糖，放入 150 mL 烧杯中，加 50 mL H_2O 和 0.2 mL $NH_3 \cdot H_2O$ 溶解，放置 30 min，定容至 100.0 mL，摇匀备用。

【实验原理】

旋光本领是一种常用的物理常数，通过测定试样的旋光度，计算其旋光本领，能够鉴定未知样品及其纯度，并可测定其含量和溶液的浓度。

自然光的光波在一切可能的平面内振动，当它通过尼科尔棱镜时，透过棱镜的光线只限在一个平面内振动，这种光称为偏振光。偏振光的振动平面叫作偏振面。当偏振光通过具有旋光活性的物质或溶液时，偏振面旋转了一定的角度即出现旋光现象。使偏振光的偏振面向右（顺时针方向）旋转叫作右旋，以（+）号表示；使偏振光的偏振面向左（逆时针方向）旋转叫作左旋，以（-）号表示。偏振光通过旋光性物质的溶液时，偏振面所能旋转的角度叫作该物质的旋光度，单位为（°），如图 3-17～图 3-19 所示。由于物质的旋光度的大小受诸多因素的影响，所以旋光度不能准确地表示物质的旋光性的大小，故采用旋光本领来表示。旋光本领是指以纳光 D 线为光源，在温度 20 ℃时，偏振光透过每毫升含 1 g 旋光物质、厚度为 1 dm 的溶液时的旋光度，用符号 $[\alpha]_D^{20}$ 表示。

测得旋光性物质的旋光度后，可以根据式（3-16）和式（3-17）计算试样的旋光本领，与标准旋光本领比较，进行定性鉴定。也可根据试样的标准旋光本领测定旋光性物质的纯度或溶液的浓度，用式（3-18）计算溶液浓度或纯度。

【实验方法与步骤】

1. 仪器零点的校正

将旋光仪仪接通电源，打开电源开关，稳定 5 min 以上。取一支旋光管，用蒸馏水冲洗干净，然后在其中装满蒸馏水，旋紧螺帽（不能有气泡），并将旋光管两端擦干，放入旋光仪中测定。

转动刻度盘，使目镜中三分视场消失（全暗），记录此时刻度盘读数，作为蒸馏水（溶剂）的校正值（一般此值仅为 0°～1°，若数值太大，说明仪器需要校准，不宜使用）。

2. 测定

用少量试样溶液洗涤 2～3 次旋光管，然后在旋光管中装满待测样，旋紧螺帽，不使管中有气泡，用吸水纸擦净旋光管两端后放入镜筒内，转动手轮，使刻度盘缓缓转动至三分视野亮度并记下读数，以后每隔 10 min 记录一次，准确至 0.05，重复三次，取平均值。

使用 WZZ-2A 型数显旋光仪时，应注意使用方法：先将旋光管装满蒸馏水，擦净；打开电源预热 20 min，依次打开光源，测量，清零旋钮，再将旋光管里的蒸馏水倒掉，装满试样，按复测旋钮，读数，重复三次，取平均值。

3. 结束工作

全部测定工作完成后，将所用仪器清洗干净并放入指定位置。最后关闭旋光仪电源。

4. 仪器的保养方法

①仪器应放在空气流通和温度适宜的地方，以免光学零部件、偏振片受潮或发霉及性能衰退。

②钠光管使用时间不宜超过 4 h，若长时间使用，应用电风扇吹风或关熄 10 ~ 15 min，待冷却后再使用。灯管如果只发红光不能发黄光，往往是输入电压过低（不到 220 V）所致，这时应设法升高电压到 220 V 左右。

③旋光管使用后，应及时用水或蒸馏水洗净，并干燥。

④镜片不能用不洁或硬质的布、纸去擦，以免划伤镜片。

⑤仪器不用时，应放入箱内或用塑料罩罩上，以防灰尘侵入。

⑥仪器、钠光灯管、试管等装箱时，应按规定位置放置，以免压碎。

⑦切勿随便拆动，以免由于不懂装校方法而无法装校好。遇有故障或损坏，应及时送制造厂或修理厂整修，以保持仪器的使用寿命和测定准确度。

5. 实验注意事项

①本实验在室温下测定，因此葡萄糖水溶液最终的比旋光度随测定温度的不同而有所变化。

②由于葡萄糖在水溶液状态下很快发生互变异构并导致变旋光现象，所以葡萄糖水溶液需现配现测，间隔时间尽可能缩短。

③比旋光度测定的准确度与其比旋光度大小有关系，还与测定时试样浓度等条件有关。c 增大，α 也增大，但这个线性范围很窄，所以测定时一定要使用标准规定的浓度。

④不论是校正仪器零点还是测定试样，旋转刻度盘只能是极其缓慢的，否则就观察不到视场亮度的变化，通常零点校正的绝对值在 1°以内。

⑤如不知试样的旋光性，应先确定其旋光性方向，再进行测定。此外，试液必须清晰透明，如出现浑浊或悬浮物，必须处理成清液后测定。

【数据记录与处理】

按照表 8 – 7 记录实验数据，将旋光度数据代入式（8 – 19）计算比旋光度，然后列表或作图表示实验结果。

$$[\alpha]_D^{20} = (100\alpha)/(LC) \tag{8-19}$$

表 8 – 7　旋光度测定实验数据记录

测定温度________　溶液浓度/［g·（100 mL）$^{-1}$］

时间/s								
旋光度 α								
比旋光度$[\alpha]_D^{20}$								

【思考与讨论】

1. 在本实验中，取用葡萄糖的量多少是否会影响实验结果？

2. 旋光管中若有气泡存在，是否会影响测定结果？

3. 测定比旋光度时，浓度影响大吗？

实验28　沸点的测定

【实验目的】

1. 掌握毛细管法测定有机物沸点的操作。
2. 掌握气压对沸点影响的校正方法。

【实验仪器与材料】

圆底烧瓶（250 mL，直径80 mm，颈长20～30 mm，口径30 mm）；内标式单球温度计，分度值0.1 ℃（测量温度计）；辅助温度计，100 ℃，分度值1 ℃；缺口胶塞；试管（长100～110 mm，直径20 mm）；沸点管外管（直径3～4 mm，长70～80 mm）；毛细管（一端封口，内径1 mm，管壁厚0.15 mm，长100 mm）；酒精灯或煤气灯；试样：甘油、乙醇。

【实验原理】

沸点是液态化合物的一个重要物理常数，通过测定试样的沸点，可以定性检验化合物，评定产品等级，也可以初步判断化合物的纯度。

液体温度升高时，它的蒸气压也随之增加，当液体的蒸气压与大气压力相等时，开始沸腾。通常沸点是指大气压力为1 013.25 hPa时液体沸腾的温度。沸点是检验液体有机化合物纯度的标志。纯物质在一定的压力下有恒定的沸点，但应注意，有时几种化合物由于形成恒沸物，也会有固定的沸点。例如，乙醇95.6%和水4.4%混合，形成沸点为78.2 ℃的恒沸混合物。

当液体温度升高时，其蒸气压随之增加，当液体的蒸气压与大气压力相等时，开始沸腾。在标准状态（1 013.25 hPa，0 ℃）下，液体的沸腾温度即为该液体的沸点。

取适量的试样注入试管中（其液面略低于烧瓶中载热体的液面），缓慢加热，当温度上升到某一数值并在相当时间内保持不变时，此时的温度即为试样的沸点。

【实验方法与步骤】

1. 安装测定装置

如图3－4所示。三口圆底烧瓶容积为500 mL。试管长190～200 mm，距试管口约15 mm处有一直径为2 mm的侧孔。胶塞外侧具有出气槽。主温度计为内标式单球温度计，分度值为0.1 ℃，量程适合所测样品的沸点温度。辅助温度计分度值为1 ℃。

装置的安装：将烧瓶、试管及温度计以橡皮塞连接，并将其固定于铁架台上。烧瓶中注入约3/4的甘油，并向试管注入适量的甘油，使其液面在同一平面上。

2. 测定操作

注入1～2滴（0.3～0.5 mL）试样于沸点管外管中，将沸点管内管封口向上（开口端向下）插入外管中，用橡皮圈将装好样的沸点管附着于测量温度计旁，使沸点管底部与单球温度计水银球中部在同一高度。

然后将单球温度计固定于试管中，不可碰到管壁或管底，置于热浴中，用煤气灯或酒精灯缓缓加热圆底烧瓶至有一连串小气泡快速从沸点管内管逸出，气泡流动快而连续，停止加热，移去火源，将辅助温度计附着于单球温度计上，使其水银球位于单球温度计露出橡皮塞的水银柱中部。辅助温度计的水银球位置应随测量温度计水银柱的上升或下降而改变。

让浴温自行冷却，气泡逸出速度因冷却而逐渐减慢，在气泡不再从沸点内管逸出而液体刚要进入沸点管的瞬间（即最后一个气泡刚欲缩回至内管中时），表明毛细管内蒸气压等于外界大气压，此时温度即为试样的沸点。记录室温及气压。

3. 实验注意事项

①沸点测定的影响因素。

杂质的影响：试样中混入杂质（水分、灰尘或其他物质）时，沸程增大。纯物质在一定压力下有恒定的沸点，其沸程（沸点范围）一般不超过1～2 ℃。

恒沸混合物也有固定的沸点，因此，沸程小的，未必就是纯物质。

试样的填装：试样装入前，毛细管必须洁净干燥。

升温速度的影响：升温速度不宜过快或过慢。

②测定时注意，加热不可过剧，否则液体迅速蒸发至干，无法测定；但试样必须加热至沸点温度以上再停止加热，若在沸点以下就移去热源，液体就会立刻进入毛细管内，这是由于管内集积的蒸气压小于大气压。

③热浴装置选择的要求是加热要均匀、升温速度容易控制。采用提勒管和双浴式热浴。

④沸点测定的方法主要有毛细管法（微量法）和常量法测沸点等。

⑤微量法的优点是很少量试样就能满足测定的要求。主要缺点是要求试样具备一定纯度才能测得准确值。如果试样含少量易挥发杂质，则所得的沸点值偏低。

【实验数据及处理】

1. 读数校正

沸点测定后，应对读数值做如下校正。

（1）气压对沸点影响的校正

按式（8－20）计算出0 ℃时的大气压：

$$p_0 = p_1 - \Delta p_1 + \Delta p_2 \tag{8-20}$$

式中，p_0——0 ℃时的气压，Pa；

p_1——室温时的气压，Pa；

Δp_1——由室温换算成0 ℃时的气压校正值，Pa，由表3－3查出。

Δp_2——纬度重力校正，Pa，由表3－4查出。

（2）测量单球温度计水银柱露出橡皮塞上部的校正值（Δt_2）

$$\Delta t_2 = 0.000\,16(t_1 - t_2)h$$

式中，h——测量温度计露出橡皮塞上部的水银柱高度，以温度值为单位计量，℃；

t_1——测得的沸点，℃；

t_2——附着于1/2h处的辅助温度计的读数，℃。

根据0 ℃气压与标准气压的差数及标准中规定的沸点温度，从表3－3和表3－5查出相应的温度校正值Δt_1。当0 ℃和高于1 013.25 hPa时，用测得的温度加上此校正值，反之则减。加上Δt_2和温度计本身的校正值Δt_3即可得到试样的沸点温度。

$$t = t_1 + \Delta t_1 + \Delta t_2 + \Delta t_3$$

2. 数据记录

将实验数据记于表 8－8 中。

表 8－8　沸点测定实验数据记录

样品	测量温度计读数 t_1	辅助温度计读数 t_2	气压计读数p_t	室温/℃	露颈 h
乙醇					
未知样					

3. 结果处理

进行沸点校正，将结果记于表 8－9 中。

表 8－9　沸点校正数据记录

样品	实测沸点/℃	校正沸点/℃	文献值沸点/℃
乙醇			
未知样			

【思考与讨论】

1. 何为沸点？
2. 沸点测定的方法主要有哪些？
3. 热浴选择的要求及装置有哪些？
4. 微量法的优缺点是什么？

实验 29　沸程的测定

【实验目的】

1. 了解测定沸程的意义。
2. 学会组装和使用蒸馏装置。
3. 掌握蒸馏法测定有机物沸程的操作方法。

【实验仪器与材料】

1. 测定装置

测定沸程的标准化蒸馏装置如图 3－5 所示。支管蒸馏瓶用硅硼酸盐玻璃制成，有效容积 100 mL。测量温度计为水银单球内标式，分度值为 0.1 ℃，量程适合所测样品的温度范围。辅助温度计分度值为 1 ℃。直型水冷凝管用硅硼酸盐玻璃制成。接收器容积为 100 mL，两端分度值为 0.5 mL。

2. 仪器与试剂清单

支管蒸馏瓶；测量温度计，内标式单球温度计，分度值 0.1 ℃；辅助温度计，分度值为 1 ℃；冷凝管；接收器；电加热套（500 mL），500 W；乙醇等。

【实验原理】

沸程是液态化合物的一个重要物理常数，通过测定试样的沸程，可以初步判断化合物的纯度，评定产品等级。沸程是液体在规定条件（1 013.25 hPa，0 ℃）下蒸馏，第一滴馏出物从冷凝管末端落下的瞬间温度（初馏点）至蒸馏瓶底最后一滴液体蒸发瞬间的温度（终馏点）间隔。实际应用中习惯不要求蒸干，而是规定从一个初馏点到终馏点的温度范围。在此范围内，馏出物的体积应不小于产品标准的规定，例如98%。对于纯化合物，其沸程一般不超过1～2 ℃，若含有杂质，则沸程会增大。由于形成共沸物，有时沸程小的不一定就是纯物质。

在规定条件下，对100 mL试样进行蒸馏，观察初馏温度和终馏温度。也可规定一定的馏出体积，测定对应的温度范围或在规定的温度范围测定馏出的体积。

【实验步骤与方法】

1. 测定操作

①按图3－5所示安装蒸馏装置，使测量温度计水银球上端与蒸馏瓶和支管结合部的下沿保持水平。

②用接收器量取（100±1）mL的试样，将样品全部转移至蒸馏瓶中，加入几粒清洁、干燥的沸石，装好温度计，将接收器（不必经过干燥）置于冷凝管下端，使冷凝管口进入接收器部分不少于25 mm，也不低于100 mL刻度线。接收器口塞以棉塞，并确保向冷凝管稳定地提供冷却水。

③调节蒸馏速度，对于沸程温度低于100 ℃的试样，应使自加热起至第一滴冷凝液滴入接收器的时间为5～10 min；对于沸程温度高于100 ℃的试样，上述时间应控制在10～15 min，然后将蒸馏速度控制在3～4 $mL \cdot min^{-1}$。

④记录规定馏出物体积对应的沸程温度或规定沸程温度范围内的馏出物的体积。

⑤记录室温及气压。

⑥对测定结果进行温度、压力校正。

2. 沸程的校正

（1）气压计读数校正

所谓标准大气压，是指重力加速度为980.665 $cm \cdot s^{-2}$、温度为0 ℃时，760 mmHg[①]作用于海平面上的压力，其数值为101 325 Pa（1 013.25 hPa）。

在观测大气压时，由于受地理位置和气象条件的影响，往往和标准大气压规定的条件不相符合。为了使所得结果具有可比性，由气压计测得的读数，除按仪器说明书的要求进行示值校正外，还必须进行温度校正和纬度重力校正。

$$p = p_t - \Delta p_1 + \Delta p_2 \tag{8-21}$$

式中，p——经校正后的气压，hPa；

p_t——室温时的气压（经气压计器差校正的测得值），hPa；

Δp_1——由室温换算成0 ℃气压校正值（即温度校正值），hPa；

Δp_2——纬度重力校正值，hPa。

其中Δp_1、Δp_2由表3－3和表3－4查得。

① 1 mmHg＝0.133 kPa。

(2) 气压对沸程的校正

沸程随气压的变化值按式(8-22)计算:

$$\Delta t_p = CV(1\ 013.25 - p) \quad (8-22)$$

式中,Δt_p——沸程随气压的变化值,℃;

CV——沸程随气压的变化率(由沸程温度随气压的变化的校正值表查得),℃·hPa^{-1};

p——经校正的气压值,hPa。

(3) 温度计水银柱外露段的校正

温度计水银柱外露段的校正可按式(8-23)进行计算:

$$\Delta t_2 = 0.000\ 16h(t_1 - t_2) \quad (8-23)$$

式中,t_1——试样的沸程的测定值,℃;

t_2——辅助温度计读数,℃;

校正后的沸程按式(8-24)计算:

$$t = t_1 + \Delta t_1 + \Delta t_2 + \Delta t_p \quad (8-24)$$

式中,Δt_1——温度计示值的校正值,℃;

Δt_2——温度计水银柱外露段校正值,℃;

Δt_p——沸程随气压的变化值,℃。

3. 实验注意事项

1) 蒸馏应在通风良好的通风橱内进行。

2) 用接收器量取(100±1)mL样品。若样品的沸程温度范围下限低于80 ℃,则应在5~10 ℃的温度下量取样品及测量馏出物体积(将接收器距顶端25 mm处以下浸入5~10 ℃的水浴中);若样品的沸程温度范围下限高于80 ℃,则在常温下量取样品及测量馏出液体积。上述测量均采用水冷。若样品的沸程范围上限高于150 ℃,则应采用空气冷凝管,在常温下量取样品及测量馏出液体积。

3) 化学试剂沸程测定使用的仪器与化工产品的不同之处:

①测量温度计(即化工产品的主温度计)使用水银单球内标式,其水银柱外有真空隔热层。化工用的是棒状双水银球温度计。

②冷凝管:化学试剂标准明确空气冷凝管不设冷凝水套管(用于测沸程高的产品)。

③化学试剂标准接收器两端分度值为0.5 mL,化工产品用的接收器上、中、下分度值相同。

4) 在测定方面,化学试剂与化工产品的不同之处:

①化学试剂要求先做各项校正,即把产品标准规格要求的温度,先用实验室测定温度、大气压、纬度、温度计本身和其外露段各条件校正到标准状态的温度,然后用校正后的温度进行测定。化工产品的校正式为$t = t_1 + \Delta t_1 + \Delta t_2 + \Delta t_p$;在化学试剂中,校正式应为$t_1 = t - \Delta t_p - \Delta t_1 - \Delta t_2$。在化学试剂与化工产品两个计算式中的区别见表8-10。

表8-10 化学试剂与化工产品温度校正区别

表示项	化工产品	化学试剂
t	各项校正后的温度	规格要求温度
t_1	未校正的观测温度	把规格温度校正到标准状态的温度

②气压对沸程温度的校正有差异。化学试剂在所有沸程给定范围内；化工产品在每个标准中做具体规定，既考虑了产品间不同，又考虑了不同大气压范围对沸程温度的影响。

③观测内容不同。化学试剂用其上下两端分度值准至0.5 mL的接收器，测量比规格下限低的低沸物和比规格上限高的高沸物，要求其和（高、低沸物）不大于规格要求值。如规格要求正沸点物大于等于95%，即高、低沸物之和不大于5%。化工产品测定的是初馏点、干点和沸程。

④冷凝管应用方法不同。由于化学试剂沸程测定范围比化工产品的宽，冷凝管使用条件有所不同，沸程高于150 ℃时，要使用空气冷凝管；低温时用水冷；高温时，为避免支管蒸馏瓶散热而影响测定，应把它用石棉布包起来。

⑤测定低沸物的热源不同。GB/T 615规定，当样品沸程下限温度低于80 ℃时，应除去外罩，用水浴加热，水浴液面应始终不超过样品液面。测低沸物时，用酒精灯作热源。

5）测化学试剂产品沸程时，要求控制好加热条件，使试液从开始加热至有第一滴馏出物的时间，对沸点在100 ℃以下的产品，为5～10 min；沸点高于100 ℃的产品，为10～15 min。然后把蒸馏速率控制在3～4 mL·min^{-1}，不要求蒸干。但当试样无高沸物（高于规格上限物质）时，测定时会蒸馏至干；当试样有高沸物物质时，在测量达到规格上限后，可以不再蒸馏。

【实验数据及处理】

1. 数据记录

将实验数据记于表8－11中。

表8－11　沸程测定实验数据记录

样品	测量温度计读数 t_1/℃	辅助温度计读数 t_2/℃	气压计读数 p_t/hPa	室温 /℃	露颈 h/cm
乙醇					
未知样					

2. 数据处理

进行沸程校正，将结果记于表8－12中。

表8－12　沸程校正数据记录

样品	实测沸程/℃	校正沸程/℃	文献值沸程/℃
乙醇			
未知样			

【思考与讨论】

1. 测化学试剂产品沸程时，怎样要求蒸馏的速率？要求蒸干吗？
2. 在测定上，化学试剂与化工产品有什么不同？
3. 化学试剂沸程测定使用的仪器与化工产品有什么不同？

4. 液体试样的沸程很窄时，能否确定它是纯化合物？为什么？

5. 简述测定沸程时加沸石的作用。如开始未加沸石，在液体沸腾后能否补加？为什么？

实验30 钛白粉分散性的测定

本实验首先将钛白粉加水配制成一定浓度的浆液，均分成几份，然后分别往每份浆液中加入一定量的分散剂六偏磷酸钠、Na_2SiO_3、NaOH、NaCl，在高速分散机中分散一段时间后，调节溶液的pH。将溶液倒入试管中静置，每隔一段时间观测浆液的上层澄清液高度，进行记录。分层越快，表明该分散剂的分散性越差。

【实验目的】

1. 掌握测量钛白粉分散性的原理。
2. 掌握沉降法测钛白粉分散性的实验方法。
3. 比较几种分散剂对钛白粉分散性的影响。

【实验仪器与材料】

仪器：高速分散机1台、电动搅拌机1台、电子天平1台、托盘天平1台、100 mL量筒5个、烧杯若干（1 000 mL 1个，200 mL 5个）。

材料：锐钛型钛白粉、六偏磷酸钠、Na_2SiO_3、NaOH、NaCl、5 mol/L的NaOH溶液。

【实验原理】

超细粉体通常是指粒度为1～1 000 nm的微细颗粒，由于它的比表面积大，在制备、后处理和应用过程中极易发生团聚。但在材料成型、涂料制备等工业领域，产品性能在很大程度上依赖于超细粉体的分散程度。超细二氧化钛粉体的表面具有亲水憎油特性，但由于其表面不可避免地吸附着相当数量的空气和其他污染物，从而影响它在水溶液中的分散性。

颗粒物质容易团聚，特别是细粉。每个团粒具有不同程度的结合强度，要把它分离为单个颗粒，就必须施加外力。除了分散介质（沉降介质和分散剂）的分散作用外，还必须辅以其他分散技术，即简单地摇动和搅拌。悬浮液在真空中脱气或煮沸，用球磨机或研钵将悬浮液研磨或用超声分散等。

颗粒物质在水中分散时，很大程度上取决于颗粒表面吸附离子的水合程度。但很多样品，由于颗粒和液体间相互作用，使颗粒不能充分地分散，只有加入适量的电解质作分散剂（如六偏磷酸钠）来改变颗粒表面与液体间的亲和性，才有助于水合作用，即颗粒表面吸附电解质的正离子或负离子，使颗粒间互相排斥。当排斥力大于颗粒间的范氏引力时，颗粒保持良好的分散状态。常用的分散剂有六偏磷酸钠、焦磷酸钠、氨水、水玻璃、氯化钠等。分散剂加入量一般为钛白基料的0.1%～2%（质量分数）即可。

判断分散效果的实验方法有：

①显微镜观察，这是确定分散程度的最简单方法。

②测量其黏度，根据黏度值的不同，得到分散性的好坏。

③测量沉降颗粒体积，沉降体积越小，分散越好。本实验采取测定沉降体积（即静置

分层）的方法来研究不同的分散剂对钛白粉在水中的分散性的影响。

【实验方法与步骤】

①用托盘天平称取 120 g 锐钛型钛白粉放入烧杯中，加入 480 mL 水，用玻璃棒搅拌，配制成浓度为 20% 的浆液。

②将配好的浆料注入高速分散机中，以 3 000 r/min 的转速分散 10 min。

③将上述分散好的浆液倒出，均分为 5 等份置于烧杯中。注意，每次倒出前应用玻璃棒搅拌，以免沉淀无法倒出。

④用电子天平分别称取 240 mg 的六偏磷酸钠、Na_2SiO_3、NaOH、NaCl（即相当于 24 g 钛白粉的 1% 的用量），再分别加入上述装有浆液的 4 个烧杯中，余下 1 个未加分散剂的烧杯相当于以水为分散剂。药品可采用溶液的形式加入。

⑤分别将加入分散剂的 4 杯浆液用电动搅拌机或磁力搅拌器搅拌 5 min。

⑥将 5 杯浆液用玻璃棒搅拌，直到均匀、无沉淀后，分别倒入 5 支 100 mL 的量筒中。当刻度显示正好装满 100 mL 浆液时，即停止倒入，为 5 支量筒做好区分标记。分别往 5 支量筒中各滴加 5 mol/L的 NaOH 溶液 3 滴，用玻璃棒轻微搅拌的目的在于调节 pH，加快分散速度。

⑦静置，浆液开始沉降分层，每隔 30 min 记录一次每支量筒中浆液的上层澄清液高度值。分层高度即表明了钛白粉的沉降体积，上层澄清液高度值越低，则表明分散性越好，如图 8－6 所示。

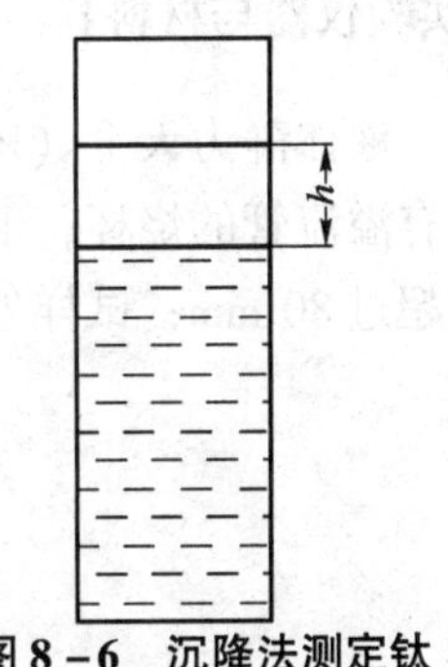

图 8－6　沉降法测定钛白粉分散性示意图

【实验数据及处理】

①实验结果记于表 8－13 中。

表 8－13　沉降法澄清液高度表

分散剂	六偏磷酸钠	Na_2SiO_3	NaOH	NaCl	水
澄清液高度（30 min 后）/mm					
澄清液高度（60 min 后）/mm					
澄清液高度（90 min 后）/mm					
分散剂的分散性能由好到差的排列顺序为：					

②判断分散剂分散性。判断准则为：分层后的澄清液高度值越低，越浑浊，表明分散剂对钛白浆液的分散效果越好。

【思考与讨论】

1. 测量钛白粉分散性的原理是什么？如何判断分散剂的分散性？
2. 测定钛白粉分散性的方法有哪些？

实验31 陶瓷密度、气孔率、吸水率测定

本实验用天平称量固体试样的质量，然后用液体静力称量法测定其体积，从而计算出显气孔率、吸水率和体积密度。

【实验目的】

1. 掌握显气孔率、吸水率、体积密度的测定原理和测定方法。
2. 了解气孔率、吸水率、体积密度与陶瓷制品物理化学性能的关系。
3. 分清体积密度和真密度的不同物理意义。

【实验仪器与材料】

液体静力天平（图8-7）；普通天平（感量0.01 g）；烘箱；抽真空装置（图8-8）；带有溢流管的烧杯；毛刷、镊子、吊篮、小毛巾、三脚架等。试样体积50~200 cm^3，棱长不超过80 mm；试样外观应平整、无肉眼可见裂纹。

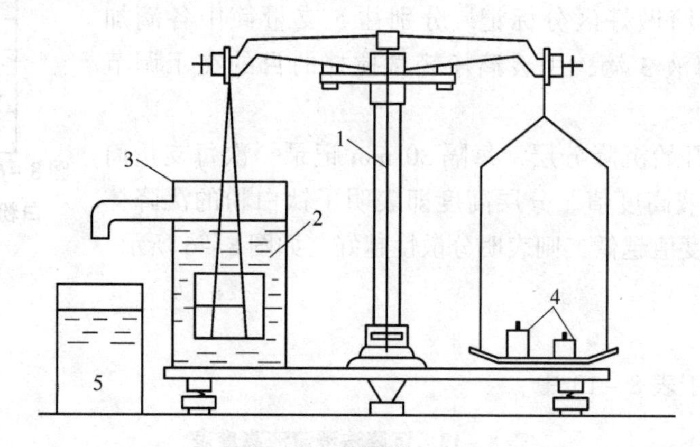

图8-7 液体静力天平

1—天平；2—试样；3—有溢流口的容器；4—砝码；5—接溢流液的容器

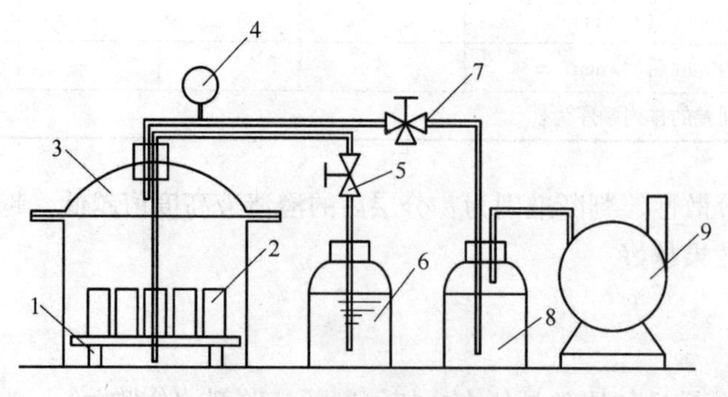

图8-8 抽真空装置

1—载物架；2—块状试样；3—真空干燥器；4—真空计；5—旋塞阀；6—冲液瓶；
7—三通旋塞阀；8—缓冲瓶；9—真空泵

【实验原理】

陶瓷的吸水率和气孔率的测定都基于密度，而密度的测定基于阿基米德原理。陶瓷材料与玻璃不同，它由包括气孔在内的多相系统组成，所以陶瓷材料的密度可分为体积密度、真密度和假密度，通常以体积密度（显密度）表示。体积密度指不含游离水材料的质量与材料总体积（包括材料实际体积和全部开口、闭口气孔所占的体积）之比。真密度指不含游离水材料的质量与材料实际体积（不包括内部开口与闭口气孔的体积）之比。假密度指不含游离水材料的质量与材料开口体积（包括材料实际体积与闭口气孔的体积）之比。

测定陶瓷原料与坯泥在不同煅烧温度下的气孔率、吸水率、体积密度及体积收缩率，就能确定原料与坯泥的烧结温度和烧结范围，帮助制定合理的烧成温度曲线。陶瓷制品、耐火材料等的热稳定性与导热性在极大程度上取决于坯体的气孔率，因而上述项目也是制品的重要指标之一。

气孔率（孔隙度）通常分为真气孔率、显气孔率和闭口气孔率。所谓显气孔率，是指试块的所有开口气孔的体积与其总体积的比值。闭口气孔率是指所有闭口气孔的体积与其总体积的比值。真气孔率是指试块中的全部气孔，即显气孔率与闭口气孔率的总和。吸水率是试块所有开口气孔所吸收的水的质量与其干燥试块的质量的比值。上述各项皆用百分数表示。体积密度是干燥试块的质量与其总体积之比，用 $g \cdot L^{-1}$ 表示。

耐火材料或陶瓷制品或多或少含有大小不同、形状不一的气孔。浸渍时能被液体填充的气孔或与大气相通的气孔称为开口气孔。制品内所有开口气孔的体积与试样总体积的比值称为显气孔率或开口气孔率；所有闭口气孔的体积与试样总体积之比称为闭口气孔率；所有开口气孔吸收的水的质量与干燥试样质量的比值称为吸水率；所有开口气孔和闭口气孔的体积与试样总体积的比值称为真气孔率。

【实验方法与步骤】

1）刷净试样表面灰尘。放入电烘箱内于（100 ± 5）℃烘干 2 h 或在允许的更高温度下烘干至恒重，并于干燥器内自然冷却到室温。称量每个试样的质量 m_1，精确至 0.01 g。

2）试样浸渍。把试样放入容器内，并置于抽真空装置中，抽真空至剩余压力小于 20 mmHg。试样在此真空下保持 5 min。然后在 5 min 内缓慢注入供试样吸收的液体（工业用水或工业纯有机液体），直至试样完全淹没。再抽气保持真空 5 min。停止抽气，将容器取出，在空气中静置 30 min，使试样充分饱和。

3）本法主要适用于气孔率较大的耐火材料，因陶瓷材料气孔率低，倘若采用抽气法，误差较大，应采用煮沸法。具体方法如下：

①饱和试样表观质量的测定：将饱和试样迅速移至带溢流管容器的浸液中，当浸液完全淹没试样后，将试样吊在天平的挂钩上称量，得饱和试样的表观质量 m_2，精确至 0.01 g。表观质量是指饱和试样的质量减去被排除液体的质量，即相当于饱和试样悬挂在液体中的质量。

②饱和试样质量的测定：从浸液中取出试样，用饱和了液体的毛巾，小心地擦去试样表

面多余的液滴（但不能把气孔中的液体吸出）。迅速称量试样在空气中的质量 m_3。精确至 0.01 g。

【实验数据及处理】

根据实验测得数据，用式(8-25)~式(8-27)计算出吸水率、显气孔率、体积密度。

1. 吸水率

$$W_A = \frac{m_3 - m_1}{m_1} \times 100\% \qquad (8-25)$$

2. 显气孔率

$$P_a = \frac{m_3 - m_1}{m_3 - m_2} \times 100\% \qquad (8-26)$$

3. 体积密度

$$D_b = \frac{m_1 D_1}{m_3 - m_2} \ (g \cdot cm^{-3}) \qquad (8-27)$$

【思考与讨论】

1. 影响显气孔率的因素是什么？

2. 材料真气孔率、开口气孔率、闭口气孔率、吸水率和体积密度的意义与相互关系是什么？

第 9 章　综合实训

实验 32　混合碱的分析

酸碱滴定法又叫中和法。它是以酸碱反应为基础的滴定分析方法，是用已知物质的量浓度的酸（或碱）来测定未知物质的量浓度的碱（或酸）的方法。实验中以甲基橙、甲基红、酚酞等做酸碱指示剂来判断是否完全中和。酸碱中和滴定是最基本的分析化学实验，在生产实际中应用广泛。

【实验目的】

1. 学习锥形瓶、移液管、滴定管等玻璃仪器的洗涤和使用。
2. 掌握酸碱滴定的原理和操作方法，测定 NaOH 和 HCl 溶液的浓度。
3. 进一步熟练滴定操作和滴定终点的判断。
4. 理解混合碱分析的测定原理，掌握分析方法和有关计算。

【实验仪器与材料】

试剂：氢氧化钠，邻苯二甲酸氢钾（基准物），碳酸钠，酚酞指示剂，甲基橙指示剂，浓盐酸，混合碱（试样）。

器皿：滴定架（1 套），酸式滴定管（1 支），碱式滴定管（1 支），分析天平（2 台，公用），碱式滴定管（50 mL），锥形瓶（250 mL，3 个），烧杯（500 mL、100 mL 各 1 个），容量瓶（250 mL，1 个），移液管（25 mL，1 支），洗瓶（500 mL，1 个），指示剂滴瓶（2 个），药匙（2 把），玻璃棒 1 根，称量纸、滤纸及标签纸若干。

【实验原理】

酸碱滴定法常用的标准溶液是 HCl 溶液和 NaOH 溶液，由于浓盐酸易挥发，氢氧化钠易吸收空气中的水分和二氧化碳，故不能直接配制成准确浓度的溶液，一般先配制成近似浓度，再用基准物质标定。本实验选用邻苯二甲酸氢钾作基准物质，标定 NaOH 溶液的准确浓度。邻苯二甲酸氢钾具有易于获得纯品、化学性质稳定、相对分子质量大（可相对降低称量误差）、能与 NaOH 定量反应等优点。反应式如下：

$$C_6H_4(COOK)(COOH) + NaOH \longrightarrow C_6H_4(COOK)(COONa) + H_2O$$

反应达到终点时，溶液呈弱碱性，用酚酞作指示剂，由此计算出 NaOH 溶液的准确浓度。

用经过标定的 NaOH 溶液（浓度 c_T）去滴定一定体积（V_A）的酸（浓度 c_A），当到达化学计量点（即等当点）时，消耗一定体积（V_T）NaOH，反应式为：

$$nNaOH + H_nA = Na_nA + nH_2O$$

由公式 $c_AV_A = nc_TV_T$ 可求得酸的未知浓度。这些反应的终点可用指示剂的变色来确定，用强碱滴定强酸时，可用酚酞作指示剂；用强酸滴定强碱时，可用甲基橙作指示剂。

混合碱是 Na_2CO_3 与 NaOH 或 Na_2CO_3 与 $NaHCO_3$ 的混合物。欲测定同一份试样中各组分的含量，可用 HCl 标准溶液滴定，根据滴定过程中 pH 变化的情况，选用两种不同的指示剂分别指示第一、第二化学计量点的到达，即常称为“双指示剂法”。此法简便、快速，在生产实际中应用广泛。

在混合碱的试液中加入酚酞指示剂，用 HCl 标准溶液滴定至溶液呈微红色。此时试液中所含 NaOH 完全被中和，Na_2CO_3 也被滴定成 $NaHCO_3$，反应如下：

$$NaOH + HCl = NaCl + H_2O$$

$$Na_2CO_3 + HCl = NaCl + NaHCO_3$$

设滴定体积为 V_1 mL，再加入甲基橙指示剂，继续用 HCl 标准溶液滴定至溶液由黄色变为橙色即为终点。此时 $NaHCO_3$ 被中和成 H_2CO_3，反应为：

$$NaHCO_3 + HCl = NaCl + H_2O + CO_2\uparrow$$

设此时消耗 HCl 标准溶液的体积为 V_2 mL，根据 V_1 和 V_2 可以判断出混合碱的组成。设试液的体积为 V mL。

当 $V_1 > V_2$ 时，试液为 NaOH 和 Na_2CO_3 的混合物，Na_2CO_3 和 $NaHCO_3$ 的含量（以质量浓度 $g \cdot L^{-1}$ 表示）可由式（9－1）和式（9－2）计算：

$$w(NaOH) = \frac{(V_1 - V_2)c(HCl)M(NaOH)}{V} \tag{9-1}$$

$$w(Na_2CO_3) = \frac{2V_2c(HCl)M(Na_2CO_3)}{2V} \tag{9-2}$$

当 $V_1 < V_2$ 时，试液为 Na_2CO_3 和 $NaHCO_3$ 的混合物，Na_2CO_3 和 $NaHCO_3$ 的含量（以质量浓度 $g \cdot L^{-1}$ 表示）可由式（9－3）和式（9－4）计算：

$$w(Na_2CO_3) = \frac{2V_1c(HCl)M(Na_2CO_3)}{2V} \tag{9-3}$$

$$w(NaHCO_3) = \frac{(V_2 - V_1)c(HCl)M(NaHCO_3)}{V} \tag{9-4}$$

【实验方法与步骤】

1. 0.1 mol/L NaOH 溶液的标定

用称量纸在分析天平上准确称取 0.5 g 邻苯二甲酸氢钾，倒入 250 mL 锥形瓶中，加 30～40 mL 水使之溶解后，加入 2～3 滴酚酞指示剂，用待标定的 NaOH 溶液滴定至溶液呈现微红色，保持半分钟内不褪色，即为终点，记下消耗的 NaOH 体积。平行测定 3 次，计算 NaOH 溶液的浓度。

2. HCl 溶液浓度的测定

用移液管准确移取 HCl 溶液 10 mL 于干净的锥形瓶中，加入 2～3 滴酚酞指示剂，用已标定浓度的 NaOH 标准溶液滴定至溶液呈现微红色，保持半分钟内不褪色，即为终点，记录所消耗 NaOH 体积。平行测定 3 次，按要求处理数据。

3. 混合碱溶液的配制

准确称取混合碱试样 2.0 ~ 2.5 g 于 100 mL 烧杯中，加水使之溶解，定量转入 100 mL 容量瓶中，用水稀释至刻度，充分摇匀。

4. 混合碱的分析

用 25 mL 的移液管移取 25 mL 混合碱溶液于 250 mL 锥形瓶中，加 2 ~ 3 滴酚酞指示剂，以 HCl 标准溶液滴定至由红色恰好褪至无色为第一终点，记录所消耗的 HCl 标准溶液体积 V_1，再加入甲基橙指示剂 1 ~ 2 滴，继续用 HCl 标准溶液滴定至溶液由黄色恰变橙色，为第二终点，记录所消耗 HCl 标准溶液体积 V_2。注意观察终点颜色变化。平行测定 3 次，根据 V_1、V_2 的大小判断混合物的组成，并计算各组分的含量。

【实验数据及处理】

1. NaOH 溶液浓度标定

邻苯二甲酸氢钾是一元酸，它与 NaOH 反应的物质的量之比是 1:1，故由式（9 – 5）计算 NaOH 溶液浓度：

$$c(\mathrm{NaOH}) = \frac{1\,000m}{MV} \tag{9-5}$$

式中，$c(\mathrm{NaOH})$——NaOH 的浓度，$\mathrm{mol \cdot L^{-1}}$；

m——邻苯二甲酸氢钾的质量，g；

M——邻苯二甲酸氢钾的摩尔质量，204.2 $\mathrm{g \cdot mol^{-1}}$；

V——滴定消耗的 NaOH 的体积，mL。

2. HCl 溶液浓度测定

NaOH 与 HCl 反应的方程式为 $\mathrm{NaOH + HCl = NaCl + H_2O}$，它们是按 1:1 的比例进行反应的，因此 $c(\mathrm{NaOH})V(\mathrm{NaOH}) = c(\mathrm{HCl})V(\mathrm{HCl})$，故可以求得 $c(\mathrm{HCl}) = c(\mathrm{NaOH})V(\mathrm{NaOH})/V(\mathrm{HCl})$。

3. 混合碱的分析

混合碱分析中，先根据实验结果判断混合碱的组成，再进行各组成成分的含量计算。将实验数据记于表 9 – 1 ~ 表 9 – 3 中。

表 9 – 1 NaOH 溶液浓度标定实验数据记录表

记录项目	实验编号		
	Ⅰ	Ⅱ	Ⅲ
称取基准物质量 $m_{基}$/g			
$V(\mathrm{NaOH})$/mL			
$c(\mathrm{NaOH})/(\mathrm{mol \cdot L^{-1}})$			
$c(\mathrm{NaOH})$的平均值/$(\mathrm{mol \cdot L^{-1}})$			
相对偏差/%			
平均偏差/%			

表 9-2　HCl 溶液浓度测定实验数据记录表

记录项目	实验编号		
	Ⅰ	Ⅱ	Ⅲ
移取 NaOH 溶液体积 $V(NaOH)$/mL			
消耗 HCl 溶液体积 $V(HCl)$/mL			
$c(HCl)/(mol \cdot L^{-1})$			
$c(HCl)$的平均值/$(mol \cdot L^{-1})$			
相对偏差/%			
平均偏差/%			

表 9-3　混合碱分析实验数据记录表

<table>
<tr><td colspan="2" rowspan="2">记录项目</td><td colspan="3">实验编号</td></tr>
<tr><td>Ⅰ</td><td>Ⅱ</td><td>Ⅲ</td></tr>
<tr><td colspan="2">移取混合碱试样溶液体积 $V_{样}$/mL</td><td></td><td></td><td></td></tr>
<tr><td rowspan="4">第一滴定终点
HCl 用量</td><td>初始读数/mL</td><td></td><td></td><td></td></tr>
<tr><td>终点读数/mL</td><td></td><td></td><td></td></tr>
<tr><td>净用量 V_1/mL</td><td></td><td></td><td></td></tr>
<tr><td>平均用量 $\overline{V}_1$/mL</td><td colspan="3"></td></tr>
<tr><td rowspan="4">第二滴定终点
HCl 用量</td><td>初始读数/mL</td><td></td><td></td><td></td></tr>
<tr><td>终点读数/mL</td><td></td><td></td><td></td></tr>
<tr><td>净用量 V_2/mL</td><td></td><td></td><td></td></tr>
<tr><td>平均用量 $\overline{V}_2$/mL</td><td colspan="3"></td></tr>
<tr><td colspan="2">混合碱组成</td><td colspan="3"></td></tr>
<tr><td colspan="2">Na_2CO_3 质量浓度/$(g \cdot L^{-1})$</td><td colspan="3"></td></tr>
<tr><td colspan="2">$NaHCO_3$ 质量浓度/$(g \cdot L^{-1})$</td><td colspan="3"></td></tr>
<tr><td colspan="2">NaOH 质量浓度/$(g \cdot L^{-1})$</td><td colspan="3"></td></tr>
</table>

【思考与讨论】

1. 为什么标定 NaOH 溶液时邻苯二甲酸氢钾需要在 0.4～0.6 g 范围内准确称量？能否少于 0.4 g 或多于 0.6 g？为什么？

2. 用邻苯二甲酸氢钾标定 NaOH 时，为什么用酚酞作指示剂而不用甲基橙？

3. 如果 NaOH 标准溶液在保存过程中吸收了空气中的 CO_2，用该标准溶液滴定盐酸，以甲基橙为指示剂，对结果有什么影响？若用酚酞为指示剂进行滴定，结果又如何？

4. 采用双指示剂法测定混合碱，测量一批混合碱样时，若出现：①$V_2 > V_1 > 0$；②$V_1 = V_2 > 0$；③$V_1 > V_2 > 0$；④$V_1 = 0$，$V_2 \neq 0$；⑤$V_2 = 0$，$V_1 \neq 0$ 五种情况，各种情况下样品的成分是什么？

实验33　水质分析

【实验目的】

1. 掌握加热回流操作和重铬酸法测定水中化学需氧量的原理和方法。

2. 了解水中化学耗氧量（COD）与水体污染的关系。

【实验仪器与材料】

仪器：磨口回流冷凝器的圆底烧瓶或三角瓶、加热装置、锥形瓶、移液管、容量瓶。

试剂：浓 H_2SO_4、$HgSO_4$、Ag_2SO_4。

邻菲罗啉－亚铁溶液：称取邻菲罗啉（$C_{12}H_3N \cdot H_2O$）1.48 g 和 $FeSO_4 \cdot 7H_2O$ 0.70 g，溶于100 mL水中。

0.025 00 mol·L^{-1} 1/6$K_2Cr_2O_7$标准溶液：准确称取$K_2Cr_2O_7$ 1.221 0 g溶于水中，定量转入1 000 mL容量瓶中，加入水稀至刻度，摇匀。

硫酸亚铁铵溶液：将9.8 g $FeSO_4(NH_4)_2SO_4 \cdot 6H_2O$溶于500 mL水中，加浓$H_2SO_4$ 4 mL，加水稀释至1 L，摇匀，得0.025 mol·L^{-1}溶液。

按下述方法标定：用移液管准确移取0.025 00 mol·L^{-1} 1/6$K_2Cr_2O_4$溶液25.00 mL于500 mL锥形瓶中，加水稀至250 mL。待冷却后，滴加邻菲罗啉－亚铁液指示剂2～3滴，用待标定的硫酸亚铁铵溶液滴定，当溶液由深绿色变为深红色时，即为终点。

【实验原理】

水的需氧量大小是水质污染程度的重要指标之一。它分为化学需氧量（COD）和生物需氧量（BOD）两种。COD反映了水体受还原性物质污染的程度，这些还原性物质包括有机物、亚硝酸盐、亚铁盐、硫化物等。水被有机物污染是很普遍的，因此COD也作为有机物相对含量的指标之一。水样COD的测定会因为加入氧化剂的种类和浓度，反应溶液的温度、酸度和时间，以及催化剂的存在与否得到不同的结果。因此，COD是一个条件性指标，必须严格按操作步骤进行测定。COD的测定有几种方法，对于污染较严重的水样或工业废水，一般用重铬酸钾法或库仑法；对于一般水样，可以用高锰酸钾法。

在酸性溶液中，加入一定量的$K_2Cr_2O_7$煮沸并回流，水样中的还原性物质被氧化，消耗一定量的氧化剂。剩余的氧化剂用硫酸亚铁铵标准溶液滴定，根据加入的$K_2Cr_2O_7$及消耗硫酸亚铁铵的量，可求出水样中的耗氧量，反应式如下：

$$6Fe^{2+} + Cr_2O_7^{2-} + 14H^+ = 6Fe^{3+} + 2Cr^{3+} + 7H_2O$$

如水样中存在大量的Cl^-，则干扰测定，可加入$HgSO_4$与Cl^-生成$HgCl_2$络合物，从而抑制Cl^-的干扰。氧化率与加热的时间有关，加热1.0～1.5 h，氧化率几乎是一致的。如污染严重，可加入Ag_2SO_4促进氧化，时间也可长一点。如污染不十分严重，加热时间缩短至半小时。

【实验方法与步骤】

①移取适量水样于300 mL圆底烧瓶或三角烧瓶中，加水使其总量为50 mL。

②加入0.4 g $HgSO_4$、5 mL浓H_2SO_4，充分摇匀。

③用移液管准确加入0.025 00 mol·L^{-1} $1/6K_2Cr_2O_7$标准溶液25 mL，再加$H_2SO_4$7.0 mL，摇匀。

④加入1 g Ag_2SO_4，充分摇动后，加入几颗沸石防止暴沸。

⑤将带有磨口的回流冷凝器装于烧瓶之上，加热煮沸1.5 h。

⑥待烧瓶冷却后，用约25 mL水洗涤冷凝器，然后取下冷凝器，将烧瓶中的溶液转移至500 mL三角瓶中，用水洗涤烧瓶几次。

⑦加水稀释至约350 mL，加邻菲罗啉－亚铁指示剂2~3滴，过剩的$Cr_2O_7^{2-}$用硫酸亚铁铵标准溶液返滴定。溶液由深绿色变为深红色即为终点。

⑧用50 mL蒸馏水代替水样，同上操作，求空白实验的返滴定值。

【实验数据及处理】

实验结果按照式（9－6）进行COD计算：

$$\text{COD}(O_2, \text{mg/L}) = \frac{(V_0 - V_1) \cdot c \times 8 \times 1\ 000}{V} \tag{9-6}$$

式中，c——硫酸亚铁铵标液的浓度，mol·L^{-1}；

V_0——滴定空白时硫酸亚铁铵标液的用量，mL；

V_1——滴定水样时硫酸亚铁铵标液的用量，mL；

V——水样的体积，mL。

8——1/2O的摩尔质量，g·mol^{-1}。

【思考与讨论】

1. 测定水中COD的意义何在？有哪些方法可以测定COD？
2. 用重铬酸钾法测定COD的过程中，硫酸－硫酸银各起什么作用？
3. 水样的采集及保存应当注意哪些事项？

实验34　工业醋酸质量检验

【实验目的】

1. 了解冰醋酸需测得的各类质量指标，并掌握各类测定方法。
2. 掌握分光光度计的特性和使用方法。
3. 掌握比色管、移液管、滴定管等实验室仪器的使用方法和注意事项。

【实验仪器与材料】

仪器：分光光度计、比色皿（厚度 1 cm）；比色计；500 mL 锥形瓶；100 mL 容量瓶；真空泵或水流泵（维持真空度 1×10^4Pa 以下）；S300－卡尔费休水分测定仪（容量法）；原子吸收光谱仪（附铁空心阴极灯）；50 mL 比色管：长形、磨口、具塞、光学透明；恒温水浴；分析天平。

试剂：

铂－钴标准比色液：在 0～30 号范围内配制不少于 10 个色号的标准比色液。

酚酞指示液：5 $g\cdot L^{-1}$；

氢氧化钠标准溶液：1 $mol\cdot L^{-1}$；

乙醇溶液：1 $g\cdot L^{-1}$；

盐酸溶液：1＋4；

碘化钾溶液：250 $g\cdot L^{-1}$；

次溴酸钠溶液：$c(1/2NaBrO)=0.1\ mol\cdot L^{-1}$；

溴化钾－溴酸钾溶液：$c(1/6KBrO_3)=0.1\ mol\cdot L^{-1}$；

硫代硫酸钠标准滴定溶液：$c(Na_2S_2O_3)=0.1\ mol\cdot L^{-1}$；

淀粉指示液：10 $g\cdot L^{-1}$；

亚硫酸氢钠溶液：18.2 $g\cdot L^{-1}$；

碘标准溶液：$c(1/2I_2)=0.02\ mol\cdot L^{-1}$；

铁标准溶液：0.01 $mg\cdot mL^{-1}$；

吸收铁标准溶液：0.1 $mg\cdot mL^{-1}$；

乙炔：体积分数不小于 99.5%；

高锰酸钾溶液：0.2 $g\cdot L^{-1}$；

标准比色溶液。

特征浓度：在与测定试样的基体相一致的溶液中，铁的特征浓度应不大于 0.044 $\mu g\cdot L^{-1}$。

仪器精密度：在给定实验条件下，对吸光度在 0.1～0.3 范围内的标样进行 7 次重复测定，结果的相对偏差不大于 1.5%。

【实验原理】

工业醋酸生产工艺原理如下：

主反应：$2CH_3CHO+O_2\rightarrow2CH_3COOH$

副反应：$CH_3CHO+O_2\rightarrow CH_3COOOH$

$CH_3COOH\rightarrow CH_3OH+H_2O$

$CH_3OH+O_2\rightarrow HCOOH+H_2O$

$CH_3COOH+CH_3OH\rightarrow CH_3COOCH_3+H_2O$

$3CH_3CHO+O_2\rightarrow CH_3CH(OCOCH_3)_2+H_2O$

$CH_3CH(OCOCH_3)_2\rightarrow(CH_3CO)_2O+CH_3CHO$

工艺条件的原料配比：乙醛与投氧量摩尔比 2:1；反应温度 343～353 K；反应压力 0.15 MPa；催化剂为乙酸锰。

工业醋酸理化性质：相对密度（水为1）1.050；凝固点16.7 ℃；沸点118.3 ℃；黏度（20 ℃）1.22 mPa·s；20 ℃时的蒸气压1.5 kPa。无色液体，有刺鼻的醋味。能溶于水、乙醇、乙醚、四氯化碳及甘油等有机溶剂。稀释后对金属有强烈腐蚀性，316#和318#不锈钢及铝可做良好的结构材料。工业醋酸的技术要求见表9－4。

表9－4　工业醋酸的技术要求

项目		指标		
		优等品	一等品	合格品
色度/Hazen 单位（铂－钴色号）	≤	10	20	30
乙酸的质量分数/%	≥	99.8	99.5	98.5
水的质量分数/%	≤	0.15	0.20	—
甲酸的质量分数/%	≤	0.05	0.10	0.30
乙醛的质量分数/%	≤	0.03	0.05	0.10
蒸发残渣的质量分数/%	≤	0.01	0.02	0.03
铁的质量分数（以 Fe 计）/%	≤	0.000 04	0.000 2	0.000 4
高锰酸钾滴加时间/min	≥	30	5	—

黄变度指数可定量地描述试样的颜色，用分光光度计或比色计测定并计算试样的黄变度，从标准比色液的黄变度－铂钴色度号的标准曲线查得试样的色度号，以铂－钴色号表示结果。黄变度为标准比色液与水的黄变度指数的差值。

乙酸含量的测定采用滴定法。以酚酞为指示剂，用氢氧化钠标准滴定溶液中和滴定，溶液由无色变为浅粉红色即为终点。计算扣除甲酸含量。

碘量法测定甲酸含量。首先测定总还原物：过量的次溴酸钠溶液氧化试样中的甲酸和其他还原物，剩余的次溴酸钠用碘量法测定。其次测定除甲酸外的其他还原物：在酸性介质中，过量的溴化钾－溴酸钾氧化除甲酸外的其他还原物，剩余的溴化钾－溴酸钾用碘量法测定。甲酸含量由两步测定值之差求得。反应式：

$$HCOOH + NaBrO \rightarrow NaBr + CO_2\uparrow + H_2O$$

$$NaBrO + 2KI + 2HCl \rightarrow 2KCl + NaBr + H_2O + I_2$$

$$2Na_2S_2O_2 + I_2 \rightarrow Na_2S_4O_4 + 2NaI$$

工业冰醋酸中乙醛含量的测定采用滴定法，基本原理是试样中的乙醛与过量的亚硫酸氢钠溶液反应，剩余的亚硫酸钠用碘量法测定。反应式：

$$CH_3CHO + NaHSO_4 \longrightarrow CH_3-\underset{SO_3Na}{\overset{H}{\underset{|}{\overset{|}{C}}}}-OH$$

蒸发残渣的测定是将试样在水浴上蒸发至干后，于烘箱中（110±2）℃下干燥至恒量。

工业冰醋酸中铁含量测定的通用方法是1,10－菲啰啉分光光度法。用抗坏血酸将试液中的Fe^{3+}还原成Fe^{2+}，在pH为2～9时，Fe^{3+}与1,10－菲啰啉生成橙红色配合物，在光度计最大吸收波长（510 nm）处测定其吸光度。

乙酸中的还原性物质在中性溶液中与高锰酸钾反应，使其粉红色逐渐褪到与色标一致所需的时间即为高锰酸钾时间。其测定原理是在规定条件下，将高锰酸钾溶液加入被测试样中，与标准比色溶液进行对照，观察实验溶液褪色所需要的时间。

【实验方法与步骤】

1. 色度的测定——分光光度法

①在1 000 mL容量瓶中将1.00 g六水合氯化钴和1.245 g铂酸钾溶于水中，加100 mL盐酸溶液，定容至刻度，混匀。配制成标准比色母液。

②用移液管分别移取2、5、7、10、12、15、17、20、22、25、27、30 mL标准比色母液于500 mL的容量瓶中，加水至刻度，混匀，配成2、5、7、10、12、15、17、20、22、25、27、30铂－钴色号的标准铂－钴对比溶液。

③调整分光光度计（空皿放于参比池中，水放入样品池中），使透光度为100%，测试并计算水、标准比色液及样品的透光度和黄变度。

2. 乙酸含量的测定——滴定法

用具塞称量瓶称取约2.5 g试样（精确至0.000 2 g），置于250 mL锥形瓶中，加50 mL无二氧化碳水，滴加0.5 mL酚酞指示液，用氢氧化钠标准滴定溶液滴定至微粉红色，保持5 s不褪色为终点。

3. 甲酸含量的测定——碘量法

（1）总还原物的测定

将100 mL耐真空的滴液漏斗置于盛有80 mL水的500 mL耐真空的锥形瓶上，打开滴液漏斗活塞，开启真空泵，关闭活塞，拔出连接泵的活塞，通过滴液漏斗吸入用移液管吸取的25 mL次溴酸钠溶液，每次用5 mL水冲洗滴液漏斗，冲洗两次，混匀。在室温下静置10 min，然后用滴液漏斗吸入5 mL碘化钾溶液和20 mL盐酸溶液，剧烈振摇30 s，打开滴液漏斗活塞，取下滴液漏斗，加50 mL水于锥形瓶中，用硫代硫酸钠标准滴定溶液滴定至溶液呈浅黄色时，加约2 mL淀粉指示液，继续滴定至蓝色刚好消失为终点。同时做空白实验。

（2）除甲酸外其他还原物的测定

移取25 mL溴化钾－溴酸钾溶液于盛有90 mL水的500 mL锥形瓶中，将滴液漏斗置于锥形瓶上，开启真空泵，关闭滴液漏斗活塞，拔出连接泵的活塞，通过滴液漏斗吸入用移液管吸取的10 mL试样，每次用5 mL水冲洗滴液漏斗，冲洗两次，再吸入10 mL盐酸溶液，混匀。在室温下打开滴液漏斗活塞，取下滴液漏斗，用硫代硫酸钠标准滴定溶液滴定至溶液呈浅黄色时，加约2 mL淀粉指示液，继续滴定至蓝色刚好消失为终点。同时做空白实验。

4. 乙醛含量的测定——滴定法

①移取10 mL试样，置于已盛有10 mL水的50 mL容量瓶中，加入50 mL亚硫酸钠溶液，用水稀释至刻度，混匀并静置30 min，为实验溶液。

②移取50 mL碘标准溶液于碘量瓶中，并放到冰水浴中静置。取实验溶液20 mL于碘量瓶中。用硫代硫酸钠标准滴定溶液滴定至溶液呈浅黄色时，加入0.5 mL 10 $g \cdot L^{-1}$的淀粉指

示液，继续滴定至蓝色刚好消失为终点。

③在测定的同时，按与测定相同的步骤，对不加试样而使用相同的试剂溶液做空白实验。

5. 蒸发残渣的测定

①将150 mL洁净的石英蒸发皿放入（110 ±2）℃的烘箱中加热2 h，取出后放入干燥器中冷却至室温，称重，精确至0.1 mg。移取100 mL试样于已恒重的蒸发皿中，放于水浴中，维持适当温度，在通风橱中蒸发至干，再将蒸发皿置于预先已恒温至（110 ±2）℃的烘箱中加热2 h，取出后放入干燥器中冷却至室温，称重，精确至0.1 mg。重复上述操作至恒重。

②取两次平行测定的算术平均值为测定结果，两次平行测定结果之差不大于0.001%。

6. 铁含量的测定

（1）试样的制备

移取100 mL试样于150 mL圆底瓷或玻璃蒸发皿中，在沸水浴上蒸干，残渣用2 mL盐酸溶液溶解，移入25 mL容量瓶中，稀释至刻度。

（2）工作曲线的绘制

①校准溶液的制备。

分别移取0、2.0、4.0、6.0、8.0、10.0 mL铁标准溶液，分别置于6个25 mL容量瓶中，加2 mL盐酸溶液，稀释至刻度。

②校准溶液的吸光度的测定。

在给定的实验条件下，待仪器稳定，用水调零后，分别测定校准溶液的吸光度。

③工作曲线的绘制。

以每一标准溶液的吸光度减去空白溶液的吸光度为纵坐标，对应铁校准溶液浓度为横坐标，绘制工作曲线。如使用数据处理系统，工作曲线可在试样测定时绘制。

7. 高锰酸钾时间的测定

①取适量水加足量高锰酸钾煮沸30 min，如褪色，再补加高锰酸钾，使溶液成淡粉红色。冷却至室温。称取0.2 g高锰酸钾，精确至0.001 g，用已制备的水溶解，在1 000 mL棕色容量瓶中定容至刻度，混匀。避光保存2周。称取190 mg六水合氯化钴，加入16 mL 500号铂钴标准溶液，溶解后，用水定容至50 mL，混匀，该标准比色液的颜色为样品溶液在高锰酸钾实验中褪色后的终点颜色。

②移取20 mL试样至50 mL比色管中，再加6 mL水置于（15 ±0.5）℃的恒温水浴中。水浴的水保持距比色管顶约25 mm处，恒温15 min。当样品达到规定温度后，用移液管加入3.0 mL高锰酸钾溶液，边加边计时，立即盖上瓶塞，摇匀，放回水浴中，经常将比色管取出与同体积的标准比色液比较。接近结果时，每分钟比较一次，记录两种溶液颜色一致的时间。以分钟计时。（注意：避免试液暴露在强日光下。）

【实验数据及处理】

1. 色度的测定

以标准比色液的铂－钴色号为横坐标，对应的黄变度为纵坐标，绘制标准曲线。根据试样的黄变度，由标准曲线查出样品的色号。

2. 乙酸含量的测定

将乙酸含量测定实验数据记于表9－5中。

表9－5 乙酸含量测定数据记录表

乙酸含量的测定				
记录项目	第一份	第二份	第三份	第四份
氢氧化钠标准溶液滴定体积/mL				
无二氧化碳的水体积/mL	50			
酚酞指示剂/滴	2～3			
试样的质量/g	2.5			
乙酸的质量分数 w/%				
w 的平均值/%				
备注				

乙酸的质量分数为按式（9－7）计算：

$$w=\frac{\left(\frac{V}{1\ 000}\right)cM}{m}\times 100\%-1.305w_1 \tag{9-7}$$

式中，V——试样消耗氢氧化钠标准滴定溶液的体积，mL；

c——氢氧化钠标准滴定溶液的浓度，$mol\cdot L^{-1}$；

m——试样的质量，g；

M——乙酸的摩尔质量，$mol\cdot L^{-1}$；

1.305——甲酸换算为乙酸的换算系数；

w_1——测得的甲酸的质量分数，%。

取两次平行测定结果的算术平均值为测定结果，两次平行测定结果的绝对值不大于0.15%。

3. 甲酸含量的测定

甲酸的质量分数按式（9－8）计算：

$$w=\left(\frac{V_0-V_1}{V_4\rho}-\frac{V_2-V_3}{V_5\rho}\right)c\times\frac{1}{1\ 000}\times M\times 100\% \tag{9-8}$$

式中，V_0——测定总还原物时空白实验消耗 $Na_2S_2O_3$ 标准滴定溶液的体积，mL；

V_1——测定总还原物时试样消耗 $Na_2S_2O_3$ 标准滴定溶液的体积，mL；

V_2——测定除甲酸外其他还原物质时空白实验消耗 $Na_2S_2O_3$ 标准滴定溶液的体积，mL；

V_3——测定除甲酸外其他还原物质时试样消耗 $Na_2S_2O_3$ 标准滴定溶液的体积，mL；

V_4——测定总还原物所取试样的体积，mL；

V_5——测定除甲酸外其他还原物所取试样的体积，mL；

c——$Na_2S_2O_3$ 标准滴定溶液的浓度，$mol\cdot L^{-1}$；

ρ——试样 20 ℃时的密度，$g\cdot mL^{-1}$；

M——甲酸（$1/2CH_2O_2$）的摩尔质量，为23.01 $g\cdot mol^{-1}$。

取两次平行测定结果的算术平均值为测定结果，两次平行测定结果之差不大于0.005%。

4. 乙醛含量的测定

将乙醛含量的测定实验数据记于表9-6中。

表9-6 乙醛含量测定数据记录表

乙醛含量的测定				
记录项目	第一份	第二份	第三份	第四份
滴定硫代硫酸钠标液的体积/mL				
碘标准液体积/mL	50			
实验溶液体积/mL	20			
V_0/mL				
乙醛的质量分数 w/%				
w 的平均值/%				
相对极差				
标准规定平行测定的相对极差/%	≤0.2	本次测定是否符合平行测定的要求		
备注				

乙醛的质量分数按式(9-9)计算:

$$w=\frac{(V_1-V_0)c\times M}{V\rho\times 1\ 000\times\frac{20}{50}}\times 100\% \qquad (9-9)$$

式中,V_0——空白实验消耗硫代硫酸钠标准滴定溶液的体积,mL;

V_1——试样消耗硫代硫酸钠标准滴定溶液的体积,mL;

c——硫代硫酸钠标准滴定溶液的浓度,$mol\cdot L^{-1}$;

M——乙醛($1/2C_2H_4O$)的摩尔质量,为22.03 $g\cdot mol^{-1}$;

V——试样的体积,mL;

ρ——试样20 ℃时的密度,$g\cdot mL^{-1}$。

取两次平行测定结果的算术平均值为测定结果,两次平行测定结果之差不大于0.002%。

5. 蒸发残渣的测定

将蒸发残渣的测定实验数据记于表9-7中。

表9-7 蒸发残渣实验结果记录表

V/mL	
m/g	
m_0/g	
w/%	

蒸发残渣的质量分数:

$$w=\frac{m-m_0}{\rho V}\times 100\%$$

式中,m——蒸发残渣加空蒸发皿的质量,g;

m_0——空皿的质量，g；

ρ——实验温度下试样的密度，$g \cdot mL^{-1}$；

V——试样的体积，mL。

6. 铁含量的测定

铁含量的测定实验数据记于表9－8和表9－9中。

表9－8　标准曲线绘制实验数据记录表

$V_{试样}$/mL	0.00	2.00	4.00	6.00	8.00	10.00
$c_{铁}$/($\mu g \cdot mL^{-1}$)						
吸光度 A						

表9－9　铁含量测定实验数据记录表

数据	试样1	试样2	试样3
V_1/mL			
V/mL			
吸光度 A			
$c_{铁}$/($\mu g \cdot mL^{-1}$)			
w/%			

铁的质量分数按照式（9－10）计算：

$$w = \frac{cV_1 \times 10^{-6}}{V\rho} \times 100\% \qquad (9-10)$$

式中，c——从工作曲线中查得的浓度，$\mu g \cdot L^{-1}$；

V_1——标准溶液的体积，mL；

V——试样的体积，mL；

ρ——试样20 ℃时的密度，$g \cdot mL^{-1}$。

取两次平行测定的算术平均值为测定结果，两次平行测定结果之差不大于0.000 01%。

7. 高锰酸钾时间的测定

高锰酸钾时间即指从加入高锰酸钾溶液起到试液中高锰酸钾颜色褪色或试液颜色达到与标准比色溶液一致时的时间，以分钟计。取两次平行测定结果的算术平均值作为测定结果，两次平行测定结果不大于2 min。

【思考与讨论】

1. 工业冰醋酸产品质量的主要技术指标有哪些？这些指标测定有什么意义？
2. 工业醋酸各个技术指标测定的基本原理是什么？

实验35　煤及焦炭的工业分析

【实验目的】

1. 了解煤的工业分析方法。

2. 了解煤中灰分、挥发分、固定碳和水分测定的实验原理及意义。
3. 了解马弗炉和烘箱的构造和使用。

【实验仪器与材料】

仪器：分析天平、烘箱、马弗炉、灰皿、坩埚、坩埚架、称量瓶、药匙。
材料：煤或焦炭样品。

【实验原理】

煤是重要的工业原料。它的用途很广泛，除作燃料用外，还是重要的化工原料。为了合理地利用煤炭资源，必须对煤的化学成分及其性质进行研究，以便综合利用。

水分测定：称取一定量的一般分析实验煤样，置于105～110 ℃鼓风干燥箱内，于空气流中干燥到恒定质量。根据煤样的质量损失计算出水分的质量分数。

灰分测定：将装有煤样的灰皿由炉外逐渐送入预先加热至（815±10）℃的马弗炉中灰化并灼烧至质量恒定。以残留物的质量占煤样质量的质量分数作为煤样灰分的质量分数。

挥发分测定：称取一定量的一般分析实验煤样，放在带盖的瓷坩埚中，在（900±10）℃下隔绝空气加热7 min。以减少的质量占煤样的质量分数，减去该煤样中水分的质量分数作为煤样挥发分的质量分数。

煤中可燃性固体物是煤燃烧产生热量的主要成分，称为固定碳。固定碳是鉴定煤或焦炭等的质量指标之一，固定碳的质量分数越高，发热量也越高，煤质越好。固定碳分析方法可采用间接定碳法，即测得试样的挥发分和灰分的质量分数后，从总量中将它们减去，其差值为固定碳的质量分数。

【实验方法与步骤】

1. 灰分的质量分数的测定

①称样。称取0.5 g样品放在预先灼烧至恒重（850 ℃，1 h）的灰皿中。

②灼烧。将盛有试样的灰皿放在850 ℃左右马弗炉恒温区。关闭炉门，灼烧1 h（如有黑色颗粒，则还需灼烧）。

③冷却和称重。取出有灰分残留物的灰皿，先在空气中冷却5 min，再在干燥器中冷却并称重。

2. 挥发分的质量分数的测定

称取0.5 g试样，放在已灼烧至恒重的挥发分坩埚中，稍微摇动，盖上坩埚盖，放在坩埚架上，尽可能迅速地将坩埚架送入已预热至（850±20）℃的马弗炉恒温区，迅速关闭炉门加热7 min，取出后在空气中冷却5 min，移入干燥器中冷却至室温，称重。

3. 固定碳的质量分数的测定

固定碳的质量分数是鉴定煤或焦炭等的质量指标之一，从干煤的质量中减去挥发物与灰分的质量即得。

4. 水分的质量分数的测定

称取1 g试样放入在102～105 ℃烘干至恒重的称量瓶中，小心地将试样铺平在称量瓶底部，半开称量瓶盖，置于102～105 ℃烘箱中干燥1 h取出，盖好瓶盖，放入干燥器中冷却，称重，称重前打开瓶盖，以保持压力平衡，然后将称量瓶置于烘箱中，重复干燥30 min，称重，直到试样质量变化小于0.001 g时为止。

【实验数据及处理】

1. 灰分质量分数的测定

灰分质量分数按式（9－11）进行计算：

$$w_A = \frac{m_2 - m_1}{m_s} \times 100\% \tag{9-11}$$

式中，w_A——灰分质量分数，%；

m_1——灼烧后空灰皿质量，g；

m_2——灼烧后灰皿和残留物总质量，g；

m_s——试样质量，g。

2. 挥发分质量分数的测定

挥发分质量分数按式（9－12）计算：

$$w_V = \frac{m_s - (m_2 - m_1)}{m_s} \times 100\% - w_W \tag{9-12}$$

式中，w_V——挥发分质量分数，%；

m_1——灼烧后空坩埚质量，g；

m_2——灼烧后坩埚和残留物总质量，g；

m_s——试样质量，g；

w_W——分析试样中水分含量，%。

3. 固定碳质量分数的计算

固定碳质量分数按式（9－13）计算：

$$w_T = 100\% - w_A - w_V \tag{9-13}$$

式中，w_T——固定碳质量分数，%；

w_A——灰分质量分数，%；

w_V——挥发分质量分数，%。

4. 水分质量分数的测定

分析试样中水分质量分数按式（9－14）计算：

$$w_W = \frac{m_2 - m_1}{m_s} \times 100\% \tag{9-14}$$

式中，w_W——分析试样中水分质量分数，%；

m_1——干燥后空称量瓶质量，g；

m_2——灼烧后称量瓶和样品总质量，g；

m_s——试样质量，g。

【思考与讨论】

1. 放置样品试样时，要均匀平铺在测量容器中，为什么？
2. 从干燥箱中取出称量瓶时需要立即盖上盖，目的何在？

3. 测定挥发分后，有时会发现坩埚盖上有灰白色的物质，分析产生这种现象的主要原因。由此会使挥发分测定结果偏高还是偏低？

实验 36　水泥熟料中 SiO_2、Fe_2O_3、Al_2O_3、CaO 和 MgO 含量的测定

【实验目的】

1. 了解水泥熟料的组成。
2. 了解水泥中各成分的作用。
3. 掌握检测水泥中主要成分含量的实验原理和方法。

【实验仪器与材料】

仪器：马弗炉；铂金坩埚；干燥器；长、短坩埚钳；分析天平；酸式滴定管；铁架台；锥形瓶（250 mL）3 只；比色管 6 支（50 mL）；分光光度计；烧杯；移液管（25 mL、1 mL、10 mL）；容量瓶（100 mL、1 000 mL）。

材料：无水碳酸钠；硝酸；氯化铵；硫酸溶液（1 +4）；体积分数为 95% 的乙醇；氢氟酸；硝酸根溶液（5 g · L^{-1}）；焦硫酸钾；氨水溶液（1 +1）；三乙醇胺溶液（1 +2）；高氯酸硼酸锂；硫酸溶液（1 +1）；盐酸；盐酸溶液（1 +1、1 +11、1 +10、1 +2、3 +97）；钼酸铵溶液（50 g · L^{-1}）：将 5 g 钼酸铵 $(NH_4)_6Mo_7O_{24} \cdot 4H_2O$ 溶于水中，用水稀释至 100 mL，过滤后储存于塑料瓶中，此溶液可保持一周；抗坏血酸溶液（5 g · L^{-1}）（现配）。

二氧化硅标准溶液：称取 0. 200 0 g 经 1 000 ~1 100 ℃新灼烧 30 min 以上的二氧化硅，精确至 0. 000 1 g，置于铂坩埚中，加入 2 g 无水碳酸钠，搅拌均匀，在 1 000 ~1 100 ℃高温下熔融 15 min。冷却，用热水将熔块浸没于盛有热水的 300 mL 塑料杯中，待全部溶液冷却至室温，移入 1 000 mL 容量瓶中，用水稀释至刻度，摇匀。移入塑料瓶中保存。此标准溶液每毫升含有 0. 2 mg 二氧化硅。吸取 10. 00 mL 上述标准溶液于 100 mL 容量瓶中，用水稀释至刻度，摇匀，移入塑料瓶中保存。此标准溶液每毫升含有 0. 02 mg 二氧化硅。

磺基水杨酸钠指示剂溶液：将 10 g 磺基水杨酸钠溶于水中，加水稀释至 100 mL。

碳酸钙标准溶液（0. 024 mol · L^{-1}）：称取 0. 6 g 已于 105 ~110 ℃烘过 2 h 的基准碳酸钙，精确至 0. 000 1 g，置于 400 mL 烧杯中，加入约 100 mL 水，盖上表面皿，沿杯口滴加盐酸溶液（1 +1）至碳酸钙全部溶解，加热煮沸数分钟。将溶液冷却至室温，移入 250 mL 容量瓶中，用水稀释至刻度，摇匀。

CMP 混合指示剂（钙黄绿素 – 甲基百里酚蓝 – 酚酞指示剂）：称取 1. 000 g 钙黄绿素、1. 000 g 甲基百里酚蓝、0. 200 g 酚酞及 50 g 已于 105 ℃烘干过的硝酸钾，混匀，研细，保存于磨口瓶中。

氢氧化钾溶液（200 g · L^{-1}）：储存于塑料瓶中。

EDTA 标准滴定溶液：0. 015 mol · L^{-1}。

溴甲酚蓝指示剂溶液：将 0. 2 g 溴甲酚蓝溶于 100 mL 乙醇溶液（1 +4）中。

缓冲溶液（pH = 3）：将3.2 g无水乙酸钠溶于水中，加120 mL冰乙酸，用水稀释至1 L，摇匀。

硫酸铜标准滴定溶液：0.015 mol · L^{-1}。

缓冲溶液（pH = 4.3）：将42.3 g无水乙酸钠溶于水中，加80 mL冰乙酸，用水稀释至1 L，摇匀。

PAN指示剂溶液：将0.2 g PAN溶于100 mL 95%乙醇中。

氢氧化钾溶液：200 g · L^{-1}。

氯化锶溶液：将152.2 g氯化锶（$SrCl_2 \cdot 6H_2O$）溶解于水中，用水稀释至1 L。必要时过滤。此溶液含锶50 g · L^{-1}。

镁标准溶液：称取1.000 g已于600 ℃灼烧1.5 h的氧化镁，精确至0.000 1 g，置于250 mL烧杯中，加入50 mL水，再缓缓加入20 mL盐酸溶液（1 + 1）。低温加热全部溶液，冷却后移入1 000 mL容量瓶中，用水稀释至刻度，摇匀，此标准溶液每毫升含有1.0 mg氧化镁。吸取25.00 mL上述标准溶液于500 mL容量瓶中，用水稀释至刻度，摇匀，此标准溶液每毫升含有0.05 mg氧化镁。

【实验原理】

硅酸盐水泥中的主要成分是SiO_2、Fe_2O_3、Al_2O_3、CaO和MgO。

分析方法：用称量法、分光光度计法、配位滴定法相结合进行综合分析。

SiO_2的检测：首先将试样以无水碳酸钠烧结，用盐酸溶解，加固体氯化铵于沸水浴上加热蒸发，使硅酸凝聚。滤出的沉淀用氢氟酸处理后，失去的质量为纯二氧化硅量。在pH约1.2时，钼酸铵与水中的硅酸反应，生成柠檬黄色可溶的硅钼杂多酸络合物[$H_4Si(Mo_3O_{10})_4$]。于波长410 nm处测定其吸光度，求得二氧化硅的浓度。其吸光度与可溶性硅酸含量成正比，即光的吸收定律$A = abc$，其中A为吸光度，a为吸光度系数，b为吸收池系数，c为溶液浓度。加上滤液中用比色法收回的二氧化硅量，即为总二氧化硅量。

将处理后的滤液用于SiO_2、Fe_2O_3、Al_2O_3、CaO和MgO含量的测定。用EDTA分步滴定，当溶液中不只存在一种金属离子时，通过控制滴定酸度使其中一种金属离子能与EDTA定量络合，而其他离子基本不能与EDTA形成稳定络合物，同时，也不能与指示剂显色。在pH为1.8～2.0，温度为60～70 ℃的溶液中，以磺基水杨酸钠为指示剂，用EDTA标准滴定溶液滴定，即可测出三氧化二铁的量。调整上述溶液pH至3，在煮沸条件下用EDTA－铜和PAN作指示剂，用EDTA标准滴定溶液滴定，即可测出三氧化二铁的量。在pH为13以上的强碱性溶液中，以三乙醇胺为掩蔽剂，使用CMP混合指示剂，用EDTA标准滴定溶液滴定，即可测出氧化钙的量。以氢氟酸－高氯酸分解或用硼酸锂熔融－盐酸溶解试样的方法制备溶液，用锶盐消除硅、铝、钛等对镁的抑制干扰，在空气－乙炔火焰中，于285.2 nm处测定吸光度，即可测出氧化镁的量。

【实验方法与步骤】

1. EDTA标准滴定溶液（0.015 mol · L^{-1}）的配制和标定

①配制：称取约5.6 g EDTA（乙二胺四乙酸二钠盐）置于烧杯中，加入约200 mL水，加热溶解，过滤，用水稀释至1 L。

②标定：吸取25.00 mL 0.015 mol · L^{-1}碳酸钙标准溶液于400 mL烧杯中，加水稀释

至约 200 mL，加入适量的 CMP 混合指示剂，在搅拌下加入氢氧化钠溶液（200 g · L^{-1}），出现绿色荧光后，再过量 2 ~ 3 mL，以 EDTA 标准滴定溶液滴定至绿色荧光消失并呈现红色。

2. $CuSO_4$ 标准滴定溶液（0.015 mol · L^{-1}）的配制和标定

①配制：将 3.7 g 硫酸铜溶于水中，加 4 ~ 5 滴硫酸溶液（1 + 1），用水稀释至 1 L。

②标定：从滴定管缓慢放出 10 ~ 15 mL EDTA 标准滴定液 c(EDTA) = 0.015 mol · L^{-1} 于 400 mL 烧杯中，用水稀释至约 150 mL，加入 15 mL pH 为 4.3 的缓冲溶液，加热至沸，取下稍冷，加 5 ~ 6 滴 PAN 指示剂，以 $CuSO_4$ 标准溶液滴定至亮紫色。

EDTA – 铜溶液：按 EDTA 标准滴定溶液与 $CuSO_4$ 标准滴定溶液的体积比，准确配制成等浓度的混合溶液。

3. SiO_2 的测定

（1）纯二氧化硅的测定

称取约 0.5 g 试样，精确至 0.000 1 g，置于铂坩埚中，在 950 ~ 1 000 ℃下灼烧 5 min，冷却。用玻璃棒仔细压碎块状物。加入 0.3 g 无水碳酸钠，混匀，再将坩埚置于 950 ~ 1 000 ℃下灼烧 10 min，放冷。将烧结块移入瓷蒸发皿中，加入少量水润湿，用平头玻璃棒压碎块状物，盖上表面皿，从皿口滴入 5 mL 盐酸及 2 ~ 3 滴硝酸，待反应停止后取下表面皿，用平头玻璃棒压碎块状物并使其溶解完全，用热盐酸溶液（1 + 1）清洗坩埚数次，洗液合并于蒸发皿中。将蒸发皿置于沸水浴上，皿上放一个玻璃三脚架，再盖上表面皿。蒸发至糊状后，加入 1 g 氯化铵，充分搅拌均匀，继续在沸水浴上蒸发至干。取下蒸发皿，加入 10 ~ 20 mL 热盐酸（1 + 97），搅拌使可溶性盐类溶解。用中速定量滤纸过滤，用胶头扫棒以热的稀盐酸（3 + 97）擦洗玻璃棒及蒸发皿，将沉淀全部转移到滤纸上，并洗涤沉淀 3 ~ 4 次，然后用热水充分洗涤沉淀，直到检查无氯离子为止。滤纸及洗液保存在 250 mL 容量瓶中。

氯离子检验：用试管收集少许滤液，加入几滴硝酸银溶液（5 g · L^{-1}），观察试管中溶液是否浑浊，不浑浊即为无氯离子。在沉淀上加 3 滴硫酸溶液（1 + 4），然后将沉淀连同滤纸一并移入铂坩埚中，烘干并灰化后放入 950 ~ 1 000 ℃的马弗炉内烧灼 1 h，取出坩埚并置于干燥器中冷却至室温，称量。反复灼烧，直到恒量。

向坩埚中加数滴水湿润沉淀，加 3 滴硫酸溶液（1 + 4）和 10 mL 氢氟酸，放入通风橱内的电热板上缓慢蒸发至干，升高温度继续加热至三氧化硫白烟完全逸尽。将坩埚放入 950 ~ 1 000 ℃的马弗炉内灼烧 30 min，取出坩埚并置于干燥器中冷却至室温，称量。反复灼烧，直到恒量。

（2）经氢氟酸处理后的残渣的分解

向经氢氟酸处理后的残渣中加入 0.5 g 焦硫酸钾，加热熔融，熔块用热水和数滴盐酸溶液（1 + 1）溶解，溶液并入盛放分离二氧化硅后得到的滤液和洗液的 250 mL 容量瓶中，用水稀释至刻度，摇匀，此溶液 A 用于测定滤液中残留的可溶性二氧化硅、三氧化二铁、三氧化二铝、氧化钙、氧化镁。

（3）硅钼蓝分光光度法测定可溶性二氧化硅

吸取二氧化硅标准溶液（0.02 mg · mL^{-1}）0、2.00、4.00、5.00、6.00、8.00、10.00 mL

分别放入100 mL容量瓶中，加水稀释至约40 mL。

从溶液A中吸取25.00 mL溶液放入100 mL容量瓶中，用水稀释至40 mL。于试样溶液及标准溶液中各依次加入5 mL盐酸溶液（1+11）、8 mL 95%乙醇、6 mL钼酸铵溶液（$50\ g\cdot L^{-1}$），放置30 min后，加入20 mL盐酸溶液（1+1）、5 mL抗坏血酸溶液（$5\ g\cdot L^{-1}$），用水稀释至刻度，摇匀。放置1 h后，使用分光光度计，以水作为参比，于660 nm处测定溶液的吸光度。绘制标准曲线，通过标准曲线查出SiO_2含量。

4. Fe_2O_3的测定

从测定二氧化硅的溶液A中吸取25.00 mL溶液放入300 mL烧杯中，加水稀释至约10 mL，用氨水溶液（1+1）调节溶液pH在1.8~2.0之间（用精密pH试纸检验）。将溶液加热到70 ℃，加入10滴磺基水杨酸钠指示剂，用EDTA标准滴定溶液缓慢滴定至亮黄色（终点时溶液温度应不低于60 ℃），保留此溶液供测定氧化铝用。

5. Al_2O_3的测定

将上面滴定铁的溶液用水稀释至约200 mL，加1~2滴溴甲酚蓝指示剂溶液，滴加氨水溶液（1+2）至溶液出现蓝紫色，再滴加盐酸溶液（1+2）至黄色，加入15 mL pH为3的缓冲溶液，加热至微沸并保存1 min，加入10滴EDTA－铜溶液及2~3滴PAN指示剂，用EDTA标准滴定溶液滴定至红色消失，继续煮沸，滴定，直至溶液经煮沸后红色不再出现并呈稳定的亮黄色为止。

6. CaO的测定

从测定二氧化硅的溶液A中吸取25.00 mL溶液放入300 mL烧杯中，加水稀释至约200 mL。加5 mL三乙纯氨溶液（1+2）及少许CMP混合指示剂，在搅拌下加入氢氧化钾溶液（$200\ g\cdot L^{-1}$）至出现绿色荧光后再过量5~8 mL。此时溶液pH在13以上，用EDTA标准溶液滴定至绿色消失并呈现红色。

7. MgO含量的测定

称取约0.1 g试样，精确至0.000 1 g，置于铂坩埚中，用0.5~1 mL水润湿，加入5 mL氢氟酸和0.5 mL高氯酸，置于电热板上蒸发。近干时摇动铂坩埚以防溅失，待白色浓烟驱尽后，取下冷却。加入20 mL盐酸溶液（1+1），温热至溶液澄清，取下冷却。转移到250 mL容量瓶中，加入5 mL氯化锶溶液，用水稀释至刻度，摇匀。吸取氧化镁标准溶液0、2.00、4.00、6.00、8.00、10.00、12.00 mL分别放入500 mL容量瓶中，加入30 mL盐酸溶液（1+1）及10 mL氯化锶溶液，用水稀释至刻度，摇匀。

从溶液中吸取一定量的溶液放入适当容量瓶中，加入盐酸溶液（1+1）及氯化锶溶液，使测定溶液的体积分数为6%，锶浓度为$1\ mg\cdot L^{-1}$。用水稀释至刻度，摇匀。将原子吸收光谱仪调节至最佳工作状态，在空气－乙炔火焰中，用镁元素空心阴极灯，于285.3 nm处以水校零，分别测定各溶液的吸光度。绘制标准曲线，在标准曲线上查出试样中氧化镁的浓度。

【实验数据及处理】

1. EDTA标准滴定溶液标定数据处理

（1）EDTA标准滴定溶液的浓度c(EDTA）的计算

$$c(EDTA)=\frac{m\times\frac{25}{250}\times 1\,000}{V\times 100.09}\times 100\% \qquad (9-15)$$

式中，$c(EDTA)$——EDTA 标准滴定溶液的实际浓度，$mol\cdot L^{-1}$；

V——滴定时 EDTA 标准溶液的体积，mL；

m——配制碳酸钙标准溶液时碳酸钙的质量，g；

100.09——碳酸钙的摩尔质量，$g\cdot mol^{-1}$。

（2）EDTA 标准滴定溶液对各氧化物滴定度的计算

EDTA 标准滴定溶液对三氧化二铁、三氧化二铝、氧化钙、氧化镁的滴定度$T(Fe_2O_3)$、$T(Al_2O_3)$、$T(CaO)$、$T(MgO)$分别按式(9-16)~式（9-19）计算：

$$T(Fe_2O_3)=c(EDTA)\times 79.84 \qquad (9-16)$$

$$T(Al_2O_3)=c(EDTA)\times 50.98 \qquad (9-17)$$

$$T(CaO)=c(EDTA)\times 56.08 \qquad (9-18)$$

$$T(MgO)=c(EDTA)\times 40.31 \qquad (9-19)$$

式中，$T(Fe_2O_3)$——每毫升 EDTA 标准滴定溶液相当于三氧化二铁的毫克数，$mg\cdot mL^{-1}$；

$T(Al_2O_3)$——每毫升 EDTA 标准滴定溶液相当于三氧化二铝的毫克数，$mg\cdot mL^{-1}$；

$T(MgO)$——每毫升 EDTA 标准滴定溶液相当于氧化镁的毫克数，$mg\cdot mL^{-1}$；

$T(CaO)$——每毫升 EDTA 标准滴定溶液相当于氧化钙的毫克数，$mg\cdot mL^{-1}$；

$c(EDTA)$——EDTA 标准滴定溶液的浓度，$mol\cdot L^{-1}$；

79.84——$1/2Fe_2O_3$的摩尔质量，$g\cdot mol^{-1}$；

50.98——$1/2Al_2O_3$的摩尔质量，$g\cdot mol^{-1}$；

56.08——CaO 的摩尔质量，$g\cdot mol^{-1}$；

40.31——MgO 的摩尔质量，$g\cdot mol^{-1}$。

（3）EDTA 标准滴定溶液与硫酸铜标准溶液体积比 K 的计算

$$K=V_1/V_2 \qquad (9-20)$$

式中，V_1——EDTA 标准滴定溶液的体积，mL；

V_2——滴定时消耗硫酸铜标准溶液的体积，mL。

2. SiO_2的测定

纯二氧化硅的质量分数 w(纯 SiO_2) 按式（9-21）计算：

$$w(\text{纯 }SiO_2)=\frac{m_1-m_2}{m}\times 100\% \qquad (9-21)$$

式中，m_1——灼烧后未经氢氟酸处理的沉淀及坩埚的质量，g；

m_2——用氢氟酸处理并经灼烧后的残渣及坩埚的质量，g；

m——试样的质量，g。

可溶性二氧化硅的质量分数 w(可溶 SiO_2) 按式（9-22）计算：

$$w(\text{可溶 }SiO_2)=\frac{m_3\times 10^{-3}}{m}\times 100\% \qquad (9-22)$$

式中，m_3——试样中可溶性二氧化硅的质量，mg；

m——试样的质量，g。

总二氧化硅质量分数 w(总 SiO_2) 按式 (9-23) 计算:

$$w(\text{总 } SiO_2) = w(\text{纯 } SiO_2) + w(\text{可溶 } SiO_2) \tag{9-23}$$

同一实验的允许差为0.15%，不同实验的允许差为0.20%。

3. Fe_2O_3的测定

三氧化二铁的质量分数 $w(Fe_2O_3)$ 按式 (9-24) 计算:

$$w(Fe_2O_3) = \frac{T(Fe_2O_3) \times V \times 10^{-3}}{m \times \frac{25}{250}} \times 100\% \tag{9-24}$$

式中，$T(Fe_2O_3)$——每毫升EDTA标准滴定溶液相当于三氧化二铁的毫克数，$mg \cdot mL^{-1}$；

V——滴定时消耗EDTA标准溶液的体积，mL；

m——试样的质量，g。

同一实验的允许差为0.15%，不同实验的允许差为0.20%。

4. Al_2O_3的测定

三氧化二铝的质量分数 $w(Al_2O_3)$ 按式 (9-25) 计算:

$$w(Al_2O_3) = \frac{T(Al_2O_3) \times V \times 10^{-3}}{m \times \frac{25}{250}} \times 100\% \tag{9-25}$$

式中，$T(Al_2O_3)$——每毫升EDTA标准滴定溶液相当于三氧化二铝的毫克数，$mg \cdot mL^{-1}$；

V——滴定时消耗EDTA标准溶液的体积，mL；

m——试样的质量，g。

同一实验的允许差为0.20%，不同实验的允许差为0.30%。

5. CaO 的测定

氧化钙的质量分数按式 (9-26) 计算:

$$w(CaO) = \frac{T(CaO) \times V \times 10^{-3}}{m \times \frac{25}{250}} \times 100\% \tag{9-26}$$

式中，$T(CaO)$——每毫升EDTA标准滴定溶液相当于氧化钙的毫克数，$mg \cdot mL^{-1}$；

V——滴定时消耗EDTA标准溶液的体积，mL；

m——试样的质量，g。

同一实验的允许差为0.25%，不同实验的允许差为0.40%。

6. MgO 含量的测定

氧化镁的质量分数 $w(MgO)$ 按式 (9-27) 计算:

$$w(MgO) = \frac{A \times V \times n \times 10^{-3}}{m} \times 100\% \tag{9-27}$$

式中，A——测定溶液中氧化镁的浓度，$mg \cdot mL^{-1}$；

V——测定溶液的体积，mL；

m——试样的质量，g；

n——全部试样溶液与所分取试样溶液的体积比。

同一实验的允许差为0.15%，不同实验的允许差为0.25%。

【思考与讨论】

1. 水泥中各成分分别影响水泥哪些性能？
2. 用流程图简要说明水泥的生产过程。

实验 37　电镀排放水中铜、铬、锌、镍的测定

【实验目的】

1. 了解电镀排放水中铜、铬、锌、镍含量测定的基本方法。
2. 掌握原子吸收光谱法测定电镀排放水中铜、铬、锌、镍含量的基本实验原理。

【实验仪器与材料】

仪器：GGX－9 型原子吸收分光光度计，铜、铬、锌、镍空心阴极灯各 1 只，无油空气压缩机，乙炔供气装置。

试剂：铜标准储存溶液 $\rho(Cu)=1\ 000\ \mu g \cdot mL^{-1}$，铬标准储存溶液 $\rho(Cr)=1\ 000\ \mu g \cdot mL^{-1}$，锌标准储存溶液 $\rho(Zn)=1\ 000\ \mu g \cdot mL^{-1}$，镍标准储存溶液 $\rho(Ni)=1\ 000\ \mu g \cdot mL^{-1}$。

【实验原理】

在工业及生活废水中，重金属废水占有相当大的比例，如电镀、化工、电子、矿山、食品加工等许多工业过程中都会产生铜、铬、锌、镍等金属离子的废水，这些排放水对环境、农业生产、生活及人体都有极大的危害性，为了保护江、河、湖、海各种水域的环境，掌握水中污染物的分布和规律，进行环境水质预测评价，必须准确测定环境水域中有害金属元素。现代多种新型测试技术和仪器的应用为提高水质分析的精度、灵敏度和速度提供了有利条件，如原子吸收光谱（AAS）、离子色谱（IC）、高效液相色谱（HPLC）等技术成为测定水中痕量元素的有效手段，针对铜、铬、锌、镍这些元素包含在同一试液中的特点，原子吸收光谱法操作简便，仪器结构简单，体积小，灵敏度高，稳定性好，安全可靠。不同的元素有其一定波长的特征谱线，而每种元素的原子蒸气对辐射光源的特征谱线有强烈的吸收，吸收的程度与试液中待测元素的浓度成正比。原子吸收光谱法可用不同元素的空心阴极灯作光源，辐射出不同的特征谱线，在同一试液中连续测定几种不同元素，并且彼此干扰较少，测定结果准确。

【实验方法与步骤】

1. 混合标准溶液的配制

准确吸取上述铜标准溶液 10 mL、铬标准溶液 10 mL、锌标准溶液 5 mL、镍标准溶液 20 mL于 100 mL 容量瓶中，用去离子水稀释至刻度。此混合溶液中含铜 100 μg、铬 100 μg、锌 50 μg、镍 200 μg。

2. 铜、锌、镍标准系列溶液的配制

吸取混合标准溶液 0.0、1.0、2.0、3.0、4.0、5.0 mL 分别置于 6 只 50 mL 容量瓶中，

每瓶中加入（1+1）盐酸10 mL，用去离子水稀释至刻度。此混合溶液中铜、锌、镍标准系列分别为：

$$\rho(Cu)=0.0、2.0、4.0、6.0、8.0、10.0\ \mu g\cdot mL^{-1}$$

$$\rho(Zn)=0.0、1.0、2.0、3.0、4.0、5.0\ \mu g\cdot mL^{-1}$$

$$\rho(Ni)=0.0、4.0、8.0、12.0、16.0、20.0\ \mu g\cdot mL^{-1}$$

3. 氯化铵的选择

在空气-乙炔气火焰中，铬的共存元素干扰较大，Fe、Co、Ni、V、Pb、Al、Mg都会干扰铬的测定，因此要在试液中加入氯化铵作为共存元素的抑制剂予以抑制；同时，氯化铵还能作为助熔剂消除铬在火焰中形成的难熔高温氧化物。

4. 铬标准系列溶液的配制

取6支50 mL干燥的比色管，每管中加0.2 g氯化铵，再分别加入第2步所述6个容量瓶中不同浓度的标准混合溶液20 mL，放置至氯化铵完全溶解。则此铬标准系列为：

$$\rho(Cr)=0.0、2.0、4.0、6.0、8.0、10.0\ \mu g\cdot mL^{-1}$$

5. 仪器的操作条件的选择

所用仪器为GGX-9型原子吸收分光光度计，铜、铬、锌、镍空心阴极灯。各元素测定的仪器工作条件见表9-10。

表9-10　元素测定的仪器工作条件

条件	Cu	Zn	Ni	Cr
波长/nm	324.8	213.9	232.0	357.9
灯电流/mA	6	6	6	6
狭缝/mm	0.2	0.2	0.2	0.2
燃烧器高度/mm	6	6	6	6
空气压力/MPa	0.196	0.196	0.196	0.196
乙炔流量/（$L\cdot min^{-1}$）	1.0	1.2	1.2	1.4

6. 排放水中铜、锌、镍、铬的测定

（1）取样

用聚乙烯瓶取样。取样瓶先用（1+10）硝酸浸泡一昼夜，再用去离子水洗净。取样时，先用水样将瓶淌洗2~3次，然后立即加入一定量的浓硝酸（按每升水样加入2 mL计算加入量），使溶液的pH约为1。

（2）试液的制备

取水样200 mL于500 mL烧杯中。加（1+1）盐酸5 mL，加热将溶液浓缩至20 mL左右，转入50 mL容量瓶中，用去离子水稀释至刻度，摇匀，用于测定试液$V_{测}$。

（3）铬的测定

于干燥的50 mL比色管中加0.2 g氯化铵，再加入第（2）步中制成的测定试液20 mL，待其完全溶解后，按仪器操作条件，用铬的空心阴极灯作光源，用1%盐酸调零，用铬标准系列溶液作标准曲线，测定水样中铬的浓度$\rho(Cr)$。

(4) 铜、锌、镍的测定

测定某一种元素时，应换用该种元素的空心阴极灯作光源，用1%盐酸调零，分别用铜、锌、镍标准系列溶液作标准曲线，测定水样中铜、锌、镍的浓度 $\rho(Cu)$、$\rho(Zn)$、$\rho(Ni)$。

【实验数据及处理】

根据水样体积 $V_{水}$ 与测定试液体积 $V_{测}$ 的比例关系，计算出被测元素的质量浓度 X_B，计算公式见式（9-28）：

$$X_B = \frac{\rho_{测} \times V_{测}}{V_{水}} \tag{9-28}$$

式中，X_B——质量浓度，$\mu g \cdot mL^{-1}$；

$\rho_{测}$——水样中待测金属离子浓度，$\mu g \cdot mL^{-1}$；

$V_{测}$——测定试液的体积，mL；

$V_{水}$——水样体积，mL。

【思考与讨论】

1. 若水样中被测元素的浓度太低，则需采取什么方法处理才能测定？

2. 若水样中含有大量的有机物，则需先除去后才能进行测定，如何消除水中大量有机物？

3. 测定试液如有浑浊，应用快速定量干滤纸（滤纸应事先用（1+10）盐酸洗过，并用去离子水洗净、晾干）滤入干烧杯中备用。

实验38　钒钛磁铁矿和钒钛高炉渣中全铁的测定

【实验目的】

1. 了解钒钛磁铁矿和高炉渣中全铁含量测定的基本方法。
2. 掌握高锰酸钾容量法测定钒钛磁铁矿和高炉渣中全铁含量的基本实验原理。
3. 掌握氧化还原滴定的条件和操作要领。
4. 掌握滴定终点判断的原理和操作技术。

【实验仪器与材料】

混合试样：两份无水碳酸钠与一份硼酸烘干、混匀、研细，储于瓶中；

盐酸：1+1；

10%二氯化锡：称取10 g二氯化锡溶于10 mL盐酸中，用水稀至100 mL；

二氯化汞：饱和溶液；

硫磷混酸：将150 mL浓硫酸缓缓加入700 mL水中，再加入150 mL浓磷酸；

0.5%二苯胺磺酸钠：称取0.5 g二苯胺磺酸钠溶于100 mL 1 $mol \cdot L^{-1}$硫酸中；

石墨粉；

0.05 mol·L^{-1}重铬酸钾：称基准重铬酸钾2.451 8 g溶于水中，稀至1 L，此标液1 mL相当于2.792 5 mg铁。

【实验原理】

试样溶液被二氧化锡还原，用二氯化汞氧化过量的二氯化锡，以二苯胺磺酸钠为指示剂，用重铬酸钾标准溶液滴定，由所消耗的重铬酸钾标液毫升数计算试样中全铁含量。

【实验方法与步骤】

称取0.2 g试样，置于4~5 g混合试样的半张定量滤纸上混匀，扭紧并叠成球状，放入预先用石墨粉垫底的50 mL瓷坩埚中，先在马弗炉低温处使滤纸慢慢灰化，再在800~900 ℃下熔融15~20 min，取出稍冷，用镊子将熔块取出，扫净石墨粉放入预先盛有30 mL盐酸（1+1）的300 mL三角瓶中，在低温电炉上浸取，之后加10 mL水并加热至微沸，趁热滴加二氯化锡溶液至黄色消失并过量1~2滴，冷却后加水60 mL、二氯化汞饱和溶液10 mL，摇匀后放置2~3 min，加硫磷混酸20 mL、二苯胺磺酸钠指示剂4滴，用重铬酸钾标准溶液滴定至溶液变成紫色为终点，由消耗标液毫升数计算全铁含量。

【实验数据及处理】

按式（9-29）计算：

$$T(\mathrm{Fe})=\frac{cV\times\frac{55.85}{1\,000}}{m}\times 100\% \tag{9-29}$$

式中，$T(\mathrm{Fe})$——重铬酸钾标准溶液对铁的滴定度（理论值）；

V——试样消耗重铬酸钾溶液的体积，mL；

m——试样质量，g；

c——重铬酸钾溶液的浓度（理论值），mol·L^{-1}。

【思考与讨论】

1. 为什么实验所用石墨粉需预先在800 ℃马弗炉上灼烧15~20 min，冷却后备用？
2. 盐酸浸取时不应该煮沸，原因何在？
3. 二氯化锡过量太多对实验结果有何影响？

实验39 钛精矿和高钛渣中TiO_2含量的测定

【实验目的】

1. 了解钛精矿和高钛渣中TiO_2含量测定的基本方法。
2. 掌握铝片还原硫酸铁铵容量法测定钛精矿和高钛渣中TiO_2含量的基本实验原理。

3. 掌握氧化还原滴定的条件和操作要领。
4. 掌握滴定终点判断的原理和操作技术。

【实验仪器与材料】

混合试样：两份无水碳酸钠与一份硼酸烘干、混匀、研细，储于瓶中；
混酸：每 100 mL 内含有浓盐酸 35 mL、硫酸 15 mL、固体硫酸铵 4 ~ 5 g；
铝片；
硫氰酸铵：40%；
硫酸铁铵：0.05 mol·L^{-1}，称取 24.1 g 硫酸铁铵[$NH_4Fe(SO_4)_2 \cdot 12H_2O$]固体置于 500 mL 烧杯中，加水 200 mL，加浓硫酸 50 mL，滴加高锰酸钾至溶液呈稳定的淡红色，加热煮沸至红色褪去，冷却至室温，移入 1 000 mL 容量瓶中，以水稀释至刻度，摇匀，此标液为0.05 mol·L^{-1}。

【实验原理】

试样溶液在二氧化碳保护气氛下，用铝片将四价钛还原成三价钛，用硫氰酸铵作指示剂，以硫酸铁铵标准溶液滴定至血红色为终点，由消耗的硫酸铁铵标准溶液体积计算二氧化钛含量。

【实验方法与步骤】

称取 0.2 g 试样置于 4 ~ 5 g 混合试样的半张定量滤纸上混匀，扭紧并叠成球状，放入预先用石墨粉垫底的 50 mL 瓷坩埚中，先在马弗炉低温处使滤纸慢慢灰化，再在 800 ~ 900 ℃下熔融 15 ~ 20 min，取出稍冷，用镊子将熔块取出，扫静石墨粉，放入内有100 mL 混酸的 500 mL 三角瓶中，加热至熔块全部溶解，稀释至 150 mL 左右，加 2 ~ 3 g 铝片进行还原，加热至铝片剩少许时，插入盖式漏斗（内有饱和碳酸氢钠溶液），煮沸至大气泡出现，溶液至澄清，取下放置 2 ~ 3 min，流水冷却至室温，取下盖式漏斗，立即加水 50 mL、硫氰酸铵（40%）10 mL，用硫酸铁铵标准溶液滴定至稳定的血红色为终点。根据消耗硫酸铁铵标液的毫升数确定系数（K）或者用已知浓度重铬酸钾标液标定硫酸铁铵标液来确定浓度。

【实验数据及处理】

按式（9－30）或式（9－31）计算 TiO_2 含量：

$$w(TiO_2) = \frac{cV \times \frac{79.90}{1\,000}}{m} \times 100\% \qquad (9-30)$$

$$w(TiO_2) = KV \qquad (9-31)$$

式中，c——硫酸铁铵标液的浓度（标定值），mol·L^{-1}；
K——系数，即 1 mL 硫酸铁铵标准溶液相当于 TiO_2 质量分数，由待标样确定；
V——消耗硫酸铁铵标液的毫升数，mL；
m——试样质量，g。

【思考与讨论】

1. 经还原后的低价状态的钛为什么不能在空气中暴露过久?
2. 应如何控制滴定速度?

实验40　钒铁中 V_2O_5 含量的测定

钒铁中钒含量的测定是分析化学实验中一个关于滴定法应用的实验，对于工业分析与检测专业的学生，本实验是一个重要的基础性实验。本实验要求学生会运用滴定法，独立完成试样处理、称量、除杂、实验数据分析，通过对数据分析计算来得出结论。

【实验目的】

1. 掌握用硫酸亚铁铵滴定法分析钒钛中钒含量的基本原理和基本方法。
2. 掌握氧化还原滴定的条件和操作要领。
3. 掌握滴定管、移液管准备方法及滴定分析的操作要领。
4. 掌握滴定终点判断的原理和操作技术。

【实验仪器与材料】

仪器：酸式滴定管（50 mL）、移液管、锥形瓶、容量瓶、量筒、分析天平、烘箱、干燥器、玻璃棒、洗耳球、量筒等。

试剂：过硫酸铵（固体）、硝酸（$\rho = 1.42\ g \cdot mL^{-1}$）、磷酸（$\rho = 1.70\ g \cdot mL^{-1}$）、硫酸（1+1）、重铬酸钾标准溶液［$c(1/6K_2Cr_2O_7) = 0.070\ 00\ mol \cdot L^{-1}$］、碳酸钠溶液（$2\ g \cdot L^{-1}$）、N-苯基邻氨基苯甲酸指示剂溶液（$2\ g \cdot L^{-1}$）、硫酸亚铁铵标准滴定溶液［$c[(NH_4)_2Fe(SO_4)_2 \cdot 6H_2O]$约为 $0.07\ mol \cdot L^{-1}$］。

【实验原理】

试样用硝酸、磷酸和硫酸混合酸溶解，在15%～20%的硫酸酸度下，过硫酸铵将钒（Ⅳ）氧化成钒（Ⅴ）。过量的过硫酸铵煮沸除去。以N-苯基邻氨基苯甲酸为指示剂，用硫酸亚铁铵标准溶液进行滴定。试液中含75 mg二价锰、50 mg三价铬，不干扰测定。根据硫酸亚铁铵标准溶液的消耗量计算钒含量。其反应式如下：

$$VO_2^+ + Fe^{2+} + 2H^+ \rightleftharpoons VO^{2+} + Fe^{3+} + H_2O$$

【实验方法与步骤】

1. 硫酸亚铁铵标准滴定溶液的标定

取三份5 mL重铬酸钾标准溶液置于500 mL的锥形瓶中，加入5 mL磷酸（$\rho = 1.70\ g \cdot mL^{-1}$）、20 mL硫酸（1+1），加入70 mL水，混匀。冷却至室温，加入3滴N-苯基邻氨基苯甲酸溶液，用硫酸亚铁铵标准滴定溶液进行滴定，至溶液由紫红色变为亮绿色为终点，不计消耗的硫酸亚铁铵标准滴定溶液体积。再准确移取20.00 mL重铬酸钾标准溶液，继续用硫酸亚铁铵标准滴定溶液进行滴定，至溶液由紫红色变为亮绿色为终点，消耗的硫酸亚铁铵标准滴定溶液体积为 V。滴定速度为 $3\ mL \cdot min^{-1}$。

2. 试样称量

按表9－11称取试样两份，准确至0.000 1 g。

表9－11　试样称取量

钒质量分数/%	试样量/g
35.00～55.00	0.30
55.00～85.00	0.20

3. 测定

①将试样分别置于500 mL的锥形瓶中，沿杯壁加入少许水，再加入5 mL磷酸（ρ = 1.70 g·mL^{-1}）、40 mL硫酸（1＋1）、3 mL硝酸（ρ = 1.42 g·mL^{-1}），加热至试样溶解完全并冒硫酸烟约1 min，取下，冷却。用水稀释至体积约120 mL。加热至近沸，加5 g过硫酸铵（固体），继续加热煮沸至冒大气泡后2～3 min取下，冷却至室温。

②加入3滴N－苯基邻氨基苯甲酸指示剂溶液，用硫酸亚铁铵标准溶液滴定至溶液由紫红色转为亮绿色为终点。滴定速度为3 mL·min^{-1}。

【实验数据及处理】

按式（9－32）计算硫酸亚铁铵标准滴定溶液的浓度：

$$c = \frac{c_1 \times V_1}{V} \tag{9-32}$$

式中，c——硫酸亚铁铵标准滴定溶液的浓度，mol·L^{-1}；

c_1——重铬酸钾标准溶液的浓度，mol·L^{-1}；

V——标定时消耗硫酸亚铁铵标准滴定溶液的体积，mL；

V_1——重铬酸钾标准溶液的体积，mL。

按式（9－33）计算试样中钒的含量，以质量分数（%）表示：

$$w(\mathrm{V}) = \frac{c(V - V_0) \times 50.94}{m \times 1\,000} \times 100\% \tag{9-33}$$

式中，V——滴定试样消耗硫酸亚铁铵标准滴定溶液的体积，mL；

V_0——滴定空白实验溶液时消耗硫酸亚铁铵标准滴定溶液的体积，mL；

c——硫酸亚铁铵标准滴定溶液的浓度，mol·L^{-1}；

50.94——钒的摩尔质量，g·mol^{-1}；

m——试样量，g。

【思考与讨论】

1. 加热溶解试样时，冒硫酸烟的目的是什么？

2. 加过硫酸铵（固体）的目的是什么？加热煮沸至冒大气泡2～3 min的目的是什么？为什么加热时间不能时间太长？

3. 滴定前试液为何要冷却至室温？

4. 滴定速度太快，会使分析数据结果偏低还是偏高？

第Ⅲ部分

附　录

附表1　相对原子质量表

元素		A_r	元素		A_r	元素		A_r	元素		A_r
符号	名称		符号	名称		符号	名称		符号	名称	
Ag	银	107.868	F	氟	18.998 403	Nb	铌	92.906 4	Sc	钪	44.955 9
Al	铝	26.981 54	Fe	铁	55.847	Nd	钕	144.24	Se	硒	78.96
As	砷	74.921 6	Ga	镓	69.72	Ni	镍	58.69	Si	硅	28.085 5
Au	金	196.966 5	Ge	锗	72.59	O	氧	15.999 4	Sn	锡	118.69
B	硼	10.81	H	氢	1.007 9	Os	锇	190.2	Sr	锶	87.62
Ba	钡	137.33	He	氦	4.002 60	P	磷	30.973 76	Ta	钽	180.947 9
Be	铍	9.012 18	Hf	铪	178.49	Pb	铅	207.2	Te	碲	127.60
Bi	铋	208.980 4	Hg	汞	200.59	Pd	钯	106.42	Th	钍	232.083 1
Br	溴	79.904	I	碘	126.904 5	Pr	镨	140.907 7	Ti	钛	47.88
C	碳	12.011	In	铟	114.82	Pt	铂	195.08	Tl	铊	204.383
Ca	钙	40.08	K	钾	39.098 3	Ra	镭	226.025 4	U	铀	238.028 9
Cd	镉	112.41	La	镧	138.905 5	Rb	铷	85.467 8	V	钒	50.941 5
Ce	铈	140.12	Li	锂	6.941	Re	铼	186.207	W	钨	183.85
Cl	氯	35.453	Mg	镁	24.305	Rh	铑	102.905 5	Y	钇	88.905 9
Co	钴	58.933 2	Mn	锰	54.938 0	Ru	钌	101.07	Zn	锌	65.38
Cr	铬	51.996	Mo	钼	95.94	S	硫	32.06	Zr	锆	91.22
Cs	铯	132.905 4	N	氮	14.006 7	Sb	锑	121.75			
Cu	铜	63.546	Na	钠	22.989 77						

附表2　常用化合物的摩尔质量表

化合物	$M/(g\cdot mol^{-1})$	化合物	$M/(g\cdot mol^{-1})$
AgBr	187.78	$Ce(SO_4)_2\cdot 2(NH_4)_2SO_4\cdot 2H_2O$	632.54
AgCl	143.32	CH_3COOH	60.05
AgCN	133.84	CH_3OH	32.04
Ag_2CrO_4	331.73	CH_3COCH_3	58.08
AgI	234.77	C_6H_5COOH	122.12
$AgNO_3$	169.87	C_6H_5COONa	144.10
AgSCN	165.95	$C_6H_4COOHCOOK$(苯二甲酸钠)	204.23
Al_2O_3	101.96	CH_3COONa	82.03
$Al_2(SO_4)_3$	342.15	C_6H_5OH	94.11
As_2O_3	197.84	$(C_9H_7N)_3H_3(PO_4\cdot 12MoO_3)$(磷钼酸喹啉)	2 212.74
As_2O_5	229.84	$COOHCH_2COOH$	104.06
$BaCO_3$	197.34	$COOHCH_2COONa$	126.04
BaC_2O_4	225.35	CCl_4	153.81

续表

化合物	$M/(g\cdot mol^{-1})$	化合物	$M/(g\cdot mol^{-1})$
$BaCl_2$	208.24	CO_2	44.01
$BaCl_2\cdot 2H_2O$	244.27	Cr_2O_3	151.99
$BaCrO_4$	253.32	$Cu(C_2H_3O_2)_2\cdot 3Cu(AsO_3)_2$	1013.80
BaO	153.33	CuO	79.54
$Ba(OH)_2$	171.35	Cu_2O	143.09
$BaSO_4$	233.39	$CuSCN$	121.63
$CaCO_3$	100.09	$CuSO_4$	159.61
CaC_2O_4	128.10	$CuSO_4\cdot 5H_2O$	249.69
$CaCl_2$	110.99	$FeCl_3$	162.21
$CaCl_2\cdot H_2O$	129.00	$FeCl_3\cdot 6H_2O$	270.30
CaF_2	78.08	FeO	71.85
$Ca(NO_3)_2$	164.09	Fe_2O_3	159.69
CaO	56.08	Fe_3O_4	231.54
$Ca(OH)_2$	74.09	$FeSO_4\cdot H_2O$	169.93
$CaSO_4$	136.14	$FeSO_4\cdot 7H_2O$	278.02
$Ca_3(PO_4)_2$	310.18	$Fe_2(SO_4)_2$	399.89
$Ce(SO_4)_2$	332.24	K_2SO_4	174.26
$FeSO_4\cdot(NH_4)_2SO_4\cdot 6H_2O$	392.14	$MgCO_3$	84.32
H_3BO_3	61.83	$MgCl_2$	95.21
HBr	80.91	$MgNH_4PO_4$	137.33
$H_2C_4H_4O_6$(酒石酸)	150.09	MgO	40.31
HCN	27.03	$Mg_2P_2O_7$	222.60
H_2CO_3	62.03	MnO	70.94
$H_2C_2O_4$	90.04	MnO_2	86.94
$H_2C_2O_4\cdot 2H_2O$	126.07	$Na_2B_4O_7$	201.22
$HCOOH$	46.03	$Na_2B_4O_7\cdot 10H_2O$	381.37
HCl	36.46	$NaBiO_3$	279.97
$HClO_4$	100.46	$NaBr$	102.90
HF	20.01	$NaCN$	49.01
HI	127.91	Na_2CO_3	105.99
HNO_2	47.01	$Na_2C_2O_4$	134.00
HNO_3	63.01	$NaCl$	58.44
H_2O	18.02	NaF	41.99
H_2O_2	34.02	$NaHCO_3$	84.01
H_3PO_4	98.00	NaH_2PO_4	119.98
H_2S	34.08	Na_2HPO_4	141.96
H_2SO_3	82.08	$Na_2HY\cdot 2H_2O$(EDTA 二钠盐)	372.26

续表

化合物	$M/(g \cdot mol^{-1})$	化合物	$M/(g \cdot mol^{-1})$
H_2SO_4	98.08	NaI	149.89
$HgCl_2$	271.50	$NaNO_2$	69.00
Hg_2Cl_2	472.09	Na_2O	61.98
$KAl(SO_4)_2 \cdot 12H_2O$	474.39	NaOH	40.01
$KB(C_6H_5)_4$	358.33	Na_3PO_4	163.94
KBr	119.01	NaS	78.05
$KBrO_3$	167.01	$Na_2S \cdot 9H_2O$	240.18
KCN	65.12	Na_2SO_3	126.04
K_2CO_3	138.21	Na_2SO_4	142.04
KCl	74.56	$Na_2SO_4 \cdot 10H_2O$	322.20
$KClO_3$	122.55	$Na_2S_2O_3$	158.11
$KClO_4$	138.55	$Na_2S_2O_3 \cdot 5H_2O$	248.19
K_2CrO_4	194.20	Na_2SiF_6	188.06
$K_2Cr_2O_7$	294.19	NH_3	17.03
$KHC_2O_4 \cdot H_2C_2O_4 \cdot 2H_2O$	254.19	NH_4Cl	53.49
$KHC_2O_4 \cdot H_2O$	146.14	$(NH_4)_2C_2O_4 \cdot H_2O$	142.11
KI	166.01	$NH_3 \cdot H_2O$	35.05
KIO_3	214.00	$NH_4Fe(SO_4)_2 \cdot 12H_2O$	482.20
$KIO_3 \cdot HIO_3$	389.92	$(NH_4)_2HPO_4$	132.05
$KMnO_4$	158.04	$(NH_4)_3PO_4 \cdot 12MoO_3$	1 876.53
KNO_2	85.10	NH_4SCN	76.12
K_2O	92.20	$(NH_4)_2SO_4$	132.14
KOH	56.11	Sb_2S_3	339.70
KSCN	97.18	SiF_4	104.08
$NiC_6H_{14}O_4N_4$(丁二酮肟镍)	288.91	SiO_2	60.08
P_2O_5	141.95	$SnCO_3$	178.82
$PbCrO_4$	323.18	$SnCl_2$	189.60
PbO	223.19	SnO_2	150.71
PbO_2	239.19	TiO_2	79.88
Pb_3O_4	685.57	WO_3	231.85
$PbSO_4$	303.26	$ZnCl_2$	136.30
SO_2	64.06	ZnO	81.39
SO_3	80.06	$Zn_2P_2O_7$	304.72
Sb_2O_3	291.50	$ZnSO_4$	161.45

附表3　化学分析中常用的量与单位

量的名称	量的符号	定义	法定计量单位		不再应用的单位(或量)		备注
			名称	符号	名称	符号	
长度	l	SI基本单位	米(厘米,毫米,纳米等)	m (cm,mm,nm)	公尺(毫微米,英寸,埃等)	M (mμm,in,Å)	1 in = 25.4mm 1 Å = 10^{-10} m
体积	V		立方米(立方分米,升等)	m^3 (dm^3,L)	立升,公升(西西,立方英寸)	(cc,in^3)	1 in^3 = 1.638 71 × 10^{-5} m^3
压力,压强	p	力除以面积	帕[斯卡]	Pa	标准大气压 巴 毫米汞柱	atm bar mmHg	1 atm = 101.325 kPa 1 bar = 100 kPa 1 mmHg = 133.322 Pa
质量	m	SI基本单位	千克,克(毫克,微克,纳克,原子质量单位,吨)	kg,g(mg,μg,ng,u,t)	毫微克 磅 盎司 米制克制	mμg lb oz	1 u = 1.660 565 × 10^{-27} kg 1 t = 10^3 kg 1 lb = 0.453 592 kg 1 oz = 28.4 × 10^{-3} kg 1米制克拉 = 2 × 10^{-4} kg
相对原子质量	A_r	元素的平均原子质量与核素^{12}C原子质量的1/12之比	—	1	原子量		例:A_r(H) = 1.007 94
相对分子质量	M_r	物质的分子或特定单元的平均质量与核素^{12}C原子质量的1/12之比			相对分子质量		例:M_r(NaOH) = 40.00
物质的量	n,(r)	SI基本单位	摩[尔](毫摩,微摩等)	mol (mmol,μmol)	克分子,克原子,克当量(毫克当量)	E,geq(meq)	
摩尔质量	M	质量除以物质的量 $M = m/n$	千克每摩[尔] 克每摩[尔] 毫克每摩[尔]	kg/mol g/mol mg/mol	克相对原子质量 克相对分子质量 克当量		元素的摩尔质量 $M = A_r \cdot$ g/mol 物质的摩尔质量 $M = M_r \cdot$ g/mol 例: $M(Ca^{2+})$ = 40.078 g/mol $M(NaHCO_3)$ = 84.0 g/mol

续表

量的名称	量的符号	定义	法定计量单位		不再应用的单位(或量)		备注
			名称	符号	名称	符号	
B的浓度(B的物质的量浓度)	c_B	B的物质的量除以混合物的体积 $c_B = n_B/V$	摩[尔]每立方米 摩[尔]每升	mol/m^3 mol/L	摩尔浓度(克分子浓度) 体积摩尔浓度 当量浓度		用物质的量浓度 c_B 代替摩尔浓度 M、当量浓度 N,必须指明B的基本单元 例:"0.2 N的 H_2SO_4 溶液"应表示为 $c(1/2H_2SO_4)=0.2\ mol/L$ 或 $c(H_2SO_4)=0.1\ mol/L$
溶质B的质量摩尔浓度	b_B, m_B	溶液中溶质B的物质的量除以溶剂的质量	摩[尔]每千克 毫摩[尔]每千克 微摩[尔]每千克	mol/kg mmol/kg μmol/kg	重量摩尔浓度 重量克分子浓度	m(mm,μm)	
B的质量浓度	ρ_B	B的质量除以混合物的体积 $\rho_B = m_B/V$	千克每立方米 千克每升 克每升	kg/m^3 kg/L g/L	质量体积百分浓度	%(w/V) ppm,ppb	例:过去"15%氯化钠溶液"是指100 mL氯化钠溶液中含有15 g氯化钠,现应表示为 $\rho(NaCl)=0.15\ g/mL$ 或 $\rho(NaCl)=150\ g/L$
质量密度、密度	ρ	质量除以体积 $\rho = m/V$	千克每立方米 千克每升	kg/m^3 kg/L	比重(有计量单位g/mL) 克每西西	g/cc	例:"硫酸的比重为1.19 g/mL"应改为"硫酸的密度为1.19 g/mL"
相对质量密度、相对密度	d	物质的密度与参考物质的密度在对两种物质所规定的条件下的比 $d = \rho_1/\rho_2$	—		比重(没有计量单位)	d_4^t	例:"硫酸的比重为1.19"应改为"硫酸的相对密度为1.19"
B的质量分数	w_B	B的质量与混合物的质量之比 $w_B = m_B/m$			质量百分数(百分含量,重量百分率)	%(w/w) %(m/m) ppm,ppb,…	例:"酒精的质量百分数3.7%(m/m)"应改为:"酒精的质量分数 w = 0.037(或 w = 3.7%)"
B的体积分数	φ_B	B的体积和混合物的体积之比 $\varphi_B = V_B/V$	—		体积百分数	%(V/V) ppm,ppb,…	
B的摩尔分数	x_B (y_B)	B的物质的量与混合物的物质的量之比 $x_B = n_B/n$	—				

附表4　常用的酸和碱的密度和浓度

试剂名称	浓度 $c/(mol \cdot L^{-1})$	相对密度（$t=20$ ℃） $\rho/(g \cdot cm^{-3})$	质量分数 $w/\%$	配制方法
浓盐酸	11.6～12.4	1.18～1.19	36～38	
稀盐酸	6	1.10	20	取浓盐酸与等体积水混合
	3		7.15	取浓盐酸167 mL，稀释成1 L
浓硝酸	14.4～15.2	1.39～1.40	65.0～68.0	
稀硝酸	6	1.20	32.36	取浓硝酸381 mL，稀释成1 L
	2			取浓盐酸128 mL，稀释成1 L
浓硫酸	17.8～18.4	1.83～1.84	95～98	
稀硫酸	3	1.18	24.8	取浓硫酸167 mL，缓缓倾入833 mL水中，与水混合
冰醋酸	17.4	1.05	99.8（优级纯） 99.0（分析纯、化学纯）	
稀醋酸	6		35.0	取冰醋酸350 mL，稀释成1 L
	2			取冰醋酸118 mL，稀释成1L
磷酸	14.6	1.69	85	
高氯酸	11.7～12.0	1.68	70.0～72.0	
氢氟酸	22.5	1.13	40	
氢溴酸	8.6	1.49	47.0	
浓氨水	13.3～14.8	0.90	25.0～28.0	
稀氨水	6			取浓氨水400 mL，稀释成1L
	2			取浓氨水134 mL，稀释成1L
氢氧化钠	6	1.22	19.7	将氢氧化钠240 g溶于水，稀释至1L
	2			将氢氧化钠80 g溶于水，稀释至1L

附表5　化学试剂等级对照表

<table>
<tr><td colspan="2">质量次序</td><td>1</td><td>2</td><td>3</td><td>4</td></tr>
<tr><td rowspan="5">我国化学试剂等级标志</td><td>级　别</td><td>一级品</td><td>二级品</td><td>三级品</td><td rowspan="3">生物试剂</td></tr>
<tr><td rowspan="2">中文标志</td><td>保证试剂</td><td>分析纯</td><td>化学纯</td></tr>
<tr><td>优级纯</td><td>分析纯</td><td>纯</td></tr>
<tr><td>符　号</td><td>G. R.</td><td>A. R.</td><td>C. P</td><td>B. R，C. R</td></tr>
<tr><td>瓶签颜色</td><td>绿</td><td>红</td><td>蓝</td><td></td></tr>
<tr><td colspan="2">德、美、英等国通用等级和符号</td><td>G. R.</td><td>A. R.</td><td>C. P</td><td></td></tr>
<tr><td colspan="2">俄罗斯等级和符号</td><td>化学纯
Х. Ц</td><td>分析纯
Ц，Д，А</td><td>纯
Ц</td><td></td></tr>
</table>

附表6 几种常用的洗涤液

洗涤液名称	配方	使用方法
铬酸洗液	研细的重铬酸钾 20 g 溶于 40 mL 水中，洗液可重复使用。在水中慢慢加入 360 mL 浓硫酸	用于去除器壁残留油污，用少量洗液涮洗或浸泡一夜，洗液可重复使用 洗涤废液经处理解毒后方可排放
工业盐酸	浓或 1+1	用于洗去碱性物质及大多数无机物残渣
纯酸洗液	（1+1）或（1+2）的盐酸或硝酸（除去 Hg、Pb 等重金属杂质）	用于除去微量的离子
碱性洗液	10% 氢氧化钠水溶液	水溶液加热（可煮沸）使用，其去油效果较好。注意，煮的时间太长会腐蚀玻璃
氢氧化钠－乙醇（或异丙醇）洗液	120 g NaOH 溶于 150 mL 水中，用 95% 乙醇稀释至 1 L	用于洗去油污及某些有机物
碱性高锰酸钾洗液	4 g 高锰酸钾溶于水中，加入 10 g 氢氧化钠，用水稀释至 100 mL	清洗油污或其他有机物质，洗后容器沾污处有褐色二氧化锰析出，再用浓盐酸或草酸洗液、硫酸亚铁、亚硫酸钠等还原剂去除
草酸溶液	5～10 g 草酸溶于 100 mL 水中，加入少量浓盐酸	对于洗涤高锰酸钾洗液后产生的二氧化锰，必要时加热使用
硝酸－氢氟酸洗液	50 mL 氢氟酸、100 mL HNO_3、350 mL 水混合，储于塑料瓶中盖紧	利用氢氟酸对玻璃的腐蚀作用有效地去除玻璃、石英器皿表面的金属离子 不可用于洗涤量器、玻璃砂芯滤器、吸收池及光学玻璃零件 使用时注意安全，必须戴防护手套
碘－碘化钾溶液	1 g 碘和 2 g 碘化钾溶于水中，用水稀释至 100 mL	洗涤用硝酸银滴定液后留下的黑褐色沾污物，也可用于擦洗沾过硝酸银的白瓷水槽
有机溶剂	汽油、二甲苯、乙醚、丙酮、二氧乙烷等	可洗去油污或可溶于该溶剂的有机物质，用时要注意其毒性及可燃性 用乙醇配制的指示剂溶液的干渣可用盐酸－乙醇（1+2）洗液洗涤
乙醇、浓硝酸	不可事先混合	用一般方法很难洗净的少量残留有机物可用此法：于容器内加入不多于 2 mL 的乙醇，加入 4 mL 浓硝酸，静置片刻，立即发生激烈反应，放出大量热及二氧化氮，反应停止后再用水冲洗，操作应在通风橱中进行，不可塞住容器，做好防护

附表7　不同温度下标准滴定溶液体积的补正值

温度/℃	标准溶液							
	0~0.05 mol/L 各种水溶液	0.1~0.2 mol/L 各种水溶液	盐酸溶液 $c(HCl)$ = 0.05 mol/L	盐酸溶液 $c(HCl)$ = 1 mol/L	H_2SO_4溶液 $c(1/2H_2SO_4)$ = 0.5 mol/L NaOH 溶液 $c(NaOH)$ = 0.5 mol/L	H_2SO_4溶液 $c(1/2H_2SO_4)$ = 1 ol/L NaOH 溶液 $c(NaOH)$ = 1 mo/L	Na_2CO_3溶液 $c(1/2Na_2CO_3)$ = 1 mol/L	KOH-乙醇溶液 $c(KOH)$ = 0.1 mol/L
5	+1.38	+1.7	+1.9	+2.3	+2.4	+3.6	+3.3	—
6	+1.38	+1.7	+1.9	+2.2	+2.3	+3.4	+3.2	—
7	+1.36	+1.6	+1.8	+2.2	+2.2	+3.2	+3.0	—
8	+1.33	+1.6	+1.8	+2.1	+2.2	+3.0	+2.8	—
9	+1.29	+1.5	+1.7	+2.0	+2.1	+2.7	+2.6	—
10	+1.23	+1.5	+1.6	+1.9	+2.0	+2.5	+2.4	+10.8
11	+1.17	+1.4	+1.5	+1.8	+1.8	+2.3	+2.2	+9.6
12	+1.10	+1.3	+1.4	+1.6	+1.7	+2.0	+2.0	+8.5
13	+0.99	+1.1	+1.2	+1.4	+1.5	+1.8	+1.8	+7.4
14	+0.88	+1.0	+1.1	+1.2	+1.3	+1.6	+1.5	+6.5
15	+0.77	+0.9	+0.9	+1.0	+1.1	+1.3	+1.3	+5.2
16	+0.64	+0.7	+0.8	+0.8	+0.9	+1.1	+1.1	+4.2
17	+0.50	+0.6	+0.6	+0.6	+0.7	+0.8	+0.8	+3.1
18	+0.34	+0.4	+0.4	+0.4	+0.5	+0.6	+0.6	+2.1
19	+0.18	+0.2	+0.2	+0.2	+0.2	+0.3	+0.3	+1.0
20	0.00	0.00	0.0	0.0	0.0	0.00	0.0	0.0
21	-0.18	-0.2	-0.2	-0.2	-0.2	-0.3	-0.3	-1.1
22	-0.38	-0.4	-0.4	-0.5	-0.5	-0.6	-0.6	-2.2
23	-0.58	-0.6	-0.7	-0.7	-0.8	-0.9	-0.9	-3.3
24	-0.80	-0.9	-0.9	-1.0	-1.0	-1.2	-1.2	-4.2
25	-1.03	-1.1	-1.1	-1.2	-1.3	-1.5	-1.5	-5.3
26	-1.26	-1.4	-1.4	-1.4	-1.5	-1.8	-1.8	-6.4
27	-1.51	-1.7	-1.7	-1.7	-1.8	-2.1	-2.1	-7.5
28	-1.76	-2.0	-2.0	-2.0	-2.1	-2.4	-2.4	-8.5
29	-2.01	-2.3	-2.3	-2.3	-2.4	-2.8	-2.8	-9.6
30	-2.30	-2.5	-2.5	-2.6	-2.8	-3.2	-3.1	-10.6
31	-2.58	-2.7	-2.7	-2.9	-3.1	-3.5	—	-11.6
32	-2.86	-3.0	-3.0	-3.2	-3.4	-3.9	—	-12.6
33	-3.04	-3.2	-3.3	-3.5	-3.7	-4.2	—	-13.7
34	-3.47	-3.7	-3.6	-3.8	-4.1	-4.5	—	-14.8
35	-3.78	-4.0	-4.0	-4.1	-4.4	-5.0	—	-16.0
36	-4.10	-4.3	-4.3	-4.4	-4.7	-5.3	—	-17.0

注：1. 本表数值是以20 ℃为标准温度以实测法测出的。

2. 表中带有“+”“-”号的数值以20 ℃为分界，室温低于20 ℃的补正值为“+”，高于20 ℃的补正值为“-”。

3. 本表的用法：如1 L硫酸溶液［$c(1/2H_2SO_4)=1$ mol/L］由25 ℃换算为20 ℃时，其体积补正值为-1.5 mL，故40.00 mL换算为20 ℃时的体积为 V_{20} =（40.00-1.5/1 000×40.00）mL=39.94 mL。

参考文献

[1] 成都科学技术大学分析化学教研组，浙江大学分析化学教研组．分析化学实验［M］．北京：高等教育出版社，1982.

[2] 朱伟军．化学检验工（初级）［M］．北京：机械工业出版社，2005.

[3] 凌昌都．化学检验工（中级）［M］．北京：机械工业出版社，2010.

[4] 郑爱玲．化学基础与分析检验［M］．北京：中国计量出版社，2003.

[5] 邹建新．材料科学与工程实验指导教程［M］．成都：西南交通大学出版社，2010.

[6] 黄一石．分析仪器操作技术与维护［M］．北京：化学工业出版社，2013.

[7] 刘珍．化验员读本（上册）［M］．北京：化学工业出版社，1998.

[8] 劳动和社会保障部教材办公室，上海市职业培训指导中心．分析分析工（中级）［M］．北京：中国劳动社会保障出版社，2006.

[9] 季剑波．化学检验工考级实用手册［M］．北京：化学工业出版社，2011.

[10] 谷春秀．物理常数测定［M］．北京：化学工业出版社，2012.

[11] 武汉大学．分析化学实验（第三版）［M］．北京：高等教育出版社，1994.

[12] 张小康．化学分析基本操作［M］．北京：化学工业出版社，2000.

[13] 揭念芹．基础化学（无机及分析化学）（第二版）［M］．北京：科学出版社，2008.

[14] 金绍祥．高岭土中铝铁含量的连续测定［J］．贵州化工，2007，32（5）：24－25.

[15] 王斯斯，李超．排放水中铜、铬、锌及镍的测定［J］．有色矿冶，2012，28（4）：54－55.

[16] GB/T 1628—2008，工业用冰醋酸［S］.